军事计量科技译丛

原子频标中的量子物理进展
The Quantum Physics of Atomic Frequency Standards
Recent Developments

[加]雅克·瓦尼尔(Jacques Vanier) 著
[加]西普里亚纳·托梅斯库(Cipriana Tomescu)

薛潇博　葛军　庄伟　解晓鹏　张晓刚　潘多　译

国防工业出版社
·北京·

著作权合同登记　图字:01-2020-5647号

图书在版编目(CIP)数据

原子频标中的量子物理进展/(加)雅克·瓦尼尔(Jacques Vanier),(加)西普里亚纳·托梅斯库(Cipriana Tomescu)著;薛潇博等译. —北京:国防工业出版社,2023.8

书名原文:The Quantum Physics of Atomic Frequency Standards:Recent Developments

ISBN 978-7-118-12815-4

Ⅰ.①原… Ⅱ.①雅…②西…③薛… Ⅲ.①原子频率标准—科学进展 Ⅳ.①TM935.11-1

中国国家版本馆CIP数据核字(2023)第054285号

The Quantum Physics of Atomic Frequency Standards:Recent Developments by Jacques Vanier and Cipriana Tomescu.

ISBN:978-1-4665-7697-1.

Copyright © 2016 by Taylor & Francis Group, LLC

All rights reserved. Authorised translation from the English language edition published by Taylor & Francis Group Limited. Responsibility for the accuracy of the translation tests solely with National Defense Industry Press and is not the responsibility of Taylor & Francis Group Limited. No part of this book may be reproduced in any form without the written permission of the original copyrights holder, Taylor & Francis Group Limited.

Copics of this book sold without a Taylor & Francis sticker on the cover are unauthorized and illegal.

本书简体中文版由Taylor & Francis Group, LLC授权国防工业出版社独家出版。版权所有,侵权必究。

※

国防工业出版社出版发行
(北京市海淀区紫竹院南路23号　邮政编码100048)
北京虎彩文化传播有限公司印刷
新华书店经售

＊

开本710×1000　1/16　印张26　字数458千字
2023年8月第1版第1次印刷　印数1—1200　定价198.00元

(本书如有印装错误,我社负责调换)

国防书店:(010)88540777　　书店传真:(010)88540776
发行业务:(010)88540717　　发行传真:(010)88540762

序

宇宙间的万事万物都镶嵌在时间轴上。为了精密计量时间,我们目前用量子跃迁频率作为时间的基准。这么做的基础,就是量子全同性原理。用于定义和复现时间单位"秒"的铯原子,它们在不同的时间地点,每个原子表现完全一样。而你我之间的手表,总是存在着时间差异。

社会的科技发展和经济发展,是彼此特别重要的驱动力。整个原子钟发展历程也印证了这一点。这在国际和国内超过半个世纪的原子钟发展中,可以非常明确地看出来。近期我们国家在经济上的繁荣,也带来了原子钟领域非常迅猛的发展。原子频率标准诞生于19世纪50年代,第一台原子钟的问世使时间的计量精度得到重大突破,并促进了时间单位"秒"的定义变革,由此人类对时间的计量及其应用的认知步入了新的历史阶段,使人类的科技文明和经济发展进一步相互促进。迄今量子频标已成为应用物理学领域中的重要研究学科,并不断取得重大研究进展,目前世界上最好的原子钟稳定度和不确定度均可达到10^{-18},可扩展推进诸如物理常数和微观粒子结构测量、爱因斯坦相对论的验证、火山监测、量子模拟、深度绘测、引力测量等研究。此外,作为全球卫星导航定位系统的核心,原子频率标准的准确度和稳定度直接影响导航定位系统的定位精度。随着空间原子频标的发展,卫星轨道的精确控制、深空导航以及航天器的对接等科学行动也得以实现,极大地助力人类科技文明的进步。原子频标技术已进入到蓬勃兴旺的新阶段,原子钟稳定度和不确定度进入10^{-20}甚至10^{-21}水平,目前看来并不存在科学原理上的障碍,这也吸引着越来越多的年轻学者步入这个领域,因此,适合年轻人阅读的原子频率标准著作和译著的出版,很受期待。

从科学的发展中我们总可以看到有一些具备奉献精神的人物,他们即使在困难的环境下也能勇敢争先,做出非同一般的突出贡献,并体现在学术著作上。北京大学王义遒校长,就是一个很好的示例。几十年以来,他不仅在北京大学,更是在全国原子钟领域内,热切地鼓励、培育、组织几代人才,推动学科发展。王义遒校长 1986 年撰写的《量子频标原理》是该学科国际上最早的专著,为我们整个中国原子钟的发展起到了非常重要的推动作用,包括人才教育培养、基础研究、工艺实现、北斗应用等多方面,影响深远。这本书有两个非常显著的特点。一是对一些核心性的要点和重要的理论,做了非常清晰具体的推导,论述非常深刻。二是广度以及前瞻性。例如,对光频标和新型频标的设想,在 1986 年已经进行了详细的论述,这是非常有长远眼光的一件事,其内容至今仍然特别有借鉴意义。所以王义遒校长的书是科学著作的一个典范。这个典范也说明,写好一本科学专著是非常困难的,为了达到这个要求,需要深刻的思想和广远的眼光,并结合天赋和努力。对于个人来说,要力争具备这样的优秀品质,来为一个大国的学科建设、这本书内容翔实、全面、人类的科技发展做出重大的贡献。那么作为对照,与王义遒校长年龄相仿的 Jacques Vanier 教授,我们看到,他与 Claude Audoin 于 1989 年出版的《The Quantum Physics of Atomic Frequency Standards》(1989 年版 QPAFS)这本书,也凝聚了大量的付出,起到了工具书的作用,在世界原子钟领域产生的影响非常明显。

因后来 Jacques Vanier 和 Cipriana Tomescu 在 2016 年出版的 *The Quantum Physics of Atomic Frequency Standards — Recent Developments* 一书,在融合了领域内近期的科学和技术发展基础上,对微波频标和光频

标都做了一些相当及时的重要的有益补充。这本书一方面涵盖了传统原子频标的最新进展，另一方面增加了新型微波频标、光频标的研究成果，并概述了原子频标的应用领域及作者对其未来发展的思考。随着原子频标的发展，新的技术不断涌现，基于作者几十年的学术经历，本书对于目前已研究的各类原子频标中核心的技术和方法均有系统的描述，且涉猎广泛、聚焦前沿、深入浅出。对于想了解原子频标相关理论技术及发展脉络的科研人员来说，本书是一本值得推荐的专业书。从原子钟现在的发展来说，基本上是不到十年，性能提升一个量级。所以在人才教育、科研参考等方面，一本及时的、综合性的、有经验的大科学家写的书，对科学的发展是非常有帮助的。本书的译者们是本领域的一线科研人员，为翻译这本书做出了非常大的努力，也将其自身的科研体会融入译作，相信此书的翻译有助于更多的科研人员广泛而深入地了解原子频标技术，为我国频标事业添砖加瓦。

陈子楷

2023 年 6 月 3 日

译者序

《原子频标中的量子物理进展》(2016年出版)由 Jacques Vanier 和 Cipriana Tomescu 编著,是其1989年版的补充,包括传统原子钟的进步、新型激光冷却原子钟的发展以及基本物理原理的发展等。书中详细介绍了各类原子频标的基本原理、影响频移的各种因素等,是一本适合原子频标专业的学生和科研人员阅读的书籍,从中能够获得原子频标研究的有益启发。

随着导航、通信、计量、精密仪器仪表、基础科学研究等行业的发展,时间和频率在其中扮演了日益重要的角色,频标产品和科研装置也日趋多样化,提供了频率稳定度和准确度从 $10^{-10} \sim 10^{-19}$ 量级的宽选择范围。典型的应用是我国自主研发的"北斗"卫星导航系统,目前已经完成三期建设,具备了为全球提供导航信号的能力,在其带动下,铷钟、氢钟实现星载工程应用。新型原子钟快速发展,近几年已在进行 $10^{-19} \sim 10^{-20}$ 量级频率稳定度和不确定度的光学频标研究,也开展了光学频标的产品化和工程化的研究,相信未来5~10年能够取得更大的科研和产业突破。

在此背景下,一本原理清晰、紧跟前沿、覆盖全面的频标参考书可以辅助科研和生产,起到事半功倍的效果。本书第1章回顾了经典的"老三样",即氢、铷、铯原子钟,以及汞离子和镱离子微波频标;第2章介绍了原子频标的相关基础原理,包括激光技术、光抽运技术、光冷却技术等;第3章介绍了基于光抽运、喷泉、相干布居囚禁、激光冷却等新技术的原子频标进展;第4章介绍了光学频标方面的进展,包括单离子光频标和中性原子光频标以及光学频率的测量；第 5 章从基础科学研究、时频应用方面进行了讨论和思考。

本书的翻译由北京无线电计量测试研究所的薛潇博、葛军，中国计量科学研究院的庄伟，北京大学的解晓鹏、潘多，以及张晓刚共同完成。葛军负责全书的统筹和审校，薛潇博和潘多负责第 1 章，解晓鹏负责第 2 章和 3.1 节，庄伟负责第 3 章，张晓刚负责第 4 和第 5 章。他们都是长期从事原子物理、激光光谱等研究的科研人员，直接或间接地从事着原子频标研究工作。

本书在初稿完成后，北京无线电计量测试研究所的申彤、韩蕾、陈煜，中国计量科学研究院的阮传靖做了大量的校对工作，力争使本书在尽量遵从原书表意的同时，达到"信、达、雅"。北京邮电大学的罗斌老师和李俊晖老师对一些译法提出了宝贵建议。译者在此表示衷心的感谢。

"原子频标"也常称为"量子频标"，两者概念有微小区别，这里稍加说明。"量子频标"指利用量子力学、量子光学、原子物理等的基本原理和方法，实现的频率标准装置和系统。装置实现过程中，通常以原子、分子或离子为工作物质，因此习惯性地称为"原子频标"，本书中也多以"原子频标"来表达。

受限于译者的知识水平与工作能力，书中难免有疏漏与不妥之处，恳请读者批评指正。[①]

译者
2023 年 1 月

---

① xbxue203@163.com

原书序

《原子频标中的量子物理进展》(QPAFS)的第1卷和第2卷写于20世纪80年代并于1989年出版。两卷书详细介绍了1987年以前的原子频率标准的发展,包括当时的频率标准自身和相关物理学的研究进展。本书包括对当时发展的描述,以及对支持该发展的物理学研究的说明。从那时起,该领域一直是许多国家实验室和研究所非常重要的研究方向。许多领域的工作仍在紧张进行,这些领域与基于原子(如铷(Rb)、铯(Cs)、氢(H))和微波范围内的选定离子的经典频标的改进有关,与此同时,在光学频率范围内实现稳定和准确频率标准的新项目已经启动。

例如,人们对激光在Rb和Cs的光抽运及冷却中的应用进行了深入研究,并根据量子力学现象开发了一种新型标准,称为相干布居囚禁(CPT)原子标频。对Cs和Rb原子的激光冷却使一个古老的梦想成为可能,在这个梦想中,一小团原子冷却到微开尔文范围内,于地球引力场中缓慢地向上抛射,原子像喷泉中的水滴一样回落。在运动路径中,原子要上升通过一个微波腔,在耗尽动能后回落,再次通过该微波腔,用单微波腔模拟经典的双臂拉姆塞(Ramsey)腔方法。这个系统称为原子喷泉。与经典方法相比,它的优势在于共振超精细跃迁线宽为室温方法中宽度的1/100,由此产生的线宽约为1Hz。小型氢微波激射器的开发工作也在继续,特别是在无源器件的开发和小型磁振子腔的使用方面。传统边发射激光器(如GaAs激光器)和垂直结构腔表面发射激光器(VCSEL)的出现为实现更小、更高性能的Rb和Cs原子气室频率标准的光抽运新方法打开了大门。

自 20 世纪 90 年代以来,人们对激光冷却进行了广泛的研究,除了提供实现上述喷泉钟的技术外,它还可用来实现基于电磁阱中囚禁离子(如汞(Hg^+)、钡(Ba^+)、锶(Sr^+)和镱(Yb^+)等)的微波钟。

另外,一些实验室已经开展了大量工作,将工作频率从微波扩展到光学频率范围。这种方法的增益主要来源于所涉及的原子跃迁频率的增加,在提供与微波钟相似的线宽条件下,共振品质因数 Q 可以大几百万倍。激光冷却成功减少了 Hg、Yb、Sr 等原子的热运动,并将其囚禁到光晶格中。利用单离子阱也可以实现光学频率标准。在这种情况下,单个离子,如 Sr^+ 或 Yb^+,可以保持在 Paul 或 Penning 阱中,其在阱中的运动受到激光冷却的抑制。光钟的频率准确度和频率稳定度达到 $10^{-16} \sim 10^{-18}$ 量级,已成为原子钟实验室组成的一部分。无论光钟还是微波钟,时钟频率都是从原子的基态和激发亚稳态之间的跃迁得到的,该跃迁的寿命为 1s 或更长,可以得到非常窄的共振跃迁线。当钟跃迁被激发时,通过监测冷却能级跃迁产生的荧光强度变化来检测时钟跃迁。

微波和光频范围之间的巨大频率差以及不同光频标之间的巨大频率差一直是光学频率在各种应用中使用的障碍,如在频率标准或是高精度光谱学和基础研究中。将这些光频率连接到微波范围是极其困难的,之所以需要这种连接,是因为大多数应用都在频谱的低频范围内,而且国际单位制(SI)的秒定义是基于 Cs 原子中的 X 波段微波超精细跃迁。QPAFS 的第 2 卷给出了进行这种连接的常规方法,包括通过多次外差将多组激光器的频率和相位锁定在一起,以便将各种光学频率互连,最终达到微波范围。这种连接需要经过大量的步骤,投入大量的空间和时间,通常需要一整个房间的激光器,最终测量的只是一个单一的频率。由于发明了光学频率梳(光梳),这项任务已大大减少。光梳将飞秒激光的重复频率锁定到高光谱纯度的稳定原子频标上。当用非线性光纤观察时,产生的激光光谱由一系列尖锐的"线"组成,这些"线"称为梳齿,频谱范围覆盖1倍频程。这样即使是很宽的频率也可以在光学平台上单次测量完成,与之前的外差技术相比,显著减少了工作量和占用空间。

本书详细介绍了这些主题。全书共分五章。第1章介绍了QPAFS第1卷和第2卷中描述的传统原子频标的最新进展,强调了这些频标的主要局限性以及这些局限性的物理基础,并概述了过去25年中取得的进展;第2章介绍了原子物理学及其理论和应用的最新进展,这些进展开辟了新的途径;第3章是关于新型微波频标的研发;第4章描述了在光学范围内进行的研究和开发,以实现基于第2章所述原子物理学新成果的光学频标;第5章总结了这些新型频率标准在频率稳定度和准确度方面取得的成果,并概述了特定的应用;另外给出了未来工作的一些思考。

如果没有该领域专家的大力帮助,就没有本书的顺利出版。我们感谢许多科学家的无私奉献和大力支持。特别地,要感谢 André Clairon,他阅读了完整书稿,并对提高书稿叙述准确性和内容完整性给予了诸多帮助。同时还感谢 C. Affolderbach、A. Bauch、S. Bize、J. Camparo、C. Cohen-Tannoudji、E. De Clercq、A. Godone、D. Goujon、S. Guérandel、P. Laurent、T. Lee、S. Micalizio、G. Mileti、J. Morel、W.D. Phillips、P. Rochat、P. Thomann、R.F.C. Vessot 和 S. Weyers,他们并提供了原始的研究数据或资料,同时针对本书内容给出了中肯的建议。

Jacques Vanier 和 Cipriana Tomescu

蒙特利尔大学

前言

本书介绍了1989年出版的两卷书之后的关于原子频标领域的最新进展。原子频标是提供基本频率为10MHz的电信号系统，该信号通常由石英晶体振荡器产生，频率或相位锁定到原子内部的量子跃迁。选择原子是因为它的特性，如易于检测所选的特定量子跃迁以及原子频率与环境的相对独立性。在早期的研究中，这些条件限制了氢原子和碱金属原子的发展，氢原子和碱金属原子在微波范围内发生跃迁，可以通过当时的技术很容易地作为原子束或原子蒸气进行操纵。激光的发展及其稳定性的进步将这项工作扩展到光学范围。在微波频标的早期开发中的一项主要任务是消除多普勒效应。原子在室温下以几百米每秒的速度运动，因此多普勒效应会导致共振信号的频移和谱线展宽。这种效应一般通过基于迪克效应的存储技术或使用双臂拉姆塞腔方法的原子束技术来消除。由于波长较短，这些技术不能很好地适应光学频率。然而，对原子之间的相互作用和电磁相互作用理解的深入为降低原子速度和减少（如果无法消除）多普勒效应带来的限制提供了新的方法。

连续不间断运行的原子频标称为原子钟。该操作本质上是一个积分过程，设置为积分常数的日期为实施时间尺度提供了基础。这就是原子时标的起源，尤其是国际计量局维护的原子时标。运行中的各种系统都有自己的时间尺度，如美国的全球定位系统（GPS）、俄罗斯的格洛纳斯（GLONASS）系统、中国的北斗系统和欧洲正在开发的伽利略（GALILEO）系统，它们都为地球表面或地表附近的导航发挥着重要作用。

虽然时间是物理学的核心，并用于人们的日常生活，但它是一个难以理解的概念，更不用说定义了。我们使用它时没有质疑它的起源和确切性质。它是物理学的基础，通过模拟构成宇宙的物体的演化方程来描述系统和系统集合的动力学。我们一直使用这一概念，而没有对其确切的性质和起源提出太多质疑。在牛顿力学中，物体在空间中演化，它们的行为通过微分方程和时空函数来描述。空间和时间都是独立的,一般认为它们是绝对的存在。在这种情况下,时间不是空间的函数,空间也不是时间的函数。然而,在试图通过空间和时间变换将力学与电磁学联系起来时出现了困难。这是由光速的有限性和不变性造成的,其在麦克斯韦方程中是明确的,与生成和测量光速的参考系的运动无关,在这种背景下,与爱因斯坦、庞加莱、洛伦兹、闵可夫斯基等一起,时间和空间变得相互纠缠,相互作用。没有绝对的空间,也不存在在绝对空间中的绝对时间框架。时间和空间构成一个四维框架,不能单独处理,这个要领构成了相对论的基础。通过多次试验和验证,这一理论被证明是有效的,并将其有效性提升到了一定的高度。应该指出的是,最准确的验证是用原子钟进行的。关于时间的本质还有另一个经常被提出的问题:它是离散的吗?如果是,那么它的最小量——时间量子是多少?普朗克时间是最小的时间实体吗?这是一个完全未知的课题,似乎是量子理论持续发展的难题,包括广义相对论中阐述的概念。

尽管在这样的问题面前我们可能会感到手足无措,但时间仍然是物理学中最基本的概念,是测量精度最高的量。目前的原子钟通常能在100万年内将时间保持在1s的精度,换句话说,在一年内稳定在1μs以内。例如,GPS根据卫星和地面上的原子频标生成的用于导航的时间标度,经过适当处理和过滤后稳定到约1ns/天。另外,由于用天文手段无法如此精确地测量时间,1967年用铯原子中一个特定的原子超精细跃迁来代替天文上对秒的定义,该跃迁的频率设置为9192631770Hz。此外,由于现在光速被精确定义为299792458m/s,同时提供了米的定义,因此国际单位制(SI)的机械单位基本上由基本时间单位秒决定。由于约瑟夫森效应,以单一的量统一所有国际单位制的概念更进一步。约瑟夫森效应将电压与频率联系在一个最基本的表达式$2e/h$中,只涉及基本常数。这是将在第5章中描述的主题。

从这一讨论中可以明显看出,时间在物理学和技术中起着重要的作用,实现SI的最高准确度是50年来几个实验室和研究所关注的问题之一。从在微波范围内实现秒的巨大改进开始,工作已经扩展到光学范围,频率稳定度和准确度提高了几个数量级。这些成就主要是通过更好地理解电磁辐射和原子之间的相互作用,从而提供了一种改变原子性质的方法取得的。本书主要讲述了25年来在实现稳定和准确的频标方面取得的进步。

目录

第1章 微波原子频标的回顾与最新进展 ··· 1

- 1.1 经典的原子频标 ··· 1
  - 1.1.1 铯束频标 ··· 2
  - 1.1.2 氢激射器 ··· 29
  - 1.1.3 光抽运铷原子频标 ··· 59
- 1.2 其他原子微波频标 ··· 69
  - 1.2.1 $^{199}Hg^+$ 离子频标 ··· 71
  - 1.2.2 Paul 阱中的其他离子 ··· 76
- 1.3 关于经典微波原子频标的局限性 ··· 79
- 附录 1.A 二阶多普勒频移公式 ··· 80
- 附录 1.B 拉姆塞腔臂间的相移 ··· 81
- 附录 1.C 方波调频和频移 ··· 81
- 附录 1.D 环形腔相移 ··· 82
- 附录 1.E 磁控管腔 ··· 83
- 参考文献 ··· 85

第2章 原子物理进展及其对频标的影响 ··· 99

- 2.1 半导体激光器 ··· 99
  - 2.1.1 激光二极管工作原理 ··· 100
  - 2.1.2 半导体激光二极管的基本特性 ··· 102
  - 2.1.3 激光二极管的类型 ··· 103
  - 2.1.4 其他类型的激光器 ··· 105
- 2.2 半导体激光器波长和线宽的控制 ··· 106
  - 2.2.1 线宽压窄 ··· 106
  - 2.2.2 利用原子共振谱线实现激光器频率稳定 ··· 112
- 2.3 激光抽运 ··· 115
  - 2.3.1 速率方程 ··· 115

2.3.2　场方程和相干性 ·· 117
　2.4　相干布居囚禁 ·· 121
　　　2.4.1　相干布居囚禁现象的物理机制 ······················· 123
　　　2.4.2　基本方程 ·· 125
　2.5　原子的激光冷却 ·· 129
　　　2.5.1　原子-辐射场相互作用 ··································· 130
　　　2.5.2　激光冷却中的扰动效应及其极限 ······················ 148
　　　2.5.3　低于多普勒极限的Sisyphus冷却 ······················ 149
　　　2.5.4　磁光阱 ··· 154
　　　2.5.5　激光冷却和囚禁的其他实验技术 ······················ 157
附录2.A　激光冷却的能量角度 ······································ 173
参考文献 ··· 174

第3章　基于新物理技术的微波频标

　3.1　铯原子束频标 ·· 183
　　　3.1.1　光抽运铯原子束频标 ····································· 183
　　　3.1.2　原子束CPT ·· 191
　　　3.1.3　原子束冷却频标 ·· 197
　3.2　原子喷泉方法 ·· 199
　　　3.2.1　方案探索 ··· 199
　　　3.2.2　铯喷泉概述 ·· 200
　　　3.2.3　铯喷泉的功能 ··· 201
　　　3.2.4　铯喷泉的物理构造 ······································· 206
　　　3.2.5　铯喷泉的频率稳定度 ···································· 210
　　　3.2.6　铷和双组分喷泉钟 ······································· 213
　　　3.2.7　喷泉钟频率偏移和偏差 ································· 215
　　　3.2.8　交替冷铯频标：连续喷泉 ······························ 232
　　　3.2.9　铯冷原子空间钟PHARAO ······························ 237
　3.3　各向同性冷却方法 ·· 238
　　　3.3.1　外腔方法：CHARLI ···································· 238
　　　3.3.2　集成反射球和微波腔的方法：HORACE ············ 240
　　　3.3.3　不同的HORACE方法 ··································· 241
　3.4　光泵室温Rb频标 ·· 242
　　　3.4.1　对比度、线宽和光偏移 ································· 242
　　　3.4.2　激光辐射束形状的影响 ································· 250

  3.4.3 短期频率稳定度估算 ·· 250
  3.4.4 信号幅值、线宽和频率稳定度的实验结果 ···················· 250
  3.4.5 频移 ·· 254
  3.4.6 激光噪声和不稳定度对时钟频率稳定性的影响 ················ 262
  3.4.7 使用密封泡和激光抽运的其他方法 ·························· 270
3.5 相干布居囚禁方案 ·· 272
  3.5.1 连续模式的缓冲气体密封泡：被动频标 ······················ 273
  3.5.2 泡的主动方案：CPT 激射器 ································· 284
  3.5.3 被动 IOP 和 CPT 时钟提高信噪比的技术方法 ················ 289
  3.5.4 用于实现频标的激光冷却原子的 CPT ························ 290
3.6 激光冷却的微波离子钟 ·· 291
  3.6.1 $^9Be^+$ 303MHz 射频标准 ····································· 292
  3.6.2 $^{113}Cd^+$ 和 $^{111}Cd^+$ 离子阱 ···································· 294
  3.6.3 $^{171}Yb^+$ 激光冷却微波频标 ·································· 295

附录 3.A 喷泉原子钟的频率稳定度 ·· 296
  3.A.1 散粒噪声 ·· 299
  3.A.2 量子投影噪声 ·· 299

附录 3.B 冷碰撞和散射长度 ·· 302
附录 3.C 光抽运下极化激光辐射的光吸收 ································ 303
附录 3.D 基本的 CPT 微波激射器原理 ····································· 306
参考文献 ·· 307

第4章 光学频率标准 ·· 327

4.1 早期使用吸收原子泡方法 ·· 328
4.2 基本概念 ·· 330
4.3 磁光阱方法 ·· 332
4.4 单离子光钟 ·· 333
  4.4.1 原理 ·· 333
  4.4.2 单离子系统的实现概述 ···································· 337
  4.4.3 单离子钟系统频率频移 ···································· 345
4.5 光晶格中性原子钟 ·· 355
  4.5.1 原理 ·· 355
  4.5.2 光晶格钟使用的原子类型 ·································· 361
  4.5.3 重要的频率偏移项 ·· 366
  4.5.4 光晶格中频率稳定度 ······································ 369

XVII

  4.5.5 实际实现 ………………………………………………………… 370
 4.6 光钟频率测量 ……………………………………………………… 371
  4.6.1 光梳 …………………………………………………………… 372
  4.6.2 钟频率和实现的频率稳定度 ………………………………… 373
 参考文献 …………………………………………………………………… 373

第5章 结论和思考 …………………………………………………… 383

 5.1 准确度和频率稳定度 ……………………………………………… 384
 5.2 原子频标的主要应用 ……………………………………………… 386
  5.2.1 国际单位制：重新定义秒 …………………………………… 386
  5.2.2 基本物理定律的测试 ………………………………………… 388
  5.2.3 原子钟用于天文和地球科学 ………………………………… 391
 5.3 总结与反思 ………………………………………………………… 392
 参考文献 …………………………………………………………………… 394

第1章
微波原子频标的回顾与最新进展

在 20 世纪 80 年代末,原子频率标准(简称原子频标)达到了一个较为完善的水平,令许多其他物理学领域羡慕不已。在各国国家级研究所中运行的铯(Cs)原子基准频标的准确度达到了 10^{-13} 甚至更优的水平,氢激射器(H maser)的中期频率稳定度也优于 10^{-14} 水平。这些特性使科学家们得以对基础物理理论预言进行高精度的验证。例如,由相对论给出的诸多推论,也使时标达到了一个无与伦比的稳定性。原子频标的优越性能也推动了其在众多领域的应用。时间单位 s 成为国际单位制(SI)中最精确的单位,基于此,长度单位 m、电压单位 V、电阻单位 Ω 也都得以复现。另外,铷(Rb)原子频标凭借其优越的性能,成为数字通信系统的技术支撑,系统的可靠性和可用性都得以提升。铷钟较好的中期稳定度和小体积特性,也使其能够应用于卫星导航系统中。

科学家们在基于不同种类原子的新型原子频标的研究上做了大量的工作,然而这些新型原子频标仍然处于实验研究阶段。因此,氢、铷、铯仍然是原子频标领域的核心原子,无论在基础研究还是需要高精度准确守时的实际系统中,氢钟、铷钟、铯钟仍占据着重要地位。尽管随着光抽运和激光冷却技术的应用,基于磁选态原理的铯束原子频标已不再是最准确的基准频标,但其仍然是诸多实验室中保持本地时标的主力军,用来确认其他频标的准确度,并且在有限的范围内,向国际计量局(Bureau International des Poids et Measures,BIPM)汇报守时的情况。

本章将回顾氢钟、铷钟、铯钟的物理结构和特性,还将回顾一些选定的其他类型的微波原子频标,这些频标在某些特定场景下仍有其应用前景。我们研究了这些频标的核心物理原理以及它们在尺寸、频率准确度和频率稳定度方面的局限性。我们还看到,这些限制在某种程度上得到了克服,这表明,只要有新的想法,即使是这些已经达到很高成熟度的仪器设备,仍可加以改进。

1.1 经典的原子频标

通常把氢钟、灯泵铷钟、铯束原子钟归类为"经典原子频标"。在接下来的段落中将回顾这些原子钟的物理结构,以及在其研发过程中同步形成的理论成果。这些理论在分析引起测量准确度和稳定度偏差的各种现象时非常重要。在 The Quantum Physics of Atomic Frequency Standards (QPAFS)一书的第 1 卷和第 2 卷中,读者可以找到关于这类原子钟的工作方式及其背后涉及物理知识的详细介绍。在下面几节中,为便于阅读,将回顾与其工作方式相关的主要概念,包括所涉及的物理机理方面的最新进展。最后,给出更好地理解原子频标工作机理,获得更高稳定度、准确度、精简体积、重量的新理论和新方案。

1.1.1 铯束频标

早在 1950 年 Ramsey 提出了一个基于铯原子分离振荡场技术的频标(Ramsey,1950),并由 Essen 和 Parry 在 1955 年成功实现(Essen 和 Parry,1955)。随后在实验室和工业中大量研究(如 McCoubrey,1996)。技术的发展呈现出极大的成功,很快实验室实现了铯原子基准频标,铯原子基态超精细能级之间的跃迁频率也随后在国际计量大会(Conférence Générale des Poids et Measures)(CGPM,1967—1968)上确定为"秒"的定义,跃迁频率为 9192631770Hz。这是通过精确的天文观测能够获得的最佳数值,通过该测量确定了铯原子超精细能级间跃迁频率与秒之间的关系。在此之前,秒是定义在基于天文观测的历书时上的(Markowitz 等,1958)。这一新定义一直沿用至今(注:本书当时是 2015 年)。

为什么选择铯原子作为秒定义的基础呢? 首先,在频标的实施中选择铯原子是因为人们对其已经有了相当多的了解。相比其他种类原子,铯原子也有其优势。尤其是铯原子在自然界中的稳定同位素只有一个——^{133}Cs,并且在自然界中的含量也比较丰富。铯原子熔点为 28.4℃,这意味着在比较低的温度就能获得比较高的原子蒸气压,在 425~500K 这一相对低的铯炉温度范围,能够获得强原子束流。铯原子离化能量为 3.9eV,这使它可以通过常规方法探测,如利用一个加热丝进行电离探测并记录离子数。最后,铯原子基态超精细能级之间跃迁频率处于 X 波段,已有的微波技术在该波段已经发展得非常成熟,使原子-微波相互作用可以在很小的尺度范围内实现,如在厘米量级的微波腔内。

铯原子核自旋为 $I = 7/2$,且在封闭电子壳层外只有 1 个处于 s 轨道的电子。它的基态由两个超精细能级 $F = 3$ 和 $F = 4$ 组成,在弱磁场的作用下,分别分裂为 7 个和 9 个磁子能级。基态能级随磁场的变化情况如图 1.1 所示。

1.1.1.1 磁选态方法的阐释

磁选态铯原子束频标的主体方案如图 1.2 所示(Vanier 和 Audoin,2005)。铯原子炉工作在 50~100℃温度范围,根据所需的原子数密度要求调节温度。

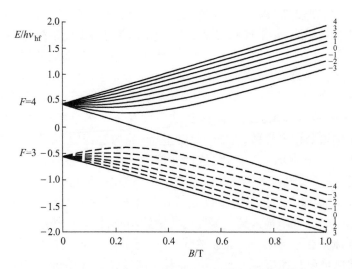

图 1.1 铯原子基态能级分裂随磁场的变化情况

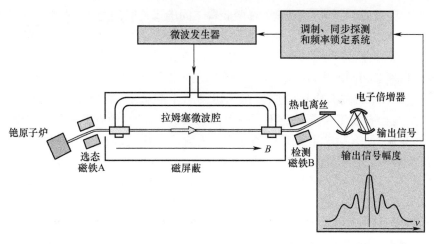

图 1.2 磁选态铯原子束频标主体方案(右下方插图显示了在系统开环、微波频率在原子共振频率附近缓慢扫描时得到的原子共振线形。在此图中磁场方向与原子束传播方向平行,而在实际中磁场方向通常设置为垂直于原子束传播方向)(数据来源于 Vanier J. 和 Audoin C., Metrologia, 42, S31, 2005. 版权归属 BIPM,经 IOP 出版社许可转载)

  铯原子经过炉口适当的准直后从原子炉内喷出。原子束被引导通过拉姆塞腔,该腔提供一个电磁相互作用区域,激发铯原子在基态两个超精细 $m_F=0$ 能级之间跃迁。磁体 A 和 B 通常是偶极磁体,产生很强的不均匀磁场,原子运动轨迹在其中发生偏转。这些磁体被称为斯特恩-格拉赫(Stern-Gerlach)选态器或过滤器。

原子束的偏转是由原子磁矩与梯度磁场作用以及原子寻求低势能趋势引起的。因此，根据图 1.1，在强磁场中具有较高能量的原子将被偏转到低磁场区域，以降低原子的势能。类似地，能量较低的原子在磁场中将向强磁场区域偏转。通过磁体 A 完成态选择，设置磁体 A 的方向，使之处于 $F=4$、$m_F=0$ 能级的原子偏转并通过拉姆塞微波腔，之后到达检测磁体 B。原子束中处于 $F=3$、$m_F=0$ 能级的原子将与 $F=4$、$m_F=0$ 能级的原子分开，经过适当的准直后可以被消除。原子束成分的检测由磁体 B 完成，称为检测器。在磁体 B 之后设置一个热电离丝对原子进行离化，之后由电子倍增器检测计数。原子在穿越微波腔的过程中，会先后与微波腔两臂中角频率为 ω 的电磁场相互作用，这两臂称为 Ramsey 相互作用区。在微波腔的第一个腔臂，原子通过拉比振荡被激发至量子叠加态，此叠加态为 $F=3$、$m_F=0$ 和 $F=4$、$m_F=0$ 的叠加。定义一个参数 τ，表示单个速度为 v 的原子经过长度为 l 的腔臂所需的时间。调节馈入到谐振腔内的微波功率，使原子经过时呈现出 $\pi/2$ 脉冲的效果。原子在经历第一个微波腔臂时，相当于与一个微波脉冲相互作用，这个 $\pi/2$ 脉冲使以最可几速率经过的原子，在经过谐振腔后，精确地处于两个磁子能级的叠加态。均匀磁场 B 的作用是提供一个量子轴方向，不会影响原子的能级布居数。两个腔臂之间距离为 L，原子在两腔臂之间的飞行时间为 T。在第一个腔臂和第二个腔臂之间，原子不受干扰地自由飞行和演化。对于一个速度为 v 的原子，T 表示为 L/v，并且会受到原子束发散的影响。在第二个腔臂内，原子将经历与第一个强度和频率相同的微波场。由于飞行中的速率不变，原子在第二个腔臂内也是受到 $\pi/2$ 脉冲的微波作用。原子在飞出第二个腔臂后，将处于 $F=3$、$m_F=0$ 能级，整个过程看起来是原子经历了一个 π 脉冲。如果腔内的微波频率不能与原子精确共振，那么第二个腔臂中场的相位将与原子磁矩的相位不一致，这种不一致将从干涉条纹上体现。如果两臂内辐射的总效果小于 π 脉冲的效果，则跃迁不完全，原子整体的跃迁概率不在最大值。在探测时，表现为一部分原子处于 $F=3$、$m_F=0$ 能级，一部分原子不处于该能级。在实际的跃迁检测中，第二个斯特恩-格拉赫选态器将仅选择处于 $F=3$、$m_F=0$ 能级的原子，并将这部分原子偏转到探测器上。探测器为由钨或其他材料制成的加热丝，将到达它的原子离化。产生的离子电流可以直接测量（通常在实验室频标中）或者通过电子倍增器测量（通常在商业频标中）。如果在一定范围内扫描馈入腔内微波场的频率，则在探测端可以得到像图 1.2 中的插图那样的干涉条纹。值得一提的是，$F=3$、$m_F=0$ 能级原子的作用和 $F=4$、$m_F=0$ 能级原子的作用可以反过来，并且不会影响系统运行。

这种信号称为 Ramsey 条纹（Ramsey，1956），这一信号线形的完整计算可以参考 *The Quantum Physics of Atomic Frequency Standards* 第 2 卷（QPAFS，1989）。

处于中心部分的峰是共振峰，也是最关注的地方。对于一个给定速度 v 的原子,对应经历每个微波腔臂的时间 τ,共振附近的条纹线形可以用下面的公式近似表示(为了便于阅读,本书直接从 *The Quantum Physics of Atomic Frequency Standards* 第 2 卷(QPAFS,1989)一书中摘录过来部分公式),即

$$P(\tau) = \frac{1}{2}\sin^2 b\tau[1 + \cos(\Omega_0 T + \phi)] \quad |\Omega_0| \ll b \quad (1.1)$$

式中:τ 为在每一个相互作用区微波场与原子的相互作用时长;T 为原子在两个相互作用区之间的飞行时长;ϕ 为两个微波腔臂内微波场的相位差,包括腔的损耗和不对称的影响;Ω_0 为微波场频率 ω 与原子共振频率 ω_0 的频率差,即

$$\Omega_0 = \omega - \omega_0 \quad (1.2)$$

b 为在相互作用区内的拉比角频率,是微波磁场 B_{mw} 振幅的量度。b 由以下方程定义(注意这里的定义与 *The Quantum Physics of Atomic Frequency Standards* 第 2 卷(QPAFS,1989)书中的一致,与拉姆塞(1956)的论文中相差 2 倍),即

$$b = \frac{\mu_B}{\hbar} B_{mw} \quad (1.3)$$

式中:μ_B 为玻尔磁子;$\hbar$ 为普朗克常量 $h/2\pi$。

假设 $\phi = 0$ 或 π,式(1.1)中的中心条纹的半高宽可以表示为

$$W = \frac{\pi}{T} \quad (1.4)$$

如果只经过一个腔相互作用,那么观测到的是拉比共振信号,它的线宽则为 π/τ。对于双臂腔,中心条纹线宽降低了 $L/l = T/\tau$ 倍,在实验室内可以将 L 比 l 设计得很大,则这个倍数就会很大,实验上可以达到 100 倍或更大。

注意式(1.1)成立的前提条件是 $|\Omega_0| \ll b$。通过对 QPAFS 书第 2 卷(QPAFS,1989)中发展的完全拉姆塞条纹方程进行一阶展开,可以获得对中心条纹的更好近似,即

$$P(\tau) = \frac{1}{2}\sin^2 b\tau \left[1 + \cos(\Omega_0 T + \phi) - \left(\frac{2\Omega_0}{b}\right) \tan \frac{1}{2} b\tau \sin(\Omega_0 T + \phi) \right]$$

$$(1.5)$$

然而,式(1.1)已经是对中心条纹极好的近似了,大部分关于影响频率偏移的因素分析中都在使用。式(1.5)中的第 3 项引入了一项修正,在某些情况下,其数值为所计算偏差的几个百分点,有时用于提高各种效应的评估精度(Makdissi 和 de Clercq,2001)。

上述计算假设了原子速度相同并且通过两微波腔臂的时间相同。实际上原子束是有热速率分布的。在气态下,原子服从麦克斯韦速率分布。但是,对于一个准直的原子束并且经过磁铁的态选择,这种分布被极大地改变。如果通过每个腔臂中的相互作用时间 τ 按 $f(\tau)$ 分布,则必须对该分布的跃迁概率进行平均,即

$$P = \int_0^\infty f(\tau)P(\tau)\mathrm{d}\tau \tag{1.6}$$

式中：时间 τ 和原子速率 v 的分布满足

$$\int_0^\infty f(\tau)\mathrm{d}\tau = \int_0^\infty p(v)\mathrm{d}v = 1 \tag{1.7}$$

$$f(\tau) = \frac{1}{\tau^2}p\left(\frac{1}{v}\right) \tag{1.8}$$

条纹图样在一定程度上会被原子的速率分布平均掉。然而，事实证明，如果速率分布做到像某些方案(Becker,1976)中那样足够窄，则中心图样不会受到太大影响。图1.3给出了两种扫描范围内的典型实验结果。

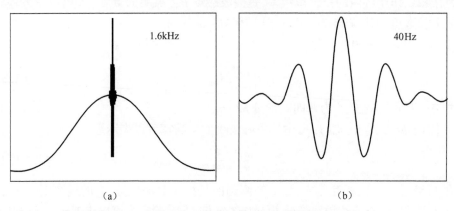

图1.3 观测到的NRC 4号铯频标的拉姆塞条纹(数据来源于Mungall, A. G. et al., Metrologia, 17, 123, 1981. 版权归属BIPM，经IOP出版社许可转载)

铯原子频标装置通过将微波频率锁定到原子上实现，利用晶体振荡器产生微波辐射，耦合到Ramsey腔内与原子共振相互作用，见图1.2。在该系统中，晶体振荡器的频率以低频进行调制，调制深度小于Ramsey中心条纹的线宽。通过同步检测获得鉴相信号，将该信号反馈到晶体振荡器，实现晶振频率到原子超精细跃迁频率的锁定。

从先前的讨论中可以明显地看出，原子束中的原子是相对不受干扰的。然而，仍然存在一些物理因素，引起微小的频率偏移或偏置。在实现前述的这种原子频标时，其中一项主要的工作就是精确地评估各种物理因素引起的频率偏移或偏置的大小。只有经过这样的评估，一个原子频标装置才能被认可复现了国际单位制"秒"，这也是这些国家时间频标实验室的主要研究目标。

这些频移可以分为3大类，即与原子本质特性相关的、通过对共振信号的探测引入的以及微波与原子的锁定引入的。这里概述了这些频移的本质。在1.1.1.4节中将介绍这些年在频移量的精确评估以及频移量抑制方面取得的进展。

1.1.1.2 频率偏移和准确度

1. 与原子物理特性相关的频移

1) 磁场频移

在弱磁场条件下,共振线的频移量随着磁场强度的变化表达为(QPAFS,1989,第1卷,表1.1.7):

$$\nu = \nu_{\mathrm{hf}} + 427.45 \times 10^8 B_0^2 \tag{1.9}$$

式中:ν_{hf}为无干扰时的超精细跃迁频率,$\nu_{\mathrm{hf}}=9192631770\mathrm{Hz}$;$B_0$为施加的磁场强度(T)。

施加的磁场强度大概在$(50\sim100)\times10^{-7}\mathrm{T}(50\sim100\mathrm{mG})$范围,共振峰的频移量在$10^{-10}$量级。磁场频移是铯原子频标中最重要的频移因素,这一指标的评估精度必须要达到最终指标评定的精度。显然,为了保证频率稳定度,磁场的波动必须控制到最小。因此,必须使用非常稳定的电流源来为磁场产生装置供电。通常这类磁场产生装置是杆或螺线管。另外,环境磁场也需要足够多的屏蔽,以防止对相互作用区域(拉姆塞腔)的磁场产生干扰。通常用多层坡莫合金或高磁导率屏蔽桶,将屏蔽区域包围起来。

2) 二阶多普勒效应

这种频移源于狭义相对论的时间膨胀现象。对于一个速率为v的原子,产生的二阶多普勒频移量$\Delta\nu_{\mathrm{D2}}$为(QPAFS,1989,第1卷)

$$\frac{\Delta\nu_{\mathrm{D2}}}{\nu_{\mathrm{hf}}} = -\frac{v^2}{2c^2} \tag{1.10}$$

式中:c为光速。

在原子束中,原子有速率分布并且束流发散,这一频移量必须对速率分布取平均。原子的平均跃迁概率如式(1.6)所示。由于各种频移量的期望值都很小,可以认为各个频移量是相互独立的。当单独考虑二阶多普勒频移时,原子在离开第二个选态器时的跃迁概率可以表示为

$$P = \frac{1}{2}\int_0^\infty f(\tau)\sin^2 b\tau\left\{1+\cos\left[\omega-\omega_0\left(1-\frac{v^2}{2c^2}\right)\right]T\right\}\mathrm{d}\tau \tag{1.11}$$

通过适当的调整和归一化,可以直接使用该表达式来获得到达探测器的原子束的强度。因此,可以将原子束强度写为

$$I = I_{\mathrm{b}} + \frac{1}{2}I_0\int_0^\infty f(\tau)\sin^2 b\tau\left\{1+\cos\left[\omega-\omega_0\left(1-\frac{v^2}{2c^2}\right)\right]T\right\}\mathrm{d}\tau \tag{1.12}$$

式中:I_{b}为到达探测器的原子束流本底,如处于错误状态的对信号没贡献的原子。

铯频标的共振频率定义为Ramsey图样中心条纹的最大值,对应的是到达探测

器的原子束强度 I 的最大值。该频率通过将式(1.12)对 ω 微分得到(见附录1.A)。因此,可以得到

$$\frac{\omega_D - \omega_0}{\omega_0} = -\frac{\int_0^\infty v^2 T^2 f(\tau) \sin^2 b\tau d\tau}{2c^2 \int_0^\infty T^2 f(\tau) \sin^2 b\tau d\tau} \tag{1.13}$$

式中:ω_D 为拉姆塞图样中心峰值对应的频率。

为了评估频移量,需要知道相互作用时间分布函数 $f(\tau)$ 或原子的速度分布。20世纪60年代,在原子束共振光谱领域提出了原子束中原子服从麦克斯韦速率分布的假设(Harrach,1966、1967)。由于利用了磁铁进行态选择,实际的分布可能与麦克斯韦分布差别很大。在早期铯原子基准频标的发展中,假设的是原子速率服从麦克斯韦分布,但是去掉了高速率部分和低速率部分(Mungall,1971)。然后通过数值分析原子的速率谱宽度和截止频率,利用式(1.6)给出 Ramsey 条纹的最优近似,对速率分布进行验证。然而,这种做法是非常经验主义的。现在提炼出了更先进的 $f(\tau)$ 评估方法,近期对与速率相关的频移评估达到了令人满意的精度。

3) 黑体辐射效应

黑体辐射效应来源于原子与环境热辐射的交变电场相互作用。在工作温度为300K 时,利用极化率(QPAFS,1989,表1.1.8)计算得到的辐射频移量为 -1.69×10^{-14},并且按绝对温度的4次幂变化(Itano 等,1981)。在1990年以前,由于当时有限的频率稳定度和准确度,这一效应在铯钟评估中还不重要。然而随着稳定度的极大提升,在室温下就观察到了该频移(Bauch 和 Schröder,1997)。实验中,在150℃的温差范围内测量了频移量随温度的变化关系。测量结果为 1.66×10^{-14},与理论预期符合得非常好。稍后将介绍的铯喷泉钟具有更高的准确度,对黑体辐射效应的评估就变得更加重要。另外,根据最新的测量结果(Micalizio 等,2004),理论评估中所用到的极化率量值是否正确还值得商榷。

4) 自旋交换频移

原子束中不同速度原子之间发生碰撞,或者原子与真空内背景原子之间的碰撞,会引起原子外层电子之间的自旋交换,称为自旋交换效应,它将引起一项与碰撞速率成正比的频移(QPAFS,1989)。碰撞速率则正比于原子之间相对运动速率的大小和原子的碰撞截面。当前,室温下铯原子的碰撞截面大小还不清楚,虽然认为这个值不大,但仍需要进行评估。对于铯束原子频标,该效应较小,但是在铯喷泉原子频标中,尤其是当铯喷泉的准确度达到 10^{-16} 量级时,这个效应就变得重要。

2. 共振探测系统引入的频移

1) 两个微波腔臂之间的相位频移

如果两个微波腔臂之间的相位差在0或 π 附近有个微小的偏差 ϕ,那么

Ramsey 条纹中心峰的最大值或最小值就会偏移。这一微小相位差可能来源于两个腔臂的不对称或波导的电损耗,导致微波腔内出现行波。

对于一个速度为 v 的原子,两个微波腔臂之间距离为 L,原子在腔臂之间的飞行时间为 $T=L/v$,从式(1.1)中可以看出,两腔臂之间的相位差 ϕ 导致的共振条纹频率偏移量为

$$\Delta\nu_\phi = -\frac{\phi}{2\pi T} \tag{1.14}$$

例如,Ramsey 腔的两个臂长度 10^{-4} m 量级的不对称可能引起 10^{-13} 量级的频移,具体取决于所用的微波波导的电损耗。频率偏移量在原子速度反向时,符号也反向。因此,该项频移可以通过改变原子束的方向来通过实验确定。然而,由于微波场相移会随着腔内位置的不同而改变(通常称为分布式相移),以及原子束反向时不能保证原子轨迹的精确重合,该项频移评估的准确度有限。由于商用的铯束管微波腔更短,原子的飞行时间 T 比实验室级铯钟要小,因此其频移量更大,可能达到 1×10^{-12}。

在 QPAFS 第 2 卷(QPAFS,1989)中,给出了此项频移的详细分析。这里回顾一下分析的要点。利用式(1.1)和式(1.6),将其转换成原子束强度,可以得到

$$I = I_b + \frac{1}{2}I_0\int_0^\infty f(\tau)\sin^2 b\tau \{1 + \cos[(\omega - \omega_0)T + \phi]\}d\tau \tag{1.15}$$

这里着重强调一下该频移与二阶多普勒频移的区别。二阶多普勒频移直接影响原子的跃迁频率,而相位频移则通过微波腔引入,并且认为是原子随时间演化的一个步骤。为了得到原子束流 I 最大处的频率,需要像计算二阶多普勒频移一样,对 ω 做微分,并令 $\partial I/\partial\omega = 0$(参考附录 1.B),再利用关系 $T=L/v$,可以得到

$$\omega_\phi - \omega_0 = -\frac{\phi}{L}\frac{\int_0^\infty (1/v)f(\tau)\sin^2 b\tau d\tau}{\int_0^\infty (1/v^2)f(\tau)\sin^2 b\tau d\tau} \tag{1.16}$$

该分析引出了一项重要的考虑因素:频移量通过测量 Ramsey 图样的最大值得到,该频移是速度分布的函数,并且取决于 b 的值,所以馈入谐振腔内微波功率的大小起决定性作用。这与通过式(1.13)计算的二阶多普勒效应情况相同。现在回过来理解这一最新进展,来看看如何通过新型腔体实现相位频移效应的降低。

2) 腔牵引效应

谐振腔腔模的频率变化会影响共振最大值的位置。当谐振腔 Q 值较低时,只能与数量较少的原子相互作用,在腔内产生较弱的受激辐射,此时腔牵引效应很

小。对商品小铯钟,共振跃迁的可控性较小,腔牵引效应可能比较显著。然而,对实验室内的铯束频标,Q 值通常被有意地降低,而且原子增益也较低,这种偏移通常是可控的,并不会引起问题。例如,假设谐振腔 Q 值为 500,原子谱线宽度为 60Hz,对应谱线 Q 值为 1.5×10^8,1MHz 的谐振腔频率偏移将使铯钟产生 6×10^{-15} 的频率偏移。全部详细计算内容可参考 QPAFS 第 2 卷。另外,当使用方波对微波进行调制,探寻原子频率时,谐振腔失谐可能会引起另一个频移。这种效应之所以会出现,是因为如果谐振腔没有被精确地调谐到原子共振,由调制产生的两个频率场可能无法具有相同的振幅。

3) Bloch-Siegert 效应

谐振腔中的微波磁感应可以看作线偏振辐射。一个线偏振场可以分解为两个对向旋转的圆偏振场。在旋转坐标系下,其中一项视为与原子系综共振,而反向旋转的另一项则视为具有 2 倍的共振频率。初步分析表明,在探测共振频率时,这个非共振项会引入频移。这种频移效应称为 Bloch-Siegert 效应(Bloch 和 Siegert,1940)。频移量正比于原子束管的 l/L,其中 l 为腔臂的宽度,L 为两个腔臂之间的距离,对于实验室内大尺寸的原子频标,该频移在 5×10^{-15} 水平。

4) 马约拉纳跃迁(Majorana Transitions)

假定沿原子束方向的恒定磁场不是均匀的,可以引起在 $F=3$ 和 $F=4$ 能态的各个 m_F 磁子能级之间的随机性跃迁,这些跃迁被称为马约拉纳跃迁(Majorana,1932)。结果表明,此类跃迁会引起中心 $\Delta m_F=0$ 共振跃迁的频移(Ramsey,1956)。在经典方法中,永磁体被用于选态和检测,由磁体产生的杂散非均匀磁场可能会激发马约拉纳跃迁(Majorana transitions),并产生频移。在光抽运束管中,由于没有选态磁场的影响,以及沿着原子束方向的磁场可以做得非常均匀,不存在马约拉纳跃迁效应。

5) Rabi 和 Ramsey 频率牵引效应

该效应的产生,部分由原子固有性质导致,部分则是由共振检测技术引起。该频移通过对称场相关的拉比台的交叉而引入,拉比台的中心条纹为 $\Delta F=1$、$\Delta m_F=0$ 共振线(De Marchiet 等,1984;De Marchi,1987)。对于磁选态的情况而言,这些基台拥有不同振幅时,场相关的拉比台的尾部会造成中央边缘的小变形,进而导致中心条纹的频移。(Rabi 频率牵引)。此外,谐振腔内的微波场可能包含较小的垂直分量,进而导致 $\Delta F=1$、$\Delta m_F=\pm1$ 跃迁,此类跃迁由共同能级连接到目标($\Delta m_F=0$ 跃迁)共振跃迁。这些跃迁也可能使中心条纹发生畸变,并引起少量频移。上述现象称为 Ramsey 频率牵引(Cutler 等,1991)。这些偏移是原子束设计的函数,在一定程度上取决于用于探测共振的微波功率。该效应是施加磁场的函数,当共振线宽较窄时效应也会很小。因此,实验室标准将这些效应大大降低,总体上是很小的。针对这些效应已进行了大量的理论分析(Shirley 等,1995;Lee 等,2003)。

6) 微波泄漏

当发生微波泄漏时,微波腔的周围可能会出现微波场。这种杂散的微波场可能来自谐振腔上原子束穿过的孔洞,或是来自谐振腔不同组件之间的小间隙,从而导致微波泄漏。此类泄漏也可能是来自电馈通。原子束可能在本不应存在微波场的地方受到行波影响,导致多普勒频移效应。这种效应的相关模型已经建立,它解释了可能观测到的频移(Boussert 等,1998)。由于通常不了解微波场中的细节信息,很难评估引入的偏移,所以只能尽量仔细设计整体系统来避免泄漏的发生,进而将引起的影响最小化。

7) 引力效应

根据广义相对论,时钟速率是时钟所在位置的引力势能的函数。因此,铯原子的频标是其在地球场中所处高度的函数。由于在实验室中,用于确定国际单位制秒的铯束频标位于不同的高度,因此精确地确定这些标准相对于大地水准面的实际高度并进行适当校正非常重要。这种偏移很小,在地球场中,它随相对于大地水准面的高度 h 变化而变化有

$$\frac{\Delta \nu_{gr}}{\nu} \cong \frac{gh}{c^2} \tag{1.17}$$

式中:g 为时钟所在位置的重力加速度;c 为光速(Ashby 等,2007);假设高度 h 相对于地球的半径很小。

对频率的相对影响大约是 $10^{-16} m^{-1}$,大地水准面以上的高度难以精确到10cm量级,这相当于时钟频率的准确度量级为 10^{-17}。正如第4章中所述,光钟的准确度可以达到 10^{-18},因此原子钟有可能在精密大地测量学中得到应用。

3. 电子伺服系统引入的偏置

1) 微波辐射谱

微波辐射谱及其调制中的缺陷会导致频移的产生(Audoin 等,1978)。9.2GHz的微波辐射通常是由石英晶体振荡器在标称频率(如10GHz)下合成所得。该过程中通常会产生各种频率的边带,还会进一步放大石英晶体振荡器频谱中任何杂散的谱成分。这些边带会产生各种虚拟跃迁,并引起较小的频移。

2) 调制引入的频移

在伺服系统中使用振幅为 ω_m 的方波频率调制方法,将微波频率锁定在谐振线上,此时系统的作用是通过同步检波和反馈,使在中心线两侧 $+\omega_m$ 和 $-\omega_m$ 处检测到相等的信号振幅。如果中心 Ramsey 条纹是不对称的,伺服系统可能会锁定到一个与共振线最大值处不同的频率。例如,包含多普勒频移的式(1.13)给出的频率(Mungall,1971)。频率偏差取决于谱线的失真以及所使用的频率调制 ω_m 的幅度,这在图1.4中进行了说明。从图中可以清楚地看到,对于一条对称线,该方法检测到的中心频率与最大信号的频率相同。但对于非对称线,情况并非如此,其伺服频率 ω'_0 随调制幅度 ω_m 的变化而变化,并且与最大信号的频率 ω_0 不同。

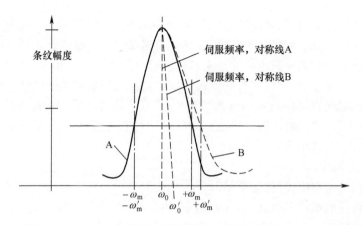

图1.4 利用方波调制检测非对称条纹对实际测量频率的影响(A是一条对称的条纹，而B是一条因频率偏移(如依赖于原子速度的二阶多普勒效应)而变得不对称的条纹)

Ramsey 条纹的非对称性可能源于与速度有关的频移。二阶多普勒效应导致了这种基于速度的偏移。在该情况下，测得的 ω'_D 的频率不同于 ω_D，ω'_D 的计算由下式给出(见附录1.C)(Audoin 等,1974)，即

$$\frac{\omega'_D - \omega_0}{\omega_0} = \frac{\int_0^\infty v f(\tau) \sin^2 b\tau \sin\omega_m T \mathrm{d}\tau}{2c^2 \int_0^\infty (1/(v)) f(\tau) \sin^2 b\tau \sin\omega_m T \mathrm{d}\tau} \tag{1.18}$$

对于 Ramsey 腔两壁间由一个剩余相位偏移所引起的频移，可得到一个类似的表达式，即

$$\omega_\phi - \omega_0 = -\frac{\phi}{L} \frac{\int_0^\infty f(\tau) \sin^2 b\tau \sin\omega_m T \mathrm{d}\tau}{2c^2 \int_0^\infty 1/(v) f(\tau) \sin^2 b\tau \sin\omega_m T \mathrm{d}\tau} \tag{1.19}$$

从这些表达式中可以清楚地看到，伺服系统的锁定频率取决于相互作用区域中微波场的振幅 b 以及频率调制的振幅 ω_m。综上所述，在评估这类速度敏感的 Ramsey 条纹变形修正量时，需要额外仔细。读者可参考 QPAFS 第2卷(1989)来获取关于该主题的更多细节信息。

3) 与调制和解调缺陷有关的频移

这些频移与调制和解调信号的失真有关，这些信号用在同步检测过程中生成误差信号(QPAFS,1989，第2卷;Audoin,1992)，甚至是频谱中的谐波也会导致频移。如果希望该效应对现有最优频标的准确度影响忽略不计，则失真比至少要小

于 10^{-6}。

4）子频率控制回路

控制回路中有限的直流增益和电压偏置会导致频率锁定回路中的频率偏置。在最新的设计中使用了数字伺服回路以消除这些偏置（Garvey, 1982; Nakadan 和 Koga, 1985; Rabian 和 Rochat, 1988; Sing 等, 1990）。

表 1.1 总结了上述各种偏置量的大小，以及在确定这些偏置量时的最新准确度。该表是在没有参考已实现的特定频标系统下给出的，仅供读者参考，以便读者明确给定偏移的相对重要性以及如何在最佳实验条件下确定偏移。目前看来，最大的偏移量是磁场偏置量。然而，如果进行磁性环境的设计时加以小心，该效应不会引起准确度的太大偏差。谐振腔分布相移限制了确定 Ramsey 腔内的相位不对称性的精度，这可能是造成误差的最大原因。

表 1.1 实验室条件下铯束频标中的频移或偏置

条件	实验室基准中的典型尺寸/$\times 10^{-15}$	典型的最小评估不确定度/$\times 10^{-15}$
磁场	>100000	0.1
二阶多普勒效应	取决于结构 > |−50|	1
黑体辐射	约20	0.3
自旋-交换相互作用	未知	期望≤1
腔相移	取决于结构>100	1~10
腔牵引	5~10	0.6
Bloch-Siegert 效应	约1	期望≤0.3
Majorana 跃迁	约2	<1.3
Rabi 和 Ramsey 牵引	<2	0.02
微波频谱	<1	0.1
电子、调制、解调等	1	1
微波泄漏	取决于结构	<1
引力	取决于位置	<0.1
光抽运基准中的荧光频移	<2	<0.5

（来源：Vanier, J. and Audoin, C., *Metrologia*, 42, S31, 2005. 国际计量局版权所有。经英国物理学会出版社的许可复制。）

注：给出的不确定度是在最佳情况下实现的，并作为在实践中可能实现的准确度来参考。

1.1.1.3 铯束频标的频率稳定度

铯束频标的频率稳定度取决于积分时间、调制和频率锁定方案中的参数以及上述所列举的所有偏移的恒定性。在短期稳定度方面,原子束检测中的散粒噪声很重要,频率稳定度大致由下式给出(QPAFS,1989,第2卷),即

$$\sigma(\tau) = \frac{k'}{Q_1(S/N)\,\tau^{1/2}} \quad (1.20)$$

式中:Q_1 为原子谱线 Q 值;S/N 为信噪比,基本受探测器散粒噪声的限制;k' 为接近于整数的因数。

公式(1.20)的应用范围取决于伺服回路、积分滤波器类型及带宽。例如,在一些精心设计的实验室型磁选态频标中,在长达 40 天的范围内测得的频率稳定度为 $5\times10^{-12}\tau^{-1/2}$,与上述公式基本一致(Bauch 等,1999)。在光抽运频标中,可获得更好的信噪比(S/N),并且可实现比刚才所提到的量级更好的频率稳定度($3.5\times10^{-13}\tau^{-1/2}$)(Makdissi 和 de Clercq,2001)。

铯束频标的长期频率稳定性,取决于上述各种频移和偏置的稳定性。所以,一个频标设备的频率在一定程度上取决于其所处环境。根据结构类型的不同,温度、湿度、气压及磁场在确定长期频率稳定性方面会发挥不同程度的作用。在上面列举的一些频移的例子中,温度波动似乎是最重要的影响因素。一般来说,在温度可控的环境中可以获得最好的结果。

未知来源的波动通常会在很长一段时间内限制频率的稳定性。当积分时间 τ 增加时(式(1.20)),频率稳定度改善并达到一个被称为闪烁本底的平稳阶段。通常这个闪烁本底函数的参数是未知的。实践中发现,更好质量的结构和设计可以将这种闪烁本底降低至近乎无法检测到的水平。

1970—1990 年间,一些国家研究所和实验室非常积极地利用经典方法来发展铯束频标。这些标准已具有很高的成熟度。这一阶段是通过密集的研究和开发、提升设备精度、更好地理解基本现象以及各机构间的合作而实现的。表 1.2 汇编了在此期间若干实验室所研究的频标特性。他们的成果对维护国际原子时(temps atomique international,TAI)的准确性方面发挥了作用,在某些情况下,仍将发挥重要的作用。其中大多数对之后生效的经典基准铯频标的设计产生着影响。

1.1.1.4 最新进展

在 1990 年之后的几年里,关于实验室原子频标,尤其是使用 Cs 原子的实验室基准的研究和开发似乎发生了根本性的变化。这种情况的发生是基于对稳定的固态激光二极管进行了改进,使其具有合适的波长和光谱,可有效地对碱金属原子(如铯)进行光抽运。光抽运技术为选态提供了非常多的方法,这样就有可能用光抽运技术替代经典铯束频标中的选态和探测磁体。这种方法还避免了可能由选态磁体产生的非均匀磁场而引入的问题,以及由同一个选态磁体造成的原子速度分布改变所引起的问题。利用光抽运进行选态,可以解析出速度分布,并且可以更容

表 1.2 1970—1987 年间部分实验室研制的基准 Cs 频标的特性

特性	NRC(加拿大) 铯 V	NRC(加拿大) 铯 VI A&C	PTB(德国) Cs2	GOSSRTDT (苏联) MCs R101	GOSSRTDT (苏联) MCs R102	NIST(美国) NBS6	CRL(日本) Cs1	NRLM(日本) NRLMII	NIM(中国) Cs2
拉姆塞腔之间的距离/m	2.1	1	0.8	0.65	1	3.7	0.55	1	3.68
相对于铯束的微波磁场方向	⊥	⊥	∥	⊥	∥	⊥	⊥	⊥	
选态器	二极	二极	六极-四极串联	二极	六极	二极	六极	二极	二极
平均原子速率/(m/s)	250	200	93	170—220	220	195	110	300	
线宽/Hz	60	100	60	130—200	110	26	100	150	
$\sigma_y(\tau)\tau^{-1/2}$	3×10^{-12}	3×10^{-12}	2.7×10^{-12}	3×10^{-12}	5×10^{-12}	2×10^{-12}	5×10^{-12}	$<8\times10^{-12}$	1.8×10^{-11}
准确度	1×10^{-13}	1×10^{-13}	2.2×10^{-14}	1×10^{-13}	5×10^{-14}	9×10^{-14}	1.1×10^{-13}	2.2×10^{-13}	4.1×10^{-13}
参考文献	Mungall 等,1973; Mungall and Costain,1977	Mungall 等,1981	Bauch 等,1987	Abashev 等,1983,1987	Abashev 等,1983,1987	Lewis 等,1981	Nagakiri 等,1981,1987	Koga 等,1981; Nakadan and Koga 1982	Xiaoren 1981

(来源:Vanier, J. and Audoin, C. *Metrologia*, 42, S31, 2005. 国际计量局版权所有。经英国物理学出版社的许可复制。)

易地计算速度函数的频偏。此外,那些相同的激光二极管还允许对原子进行动力学操作,如将其速度降低到极限以产生低温的、直径约为1cm的小球。由Zacharias在20世纪50年代提出的原子喷泉钟方案,早期也称为Fallotron,由此得以实现(Forman,1985)。

然而,一些研究机构还在继续完善他们的经典铯束频标,有时甚至与刚刚提到的光抽运选态以及原子喷泉等新方案并行发展。那些采用了传统方法的精制频标达到了一定的精度,从而证明了那些坚持改进它们的人对物理学的高度理解。这些工作的质量勿庸置疑。在编写本书时,这些频标也还在原子时标(TAI)中使用。这些频标在自己的精度限度内,还作为检查新频标的可靠性和绝对准确性的参考。然而很明显,它们作为基准频标的贡献会受其准确性的限制。通过对这一时期出版的所有资料调研,就准确性而言,目标是突破10^{-14}这一障碍,只有经过大量工作才能实现这一目标。

铯和铷喷泉如今是许多基准标准实验室的工作主力,其准确度已达到10^{-15}甚至更好。理解传统磁选态铯束频标的改进工作背后的物理原理,对光抽运和喷泉方案的成功至关重要,因此研究这项工作背后的物理原理是值得的。因此,在以下段落回顾在过去20多年间完成的一些改进,这些改进为科学界提供了一些最可靠的频标。

从表1.1很容易观察到,需要尽可能准确评估频移,在磁选态铯束频标中,观察到的并需要尽可能准确评估的最大频移来源于磁场及其均匀性、二阶多普勒效应以及两个相互作用区域之间或者被分布在各自区域的腔相移。黑体辐射、腔牵引、Majorana跃迁和Rabi-Ramsey牵引所引起的频移要小得多,小于10^{-14},但也要仔细检查,以保证它们不会在测量中不经意地引入任何重要偏差。

1. 磁场的产生

磁场能够为系统提供一个量子化轴。还需要将与磁场相关的跃迁与钟跃迁$F=4,m_F=0\text{-}F=3,m_F=0$分开,以尽可能避免与磁场相关的跃迁线重叠。前面提到过相邻拉比台尾部对时钟跃迁的影响。如果这些时钟跃迁每侧的跃迁振幅不完全相同,则中心条纹会发生失真,并且信号的峰值将发生偏移。因此,所需磁场的大小取决于所需的精度。一般情况下,磁场的值设置为$(50\sim100)\times10^{-7}$T(50~100mG)。这给磁场相关能级之间的跃迁提供了一个25~50kHz的Zeeman频率。它为与磁场相关的拉比台提供了足够的间隔,以保证几乎不会产生重叠效应。因此,施加的磁场相当大。Ramsey图样中心条纹的位移$\Delta\nu_B$可由式(1.9)得出,即

$$\Delta\nu_B = 427.45\times10^8 B_0^2 \qquad (1.21)$$

式中:B的单位是T。

对于50×10^{-7}T(50mG),这相当于1Hz或1×10^{-10}的频移。为了达到10^{-15}的相对稳定性,磁场必须稳定在10^{-5}这一相对值。这一指标与设备的各个方面都有

关系,包括驱动电路产生磁场电流源的稳定性。它还对包括拉姆塞腔在内的系统的磁场均匀性提出了要求,以实验室标准为例,需要在 1~2m 的腔长内保证均匀性。最后,必须精心设计相互作用区域的磁屏蔽,以避免外部磁场波动影响原子束共振频率。这些问题已经以各种方式得到解决。在一种设计中,磁场由沿着频标长度方向放置的 4 个金属棒产生(Mungall 等,1973)。在这种情况下,通过一些线圈间的派热克斯玻璃(pyrex)隔板非常精确地放置金属棒,以激发 $\Delta m = \pm 1$ 跃迁。该共振跃迁频率变化范围在千赫兹量级。当这种跃迁被激发时,会影响钟跃迁的幅度,这是在检测信号振幅时所看到的效应。磁场可确定为

$$\nu_Z = 349.86 \times 10^7 B \tag{1.22}$$

这个关系适用于较高的多重上能态 $F=4$。在另一种设计中,磁场产生利用了一个长螺线管包住整个 Ramsey 腔,并用两端的小线圈来修整(Bauch 等,1996)。整个结构都被多层高导磁材料,如被钼金属或坡莫合金所包裹。正如书中所述,在这种方法中,温度会影响螺线管支架的长度,致使螺线管实际尺寸变化,从而导致磁场的波动,这是带来不稳定性的一个主要原因,因此需要温度调节。

如表 1.1 所列,制作出一个有足够均匀性和稳定性的磁场,以实现时钟的准确性在 10^{-15} 范围内并非不可能。实际上,即使在高磁场下,德国联邦物理技术研究院(PTB)CS1 也已经实现了测定磁场偏置的准确度为 10^{-15}(Bauch 等,2000a、2000b)。因此,在这种装置中磁场偏置不是主要问题,但在操作时应小心,特别是在均匀性方面。上述要求的主要原因是,通过 Zeeman 频率 Δm_F 跃迁而测量的是沿原子束方向的磁场实际值,而钟跃迁的偏置频率与磁场平方的平均值成正比。一般来说, $<B^2>$ 不等于 $<B>^2$。在实际中,这种效应可以通过在拉比台顶部的 Ramsey 共振的位置来评估(Bauch 等,1996)。

应该回顾一下,Ramsey 腔的设计方法引入了由磁场不均匀性导致的频移特性。例如,磁场在两个相互作用腔的内部可能会不同,在原子漂移的区域也可能有所不同。通过相互作用区域 l 与漂移区域 L 相比,产生的 Ramsey 条纹中心的频移是频移总和乘以 l/L。实际频移可表达为(QPAFS,1989)

$$\frac{\omega - \omega_0}{\omega_0} = \frac{l}{L}\left(\frac{\omega'_0 - \omega_0}{\omega_0} + \frac{\omega''_0 - \omega_0}{\omega_0}\right) \frac{\int_0^\infty \tau f(\tau)(1-\cos b\tau)\sin b\tau d\tau}{\int_0^\infty b\tau^2 f(\tau)\sin^2 b\tau d\tau} \tag{1.23}$$

式中:ω'_0 和 ω''_0 分别为两个相互作用区域中的共振频率;ω_0 为漂移区域的共振频率。

对于具有 1m 长腔的实验室频标,10^{-4} Hz 量级的频移可以因此减小 100 倍且可忽略不计。

2. 二阶多普勒效应

式(1.18)中二阶多普勒频移是探测原子束中速率分布的函数。因为二阶多

普勒效应与速率有关,它使跃迁线不对称,并将边缘线移动到中心。根据图 1.4 的说明,通常情况下,如果伺服系统中使用方波调制,测量的频率取决于调制幅度。这由式(1.18)所示,并在 QPAFS 第 2 卷(1989)中进行了详细探讨。

计算实际频移的一个重要步骤是计算包含在该方程中的积分。为此,必须知道速度或者相互作用时间的分布。几个实验室在评估这种分布方面做出了很多努力。众所周知,磁偶极子选态器出口处的速度分布并不像 Harrach 假设的那样是麦克斯韦分布(Harrach,1966、1967)。在一种近似中,麦克斯韦假设截止速度被引入速度谱中(Mungall,1971)。这是选态偶极子磁体的近似值。然而,用假设的速度谱对实际 Ramsey 条纹形状进行数值计算,得到了与实验数据的近似一致性。不过在这种过程中,截止速度的选择是相当随意的,并不是基于实验数据的先验值。对于分析基准频标准确性的偏差来说,这不是计算此偏差的适当途径。下面概述如何确定速度分布的问题,以仔细评估由二阶多普勒效应和腔相移偏置引起的频率偏置。

3. 谐振腔相移

根据表 1.1 可知,第二重要的偏置是在 Remsey 腔臂之间存在的相移。一般来说这种相移是通过原子束反转的方法来评估。上述方法之所以能实现,是因为腔体的两个臂之间的相移在原子束方向反转时会改变符号。该测量可通过交换铯源和探测器来完成。这是一项重要操作,根据设计的不同,可能需要将系统开放在大气环境下,并在交换发生后重新抽真空系统。在一些情况下,仪器的两端都装有源和检测器(Mungall 等,1973;Bauch 等,1996)。然后在真空下通过旋转或滑动机构直接交换它们的位置。在所有的情况下,问题仍是关于谐振腔内铯束的精确回扫,以及回扫的相移复现性。这个问题在 QPAFS(1989)中得到了仔细研究。让我们回顾一下主要结论。

Ramsey 腔通常由一个 U 形 X 波段波导实现。图 1.5 中表示了两种相对于原子束方向的波导定向方法,为了方便起见,这些方法是从 QPAFS(1989)复制而来的。相对定向决定了静磁场的方向,以满足 $\Delta m_F = 0$ 跃迁的量子跃迁概率条件。腔内的辐射 H 场必须与施加的静态磁感应 B_0 平行。在图 1.5(a)中,静磁场垂直于原子束方向,在图 1.5(b)中静磁场与原子束方向平行。U 形腔两端为短路面。如果波导材料是理想的导体,则用一个理想的驻波来表示腔内的电磁辐射。在波导中不需要行波来弥补波导壁的能量损失。可以很好地确定磁场波腹的位置。在这种情况下,如果铯束通过,假设接近短路面(图 1.5(a))或在接近短路面的 $\lambda_g/2$ 波腹点(图 1.5(b)),原子将在腔的两臂看到同一相场。从一个波腹到另一个波腹,相位会发生 π 的急剧变化,但在每个波腹区域内是恒定的。在一束只有几毫米的窄束中的所有原子将看到相同的相位,而与它们在束中的位置无关。此外,无论原子束在围绕波腹的整个腔中的实际位置如何,它们都将看到相同的相位,如

图 1.6(a)和图 1.6(b)所示。

这是一个理想的情况。实际上,腔是由具有电损耗的材料制成的,波会沿其路径衰减。此外,在短路面处反射时,其振幅小于入射波,因为反射系数小于 1。驻波比沿着波所遍历的路径变化,其相位随着传播距离而持续变化。

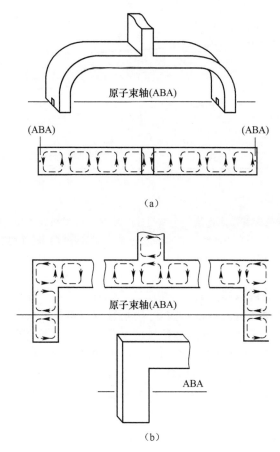

图 1.5　两种常用来实现 Ramsey 腔的示意图(在所选择的实现方式中,在图(a)中原子束接近末端通过,在图(b)中经过了一个距离短路面 $(1/2)\lambda_g$ 的波腹)(数据来源 Bauch, A. et al., IEEE T. Instrum. Meas., IM-34, 136, 1985; Mungall, A. G. et al., Metrologia, 9, 113, 1973)
(a)通过 E 平面的 T 形结与空腔耦合且腔在 E 平面弯曲;(b)耦合是通过一个 H 平面 T 形结完成的(磁场用虚线表示)。

如图 1.6(c)和图 1.6(d)所示,下面研究一下微波驻波沿 z_g 方向的相位。如果称 z'_g 为波导内到由数字 $p=0、1、2、\cdots$ 标识的最近波腹点的距离,由此可得出相位为

$$\phi(z'_g) = \left(\frac{1}{2}p\alpha_g\lambda_g + \alpha_g z'_g + r_m\right)\tan\frac{2\pi z'_g}{\lambda_g} \tag{1.24}$$

全部计算过程参见 QPAFS 第 2 卷(1989)。

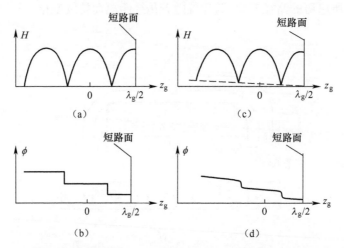

图 1.6 拉姆塞腔臂端附近第一个波腹处磁场 H 的振幅和 H 的相位的示意图。
(a)和(b)波导壁为理想导体的情况;(c)和(d)波导壁电导率有限的情况。
(数据来源 Bauch, A. et al., IEEE T. Instrum. Meas., IM-34, 136, 1985)

为了理解下面的讨论和发展,了解式(1.24)中每个项的作用及其效应大小很重要。右边的第一项表示以吸收系数 α_g 为特征的沿波导的吸收,这是由波在反射时到达波腹点 $(1/2)p\lambda_g$ 所经过的额外长度所致。第二项具有相同的性质,但表示与接近波腹距离的函数相同的效应,其中, z'_g 与波腹中心的距离很小。最后一项 r_m 表示谐振腔末端有限电导率对短路面处波的实际反射效应。参数 r_m 是短路面材料表面阻抗的实部,用于归一化标准化波导阻抗。在此提供了铜波导 WR 90 的各种参数值,即

$$\alpha_g = 1.33 \times 10^{-2}\ m^{-1}$$
$$r_m = 4.6 \times 10^{-5}$$
$$\lambda_g = 4.65 cm(9192631770 Hz)$$

已知,p 是一个整数,在短路面处值为 0,在靠近短路面的第一个波腹处的值为 1。在有些情况下,该点在图 1.5(b)中是原子束被定向的点。由于电损耗会产生两种影响。如果两臂的长度不完全相同,向谐振腔馈送的 T 没有很好地居中,两臂中的相位会不同。作为第一近似值,忽略短路面处反射小于 1 的微小影响,相对于式(1.24)的其他项,r_m 可以被忽略,并且两臂之间的相移 ϕ 为

$$\phi = \frac{2\pi\alpha_g L_0 \Delta L_0}{\lambda_g} \tag{1.25}$$

式中：L_0 为两臂长度的平均值；ΔL_0 为由于向谐振腔馈送的 T 不精确定心导致的长度差。

例如，对于 $L_0 = 15\lambda_g$ 以及两个臂长之间 $\Delta L_0 = 10^{-14}$ m 的构造误差，得到了 $\phi = 1.25 \times 10^{-4}$ rad。波导波长为 4.65cm，平均速度为 200m/s，使用式（1.19），得到了拉姆塞中心条纹为 6×10^{-13} 量级的相对频移，这在目前背景下是非常大的。为达到 10^{-15} 量级的准确度，相移应达到 1μrad 的数量级。这就对谐振腔的制造设置了相对的刚性约束，包括耦合 T 的定心以及测量过程本身。

另外，磁场的相位随臂内距离的变化而变化（式（1.24））。所以，原子穿过腔体时所能看到的相位是不同的，这取决于它们在原子束中确切的横向位置。如果原子束很大，视准直度和谐振腔上的孔而定，从几毫米到几厘米，不同的原子会感受到不同的相移。

根据式（1.19）产生的频移是谐振腔两臂之间相位差的符号的函数。实际应用中，这种特性用于通过测量反向原子束频率来确定相移的值。正如已经讨论过的，一个基本的要求是原子束在两个方向上都必须回溯相同的路径。根据式（1.24）计算出相移距离的实际值可以证明这一点。对于较小的值 z'_g，近似有

$$\phi_1(z'_g) = \frac{\pi \alpha_g p L_0 z'_g}{\lambda_g} + \frac{2\pi \alpha_g}{\lambda_g}(z'_g)^2 + \frac{2\pi r_m z'_g}{\lambda_g} \tag{1.26}$$

为方便起见，部分复制自 QPAFS（1989），结果参见图 1.7，并且参数值来自上述的 WR 90 铜波导。在图 1.5(b)中，沿着垂直于原子束方向的另一轴 x'_g 的相位变化，即在波导的横向维度较大的 a 方向上，以相同的方式计算。这些结果也显示在图 1.7 中。

实际中，测量相移分布的梯度可达 10^{-4} rad/mm，略大于上述计算值（如 PTB 的 CS2 铯钟报告，Bauch 等，1987）。另外，在特定的设计中，经过大量的实验精心处理后，原子束反向的回扫精度达到 0.1mm 量级（Bauch 等，1993）。因此，在评估相移时可能会有 1.3×10^{-5} rad 的误差。使用式（1.9），对于长度为 1m、平均原子束速度为 100m/s 的谐振腔结构，这将对应于 2×10^{-14} 量级的相对频移。由此可以看出，虽然很小心地通过原子束反转对相移进行了评估，但还是限制了时钟的精度。此外，原子束轨迹还受到地球引力场的影响（QPAFS，1989）。一个简单的计算表明，对于一个 1m 长的结构，即使原子束平均速度为 100m/s，原子在穿过谐振腔时也下降了 0.5mm。这个数字会随形成原子束的单个原子速度的变化而变化。当然，这种效应为机械设计和调整带来了真正的挑战，即在反转时可靠地再现原子束路径。在路径再现性方面存在这样的误差，在上述情况下相应的偏移可能会接近 10^{-13}。正因如此，一些使用慢原子的系统是垂直构造的。但由于有其他方面的影响，特别是在磁屏蔽方面，因此放弃使用这个特定方法（A. Bauch, 2012, pers. comm）。

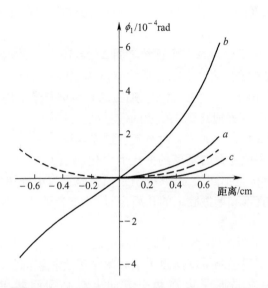

图 1.7 相位的变化是横穿原子束的横向方向的函数(曲线 b 用于原子束在距离短路面 $\lambda_g/2$ 的波腹点处穿过波导;曲线 a 用于原子束在短路面附近穿过波导;曲线 c 为接下来要研究的环形腔。虚线曲线为 x 方向,垂直于书中所解释的传播方向)

正如在式(1.26)中很容易观察到的,如果奇数项可通过不同的谐振腔结构消除,则可以减少频移。这可以通过环形谐振腔来实现(De Marchi,1986)。这种谐振腔如图 1.8 所示。

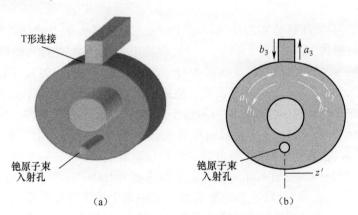

图 1.8 在一些最近实施的铯原子束频标中使用的环形谐振腔
(a)三维视图;(b)各种磁场组件的标识。

在这种结构中,谐振腔由矩形波导激发的频率为 9.192GHz,并且波在环形周围对称地产生。该结构中也因此激发了驻波。在三通管入口处,该波分为振幅为

b_1 和 b_2 的向左和向右传播的两个波,或者是所关注磁场部分中的波 H_{10} 和 H_{20}。假设这个结构的特征是传播矢量 $\gamma = \alpha + i\beta$,其中 α 为吸收系数,β 为传播常数 $2\pi/\lambda_g$。从离中心点很短的距离 z' 处,原子束进入(磁场)相互作用的区域,有以下公式,即

$$\begin{cases} H_1(z') = H_1 e^{-i\omega t - \gamma(l/2 + z')} \\ H_2(z') = H_2 e^{-i\omega t - \gamma(l/2 - z')} \end{cases} \quad (1.27)$$

环的周长为 $l = (n + 1/2)\lambda_g$,其中 n 为整数,假设入口处磁场具有相同的振幅($b_1 = b_2$),在原子束通过谐振腔的波腹处可表示为

$$H(z') = H_0 e^{i\omega t - \gamma l/2}(e^{-\gamma z'} + e^{+\gamma z'}) \quad (1.28)$$

利用三角关系(见附录 1.D),可以得到 H 在原子束轴附近的相位近似为

$$\phi = \alpha\beta z'^2 \quad (1.29)$$

与使用短路面的标准谐振腔相比,这种谐振腔有什么优点?这个问题可以通过比较刚刚得到的结果和式(1.26)中通过短路面来使谐振腔截止的标准方法的结果来解决。它的第一个好处是相移的值与相互作用选择的波腹无关。第二个好处是,由于没有用来截止谐振腔的短路面,这样就没有反射波。因此,相移不依赖于在短路面中部分反射所引起的衰减。例如,对于原子束沿 z' 的位移,假设与先前使用的波导特性相同,可以得到以下的相移结果。

(1) 有短路面的谐振腔:

① 原子束在距短路面 $\lambda_g/2$ 处通过,$\phi = 2.09 \times 10^{-5}$ rad/mm;

② 原子束从接近短路面处通过,$\phi = 4.87 \times 10^{-6}$ rad/mm。

(2) 环形谐振腔,$\phi = 1.8 \times 10^{-6}$ rad/mm。

与标准短路面方法相比,环形谐振腔中的分布相移似乎有所减小。然而,环中的不对称性对相移和波腹位置会有影响。不对称可以有两种类型:比如通过机械不对称性可以引起相移;抑或是 T 形管的倾斜角。这就导致在谐振腔中激发的两个反向传播的波的不平衡(De Marchi 等,1988)。在这种情况下,当结构对称时,这种不对称性可能导致波腹相对于其位置的少量位移。计算结果表明,50 mrad 的角度可以产生 3×10^{-15} 量级的频移。谐振腔两部分中的传播常数 γ 不对称可能会造成类似的效果。计算结果表明,如果不对称度(以 $\Delta\gamma/\gamma$ 表示)小于 10^{-2},且波腹的位移小于 0.2mm,则可在当前环境下忽略不计。

在近来实现的几次实验室基准频标中采用了环形谐振腔(Bauch 等,1998、1999a、1999b),而且在一些光抽运选态的单元中也用到了它(Shirley 等,2001;Hasegawa 等,2004)。结果表明,与短路方法相比,分布相移有一定程度的减小。对于 PTB 的 CS1 铯钟修整为环形谐振腔的情况,可以得出结论,相位梯度可能高达 20μrad/mm,尽管使用了上面所提到的分析,3mm 原子束直径上的相位变化不应

超过约 4μrad。不过得出的结论是,这比在短路终端的标准谐振腔中所预期的 94μrad/mm 要好得多(Bauch 等,1998)。应该注意到,为了正确评估相移的影响,必须通过式(1.19)来评估它,并且必须为所使用的特定装置建立速度分布或者相互作用时间分布。这就是接下来要研究的。

4. 速度分布评估与控制

通过式(1.13)和式(1.16)可知,刚刚提到的一些偏移的评估在很大程度上取决于对选态器磁体出口处速度分布的精确确定。跟踪这些年来分布测定技术的发展演变很有趣。如上所述,这一演变始于使用麦克斯韦分布(Harrach,1967),然后是由于使用选态磁铁而必需的低速和高速下的截止值所改变的分布(Mungall,1971)。随后采用了一种实验方法,该方法使用原子束频标对脉冲射频(RF)激发的响应的数值分析(Hellwig 等,1973)。另一个方法包括直接分析观察到的拉姆塞条纹的形状,这取决于原子束中原子的速度分布,后者通过数值计算的方法评估得到(Audoin 等,1974)。最后在实验室频标发展的早期,通过引入傅里叶变换技术来分析观测到的 Ramsey 条纹,成为最有效的方法(Kramer,1973;A. Bauch,2012, pers. comm)。该技术以各种方式使用,并且已成为提高准确性的重要因素。QPAFS 第 2 卷(1989)对此进行了概述。让我们回顾一下这项技术,并在实验室铯束频标中原子速度控制的更一般背景下讨论这个问题。

在评价二阶多普勒效应和谐振腔相移时,需要准确地知道速度分布,或相互作用时间分布。这些由式(1.13)和式(1.16)给出,在这些方程中可以观察到尽管位移是速度的函数,但它们相当小,差了 10^{13} 个量级。因此,尽管产生了可测量的频移,但这些频移对 Ramsey 条纹形状的影响非常小。如式(1.12)和式(1.15)所示,项 $v^2/2c^2$ 和 ϕ 可忽略,检测到的信号形状可被用于 Ramsey 线形状的良好表示,函数 $f(\tau)$ 仍然是速度的函数。在这种情况下,这些表达式变成

$$I = I_b + \frac{1}{2}I_0 \int_0^\infty f(\tau) \sin^2 b\tau [1 + \cos(\omega - \omega_0)T] d\tau \qquad (1.30)$$

然而,这个方程可以重新排列。去掉对有用信号不起作用的常数项 I_b,从而得到

$$I = \frac{1}{2}I_0 \int_0^\infty f(\tau) \sin^2 b\tau d\tau + \frac{1}{2}I_0 \int_0^\infty f(\tau) \sin^2 b\tau \cos(\omega - \omega_0) d\tau \qquad (1.31)$$

式(1.31)依赖于先前做出的近似,即 $(\omega - \omega_0)$ 远小于 $b\tau$。第一项与 ω 无关,只是拉比台的最大值。第二项是该基座的 Ramsey 调制。这个表达式包含了原子速度分布对 Ramsey 条纹的影响。拉比台较宽且顶部平坦,有个简单的方法是只将第二项看作速度谱对观察到信号影响的良好表示。很容易看出,该表达式是 $f(\tau)\sin^2 b\tau$ 的余弦变换。因此,在了解谐振腔中 Rabi 频率 b 的情况下,$f(\tau)$ 原则

上可通过对测量的 Ramsey 图样进行傅里叶逆变换得到（Kramer，1973；Daams，1974）。

应用这种技术的一种特定方法是设置 $\omega = \omega_0$，以及测量谐振腔中信号振幅，即场强 b 的函数（Boulanger，1986）。现在回顾一下总体思路，对于 $\omega = \omega_0$，Ramsey 条纹振幅的表达式为

$$I = I_0 \int_0^\infty f(\tau) \sin^2 b\tau \, d\tau \tag{1.32}$$

式（1.32）也可写为

$$I = \frac{1}{2} I_0 - \frac{1}{2} I_0 \int_0^\infty f(\tau) \cos 2b\tau \, d\tau \tag{1.33}$$

在这种情况下，第二项是 $f(\tau)$ 的余弦变换，称为 $F(b)$。I 对 b 的实验数据图给出了 $F(b)$，其逆变换给出

$$f(\tau) = \frac{4}{\pi} \int_0^\infty F(b) \cos 2b\tau \, db \tag{1.34}$$

式（1.34）是通过对 I 的实验结果进行数值分析得到的。该技术的难点在于对 b 的评估，b 是对谐振腔中微波场的度量。这需要对谐振腔的品质因数 Q、腔的尺寸和注入功率有很好的了解。这是一项困难且不精确的评估。开始最好使用一个 b 的已知近似值计算，如最佳的信号值。该值由 $b_{opt} = (\pi/2)(v/l)$ 给出。然后通过改变输入到谐振腔的功率改变 b 值，并归一化该值。得到中心条纹最大值关于 b 的函数关系图，并对该结果进行傅里叶变换计算。接下来的评估包括使用获得的结果计算 Ramsey 图案的形状，并将结果与实验获得的形状进行比较。得到的图样宽度是得出理论和实验结果一致性的重要参数。这种做法可以重复进行，直到一致性能够令人满意。$f(\tau)$ 的值可以通过式（1.7）归一化得到。该技术的成功应用，提供了清晰的速度谱信息，例如有人声称二阶多普勒频移的评估准确度优于 10^{-15} 量级。

另一种方法是使用式（1.31），考虑到以上所述，通过这个方程的第二项给出的 Ramsey 条纹是 $f(\tau) \sin^2 b\tau$ 的余弦变换 $R(\Omega_0)$（Daams，1974），即

$$R(\Omega_0) = \int_0^\infty f(\tau) \sin^2 b\tau \cos(\Omega_0 \tau) \, d\tau \tag{1.35}$$

用 $F(\tau)$ 表示函数 $f(\tau) \sin^2 b\tau$，然后可通过逆变换从记录为 Ω_0 函数的数据中获得（Shirley，1997）

$$F(\tau) = f(\tau) \sin^2 b\tau = \frac{4}{\pi} \int_0^\infty R(\Omega_0) \cos(\Omega_0 \tau) \, d\Omega_0 \tag{1.36}$$

与前面的方法一样，需要确定 b 以隔离开 $f(\tau)$。这可以像在以前的情况中那样使用 b 的最佳值来完成，通过对相对于 b 的不同值处进行多次测量并对结果进行平均。

这些技术虽然相当强大，但实现起来有些乏味且耗时。这项工作通过调整参数分几个步骤，来获得观测到的条纹形状所再现出的速度谱，因此往往让人对实际结果的准确性产生怀疑。然而，这些技术已被广泛使用，而且所获得的准确度似乎已达到令人满意的程度，允许对准确度优于 10^{-14} 的频移进行评估。

一个明显的提高准确度的方法是减少中心条纹的宽度，这可以通过增加腔臂之间空间的长度 L 来实现。然而，这种方法也有其局限性。如表 1.2 所列，构造了几个有着不同长度的铯束装置，L 为 0.55 ~ 3.7m。这些仪器的准确度为 $2.2\times 10^{-14} \sim 4.1\times 10^{-13}$。实际上，报告的准确度和设备的长度没有直接关系。例如，NRC（加拿大国家研究委员会）报告显示一个长度为 2.1m 的 Ramsey 谐振腔的准确度为 1×10^{-13}，而 NIST（国家标准与技术协会）报告显示一个长度为 3.7m 的 Ramsey 谐振腔的准确度为 9×10^{-14}。然而，报告中的最佳准确度是针对大约 1m 长的相互作用区域。关于频率稳定度也可以做同样的评价。在 1s 的平均时间内，该频标具有从 $2\times 10^{-12} \sim 1.8\times 10^{-11}$ 的频率稳定度。可以观察到，随着长度的增加，线宽显著减小，但频率稳定度没有获得预期的改善。因此，很明显，简单地延长 Ramsey 相互作用区域以减小线宽的方法，并不一定能成比例地增加频率准确或稳定度。预期的改善似乎被其他一些影响所抵消。一个明显的原因是铯束从未被完全准直，而增加原子束长度会减少被探测到的原子数量，这对信噪比有直接的影响。增加相互作用区域的长度也增加了对磁场质量的要求，即均匀性和稳定性以及不受环境波动影响。最后，由于长原子束更易受到分布式谐振腔相移的影响，使原子束相互作用区域位置的控制更加困难。

另一种减小线宽的方法是降低原子穿过 Ramsey 谐振腔的速度。根据式(1.4)，原子在腔两臂之间所花费的时间与速度的降低成反比延长，并有效地减小了线宽。在德国 PTB 实验室的设计标准中早就使用了这种方法，直到最近才对其进行了完善(Becker,1976;Bauch,2005)，如使用六极和四极选态磁铁串联的方法进行优化。这种组合利用两种磁体速度选择聚焦的特性，形成直径为 3mm 的铯束。然后通过适当的准直可能产生主要由慢速原子构成的原子束。同时，选定的速度组具有相对较小的扩散。使用六极磁铁这种典型设计产生了平均原子速度为 72m/s 的原子束，其全宽为 12m/s 分布的最大值的 1/2(Bauch 等,1996)。将其与 NRC 处使用偶极磁铁作为状态选择器的铯 VI 的 200m/s 量级的平均速度和 100m/s 量级的扩展进行比较。相比之下，PTB 的 CS3 的原子束看来几乎是单动能的。与使用单磁偶极子选择器的情况相比，这种低速和传播可观测更多的 Ramsey 条纹。它还有一个明显的优势，就是能更好地控制依赖速度的频移。这是由于在多极磁铁串联使用的情况下，原子束速度分布接近单动能束，干涉可以在很宽的频谱范围内产生，原子的相干性不会因速度扩散而在到达腔体第二臂时被大的扩散所破坏。如图 1.9 所示，在 CS1 中显示了时钟跃迁的 Ramsey 条纹。该图样可与使用偶极磁铁选态器在 NRC 的铯 VI 中所获得的图样(见图 1.3)相对比。

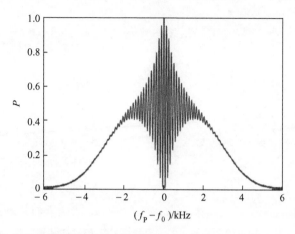

图 1.9　在 PTB 的 CS1 中观察到的铯束钟转换 Ramsey 条纹由于使用了六极选态磁铁,与使用偶极磁铁的标准方法相比,可见条纹的数量增加了(图 1.3)。(数据来源:德国 PTB)

从表 1.3 可以看出,垂直结构铯束时钟的结果不符合预期,实际上由于其他复杂因素,如磁屏蔽减少,该方法已被弃用(A. Bauch,2012, pers. comm)。在实际的装置中似乎还存在着其他的频移,如被谐振腔所占区域的微波泄漏而引起的频移,而且难以控制。它们可能是预期结果与观察结果不一致的主要原因。图 1.10 显示了 PTB 开发出的铯束频标 CS1 和 CS2 装置的照片。从照片上可以看出,这样的系统并不简单。

表 1.3　在 PTB 对经典铯束频标进行改进后获得的结果

特性	PTB(德国)CS1	PTB(德国)CS2	PTB(德国)CS3
Ramsey 腔两臂之间的距离/m	0.8	0.8	0.77(垂直结构)
微波磁场方向/波束	平行	平行	平行
状态选择器分析器	六极和四极	六极和四极	六极
平均原子速度/(m/s)	93	93	72
线宽/Hz	59	60	44
$\sigma_y(\tau)\ \tau^{+1/2}$	5×10^{-12}	4×10^{-12}	9×10^{-12}
准确度	7×10^{-15}	12×10^{-15}	1.4×10^{-14}
参考文献	Bauch 等,1998、2003	Bauch 等,2003	Bauch 等,1996

(来源:Vanier, J. and Audoin, C. ,*Metrologia*, 42, S31, 2005. 国际计量局版权所有。经英国物理学会出版社的许可复制。)

图 1.10　PTB 开发出的铯束频标 CS1 和 CS2 装置照片
（PTB 的 CS1 和 CS2 经过了几十年的发展和改进。在编写本书时，这些单元仍然用作主要频率标准，为 BIPM 提供输入以保持原子时间刻度）（由德国 PTB 提供）

5. 其他一些频移的评估进展

上面列举的其他各种频移也已得到处理，并且最近在准确评估这些频移方面取得了进展。在目前的频移变化中，Majorana 跃迁效应难以被评估。然而，磁场的变化以及在选态磁铁和谐振腔间的线圈微调，可用于验证不良影响的出现达到了预期的程度。最终结论是在评估不确定性水平时，其量级保持在 $2×10^{-15}$。其在特定装置中的实际值难以评估。

幸运的是，在通过光抽运进行选态的情况下没有使用磁铁，即使不能完全消除，也应能大大降低其影响。拉比和拉姆塞跃迁的问题也得到了解决。第一个效应拉比牵引，是由中心拉姆塞条纹附近的拉比台的不对称性引起的。那些拉比台邻接的倾斜基线扭曲了中心条纹的形状，当使用磁铁选择器时，这些基线的强度不同。通过在高磁场下操作该装置，可大大降低这种影响。由于相邻的拉比台具有相同的强度，因此在使用光抽运进行状态选择时，基本上不存在这种情况（Audoin，1992）。频移实际值的详细计算在 QPAFS 的第 2 卷（1989）。Ramsey 位移是由于存在 $\Delta m = ±1$ 跃迁所引起的，该跃迁与引起中心 Ramsey 条纹的跃迁具有相同能级，就是 $|3,0>→|4,0>$ 跃迁（Cutler 等，1991）。这些跃迁之所以成为可能，是因为在实际中，相互作用区域中的微波磁场与直流磁感应有一个小的正交分量。这些跃迁的振幅是微波功率和磁场的函数，其效果直接取决于 $|4,1>→|4,-1>$ 能级粒子数水平的差异（Fisher，2001）。该效应在长尺寸实验室频标中很小。在给定的时间内评估均值为 0，不确定度为 $3×10^{-15}$（Bauch 等，1998）。实际的理论分析（Cutler 等，1991）已经重新提出（Fischer，2001；Lee 等，2003），且课题仍在研究中。

1.1.2 氢激射器

Ramsey 在 1959 年发明的氢微波激射器(hydrogen maser)(Goldenberg 等,1960)是最稳定的微波原子频标之一,至少在主动式结构中如此。它的概念部分源于独立的基础研究,这些研究试图通过设计存储方式增加在 1.1.1 节中描述的结构中铯原子通过 Ramsey 腔的两个臂之间的飞行时间(Goldenberg 等,1961)。此外,它还依赖于一些基本概念的阐述以及早期关于储存氢原子特性的研究,包括受激发射、相干性、自旋交换相互作用和一般的弛豫现象等(Dicke,1953、1954;Wittke 和 Dicke,1956)。

本书回顾了这种应用最为广泛的频标其目前最先进的主动和被动型配置结构,关于此项内容前人已经有详细的描述,尤其是在 QPAFS 的第 2 卷(1989)。然而,这里着眼在其物理本质上,并采用一些不同的方法来总结这部分理论。此外,还概述了几家实验室在致力于增加该装置的稳定性方面所获得的最新结果。同时,描述了实现该装置小型化的新方法,包括使用介电负载的腔或使用磁控管式腔设计等。

1.1.2.1 主动型氢激射器

经典氢激射器的概念示意图如图 1.11 所示,其中左下方插图为氢原子的基态能级结构。未配对电子与由单个质子组成的原子核之间的磁相互作用形成了能级的多样化,这是最简单的原子结构之一。上述相互作用产生两个超精细能级 $F=0$ 和 $F=1$,能级间隔 ν_{hf} 为 1420.405MHz,属 L 波段的微波频段。施加在系统中的磁场解除了剩余的能级简并度,使 $F=1$ 态分裂为 3 个子能级,即 $m_F=1$、0、-1。氢激射器运行于 $F=1$、$m_F=0$ 到 $F=0$、$m_F=0$ 的跃迁,所产生的跃迁频率与磁感应强度的关系为

$$\nu = \nu_{hf} + 1399.08 \times 10^7 B_0^2 \qquad (1.37)$$

式中:B_0 为磁感应强度(T)。此外,钟频率还会被一些其他小的影响量所干扰,这将在后文作详细说明。

在图 1.11 中,氢分子首先被引入一个由直径约 5cm 的玻璃外壳组成的解离器中,并放置在振荡器的振荡线圈内,解离器内部的氢气压强为 0.1Torr(13.332Pa)的数量级。振荡器的频率约为 100MHz,传递给氢气分子的功率约为几瓦。氢分子以较高的效率解离,通过一个小的多孔准直器在玻璃外壳的出口形成氢原子束。原子束沿着六极选态磁铁的轴向运动,在该磁铁的作用下,$F=1$、$m_F=0$、1 态的原子向磁体的对称轴偏转,而处于其他态的原子将偏离对称轴运动。

这里六极磁铁起到透镜的作用,系统的几何结构使上述两种状态的原子聚焦到一个微波谐振腔内储存泡的入口,微波谐振腔以超精细跃迁频率 1420.405MHz 谐振。为保持尺寸稳定性,微波谐振腔通常由熔融石英或低热膨胀材料(如微晶玻璃或玻璃陶瓷)制成。它的内部涂有金属银膜,谐振腔工作在 TE_{011} 模式,Q 值在 50000 量级。在某些情况下,为了简单起见,空腔是由铝等金属制成的。此时谐振腔的频率对温度非常敏感,需要采用电路对系统进行稳定。储存泡采用熔融石英制作,以减少微波损耗从而保持腔体的高品质因数。泡的内表面涂有一层特殊物质,用以防止原子重新组合成氢分子或原子与储存泡表面碰撞时基态的弛豫。$Teflon^{TM}$(聚四氟乙烯)是一种常用的有效物质,在直径为 15cm 的灯泡中,一个原子在某一特定能级可经历与储存包表面数千次的碰撞,其寿命长达 1s。

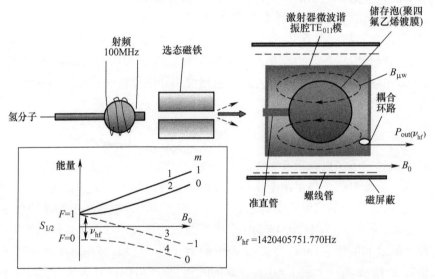

图 1.11　经典氢激射器结构示意图(插图为氢原子的基态能级结构)

其工作原理:假设腔内存在微波场,处于 $F=1$、$m_F=0$ 态的原子进入储存泡通过受激发射过程,以 1420.405MHz 的频率发射微波信号。所辐射出的微波信号具有相位相干性,在振荡过程中同相增长得以放大。原子提供的能量部分在腔壁上耗散,其余部分通过耦合回路传递给外部电路。输入的原子束不断补充处于 $F=1$、$m_F=0$ 能级的氢原子,如果微波损耗小且弛豫时间足够长,就会发生连续振荡,构成主动型的氢激射器。在另一种情况下,微波损耗太大无法产生连续振荡。然而,仍然可以通过适当的被动放大检测技术观察到受激发射现象,此结构称为被动氢激射器。

图 1.11 所示螺线管产生的磁场 B_0 决定了原子系综的量子轴,由于钟频率是

通过 $\Delta m_F = 0$ 跃迁产生,由量子力学中的选择定则可知,系统中的直流磁场和所产生微波磁场需为平行关系,这正是图 1.11 所示的情况。选态磁铁、储存泡和腔体处于真空环境中,通过真空泵或吸气泵保证真空度优于 10^{-7} Torr (1Torr = 133.322Pa)。储存泡和腔体被放置在一组同心磁屏蔽内,以减少地球磁场环境波动的影响。正如在后面的段落中将要讨论的,系统输出频率对谐振腔谐振频率的变化不敏感,其所受影响和器件尺寸相关。由于这个原因,系统的温度通常可以调节到较高的程度。

微波激射器的输出频率为 1420.405MHz,功率为 $10^{-13} \sim 10^{-14}$ W 量级,难以直接使用。因此,这个信号通常需通过数字系统进行处理,将振荡频率为 10MHz 的石英晶体相位锁定到激射信号上,典型的锁相环系统如图 1.12 所示。

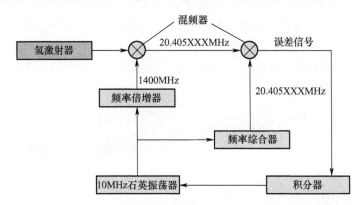

图 1.12 氢激射器配套使用的典型模拟锁相环系统框图(在本例中,频率被设置为 20MHz。为了简化构造,在 20.405MHz 的第二次混合通常通过几个中间步骤来完成)

信号是通过外差技术来检测的。这种检测方案中使用的参考频率由一个石英晶体振荡器多次倍频产生,以倍频到 1400MHz 为例,将产生一个 20.405MHz 的拍频,称为中频(IF)。所获得的拍频信号可以通过后续几阶处理通过外差法降到直流。在最后阶段,包含晶体振荡器和激射器输出的相对相位信息的信号,被用来将晶体振荡器的相位锁定到激射信号输出。

1. 基本理论

通过各种类型的分析来描述氢激射器运行理论当然是可能的。下面的推导给出了氢激射器理论的数学描述,与已经发表的理论略有不同,本书中将产生辐射的相位情况作为判断能否维持连续振荡的主要因素(Vanier,2002)。

1) 速率方程

在这个分析中,原子系综由密度矩阵 ρ 表示。这个矩阵的对角元表示所讨论的原子系综每个能级上的布居数,矩阵的迹为单位数值 1,表示系综内的粒子数总体。非对角元代表系综内存在的相干性。在氢激射器中,储存泡中的所有原子都

处于基态 $S_{1/2}$,平衡密度矩阵为

$$\boldsymbol{\rho} = \begin{pmatrix} \rho_{11} & 0 & 0 & 0 \\ 0 & \rho_{22} & 0 & \rho_{42} \\ 0 & 0 & \rho_{33} & 0 \\ 0 & \rho_{24} & 0 & \rho_{44} \end{pmatrix} \tag{1.38}$$

相关原子能级由高到低编号如图 1.11 所示。可以假设只有能级 2 到能级 4 的跃迁存在相干性,这是由于谐振腔被调谐到相应的频率,而存在于谐振腔中的微波辐射只与该跃迁共振。此外,通过施加合适方向的直流磁场,可以激发 $\Delta m = 0$ 跃迁。这种相干性以与微波场相同的频率振荡,正如在下面讨论的,原子磁化与相干性有关,并以相同的频率振荡。由麦克斯韦方程得知,这种磁化作用为微波场的源项,其中所包含的能量从原子系综中提取出来并通过腔耦合回路耦合出来,现在用标准的数学方法来建立这些概念。

一般来说,各种扰动是相互解耦的,可以假设它们是独立作用的。对 H 激射器,密度矩阵元素的演化可以写为

$$\frac{d\boldsymbol{\rho}}{dt} = \left(\frac{d\boldsymbol{\rho}}{dt}\right)_{\text{flow}} + \left(\frac{d\boldsymbol{\rho}}{dt}\right)_{\text{wall}} + \left(\frac{d\boldsymbol{\rho}}{dt}\right)_{\text{se}} + \left(\frac{d\boldsymbol{\rho}}{dt}\right)_{\text{rad}} \tag{1.39}$$

式中:下标 flow、wall、se、rad 分别为进出储存泡的原子通量、与储存泡内壁的碰撞、氢原子间的自旋交换相互作用和微波辐射场的效应。第一项原子流量考虑了原子进入和逃逸出储存泡的通量,表示为

$$\left(\frac{d\boldsymbol{\rho}}{dt}\right)_{\text{flow}} = \begin{pmatrix} \frac{I_1}{N} & 0 & 0 & 0 \\ 0 & \frac{I_2}{N} & 0 & 0 \\ 0 & 0 & 0 & 0 \\ 0 & 0 & 0 & 0 \end{pmatrix} - \gamma_{\text{b}}\boldsymbol{\rho} \tag{1.40}$$

式中:I_1 和 I_2 分别为能级 1 和能级 2 每秒输入的通量;N 为储存泡中的原子总数。

一般来说,选态磁铁的几何形状使 $I_1 = I_2$。参数 γ_b 描述了原子逃出储存泡的速率,可以通过储存泡的几何形状计算得出。出射孔(准直管)的设计通常使 $\gamma_b = 2\text{s}^{-1}$。在平衡状态下,各能级的平衡粒子数为常数,即 $(d\boldsymbol{\rho}/dt) = 0$。定义 $I_t = I_1 + I_2$,有

$$\frac{I_t}{N} = \gamma_{\text{b}}(\rho_{11}^0 + \rho_{22}^0 + \rho_{33}^0 + \rho_{44}^0) = \gamma_{\text{b}} \tag{1.41}$$

$\boldsymbol{\rho}$ 的迹为 1,因为它表示的是粒子数分布占总粒子数的比例。在一个涂有 Teflon™ 之类物质的储存泡中,原子在给定的状态下有很长的寿命,而限制氢原子

寿命的物理机制是其被储存泡表面吸收和重组形成氢分子两种效应。

在这两种情况下，原子将完全缺失发射过程，效果等同于原子逃逸出储存泡。在某些情况下，原子可能以另一种能态从表面反弹回来。此外，在一些较弱的碰撞中，原子可能会保持相同的 m_F 态，但振荡磁矩会发生小的相移。平均来说，通过在发射时间内相移的累积，使原子发出的信号会产生一个小的频率移动。这些原子现象相当复杂，每种机制的相对重要性还不完全为人所知。为了简化分析，假设原子与表面的碰撞导致均匀弛豫，且相干和布居数弛豫速率是相等的。通过在相干弛豫速率中加入一个虚数项来唯象地考虑碰撞所引起的相移，该现象可以用一般方程表示，即

$$\left(\frac{\mathrm{d}\rho_{ii}}{\mathrm{d}t}\right)_{\mathrm{wall}} = -\gamma_{\mathrm{w}}\rho_{ii} \tag{1.42}$$

$$\left(\frac{\mathrm{d}\rho_{24}}{\mathrm{d}t}\right)_{\mathrm{wall}} = -\gamma_{\mathrm{w}}\rho_{24} + \mathrm{i}\Omega_{\mathrm{w}}\rho_{24} \tag{1.43}$$

式中：γ_{w} 为弛豫速率；Ω_{w} 为泡壁频移。

在两个氢原子之间进行碰撞时，可能发生自旋交换，这种现象已经在 QPAFS 的第 1 卷和第 2 卷中进行了详细研究，因此这里只概述主要结论。碰撞过程以横截面 σ_{se} 为特征，弛豫速率表示为

$$\gamma_{\mathrm{se}} = n\bar{v}_{\mathrm{r}}\sigma_{\mathrm{ex}} \tag{1.44}$$

式中：n 为原子数密度；$\bar{v}_{\mathrm{r}}$ 为原子的相对速度。

碰撞还会引入原子磁矩的小相移，导致平均频率漂移，用速率 $\gamma_{\mathrm{se}}^{\lambda}$ 表示。详细的计算结果表明，自旋交换对密度矩阵元素的影响为

$$\left[\frac{\mathrm{d}(\rho_{22}-\rho_{44})}{\mathrm{d}t}\right]_{\mathrm{se}} = -\gamma_{\mathrm{se}}(\rho_{22}-\rho_{44}) \tag{1.45}$$

$$\left(\frac{\mathrm{d}\rho_{24}}{\mathrm{d}t}\right)_{\mathrm{se}} = -\frac{\gamma_{\mathrm{se}}}{2}\rho_{24} - \mathrm{i}\frac{\gamma_{\mathrm{se}}^{\lambda}}{2}\rho_{24}(\rho_{22}-\rho_{44}) \tag{1.46}$$

容易看出，由自旋交换碰撞引起的频移与能级 2 和能级 4 的布居数差异成正比。

微波场作用下密度矩阵的动态变化由 Liouville 方程得到，即

$$\frac{\mathrm{d}\rho_{ij}}{\mathrm{d}t} = \left(\frac{1}{\mathrm{i}\hbar}\right)\sum(\mathcal{H}_{ik}\rho_{kj} - \rho_{ik}\mathcal{H}_{kj}) \tag{1.47}$$

式中：$\mathcal{H}_{ik}$ 为原子-场相互作用哈密顿量。

假设微波场具有以下形式，即

$$\boldsymbol{B}_{\mathrm{rf}}(r) = \boldsymbol{k}B_{z}(r)\cos(\omega t + \phi) \tag{1.48}$$

式中：ω 为腔场的角频率；ϕ 为相位。只考虑场的 z 分量，因为只有这个分量可以激发 $\Delta m_{\mathrm{F}}=0$ 跃迁。微扰哈密顿量为

$$\mathcal{H}_{24} = -\frac{1}{2}\mu_B g_j B_z(r)\cos(\omega t + \phi) \tag{1.49}$$

式中：μ_B 为玻尔磁子；g_j 为自旋分裂系数，取值为 2。

与前面铯原子频标部分的讲述相同，拉比频率 b 的定义为

$$b = \frac{\mu_B B_z(r)}{\hbar} \tag{1.50}$$

将式(1.49)中的余弦函数用指数展开，同时通过旋转波近似，可以得到

$$\mathcal{H}_{24} = -\frac{1}{2}\hbar(be^{-i\phi})e^{-i\omega t} \tag{1.51}$$

对于密度矩阵的非对角元素，假设解的形式为

$$\rho_{24} = \delta_{24}e^{-i\omega t} \tag{1.52}$$

定义相关能级的布居数差为

$$\Delta = \rho_{22} - \rho_{44} \tag{1.53}$$

将式(1.47)展开，得到两个方程描述原子系综在微波场和弛豫过程同时作用下的行为，即

$$\dot{\Delta} + \gamma_1 \Delta = \frac{I_2}{N_t} - 2b\,\mathrm{Im}\,e^{-i\phi}\delta_{42} \tag{1.54}$$

$$\dot{\delta}_{24} + \left[\gamma_2 - i\left(\omega - \omega_{24} + \Omega_w + \frac{\gamma_{se}^\lambda}{2}\Delta\right)\right]\delta_{24} = -\frac{i}{2}be^{-i\phi}\Delta \tag{1.55}$$

式中：γ_1 和 γ_2 分别为原子数和相干性的弛豫速率，定义为

$$\gamma_1 = \gamma_b + \gamma_w + \gamma_{se} \tag{1.56}$$

$$\gamma_2 = \gamma_b + \gamma_w + \frac{\gamma_{se}}{2} \tag{1.57}$$

2) 场方程

如前所述，系综中的相干性产生了振荡磁化。其期望值为

$$\langle M_z \rangle = \mathrm{Tr}(\rho M_{op}) \tag{1.58}$$

式中：M_{op} 为经典磁化强度 M 的等效量子力学算符；Tr 为 ρ 和 M_{op} 的乘积得到的矩阵对角元素之和。解得

$$\langle M_z \rangle \mathrm{d}v = -\frac{1}{2}n\mu_B(\rho_{24} + \rho_{42})\mathrm{d}v \tag{1.59}$$

这种经典磁化通过麦克斯韦方程与射频场耦合。在空腔中，关系为(QPAFS 第 1 卷，1989)

$$\ddot{H}(r,t) + \left(\frac{\omega_c}{Q_L}\right)\dot{H}(r,t) + \omega_c^2 H(r,t) = \mathbf{H}_c(r)\int_{V_c} \mathbf{H}_c(r) \cdot \ddot{\mathbf{M}}(r,t)\mathrm{d}v \tag{1.60}$$

式中：ω_c 为腔的共振角频率；Q_L 为腔的装载品质因子；V_c 为腔模体积；$\mathbf{H}_c(r)$ 为正

交腔场模式；$M(r,t)$ 为上文计算的磁化强度。

将 H 和 M 写为复数形式，即

$$H(r,t) = [H^{+*}(r)\mathrm{e}^{-\mathrm{i}\omega t} + H^{+*}(r)\mathrm{e}^{\mathrm{i}\omega t}]z \tag{1.61}$$

$$M(r,t) = [M^{+*}(r)\mathrm{e}^{-\mathrm{i}\omega t} + M^{+*}(r)\mathrm{e}^{\mathrm{i}\omega t}]z \tag{1.62}$$

式中：H^+ 和 M^+ 分别为场和磁化强度的复振幅。

将上述表达式替换至式(1.60)，只保留共振分量，采用旋转波近似，再由式(1.59)得到

$$|H|\mathrm{e}^{-\mathrm{i}\phi} = \frac{-\mathrm{i}Q_\mathrm{L}}{1+2\mathrm{i}Q_\mathrm{L}\left(\dfrac{\Delta\omega_\mathrm{c}}{\omega}\right)} H_\mathrm{c}(r)\int_{V_\mathrm{c}} H_\mathrm{c}(r) \cdot \left(\frac{1}{2}\right) n\mu_\mathrm{B}(\delta_{24}^\mathrm{r} + \mathrm{i}\delta_{24}^\mathrm{i})\mathrm{d}v \tag{1.63}$$

其中非对角密度矩阵元素明确地写成复数形式。经推导，场的相位为

$$\phi = \frac{\pi}{2} + \arctan 2Q_\mathrm{L}\frac{\Delta\omega_\mathrm{c}}{\omega} - \arctan\frac{\delta_{24}^\mathrm{i}}{\delta_{24}^\mathrm{r}} \tag{1.64}$$

从式(1.64)中可清楚看出，场和磁化强度的转向相差为 $\dfrac{\pi}{2}$。

2. 振荡条件

式(1.54)和式(1.55)中的另一个未知数是拉比频率 b。原子系综中产生的能量会在腔壁以及外部耦合循环中造成损失，腔内耗散的功率表示为(Collin,1991)

$$P_\mathrm{diss} = \frac{\omega}{Q_\mathrm{L}}\mu_0 \int_{V_\mathrm{c}} \overline{H}(r,t)\mathrm{d}v \tag{1.65}$$

式中：$\overline{H}$ 为时间的平均值。使用式(1.50)，这个表达式可以用拉比角频率 b 表示为

$$P_\mathrm{diss} = \frac{1}{2}\frac{N\hbar\omega}{k}\mu_0\langle b\rangle^2_\mathrm{bulb} \tag{1.66}$$

其中 k 定义为

$$k = \frac{NQ_\mathrm{L}\eta'\mu_\mathrm{B}^2\mu_0}{\hbar V_\mathrm{bulb}} \tag{1.67}$$

定义系数为

$$\eta = \frac{\langle H_z(r)\rangle^2_\mathrm{bulb}}{\langle H^2(r)\rangle_\mathrm{c}}$$

$$\eta' = \frac{V_\mathrm{bulb}\langle H_z(r)\rangle^2_\mathrm{bulb}}{V_\mathrm{c}\langle H^2(r)\rangle_\mathrm{c}} \tag{1.68}$$

另外，原子体系所能达到的功率也可以由式(1.66)得到，其中由式(1.61)给

出的 H 值可以通过式(1.63)改写为磁化强度的形式。假设 $2Q_L(\Delta\omega_c/\omega) \ll 1$，这在氢激射器中通常是成立的，由此可以得到

$$P_{at} = \frac{1}{2}N\hbar\omega k|2\delta_{24}|^2 \tag{1.69}$$

由式(1.66)和式(1.69)可以得到，当原子体系所能提供的能量刚好补偿腔耗散的能量时，对应拉比频率为

$$\langle b \rangle = 2k|\delta_{24}| \tag{1.70}$$

式(1.70)常与式(1.64)一起用于评估式(1.54)与式(1.55)中所含的相位项，由此得到

$$2b\mathrm{Im}\mathrm{e}^{-i\phi}\delta_{42} = 4k\cos\psi|\delta_{24}|^2 \tag{1.71}$$

$$-\frac{i}{2}b\mathrm{e}^{-i\phi} = -k\mathrm{e}^{-i\psi}\delta_{24} \tag{1.72}$$

其中

$$\psi = \arctan 2Q_L\frac{\Delta\omega_c}{\omega} \tag{1.73}$$

是测量腔失谐对激射器影响的一个量。利用这些关系，式(1.54)和式(1.55)可得

$$\dot{\delta}_{24} + \left[\gamma_2 - i\left(\omega - \omega_{24} + \Omega_w + \frac{\gamma_{se}^\lambda}{2}\right)\Delta\right]\delta_{24} = k\mathrm{e}^{-i\psi}\delta_{24}\Delta \tag{1.74}$$

$$\dot{\Delta} + \gamma_1\Delta = \frac{I_2}{N} - 4k\cos\psi|\delta_{24}|^2 \tag{1.75}$$

这两个方程以一种关于能量和相位自恰的方式描述了氢激射器的动力学行为。在自保持连续振荡的情况下，即处于稳态，式(1.74)和式(1.75)的导数被设为零。分离这些方程的实部和虚部，并假设腔被调优使 $\psi = 0$。得到

$$|2\delta_{24}|^2 = \frac{I_2}{kN} - \frac{\gamma_1}{k}\Delta \tag{1.76}$$

$$\Delta = \frac{\gamma_2}{k} \tag{1.77}$$

同时通过式(1.69)，原子体系所提供的功率为

$$P_{at} = \frac{1}{2}\hbar\omega N\left(\frac{I_2}{N} - \frac{\gamma_1\gamma_2}{k}\right) \tag{1.78}$$

定义过去在描述激射器运行状态时广泛使用的下列术语(Kleppner 等，1965)，即

$$P_c = \frac{1}{2}\hbar\omega\frac{\hbar V_c\gamma_b^2}{Q_L\eta\mu_B^2\mu_0} \tag{1.79}$$

$$I_{th} = \frac{\hbar V_c\gamma_b^2}{Q_L\eta\mu_B^2\mu_0} \tag{1.80}$$

$$q = \frac{\hbar V_c \bar{v}_r \sigma_{ex}}{2Q_L \eta \mu_B^2 \mu_0 V_b} \frac{\gamma_b + \gamma_w}{\gamma_b}\left(\frac{I_t}{I_2}\right) \quad (1.81)$$

式中:q 为振荡参数;I_{th} 为在不存在自旋交换相互作用的情况下获得自维持振荡所需的临界原子通量。通过这些定义,可以得到

$$P_{at} = P_c\left[-2\left(\frac{I_2}{I_{th}}\right)^2 q^2 + (1-3q)\left(\frac{I_2}{I_{th}}\right) - 1\right] \quad (1.82)$$

通过耦合回路耦合出腔的功率为

$$P_{out} = P_{at}\left(\frac{\beta}{1+\beta}\right) \quad (1.83)$$

式中:β 为腔的耦合因子。

式(1.83)用来描述氢激射器的振荡条件。这里是通过一种与以往略有不同的数学方法得到的,即先为场设定任意相位,然后通过场方程计算该相位。随后以一种自洽的方法确定场的振幅。该方法得到了描述激射器特性的两个时变方程,将时间导数设为零,即得到稳态解。

对于不同的振荡参数 q,式(1.82)计算结果如图 1.13 所示,图中清晰可见连续振荡所允许的最小和最大原子通量。在振荡激射器中,功率输出必须是正的,由此决定了参数 q 和通量 I_2 需满足的条件。对于连续振荡,必须满足

$$q \leqslant 0.172 \quad (1.84)$$

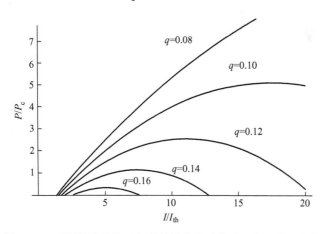

图 1.13 不同振荡参数下氢激射器输出功率随光束强度的变化

从实用的角度来看,式(1.81)也可以简化,因为式中除 γ_b、γ_w 和 I_t/I_2 是变量外,其他都是常数。而这些变量也可以通过器件设计和 Teflon™ 涂层的质量确定。大部分情况下 $I_t/I_2 = 2$,唯一例外是使用双选态器绝热快速通道方法(AFP)选态时。此外,泡壁的弛豫速率 γ_w 对于不同的装置可能会有所不同,这取决于 Teflon™

涂层的质量和储存泡的大小。一个标准的做法是尝试达到 10^9 数量级的谱线品质因数 Q_L，这需要对泡的逃逸率进行控制。可以设置 $\gamma_b = 1\text{s}^{-1}$，根据经验，对于平均大小的储存泡和良好的涂层，$\gamma_w = 1\text{s}^{-1}(T_w = 1\text{s})$，谱线品质因数为 2.2×10^9。此时振荡条件要求

$$Q_L \eta' > 10^4 \tag{1.85}$$

其中，由式(1.68)定义的填充因子 η' 为

$$\eta' = \eta \frac{V_b}{V_c} \tag{1.86}$$

对于圆柱形谐振腔，η' 可能高达 0.45（QPAFS 的第 2 卷，1989）。这意味着在这种情况下，负载谐振腔的 Q 值必须大于 22000 才能产生振荡。

图 1.14 是 20 世纪 80 年代加拿大拉瓦尔大学（Laval University）一个研究项目开发的微波激射器的典型结果（Vanier 等，1984）。在这一特殊案例中，激射器储存泡相对较大，直径为 16cm，泡的入口孔由商用特氟龙材料制作的 12 个小准直管组成。泡本身涂有 3 层特氟龙（Teflon™ fep120 型）。这种结构下振荡因数 $q<0.1$，并使连续振荡成为可能。大孔径的球管准直器允许整个横截面的氢原子进入球管，使微波激射器能够在很大束流范围下工作。该配置下较长的时间常数使在束流强度变化 10 倍以内、谱线 Q 值变化 3 倍以内的情况下微波激射器均可以运行。上述氢激射器的构造中发展的概念，如整体结构、氢原子气压控制、腔体设计和温度控制，目前在 NRC 用来建造氢激射器，并与铯束原子钟协同维持加拿大原子时标（Morris，1990）。

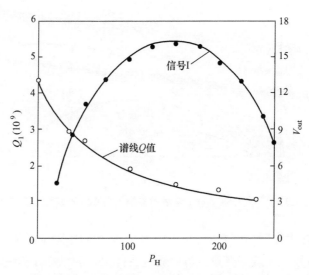

图 1.14 氢激射器输出功率和谱线 Q 值随原子束流量变化的典型实验结果

3. 频率移动

1) 磁场频移

磁场频移是一个重要的频移。正如铯束原子钟那样,频移由为原子系综提供量子化轴所需的磁场引起。在足够的磁屏蔽条件下,激射器通常可以在较低的磁场中工作,典型值小于 10^{-7} T(1mG),由此引起的磁场频移小于 2×10^{-12}。通过激发 $\Delta m=\pm1$ 塞曼子能级之间的跃迁可以准确地确定磁场大小,该项频移准确度通常在 10^{-15} 量级。因此,磁场不会影响激射器的准确度。然而,如果磁场强度随时间变化,则会对激射器频率稳定性造成影响,所以需要多层磁屏蔽来防止环境中磁场波动对腔内原子系综的影响。另外,驱动螺线管的电流源必须具有与期望的激射器频率稳定度相匹配的稳定性,该项电流稳定性可以通过直接计算式(1.37)和螺线管特性得出。

影响激射器输出的其他重要频移包含在式(1.74)的虚数项中。假设 ψ 很小,则方程可以写成

$$\left\{\gamma_2 - k\Delta + i\left[\omega - \omega_{24} + \Omega_w + \left(\frac{\gamma_{se}^\lambda}{2}\right)\Delta + \psi k\Delta\right]\right\}\delta_{24} = 0 \qquad (1.87)$$

在连续振荡条件下,δ_{24} 不等于零,所以为使上述方程成立,须使实部和虚部都等于零。由虚部可得

$$-\left\{\left[\omega - \omega_{24} + \Omega_w + \left(\frac{\gamma_{se}^\lambda}{2}\right)\Delta\right] + \psi k\Delta\right\} = 0 \qquad (1.88)$$

从中容易看出,微波激射器的输出频率与跃迁频率 ω_{24} 相关,后者会受到各种小微扰的影响而变化。

2) 泡壁频移 Ω_w

如上所述,氢原子在与泡壁表面碰撞时会经历一个小的相移。平均而言,这在输出频率上会导致一个小的频移。该频移与碰撞速率成反比,因此,对于球形储存泡,频移与泡的直径成反比。对于一个涂有特氟龙涂层的 15cm 直径储存泡,泡壁频移是负的,在 10^{-11} 量级,具体数值取决于所使用特氟龙的类型和涂层的质量。不幸的是,不同储存泡之间的泡壁频移一致性很难达到 10% 以上,从而使激射器的频率准确度限制在 $(1\sim2)\times10^{-12}$ 水平(Vanier 等,1975)。

3) 自旋交换频移 $\gamma_{se}^\lambda\Delta$ 以及腔牵引效应 $\psi k\Delta$

可以看出这两种频移都与布居数差异 Δ 成正比。使用式(1.77),这些频移可以写为

$$\Delta\omega_{se} + \Delta\omega_{cp} = \left[-\frac{\gamma_{se}^\lambda}{2} + \psi k\right]\frac{\gamma_2}{k} \qquad (1.89)$$

式(1.89)表明两种频移之和与总线宽 $(1/\pi)\gamma_2$ 成正比,容易推断,腔牵引效应引起的式(1.89)频移为

$$\Delta\omega_{cp} = \frac{Q_{cL}}{Q_{at}}\Delta\omega_c \tag{1.90}$$

既然自旋交换频移也与总线宽成正比，一个简单的调腔方法便是调节原子束流量，改变储存泡内的原子数密度，从而改变式(1.89)中的总线宽 γ_2。通过调谐谐振腔，使激射器的频率独立于原子束流量，可以将腔失谐量调整到与自旋变换频移大小相等、方向相反的位置，表示为

$$\Delta\omega_{se} = -\frac{\bar{v}_r \hbar \lambda \gamma_2}{4 Q_L \eta' \mu_B^2 \mu_0} \tag{1.91}$$

式中：λ 为自旋交换频移截面(Vanier 和 Vessot, 1964)，此项频移量在 10^{-11} 量级。

在实际应用中，可以对谐振腔进行调优，使谐振腔引起激射器频移的剩余不确定度小于 1×10^{-14}。

4. 二阶多普勒频移

上述计算中没有包括的另一项频移是由时间膨胀相对论效应引起的二阶多普勒频移，它在铯束频标中同样存在，表示为

$$\Delta\omega_D = -\frac{3}{2}\frac{k_B T}{Mc^2}\omega_{hf} \tag{1.92}$$

在40℃的氢原子体系中，这一频移为 -4.31×10^{-11}，当储存泡的温度测定优于0.1K时，可保证此项频率的不确定度小于 2×10^{-14}。

5. 磁场不均匀性

最后，与外加磁场的不均匀性有关的其他小的频移可能会影响激射器频率。这些变化取决于微波激射器的几何结构，通常在构造良好的氢微波激射器中是相当小的，它们在很大程度上不会影响激射器的频率稳定性(QPAFS 的第 2 卷，1989)。

图 1.15(a)显示了列日大学开发的典型大尺寸主动型氢激射器(Mandache 等，2012)。如同在许多其他的实验室一样，面包板型微波激射器作为原子频率标准开发的实验性装置，它为其他装置的发展提供了必要的资料和经验。在对其特性的研究中开发了一种简易技术，即用可变腔 Q 值的方法来确定振荡参数 q(Mandache 等，2012)。图 1.15(b)是在马萨诸塞州剑桥市史密森天体物理天文台开发的小型微波激射器(R. F. C. Vessot, 2014, pers. comm.)。

1.1.2.2 被动型氢激射器

在决定激射器大小中起重要作用的部件是微波腔谐振器。谐振器的尺寸可以通过在不同于传统的 TE_{011} 模式下工作来减小，谐振器还可以加入介电材料，本书将在概述尺寸减小最新进展的章节中研究这些内容。然而，在某些情况下，微波腔

图1.15 两种激射器外观
(a)列日大学最近开发的大尺寸微波激射器(微波激射器作为原子频标开发过程中的一个演示工具);
(b)由 RFC Vessot 在哈佛大学的史密森天体物理天文台(SAO)开发的小型 H 微波激射器。
(来源:Courtesy of R. F. C. Vessot; Data from Mandache, C. et al., Appl. Phys. B: Lasers Opt., 107, 675, 2012.)

Q 值无法高到足以实现连续的振荡。因此,为了放松对微波谐振腔品质因数的要求,可以在被动模式下运行激射器,将激射器用作放大器(Vuylsteke, 1960; Siegman, 1964、1971)。该系统可以运行两个耦合回路:一个用于注入超精细频率的微波信号;另一个用于检测放大的信号。另一种方法是使用图1.16所示的带有单耦合环路的微波环行器。在这里,人们可以观察到腔体反射的放大功率。

1. 运行理论

对于被动运行模式,接近超精细跃迁频率的微波能量通过耦合回路注入微波腔内,在腔内产生微波场,引起 H 原子的受激辐射,这个过程在原子系综中产生相干性和振荡磁化。由于上能级($F=1$、$m_F=0$)比下能级($F=0$、$m_F=0$)布居数更高,原子将受激辐射能量。拉比角频率 b 包括来自外部源对腔的贡献以及原子体系所产生的磁化。由式(1.51)给出的相互作用哈密顿量现在可以写成

$$\mathcal{H}_{24} = -\frac{1}{2}\hbar(b_i e^{-i\phi_i} + b_e e^{-i\phi_e}) e^{-i\omega t} \quad (1.93)$$

式中:下标 i 和 e 分别表示内部和外部。

这里所作的分析与主动激射器的情况非常相似,只是在场方程中有两个源项,即注入场和原子磁化强度,人们很容易观察到这两个源项是分开的。由磁化产生

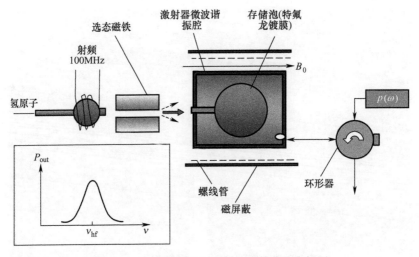

图 1.16 反射型被动氢激射器的简化概念框图

的场导致原子系综上的反馈,这种效应可以用与有源激射器相同的方法来分析,由式(1.74)和式(1.75)可得

$$\dot{\delta}_{24} + \left\{\gamma_2 - k\Delta - \mathrm{i}\left[\omega - \omega_{24} + \Omega_\mathrm{w} + k\psi\Delta + \left(\frac{\gamma_\mathrm{se}^\lambda}{2}\right)\Delta\right]\right\}\delta_{24} = -\mathrm{i}\frac{b_\mathrm{e}}{2}\mathrm{e}^{-\mathrm{i}\phi_\mathrm{e}}\Delta \tag{1.94}$$

$$\dot{\Delta} + \gamma_1\Delta = \frac{I_2}{N} - 4k\cos\psi\,|\delta_{24}|^2 - 2\,b_\mathrm{e}\mathrm{Im}\mathrm{e}^{-\mathrm{i}\phi_\mathrm{e}}\delta_{42} \tag{1.95}$$

这些方程描述了注入腔内场的激射器的动力学行为,可以用数值方法求得这些方程的解。然而,被动微波激射器的一般特性可以通过简单的近似得到。假设稳态工作,并设所有时间导数为零。相干性由式(1.94)直接得到,即

$$\delta_{24} = \frac{-\mathrm{i}(b_\mathrm{e}/2)\,\mathrm{e}^{-\mathrm{i}\phi_\mathrm{e}}\Delta}{(\gamma_2 - k\Delta) - \mathrm{i}[\omega - \omega_{24} + \Omega_\mathrm{w} + (\gamma_\mathrm{se}^\lambda/2)\Delta + k\psi\Delta]} \tag{1.96}$$

我们所感兴趣的是被动激射器的增益,定义为

$$G = \left|\frac{b_\mathrm{i}\mathrm{e}^{-\mathrm{i}\phi_\mathrm{i}} + b_\mathrm{e}\mathrm{e}^{-\mathrm{i}\phi_\mathrm{e}}}{b_\mathrm{e}\mathrm{e}^{-\mathrm{i}\phi_\mathrm{e}}}\right| \tag{1.97}$$

由式(1.74)给出感应相干产生的内场部分,同时利用式(1.96)来求解 δ_{24},可以得到增益的表达式为

$$G = \left|1 + \frac{k\Delta\mathrm{e}^{-\mathrm{i}\psi}}{(\gamma_2 - k\Delta) - \mathrm{i}[\omega - \omega_\mathrm{hf} + \Omega_\mathrm{w} + (\gamma_\mathrm{se}^\lambda/2)\Delta + k\psi\Delta]}\right| \tag{1.98}$$

式中:Δ 为式(1.94)和式(1.95)的一个解。

通过研究一种特殊情况,可以对微波激射器的行为有一些深入了解。假设注入场很弱,增益因子很小。在这种情况下,式(1.95)的解 Δ 表示为

$$\Delta = \frac{I_2}{N\gamma_1} \tag{1.99}$$

采用定义式(1.67)和式(1.80),得到

$$\frac{k\Delta}{\gamma_2} = \frac{I_2}{I_{\text{th}}} \frac{\gamma_b^2}{\gamma_1 \gamma_2} = I_{\text{eff}} \frac{\gamma_b^2}{\gamma_1 \gamma_2} \tag{1.100}$$

假设腔与原子完全共振,式(1.98)写作

$$G = \left| 1 + \frac{I_{\text{eff}}}{1 - I_{\text{eff}} - \mathrm{i}\Omega_{24}} \right| \tag{1.101}$$

其中

$$\Omega_{24} = \left[\omega - \omega_{24} + \Omega_w + \left(\frac{\gamma_{\text{se}}^\lambda}{2} \right) \Delta \right] \gamma_2 \tag{1.102}$$

图1.17给出了式(1.101)计算出的在不同归一化原子束流通量 I_{eff} 下的增益随频率 ω 的变化。当 $I_{\text{eff}} = 1$ 时,增益无穷大,系统原则上成为主动型激射器。然而,这不是精确的,因为高增益下系统会发生饱和,所以阈值通量会略大于 I_{eff}。由式(1.101)给出的增益表示含原子的腔场与不含原子的腔场之比。实际上,图1.16所示的系统可用于检测放大的信号。

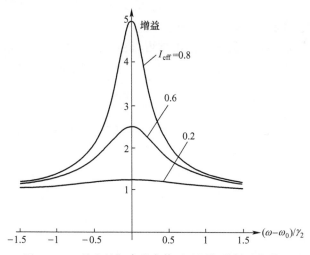

图1.17 3种有效氢束强度值下无源氢激射器的增益

在上述装置中,所观测的信号为腔通过环行器反射的功率。我们研究当谐振腔中没有原子时,空腔匹配的特殊情况。在这种情况下,没有原子的谐振腔没有能量反射,在原子完全共振的条件下依然成立。所反射的腔振幅增益 G_{rc} 可以由反射

腔系数 ρ 直接给出(QPAFS 的第 1 卷,1989),即

$$G_{\rm rc}(\omega) = |\rho| = \frac{1}{1 - |Q_{\rm m}|/Q_{\rm L}} \tag{1.103}$$

式中:$Q_{\rm L}$ 为没有原子系综贡献的腔负载品质因数;$Q_{\rm m}$ 为磁性 Q 值,为只考虑原子系综的损失或增益的品质因数。

这个 Q 值是负的,因为原子系综在外加场的影响下会释放能量。在原子系综中有足够增益的情况下,可以得到 $Q_{\rm m} = -Q_{\rm L}$,反射系数为无穷大,系统因此成为一个谐振子。

原子系综给出的能量由式(1.69)和式(1.96)计算,使用品质因数的定义表示存储的能量与损耗的能量比值,在本例中由于原子处于发射状态,此值为负值,增益很容易计算为

$$G_{\rm rc}(\omega) = \frac{1}{1 - (1/I_{\rm eff})(1 + \Omega_{24}^2)} \tag{1.104}$$

在这个例子中,没有原子的情况下增益为 0,因为腔谐振器是匹配的,所以没有能量从腔内反射。

2. 相关频移

在上述装置中,输出信号的频率总是等于输入频率。当 $\Omega_{24} = 0$ 时输出信号达到最大值,可通过伺服系统将输入信号频率锁定到该最大值对应处。这一最大值对应的频率可由式(1.102)计算,因此也会受到泡壁频移 $\Omega_{\rm w}$、自旋交换频移 $\gamma_{\rm se}^{\lambda} \Delta$ 以及腔牵引效应的影响。如果增益很低,$k \ll 1$,在腔内的场中几乎没有原子的反馈,$\psi k \Delta$ 项可以被忽略。腔失谐的影响可以由式(1.63)得到。增益的最大值被一个小量取代,这个量与腔 Q 值和谱线 Q 值之比的平方成正比,即

$$\Delta \omega_{\rm cp} = \left(\frac{Q_{\rm cL}}{Q_{\rm at}}\right)^2 \Delta \omega_{\rm c} \quad (\text{低增益下}) \tag{1.105}$$

高增益的情况下,原子对腔场的反馈比较强烈,因此式(1.98)中 $k\psi\Delta$ 项不能忽略。与主动激射器的情况一样,最大增益对应的频率被式(1.90)给出的量取代。泡壁频移的效果与主动激射器相同。然而,由于腔被调谐以获得最大的输出功率,当腔被调谐到某个频率使激射器频率不受原子束流影响时,自旋交换频移不会像主动激射器一样由相反的腔失谐牵引效应来补偿。

3. 实施装置

在实际中,被动微波激射器可通过与主动微波激射器非常相似的方式实现(Walls 和 Howe,1978)。如上所述,它可以在较低的谐振腔 Q 值下工作,因此可以使用与 TE_{011} 不同的工作模式来构造物理系统。现在对几种方法做具体研究,特别是一种使用磁控管腔的方法,它可以在体积上远小于标准的 TE_{011} 型腔。

由于激射器是被动型的,因此没有特定相位的信号来和本地振荡器比较并将

振荡器锁定到原子跃迁。因此,无法使用此前描述的主动型激射器中的锁相环路,而需要采用铯束频标中的锁频环路,一个简单的系统框图如图 1.18 所示。

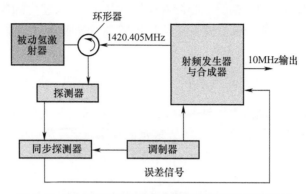

图 1.18　用于实现被动氢激射器频标的锁频环路框图

读者可在 QPAFS 第 2 卷(1989)中了解到这种使用慢速或快速调制的伺服系统的分析。需要强调的是,在被动氢激射器结构中存在腔牵引现象。因此,必须稳定谐振腔频率。利用快速频率调制技术,可以大大减少共振腔的牵引,同时锁定射频发生器至原子跃迁的频率。该技术采用了由 Pound 提出的方法,通过中频调制鉴频以稳定微波发生器的频率至谐振腔(Pound,1946)。同样,可以使用这种技术通过单一调制频率反向将谐振腔频率锁定到频率发生器,而发生器频率本身锁定在原子共振线上(Busca 和 Brandenberger,1979;Lesage 等,1979)。这种方法非常有效,在 QPAFS 第 2 卷(1989)中有说明。

前面的讨论着重在谐振腔 Q 值太低而不能满足振荡条件(即 $q<0.172$)时的技术方法。然而,腔 Q 值可以通过外部正反馈得到提高。例如,利用具有两个耦合回路的空腔,第一个回路将能量提取到腔内,第二个回路通过低噪声放大器放大后将能量反馈回谐振腔(Wang,1980)。一个典型系统的框图如图 1.19 所示。

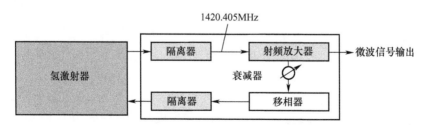

图 1.19　使用外部反馈环来提高腔的 Q 值以使激射器满足振荡条件的系统基本框图
(包含的电子反馈元件部分需要进行温度控制,以避免反馈环路参数的变化)

在这种方法中,反馈环路中需要一个移相器,以补偿环路中不同组件中可能产生的任何相移并造成频率偏移,这种相移对谐振腔的共振频率造成了扰动。对于反馈环路,放大器、衰减器、移相器、传输线和隔离器的温度稳定都非常重要,因为它们本质上是谐振腔的一部分。即使有这样的稳定,注入腔内的信号相位也可能会因为元件的老化而随时间变化。然后出现腔牵引效应,此时可能需要腔的自动调谐系统。

1.1.2.3 氢激射器的频率稳定度

在设计良好的主动型氢激射器中,10~1000s 积分时间内频率稳定度主要受到内部白频率噪声的限制。用 Allan 方差表示的频率稳定度为(QPAFS,1989)

$$\sigma_y(\tau) \cong \left(\frac{kT_c}{2P_o}\right)^{1/2} \cdot \frac{1}{Q_L \tau^{1/2}} \quad (1.106)$$

式中:k 为玻尔兹曼常数;T_c 为腔的温度;P_o 为发送到接收器的激射器输出功率;Q_L 为激射器原子谱线 Q 值;τ 为积分时间间隔。

在表现最佳的主动型激射器中,6Hz 的带宽范围内得到 30~1000s 稳定度为 $2.2\times10^{-14}\tau^{-1/2}$,与上述表达式一致(Vessot 等,1977、1988)。

在短期范围内,如积分时间小于 10s 时,主动氢激射器的频率稳定度受到来自谐振腔的附加噪声和激射器信号的一阶混频及检测的限制,即

$$\sigma_y(\tau) \cong \left(\frac{FkT_c\omega_R Q_{ext}}{2P_b \omega_0^2 Q_{cL}}\right)^{1/2} \cdot \frac{1}{\tau} \quad (1.107)$$

式中:F 为接收器的噪声系数;ω_R 为带宽;Q_{ext} 为腔外部 Q 值;Q_{cL} 为腔负载 Q 值;P_b 为腔内氢原子束所提供的功率。通常在 $\tau=1s$ 时所能达到的稳定度为 10^{-13} 量级。

在被动型氢激射器的情况下,上式短期频率稳定度是用于锁定外部发生器频率到最大发射强度的函数。稳定度由一个类似于式(1.106)的方程给出,但是乘以一个比单位数值大的因数 K。在实际系统中可达到的信噪比下,频率稳定度在与主动型激射器相同的积分时间间隔范围内为 $1\times10^{-12}\tau^{-1/2}$。

一些实验室在进行被动和主动微波激射器的开发,其中先驱者是:位于马萨诸塞州剑桥的哈佛大学的史密森天体物理天文台(SAO);俄罗斯下诺夫哥罗德的弗雷姆亚;希格玛托(Sigma Tau)公司的盖瑟斯堡(马里兰州),以及 Spectratime(瑞士)。

史密森天体物理天文台(SAO) VLG 11 微波激射器的频率稳定度反映了其设计的高质量(Vessot 等,1984;Vessot,2005)。稳定度在积分时间为 1s 时是 10^{-13} 量级,在积分时间为 10^4s 时达到 5×10^{-16}。系统中没有使用腔自动调谐系统,报道的腔漂移率为 6×10^{-15}/天。

图 1.20 显示了瑞士 Spectratime 公司最初为 ACES(空间原子钟集成)任务开发的主动型氢激射器的设计概况。在这种设计中,中期稳定度依赖于无载波频率

调制解调的腔自动调谐系统(ACT),此系统在 QPAFS 的第 2 卷(1989)中有详细描述。其频率稳定度见表 1.4,其频率漂移小于 $2×10^{-16}$/天。

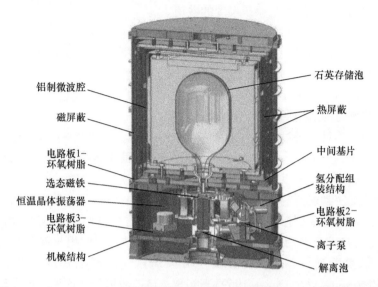

图 1.20 Spectratime 主动型氢激射器设计的三维视图(瑞士 Spectratime 提供)

表 1.4 瑞士 Spectratime 研制的空间氢激射器频率稳定度

积分时间/s	Allan 方差
1	$9.8×10^{-14}$
10	$2.8×10^{-14}$
100	$7.0×10^{-15}$
1000	$2.2×10^{-15}$
10000	$1.1×10^{-15}$

(数据来源:Goujon D. et al., Development of the space active hydrogen maser for the ACES mission. In Proceedings of the European Forum on Time and Frequency 17-02, 2010; Goujon D., Personal Communication, 2014)

以上所述的这种稳定性是仅通过非常仔细的谐振腔设计来实现的。在史密森天体物理天文台(SAO)的激射器中,腔体是由一种叫做 Cervit 的低热膨胀材料制成,并通过贝尔维尔(Bellville)弹簧设计,在尽可能小的压力下保持在原位,同时温度控制也非常稳定。Vremya 所设计的激射器谐振腔(Demidov 等,2012)由 Sitall (一种结晶微晶玻璃陶瓷,其超低热膨胀系数在 $-60 \sim 60$℃ 范围内为 $0±1.5×10^{-7}$/℃)制成。在这种情况下,观测到的漂移可能源自于腔体材料的弛豫,而这种弛豫没有通过腔自动调谐来稳定。事实上,当谱线 Q 值为 $1.4×10^9$(1Hz 线宽)、谐

振腔 Q 值为 40000 时,腔必须保持频率失谐在 0.05Hz 以内,才能保证激射频率稳定在 10^{-15} 水平。腔的轴向调谐率约为 $10^7 \mathrm{Hz/cm}$,因此腔的长度必须保持 $5×10^{-9}$ cm 的稳定性,这是一个原子尺度的数值。

因此,在一个氢激射器中观察到漂移并不奇怪,它的腔体是由多个部件组装而成,它们在机械上相互接触并随时间松动。要使圆柱体和端板精确地结合在一起是极其困难的,只能通过光学抛光技术来实现腔体零件之间的接触。即便如此,这些接触也有可能因为表面微凸体的存在而随时间的推移产生松动。另外,长期漂移来自于依赖时间的泡壁频移,这一项不可忽略。

腔的慢漂移只能通过对腔的复调来补偿。正如上面几次提到的,已经有一些方案尝试构建一个可以自动调整腔与氢原子受激辐射频率共振而不干扰激射器信号的系统。这些方法可以分为两种:一种方法是调制激射器发射谱线 Q 值,并将腔频率调整到使激射器输出频率独立于谱线 Q 值的位置;另一种方法通过改变氢原子束流强度来改变储存泡内的气压。这个过程通过自旋交换相互作用改变了谱线 Q 值,称为自旋交换调谐技术。为了获得最佳效果,应使用与待调激射器一样稳定的外部参考进行调节。该方法还可以通过应用磁场梯度来拓宽共振线(Vanier 和 Vessot,1966;Vanier,1969)来实现。微波激射器在高束流通量条件下工作,在保持振荡状态的同时使谱线展宽。这些技术直接作用于激射器信号的意义难以界定,避免这个问题的方法是直接作用于谐振腔,谐振腔可以通过施加于谐振腔本身的外部探测信号进行调谐,对探测信号进行频率调制,分析谐振腔的反射特性。为了不干扰激射信号,探测信号采用载波抑制的方波调制,调制频率为谐振腔线宽的一半(约 15kHz)。然而,一种更直接的方法是在高频率调制谐振腔(Gaigerov 和 Elkin,1968;Peters,1984;QPAFS,1989),共振腔的原子共振线不受影响,但失谐腔的激射信号则是强度调制的。因此,在激射器输出信号上直接检测失谐,通过同步检测来检测和分析激射器信号的调制,从而产生误差信号,反馈到谐振腔以保持调谐状态。这种类型的自动腔调谐系统被用于实际的激射器中,据报道在积分时间 10^5s 时达到优异的 $3×10^{-16}$ 频率稳定度,观测到的天漂移率不大于 10^{-16}(Demidov 等,2012)。

应该提到的是,泡壁频移可能随时间变化(Morris,1990)。这种效应的准确评估,可能是在 10^{-16}/天或更小的水平,因此需要相当长期的测量。它的存在很大程度上取决于储存泡内表面特氟龙镀层的实际技术、特氟龙的实际来源及其品质。目前还无法对其精确值作出结论,而且由于可能存在同样量级的其他影响,在特定的氢激射器中很难对其存在与否进行评估。值得一提的是,在大多数构造的氢激射器中观察到了共振线品质因数 Q_L 随时间的退化现象(Bernier 和 Busca,1990;Morris,1990)。在某些情况下,这种效应是为了防止激射器在给定的工作时间后振荡。在这种情况下,储存泡需要重新镀膜。然而,尚没有发现谱线 Q 值的退化和长期漂移之间的直接关系。目前来看,还没有针对两者关系的系统性研究,微波激射器在所需频率平均时间范围落在其稳定性最佳的情况下使用。如果需要,可以通过铯喷泉重新校准频率。

1.1.2.4 最新进展和实现现状

我们刚刚描述了一些关于经典标准氢激射器的有趣结果,这些结果是从早期版本中改进和完善的。我们的回顾仅限于经典氢激射器实现方法的改进。然而,对于在结构上进行重大改变以实现更高频率稳定度(数量级)或大幅度减小其尺寸的可能性,也有相关的研究和开发。现在将概述最近在这方面进行的一些最重要研究和发展情况。通常,由于系统的复杂性,它们仍停留在基础实验室研究仪器的水平上,并不能在该领域进行直接应用。尽管如此,这些研究仍然对改进的可能方向提供了一些有趣的见解。

1. 频率稳定度和准确度的提高

关于提高主动氢钟的短期稳定性,通过式(1.106)得知,可以做出的选择相当有限。可以对噪声系数、微波激射器的输出功率和温度进行改进。通常使用一个低噪声值(小于2dB)的放大器作为频率接收器的第一级。因此,对于这个参数无法做过多改进。同样,激射器输出功率也不能随意增加。图1.13和图1.14表明,不能通过增加原子通量来任意增加输出功率,因为自旋交换相互作用会导致弛豫,而在原子通量较大时,激射器输出功率会经历一个最大值,然后减小,振荡的范围是有限的。如果需要更大的功率,可以降低储存泡的时间常数,从而允许原子通量的增加。然而,在这种情况下,跃迁线宽度的增加会影响谱线的品质因数。如式(1.106)所示,线宽范围内的噪声对频率稳定性有直接影响。降低发射区的温度 T_c 是提高短期频率稳定性的最佳途径。因此,在极低的温度下,可以预测频率稳定度将得到几个数量级的改善。然而,这个方向的研究取决于是否可以找到可在低温下工作的储存泡表面材料。为了找到这样一种在低温下仍能长时间保存的表面涂层,已经进行了几项研究。研究发现,30K 下的 CH_4 涂层(Vessot 等,1979)、9K 下的 Ne 涂层(Crampton 等,1984)和 0.5K 以下的 He 涂层(Hardy 和 Morrow,1981)提供了可能的解决方案。最吸引人的方法似乎是最后一个使用超流氦膜的方案。然而,尽管它与所涉及的基本物理学是有趣的,但其所需要的支持系统非常复杂,如稀释制冷等,限制了实验室项目的发展。图1.21显示了哈佛大学天体物理中心、哈佛大学莱曼实验室和麻省理工学院联合开发的系统。

该系统具有相当有趣的奇特结构,项目的一个主要目标是在主动模式下运行微波激射器,并得到了 5×10^{-13} W 电平的信号输出。该激射器的主要物理特性如下:腔体在 TE_{011} 模式下工作,由一个大的纯单晶蓝宝石圆柱体构成,中空部分作为储存泡。一端的 Teflon™ 隔膜用于将原子的运动限制在一个有适当方向微波场的区域。蓝宝石圆柱体长17cm、直径10cm,由单晶加工而成,外表面镀银。蓝宝石的介电损耗在低温下显著降低,在 0.5K 时,工作在 TE_{011} 模式的腔 Q 值为 27000,耦合系数为 0.33。假设填充因子约为 0.4,系统充分满足式(1.85)的振荡条件。和标准经典微波激射器一样,氢原子在室温下放电产生,但在分解后,氢气漂移到一个 Teflon™ 的准直器内管,逐渐冷却到大约 10K,形成一个低速氢原子束。原子束被引导到一个短的六极选态磁铁中,在 10K 温度下,处于 $F=1$、$m_F=0$、1 状态的原子被引入储存泡-蓝宝石组合腔。由于 Teflon™ 管中的碰撞次数有限,可以假定原子在运动过程中很少发生弛豫,并且原子的状态在作为存储器的腔入口处没有太大的改变。由于涉及极低温状态,原子的时序相当复杂,通过在 77K 温度下自冷的真空箱内稀释制冷的方法将其冷却到 0.5K。氦以较低的速率进入系统,并在 0.5K 下处于超流体状态,覆盖包括中空蓝宝石腔内表面在内的所有系统内表面。

使用氦膜表面涂层的想法源于阿姆斯特丹大学的实验。该实验表明,在表面涂有超流体氦的空间中维持中等密度的氢原子是可能的(Silvera 和 Walraven,1980)。其他研究组(Clineet 等,1980;Morrow 等,1981;Wallsworth 等,1986)成功地将这种方法应用于氢原子的存储,以实现氢激射器。图 1.21 所示的激射器就是其中之一。加拿大英属哥伦比亚大学的哈代和怀特黑德开发了一种类似的技术,但采用更紧凑的腔(Hardy 和 Whitehead,1981),这一点在 QPAFS 的第 2 卷中有说明。

使用如此低温的另一个好处是减少了自旋交换碰撞的横截面。如 QPAFS (1989)中所述,与室温下的 $2.8 \times 10^{-15} cm^2$ 相比,在 0.5K 温度下的横截面 σ_{ex} 显著减小到 $10^{-16} cm^2$。由于振荡参数 q 是乘积 $<v_r>\sigma_{ex}$ 的函数,因此可以很容易地看出,在这样的低温下,振荡参数 q 被降低了 10^3 个数量级,使激射器振荡更加容易。这一结论进一步被以下事实所证实:低速运转的原子与氦包层存储蓝宝石腔壁碰撞的频率较低,进一步降低了泡壁弛豫,而泡壁弛豫对 q 的降低有直接影响。

在所描述的复杂系统中,应该认识到可能会出现经典的室温微波激射器中没有观察到的现象。其中最重要的一点是注入的氦气(He)作为气体与覆盖所有表面的超流膜处于平衡状态。在提供超流膜所需的压力下,气体存在的第一个影响是碰撞,将氢原子的平均自由程减少到约 5cm。这些碰撞不仅会影响氢原子束的自由运动,还会产生弛豫和频移。氢的电离能为 13.6eV,氦的电离能为 24.6eV。由于这种高电离能,它们的相互作用很小,正如 QPAFS 的第 1 卷(1989)所讨论的。然而,即使在较低的温度下相互作用仍然存在。缓冲气体频移因此存在,并增加了壁面碰撞引起的频移。包含壁面碰撞效应的氦气体中氢原子的预测平均自由程和频移随温度的变化如图 1.22 所示。人们观察到,温度约为 0.5K 时,预测的频移存在最小值。然而,这一预测依赖于覆盖蓝宝石腔内表面的超流体氦膜的质量。如果薄膜不饱和,也就是说薄膜很薄,那么碰撞后的氢原子会受到原子通过薄膜时感

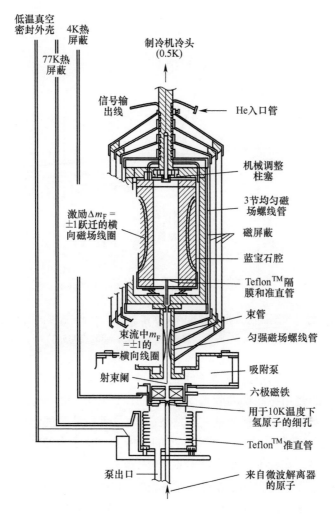

图1.21 20世纪80年代末CfA、哈佛大学和麻省理工学院合作开发的低温氢激射器示意图(Vessot R. F. C., Metrologia, 42, S80, 2005)。

受到的极化基底电位的影响。在实践中发现,在0.493K的温度下测量的频移是几赫兹,并且随着注入系统的氦量的增加而减小(Vessot等,1986)。这似乎证实了薄膜厚度随压力的增加而增加。然而,这个位移是几赫兹的数量级,比预期的要大一个数量级。此外,发现谱线Q值为10^9,远小于约3×10^{10}的预测值(Vessot等,1986)。因此,需要更多的实验数据,才能对这种类型的低温氢激射器实现设定目标的可能性作出最终结论。

从上面所述的发展情况来看,用低温方法建造氢激射器,原则上可以获得更高的频率稳定度,尽管准确度会受到上述泡壁-缓冲气体频移评估能力的影响。截

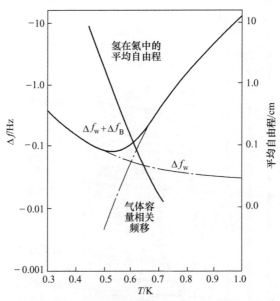

图1.22 预测低温微波激射器的频移和平均自由程与温度的函数关系
(Vessot R. F. C., Metrologia, 42, S80, 2005.)

至2015年,尚无更多的报道,系统的复杂性似乎使它需要更多的工作。鉴于将在第2章中研究的使用铯和铷的激光冷却方法所取得的成功,现阶段尚不清楚基于这种低温方法实现实用频标的进一步发展前景,尽管所涉及的物理是有趣的。

在前几段中,我们集中于频率稳定度的分析上。关于准确度,需要解决的主要频移是泡壁频移。在标准室温微波激射器中,这一频移在 10^{-11} 量级,它只能通过配备不同直径储存泡的微波激振器与频率基准比对的方式确定(Vanier 和 Vessot, 1964、1970; Mirrors, 1971、1990; Vanier 等, 1975; Vanier 和 Larouche, 1978)。Teflon^{TM}涂层的复现性预计不会优于 10^{-13} 量级。因此,即使与室温的铯束频标相比,微波激射器似乎也不可能成为频率基准。此外,已经发现 Teflon^{TM} 表面可能会随时间而改变,产生时间相关的壁面位移(Bernier 和 Busca, 1990; Mirrors, 1990),这种效应目前尚未准确确定。在低温微波激射器中,使用超流体薄膜作为存储容器的涂层,增加了固有缓冲气体的泡壁频移到 10^{-9} 量级。

2. 尺寸缩减

自从首次将氢激射器作为一种实用仪器实现以来,它的尺寸问题一直是人们感兴趣的问题,特别是在空间中的应用(Beard 等, 2002)。如前所述,它是最稳定的原子微波频标之一,在需要最高频率稳定度的应用中经常被建议使用。然而,限于它的尺寸和重量,除了两次特殊的火箭发射搭载有氢激射器外(Vessot 等, 1980;

Demidov 等,2012),基于 TE_{011} 腔的经典氢激射器基本上还仅限于地面应用。

正如前面的分析所表明的,激射器的尺寸基本上是由腔的大小限制的。氢的基态超精细跃迁频率为 1420MHz,对应波长为 21cm。在该频率谐振的圆柱形 TE_{011} 腔的长度和直径为 27~28cm,现有的主动氢激射器大多采用这种腔设计。谐振腔体通过限制整个系统(包括真空罐、螺线管、磁屏蔽、热控制和绝缘)的尺寸自由度来控制微波激射器的大小。尽管如此,通过完善必要的配套设备,实现了相对较小尺寸的主动氢激射器,其重量为 260kg(图 1.15(b) 所示的史密森天体物理天文台的 VLG 10、11、12)。一个特别为空间应用设计的装置重量为 90kg,如上所述,作为重力探测器在火箭上飞行(Vessot 等,1980)。微波激射器也采用 TE_{011} 延长腔法获得尺寸的缩减(Peters 和 Washburn,1984;Goujon 等,2010;VREMYA-CH,2012)。然而,它们仍然有些笨重,这一特性仍然限制了它们在地面上的应用。随着欧洲伽利略系统等卫星导航技术的发展,氢激射器作为卫星的主要时间标准,被认为是替代美国 GPS 和俄罗斯 Glonass 等卫星导航系统使用的被动 Cs 和 Rb 标准的一个有价值的选择。这种应用的一个典型要求是 15kg 量级的质量,这似乎需要对激射器的设计进行彻底改变。

在 QPAFS(1989) 中概述了如何使用新的腔设计来降低尺寸。这些设计是基于相当有限的可能性,主要是受腔中射频磁场的方向必须与外加直流磁场平行以及满足振荡条件 $q<0.172$ 的量子条件的限制。这一条件也可以近似地表示为,要求腔体的负载 Q 值与填充因子 η' 的乘积大于 10^4,如式(1.85)所示($\eta'Q_c > 10000$)。此外,由于氢原子在微波激射器储存泡或容器内自由移动,射频磁场向量必须在空间中保持相同的相位,以避免降低填充因子,并且避免振荡参数 q 增加而抑制连续振荡。看起来有 3 种较好的腔设计可以同时减少尺寸和重量。一个是在 TE_{111} 模式工作的腔;另一个是加载有介电材料的 TE_{011} 腔;最后一个是完全不同的设计,采用了对称的金属板,将储存泡封装在 TE_{011} 结构中,这种方法产生了一种叫做磁控管腔的优雅设计。下面将研究这 3 种方法。

1) TE_{111} 模式工作的谐振腔

TE_{111} 模式需要一个直径为 16cm 的圆柱形腔,才能在氢基态超精细频率下谐振。因此,与尺寸为 27~28cm 的 TE_{011} 腔相比,它相对较小。这种模式对于采用缓冲气体将原子在发射期间的运动限制在一个很小的空间区域(如在被动光抽运 Rb 频标中)的情况非常令人满意,但其射频场的分布对于在氢激射器中的应用相当不利。微波磁场在圆柱体对称轴上为零,向圆柱体壁方向强度增大,但在圆柱体对称中心平面的相反区域有 180°的相移。这种结构需要一个隔膜,将空腔分成两个对称的均匀相位区。从而将原子分成两个子集,限制原子的运动,使暴露于同一相位场中的原子分为几个部分,从而避免干扰(Mattison 等,1976)。实际的配置如图 1.23 所示,其中有一个隔膜存在。

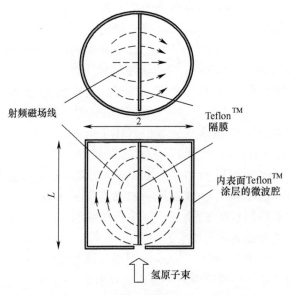

图 1.23 适用于氢激射器的 TE_{111} 微波腔

隔膜两侧的两部分充当独立的储存泡,每一部分接收约一半入射的氢原子束。该谐振腔的谐振波长由(Wang 等,2000)给出,即

$$\nu_{res} = c\sqrt{\frac{1}{4L^2} + \left(\frac{1}{3.41R}\right)^2} \quad (1.108)$$

这种腔体是在测试版微波激射器上建造和安装的(Mattison 等,1976)。腔由铜制成,长 $L=18cm$,直径 $D=2R=16cm$。这比 TE_{011} 腔小 40%。腔的负载 Q 值为 26000,耦合系数 $\beta=0.1$。计算的填充系数为 $\eta'=0.42$,得出的 $\eta'Q$ 约为 11000,微波激射器可以振荡,测得其谱线品质因数 $Q_L=0.8\times10^9$。将存储容器的逸出速率调整到 $1s^{-1}$,受激辐射衰减速率的测量给出了总弛豫时间为 0.34s。因此,壁面弛豫速率可以计算为 $2s^{-1}$ 的数量级。谱线 Q 值的低测量值是由于当激射器处于具有大束流量的主动模式时自旋交换碰撞的贡献,约为 $2.5s^{-1}$。这些数字与相似尺寸的储存泡中获得的数字相当,尽管半圆柱体的较小空间可能导致比标准球形储存泡更大的碰撞率和弛豫速率。

值得说明的是,如上所述的小型空腔所有设计和构建中的问题是满足实际中的振荡条件:要求 $\eta'Q>10^4$,从而近似地要求具有 20000 或更多的负载腔的 Q 值。在实际应用中,由于材料特性和构建质量的各种原因,这一条件往往无法达到。在这种情况下,微波激射器必须在被动模式下工作,或者如前所述在外部引入腔的 Q 值增强。后一种方法已经在中国上海天文台得到应用,用于建造一个与刚才描述的 TE$_{111}$ 腔类似的氢激射器(Wang 等,2000)。

2) 介电装载腔

另一种方法是在腔内引入介电材料以减小腔的尺寸。这种方法有两种实现方式:第一种是在标准 TE$_{011}$ 腔内引入相对较薄的介电材料圆柱体(Peters 等,1987;Gaygorov 等,1991;Busca 等,1993);第二种是简单地用介电材料圆柱构造腔体,在其外部涂银,与上述的低温激射器相似。在这两种情况下,电介质圆筒的真空内表面直接用作存储容器,可以实现尺寸大幅度缩减。但若想构造主动型激射器,则必须在小尺寸与满足振荡条件有关的各种要求之间做出妥协。例如,存储容器(圆柱体)须足够大,以使充装系数足够大,达到振荡。实现谐振腔的高 Q 值也是有条件的,其取决于介电材料的介电损耗和在腔中暴露于微波电场的材料数量,因此选择介电常数高但微波损耗小的介电材料尤为重要。将首先研究带有介电材料薄圆柱体腔的情况。这种方法的总体设计如图 1.24 所示。

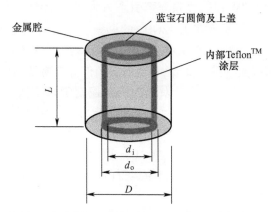

图 1.24　介质装载的氢激射器谐振腔原理(在本例中,蓝宝石用作介电材料)

首先研究蓝宝石作为介电材料的情况。假设腔以 TE$_{011}$ 模式工作。蓝宝石的室温介电常数约为 9.4,其损耗的特性是损耗角正切(tanδ)约为 1.5×10^{-5},这是一个相当小的值。第一个问题是确定它的大小和在腔内放置这一圆柱体的位置。然而,由于储存泡的大小是一个重要的参数,它的直径和长度必须尽可能大,使填充因子大到 0.4 或更多。Bernier(1994)描述的一个过程为,首先用一个任意选择的固定长度 160mm 来设置所需的空腔直径,这就固定了蓝宝石圆柱体和氢容器(泡)的长度。然后选择蓝宝石圆柱体的内径,这同时决定了氢原子容器的体积。随后调整蓝宝石圆筒的外径,使整个系统在氢原子超精细频率 1.420GHz 共振。圆筒的厚度同时决定了介电损耗,采用计算机程序计算腔的 Q 值(Sphicopoulos 等,1984),经过多次尝试不同的腔和蓝宝石圆柱体内径的起始尺寸后,可做出符合应用要求的选择。同时,计算验证了振动条件与填充系数和腔的 Q 值的关系,

得到的典型结果是(Bernier,1994):

(1) $D=20$cm; $L=14$cm; $d_i=12.5$cm; $d_o=13.7$cm;

(2) e(蓝宝石圆柱体厚度)= 6.0mm;

(3) 储氢容器容积 $V_B=1.7$L;

(4) 腔体积 $V_c=4.40$L;

(5) 腔品质因数 $Q=47000$。

这确实是一个很好的尺寸选择,使腔体的体积远小于 TE_{011} 腔,而氢的储存体积与标准的直径 15cm 储存泡类似。在相同的谐振频率下,谐振腔的体积比不带介电负载的 TE_{011} 谐振腔小 5 倍。此外,通过高的腔的 Q 值和大的存储容量,充分满足了振荡条件。

瑞士的纳沙泰尔(Neuchatel)天文台构建了一个类似的系统并进行了测试(Jornod 等,2003)。微波激射器按预期工作。负载腔的 Q 值为 35000,谱线品质因数 Q_L 为 1.5×10^9,由此得到的腔频率牵引系数为 2.3×10^{-5}。这意味着,为了获得 10^{-15} 的频率稳定度,谐振腔在 1.42GHz 的调谐精度必须优于 0.1Hz(Jornod 等,2003)。如前所述,当转换成等效尺寸条件时,它对应于原子尺寸的精度,对于复杂的结构是非常难以实现的。此外,蓝宝石材料的介电常数是腔内温度的函数,温度系数约为 40kHz/K,这些特性给系统的温度控制带来了实际无法实现的负担,因此,需要采取一种措施来补偿实际温度控制能力。本例使用了快速腔自动调谐的方式(Audoin,1981、1982;QPAFS, Volume 2,1989;Weber 等,2007)。测量的频率稳定度在 1s 积分时间为 2×10^{-13},在 100s 积分时间为 7×10^{-15}。对 ACT 的测量表明,在 1000s 的积分时间,相对于自由运行(2×10^{-14}),激射器的频率稳定度提高了一个数量级(2.3×10^{-15})。

蓝宝石微波激射器是欧洲航天局"太空原子钟集成"(ACES)项目早期开发的一部分。该系统包括一个氢激射器和一个激光冷却的铯束原子钟。氢激射器在短期内提供频率稳定性,而铯钟在长期内保持稳定性。其目标是在空间微重力中进行广义相对论、时间和频率测量、甚长基线干涉测量等基础研究。

其他实验室也研究过类似的方法,即在 TE_{011} 腔内使用蓝宝石圆柱体构建小型氢激射器,用于导航系统等空间应用(Gaygorov 等,1991;Morikawa 等,2000;Ito 等,2002、2004;Hartnett 等,2004)。在最后一种情况下,腔的直径等于其长度 160mm,蓝宝石圆柱体的内径为 72mm,厚度为 7.8mm。计算表明,该构型的 $\eta'Q$ 约为 32000。该微波激射器在主动模式下工作,频率稳定度在 5×10^3s 时达到 10^{-15} 左右。为了优化参数进行了相关计算,如果使用更小、更厚的蓝宝石圆柱体,其 $\eta'Q$ 可高达 49000,很容易满足振荡条件。但是,这使氢原子容器的尺寸小到 0.2L,可能会影响泡壁碰撞速率、系统弛豫和谱线品质因数。

石英也可以用作 TE_{011} 腔的内部负载,但其介电损耗比蓝宝石要大,且难以实现保证自激振荡条件下的尺寸大幅度降低。在一个例子中(Peters 等,1987),微波激射可以通过在一个相当薄的石英圆筒内放置储存泡来实现,从而将腔的尺寸减小到直径 218mm 和长度 303mm。同时谐振腔的 Q 值为 38000,可以实现自激振荡。

另一种方法是在上面所述的低温微波激射器的情况下,建立由介电材料组成的腔体。将一块介电材料切割成一个空圆柱体,内部涂上适当的 Teflon 作为氢原子系综的存储容器,圆筒的外面涂一层银漆,如图 1.25 所示。在这种情况下,由于介电材料与电场最大的区域重叠,较大的介电载荷可使尺寸大幅度减小。然而,即使在使用低损耗 Al_2O_3 的情况下,也会伴随着损耗的大幅增加和腔的 Q 值的降低(Howe 等,1979;Walls,1987;Yahyabey 等,1989)。用该材料建造的腔的 Q 值约为 $1.7×10^3$(Mattison 等,1979),不能满足振荡条件。在低温微波激射器的情况下,蓝宝石腔尺寸为长 17cm、直径 10cm。在低温条件下,单晶蓝宝石的介电损耗显著降低,并且如前所述,腔的 Q 值高达 $3.4×10^4$,达到激射器振荡条件(Vessot 等,1986)。

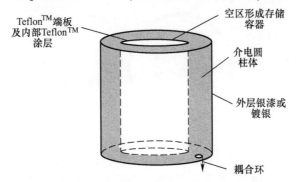

图 1.25　圆柱形介质材料制成的 TE_{011} 腔体(外部涂有银等高导电性材料)

需要注意的是,一般情况下,随着腔体积的减小,氢存储空间的体积也必然减小。由于激射器的品质因数 q 与 V_c/V_b 的比值成正比,因此 q 可能不会损失,但由于原子数量的显著减少,阈值通量可能会提高。另一个重要参数是泡壁弛豫速率 γ_w。这种弛豫速率与原子和泡壁的碰撞速率成正比,对于较小的存储容器,碰撞速率较大。这对阈值通量有直接影响,因此,振荡可能需要比大尺寸储存泡情况更多的原子通量。此外,还需增加通过入口孔或管道到达储存空间的逸出率;否则,由于 γ_w 的增加,品质因数 q 的值可能太大而不能振荡。

3) 磁控管模式设计

磁控管腔的设计如图 1.26 所示。它由一个圆柱形腔和内部金属板组成,可以产生与 TE_{011} 腔体内部非常相似的磁场结构。

这一概念背后有相当长的发展历史,它始于最初将金属电极直接粘在储存泡上的简单设计,在后续迭代中逐步发展为图中所示的结构。通俗来讲,系统的运行

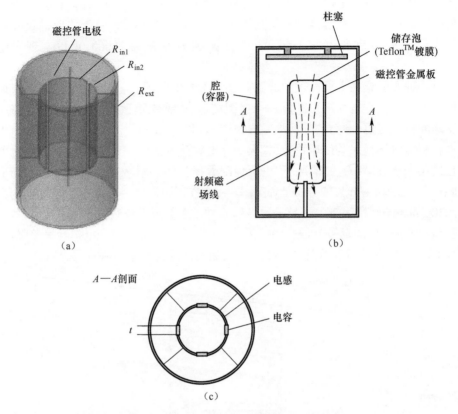

图 1.26 用于小型氢激射器研制的磁控管腔
(a)无储存泡和柱塞的透视图;(b)显示储存泡和柱塞位置的水平视图;(c)剖开 A—A
的垂直剖面图(此图显示了在磁控管板的间隙之间放置介电介质的可能性)。

方式可以类比 LC 电路(Peters,1978Q,1978b),容器内围绕储存泡的金属板充当单匝线圈电感,金属之间的缝隙充当电容,二者在系统中串联。

这种电路的谐振频率一般为$(LC)^{-1/2}$(附录 1.E)。结构内的射频磁场可以用En_{11}模的叠加来表示。粗略计算表明,这种装置的填充系数预计会很大(大于0.5),其 Q 值在 10000 范围内。它的尺寸可以根据应用的要求进行调整,但必须保留泡的最小尺寸,以保持壁面弛豫率,使谱线 Q 值达到10^9或更多;否则,激射器本身及其产生的尖锐共振超精细谱线将失去意义。

对于这样一个复杂的结构,微波激射器的重要参数的精确分析计算是不可能的。然而,可以通过计算机评估近似解(Sphicopoulos 等,1984;Sphicopoulos,1986;Belyaev 和 Savin,1987;Wang,1989;COMSOL Multiphysics Program。典型的设计可能为$\nu_0 = 1420 \text{MHz}, Q_{uc} = 9000, \eta' = 0.5$。

这种结构的温度系数可能为 14kHz/K 量级(Wang 等,1979)。这样的微波激射器不会自行振荡,因为设置的 Q 值仅为 9000,使得 $\eta'Q$ 小于所需的 10000。然而,它可以在被动模式下运行,一些实验室已经采用了这种方法。特别值得一提的是,电子测量研究所 KVARZ (Demidov 等,1999)的工作,产生了基于磁控管腔运行的被动激射器。该系统空腔长 200mm,直径 120mm,腔的 Q 值为 10000,填充系数 $\eta'=0.5$,激射器增益为 6~8dB。包括腔自动调谐在内的整个系统在 $1s<\tau<1000s$ 时的频率稳定度为 $8\times10^{-13}\times\tau^{-1/2}$,在 1h 和 1 天的积分时间中,显示了 10^{-14} 数量级的波动。这种方法也被用于开发适应空间环境的氢激射器(Wang,1989;Mattioni 等,2002;Berthoud 等,2003;Busca 等,2003;Droz 等,2006、2009;Wang 等,2006;Rochat 等,2007;Belloni 等,2010、2011)或小型化系统(Lin 等,2001)。上述类型的被动激射器目前用于伽利略导航系统。据报道,对这些被动激射器进行了地面测试。观察到 1s 时稳定度优于 10^{-12},至 10^5s 下降趋势为 $\tau^{-1/2}$,闪烁噪声极限为 4×10^{-15},漂移小于 10^{-15}/天(Wang 等,2013)。

1.1.3 光抽运铷原子频标

1.1.3.1 概述

铷原子频标是第 3 个"经典"的原子频标。因为它体积较小,并有良好的中期频率稳定性,已在实验室研究和工业开发中得到广泛应用。铷原子频标工作在 ^{87}Rb 基态能级 $F=2$、$m_F=0$ 和 $F=1$、$m_F=0$ 之间,跃迁频率为 6.834GHz。不同于前述两种微波频标中通过磁选态实现钟跃迁能级间布居数差的情况,在铷原子频标中,通常通过光抽运的方法来实现,此方法称为双共振技术,通过此技术可以利用较小的腔体来提供稳定的微波场。实际系统中,把 ^{87}Rb 原子蒸气和某种化学惰性气体混合密封在一个原子气室中,并放置于 6.8GHz 的微波腔里。这种化学惰性气体作为缓冲气体,极大地减少了原子运动所导致的碰撞,从而减少对原子内部态的影响,换言之,降低了原子碰撞引起的弛豫效应。同时,运动受阻也使原子在与微波场的相互作用中减少了与气室壁碰撞导致的弛豫效应。在某些腔体结构中,还可以防止原子在腔体内部感受到激励射频磁场的变化。这实际上是对 Dicke (1953)提出的降低多普勒效应的方法进行了扩展。

铷原子频标的系统装置如图 1.27 所示,这种方法是用充满 ^{85}Rb 的原子气室过滤掉 ^{87}Rb 灯发出的光来实现。该同位素的谱线恰好可以过滤掉 ^{87}Rb 灯中无用的光谱线,灯中从 $S_{1/2}$ 态,$F=2$ 到 P 态所对应的光谱线被滤光的原子气室所吸收,因此在输出端主要提供从 $S_{1/2}$ 态,$F=1$ 到 P 态跃迁所对应的光谱成分,这有利于腔内的原子气室的 ^{87}Rb 原子通过光抽运实现粒子数反转。另一种是在灯和气室

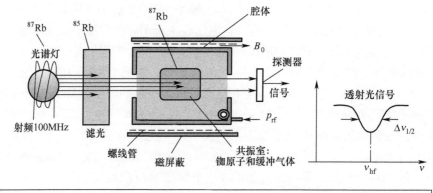
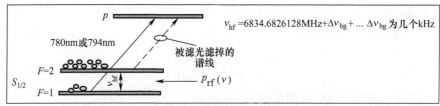

图 1.27 经典铷原子光抽运频标结构(其中指明了跃迁类型和光抽运的过程，同时描述了书中所述的滤光方法)

中使用合适配比的同位素混合物直接集成在共振腔中实现滤光。稍后将探讨使用固体激光器而非灯泵的情况。在光抽运的作用下，原子被抽运到另一个超精细能级。如果将适当频率的微波信号施加到微波腔中，原子会在基态能级之间激发跃迁并恢复到吸收入射光的状态。使用光电探测器检测透射光来产生信号，将频率振荡器产生的微波馈入腔内。最后通过合适的频率调制模块和同步检测模块锁定晶体振荡器。这个频率锁定环路和铯频标情况一样。具体如图 1.28 所示。

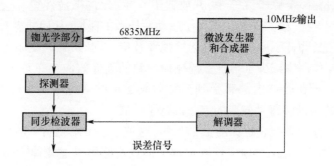

图 1.28 经典光抽运铷频标的框图(这是十分经典的频率锁定方法，通常用于实现频标，整个系统可实现数字式自动锁频)

1.1.3.2 发展现状

经典的被动原子频标工作原理在过去受到了广泛关注,在 QPAFS(1989)中作了详细介绍。和铯束频标一样,它是首批实验室研究和工业开发的原子频标之一,的它基本理论行业从事者都有所了解。半个多世纪以来,人们一直对这种频标很感兴趣,相比较于上述的氢激射器和铯束频标,它的整体体积很小,所提供的辐射源频率相较于它的体积大小来说也是相当稳定的,它的频率稳定性比同体积最好的石英振荡器要好几个数量级。尽管它的频率需要用基准频标来校准,但其出色的尺寸、重量和良好的频率稳定性等特性,使得它在许多需要中等定时精度的应用中成为首选。

然而,从基础研究到通信和导航等应用领域,对减小尺寸和提高频率稳定性的需求是没有止境的。所以,考虑到该装置的简单性,人们依然热衷于减少它的体积和重量同时提升稳定性。此外,它的原理和优雅简洁的系统中包含着有趣的物理原理,从某种意义上来说它也是一个用来验证原子物理领域各种理论和想法的珍贵实验设备。此外,光抽运光谱灯可以被新开发的窄线宽激光器所替换,这一事实让人们对它更感兴趣了。将在第 2 章中探讨这种新方法。现在来讨论在尺寸和频率稳定性方面可以采取哪些措施解决这些问题。

1. 尺寸问题

尺寸基本上是由光学部分决定的,包括图 1.27 所示的光谱灯、滤光部分、微波腔体、共振室、光电探测器、螺线管和磁屏蔽。然而,微波腔体的大小限制着光学部分整体封装的大小。在发展早期,使用的是 TE_{011} 型腔。这种腔相对较大,共振室相对较小,通常一端固定在腔体内。共振室是由比腔体积小得多的玻璃制成的,原子被置于近乎相位恒定的微波场中。不足的是由于其长度和直径都约为 5cm,浪费了很多空间。

在这种类型的原子频标中,因为缓冲气体使在微波相互作用过程中原子的运动范围被限制在一个很小的区域内,因此对整个共振室内微波场相位恒定的要求不高。也是得益于此,前述氢钟里工作在 TE_{111} 模式的另一种微波腔,此处可以不需要隔断直接使用。这种方法可以显著减少光学部分尺寸,并且已经得到了广泛应用。近期对这种类型腔的研究,已经得到了体积为 $24cm^3$(直径约为 24mm)的腔和总体积为 $160cm^3$ 的光学部分。频率稳定度在 $10^{-1}s<\tau<10^4s$ 为 $1.3\times10^{-11}\tau^{-1/2}$,使用这种腔得到这样的频率稳定度是很有吸引力的(Koyama 等,1995)。

另外,通过在腔体中引入如 Al_2O_3 的介电材料依然可以减小系统的尺寸,像在氢激射器中所说的,这种材料的介电常数约为 10 并且允许尺寸大幅度减小。还有一点是应该注意的,由于这种类型的频标是被动的,腔的 Q 值并不像在氢激射器中起着那么重要的作用。Q 值大约几百就能够符合要求,因为所损失的 Q 值可以通过增加馈入谐振腔的激励微波功率来轻松补偿。在一些特殊的情况下,使用 9.7cm³ 腔得到了 25cm³ 的光学部分(Koyama 等,2000)。工作时,原子共振信号的线宽是 550Hz(Q~1.2×10^7),信噪比为 58dB。单机整机的频率稳定度为 $7\times 10^{-11}\tau^{-1/2}$,通过长期观察到的剩余漂移率为每月 3×10^{-11}。由此得出结论,可以大幅度减小尺寸同时使频率稳定性保持在某些特定场景可接受的水平。

此外,还可以通过使用磁控管类型的腔来实现,类似氢激射器。然而,由于腔的特性不是特别看重品质因数 Q,所以可以稍微改变一下设计,并添加介电材料(Huang 等,2001)。

设计图如图 1.29 所示。在这种情况下,腔的体积为 9.5cm³,Q 值约为 400。初步测量的短期稳定度结果和其他实现方法是一致的($\sigma(\tau) = 3\times 10^{-11}\tau^{-1/2}$)(Hu 等,2007)。

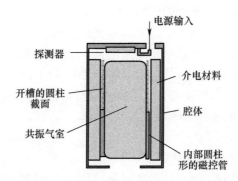

图 1.29 磁控管型的腔应用于被动光抽运铷原子钟(内电极和氢激射器中的磁控管方法是相同的,但只在上部开槽)(数据来源于 Xia 等,2006;另见 Bandi T. et al.,激光抽运高性能等类型气体电池 Rb 标准,稳定性<$3\times 10^{-13}\tau^{-1/2}$,欧洲时间与频率论坛文集,494,2012)

这种磁控管腔的方法在近期受到了很多关注(Stefanucci 等,2012)。他们的研究结构和图 1.26 所示的 6 个电极的结构很相似(附录 1.E)。除尺寸外的另一个优点是腔内的微波场比较均匀,和 TE_{011} 型腔中心部分的场非常相似。在共振气室内磁场几乎是恒定的,而且这个共振气室占据了内部电极之间的体积。在所提出结构中,总体直径为 36mm,允许使用泡的直径为 25mm。腔的 Q 值为 488。谐振腔的整体体积小于 0.045cm³。正如文章的作者所提出的,这种方法必须和经典方法中使用体积为 0.14cm³ 的 TE_{011} 腔进行比较。结合该种类谐振腔和激光抽运所实现的频标,实现了非常高的信噪比(Stefanucci 等,2012)。测得系统整体的稳定度为

$$\sigma(\tau) = 2.4\times 10^{-13}\tau^{-1/2}$$

在 1s<τ<100s,这个稳定度结果和通过双共振信号的信噪比估计出的稳定度一致。该方法通过使用印制电路技术得以完善,将谐振腔通过平面导电电极印制

在介电材料结构上,并向轴向堆叠而成,这种结构可以兼容通过微技术生产的泡(Violetti 等,2012、2014)。

2. 短期频率稳定度

为了检验光抽运铷频标稳定性方面的最新进展,必须区分短、中、长 3 种积分时间,因为不同时间尺度会出现各种不同的现象,并以不同的方式影响原子系统,主要的噪声或波动的类型也有所区别,尽管这种区别不是很明显,而且这些区域有相互叠加的趋势。短时的区域通常受到散粒噪声的影响,它由信噪比和原子共振谱线宽度控制。在正弦波调频的情况下,频率波动谱密度由 QPAFS(1989)给出,即

$$S_{y,t}(f) = \frac{3^3 \pi^2}{2^8} \frac{e_M^2}{(S/N) Q_l^2} \quad (1.109)$$

式中:e_M 为误差信号的强度;Q_l 为共振线的品质因数;S/N 为在同步检测器观察到的信噪比。

正弦波频率调制的时域频率稳定度为

$$\sigma(\tau) = \frac{0.16}{(S/N)^{1/2} Q_l \tau^{1/2}} \quad (1.110)$$

不同类型的频率调制没有太大的区别,将此表达式作为参考,以评估实际实现中的频率稳定度。在上述信噪比(55dB)和原子谱线 $Q(10^7)$ 的情况下,在平均 1s ~ 10^4 s 的时间内,期望短期频率稳定度在 10^{-11} 水平。在更长的积分时间上,其他的影响会比散点噪声和热噪声更大。之后会介绍,可以通过激光抽运得到更好的信噪比。正如上面文章(Stefanucci 等,2012)说的那样,Stefanucci 等得到了显著提高的短期频率稳定度。

3. 中长期稳定度

光抽运铷原子频标的中期稳定度主要限制因素是随时间变化的频率偏差数量。这些偏差必然会影响到观测频率并视为随机扰动。人们常常以很幽默的方式来表述这种现象,频标有点像一个蠕虫罐头,里面的所有东西都能移动,但令人惊讶的是它运行得如此之好。其中一些扰动可能源自环境波动,影响频标中运行所固有的内部参数,这些参数也可能随时间变化。例如,磁屏蔽做得不够而被磁场变化所影响,缓冲气体对泡的温度和气压的变化敏感,灯泵和光强会影响光频移,对温度敏感的腔牵引效应,功率频移造成的共振谱线非均匀展宽,自旋交换频移是温度的函数,还有其他未知的影响因素,如铷和泡壁和缓冲气体相互作用和化学反应。这些偏差在 QPAFS 的第 2 卷(1989)中有详细的阐述。必须意识到,所列举的这些影响长期可能会扩大,不去探究这些扰动的根源,就不可能将中长期频率稳定度分离开。

1) 腔牵引

因为铷原子频标是一种被动频标,不能像微波激射器那样工作在受激辐射的基础上,也不能发射辐射,所以通常会产生这样的误解:基于铯频标的计算,谐振腔的腔牵引只能是谐振腔和跃迁谱线品质因数之比的平方$(Q_c/Q_l)^2$,因此受激辐射效应常常被忽略。尽管超精细能级间的布居数差是通过泡吸收后的光辐射得到的,但在正常工作条件下,原子系统内的受激辐射不可完全忽略。泡中的原子密度通常提高到能够提供良好信噪比的水平。在这种情况下不能忽略先前引入的因子α,该因子可以理解为受激辐射的增益因子。腔牵引需要采用表达式(QPAFS, 1989)

$$\Delta\nu_{\text{clock}} = \frac{Q_c}{Q_l} \frac{\alpha}{1+S} \Delta\nu_{\text{cav}} = P_{\text{pop}} \Delta\nu_{\text{cav}} \tag{1.111}$$

α定义为

$$\alpha = kQ_c T_1 T_2 N_n \tag{1.112}$$

式中:T_1和T_2分别为布居数弛豫时间和相干弛豫时间;N_n为超精细上能级归一化布居数;S为饱和系数;Q_c为腔的品质因数;k为光学结构和基本常数的函数,有

$$k = \frac{\mu_0 \mu_B}{\hbar V_{\text{cell}}} \eta' \tag{1.113}$$

P_{pop}为腔牵引系数,用来描述超精细能级之间的总体差异;对于合适的信噪比,通常$\alpha = 10^{-2}$,S设置为2左右。谐振腔的Q值为500,共振线的Q值为$(1\sim 1.3)\times 10^7$。腔牵引系数约为4×10^{-5},在这种情况下,对于10^{-14}的频率稳定度,腔需要稳定到约200Hz。在TE_{111}模式下工作金属腔体的温度系数可以高达213kHz/℃(Huang等,2001),所以在这种情况下,腔的温度需要稳定在10^{-3}℃以内。在实践中如此高精度的温度控制不易实现,在温度不受控的房间和频标所在底板温度波动几摄氏度的卫星上尤其困难(Camparo等,2005a、2012)。在图1.29所示的设计中,引入介电材料以减小磁控管腔尺寸的这一方案,还具有将系统的温度系数降低为近1/10的优点。这是由于介电材料具有与金属腔相反的温度依赖性,这减小了对温度控制的要求(Huang等,2001)。

结果表明,在光抽运铷频标中,虽然腔牵引效应影响很小,但它不可以完全忽略。在评估稳定度时必须小心影响稳定度指标的实际因素,特别是存在较大温度波动的环境条件下。

2) 缓冲气体频移

在泡内使用缓冲气体有双重作用:①增加扩散时间,减少与气室壁的碰撞,从而减少弛豫效应和共振谱线变宽;②引入通过随机光抽运来抑制色散或随机荧光辐射的机制,减少铷原子的弛豫效应。10Torr压力下的氮气是一种非常有效并且

经常被使用的缓冲气体,其相对频率压力系数为 $80×10^{-9}$/Torr。然而,它也具有相当大的线性正的相对频率温度系数 $79.3×10^{-12}$/Torr/℃,因此,它通常与另一种具有负温度系数的气体混合,通常使用氩气,它的相对频率压力系数为 $-9.4×10^{-9}$/Torr,温度系数为 $-53.5×10^{-12}$/Torr/℃。P_A/P_N 之比为 1.5 时,可以通过抵消的方式来显著降低这些线性温度系数。

然而,还会有正的二阶温度相关性残余。原则上温度可以调整到最佳点,对应频率依赖温度变化曲线的极大值点(Vanier 等,1982)。在实际中这很困难,例如最大值对应温度可能会超出最优对比度所需的温度。因此,通常需要面对一个很小的残余线性温度系数。例如,在典型情况下,残余线性频率温度系数可以是 10^{-11}/℃,需要约 10^{-3}℃ 的温度控制,以在积分时间内达到 10^{-14} 的稳定度(Affolderbach 等,2006)。需要注意的是,这种残余温度依赖性与上述的腔牵引效应相当。某些情况下,取决于泡工作时缓冲气体残余温度频率偏移对应极大值的哪一侧,这两种影响都可能在一定程度上抵消。泡的实际残余系数在很大程度上取决于泡填充的过程,而充制过程是不精准的,这或许可以解释为什么相同工艺加工出的一批器件却表现出不同性能。

3)自旋交换

原子泡中的铷原子在运动并相互碰撞,它们的碰撞速度与缓冲气体的存在无关,是温度(速度)和原子密度的函数。电子式相同的粒子发生碰撞,会发生所谓的自旋交换现象。如前文所述,在氢激射器的情况下这种效应引入了一种弛豫效应,使共振线变宽,并使原子系统的共振频率少量偏移。在 ^{87}Rb 的情况下,弛豫的特征式速率为(QPAFS,1989):

$$\gamma_1 = n\bar{v}_r\sigma \quad (布居数弛豫率) \tag{1.114}$$

$$\gamma_2 = \frac{5}{8}n\bar{v}_r\sigma \quad (相干弛豫率) \tag{1.115}$$

在铷原子频标中,这种现象通常是通过检测共振线的展宽而被检测出来的,这种展宽是由于相干损耗引起的。然而,伴随着这种效应的是频移,相对于目前正在研究的其他频移,这种频移通常认为是可以忽略的。总效应可从 QPAFS 的第 2 卷(1989)中概述的密度矩阵元素的速率方程得到。将该原子系统看作一个三能级系统,可以得到频移为(Micalizio 等,2006):

$$\Delta\nu_{se} = \frac{1}{4}n\bar{v}_r\lambda_{se}\Delta \tag{1.116}$$

式中:λ_{se} 为自旋交换频移截面;Δ 为频标所涉及两个能级之间转换的布居数差异。

这一现象已经作了一些详细的论述,截面 λ_{se} 为 $6.0×10^{-15}$ cm^2。假设工作温度为 60℃。在该温度下,+1℃ 的变化将使铷原子的密度改变 8%,根据光抽运的方

案,从 $F=1$ 能级到 $F=2$ 能级,温度频移为

$$\frac{\delta(\Delta\nu_{\text{se}}/\nu_0)}{\delta T} = 1.3 \times 10^{-11}/K \quad (\text{从 } F = 2 \text{ 抽运}) \tag{1.117}$$

和

$$\frac{\delta(\Delta\nu_{\text{se}}/\nu_0)}{\delta T} = 0.8 \times 10^{-11}/K \quad (\text{从 } F = 1 \text{ 抽运}) \tag{1.118}$$

尽管绝对频移对频标本身的质量并不是很重要,因为它无论如何都需要校准,但它的温度变化特性对中、长期频率稳定度很重要。有人可能会指出,1℃温度变化所对应的频率变化是相对较大的,因此温度应被控制在 0.01℃ 以内,然而这样的变化(0.01℃)也会导致 10^{-13} 量级的频移,比实际所需的长期频率稳定度大 10 倍。后续将对此问题进行讨论。

4) 光频移

在所有已确定的频移中,最成问题的可能是光频移。通常认为它是与光强成正比的频率偏移,写为(QPAFS,1989)

$$\Delta\nu_{\text{L}} = \alpha_{\text{L}} I_{\text{o}} \tag{1.119}$$

式中: I_{o} 为共振气室入口处的光强; α_{L} 为光频移系数,它是几个基本参数的函数,如抽运光的线宽和形状、谱灯光谱线型和泡吸收线型的交叠、滤光片的效率以及其他几个参数。

一种研究方法是绘制不同条件下泡共振频率与光强的曲线,例如改变三泡方案中滤光泡的温度,并调节滤光泡温度使共振频率与光强无关。对于两泡方案,最好的设置是使泡的光强和温度无关。共振频率依赖于所有影响谱灯线型和强度的因素的稳定性。但如果仔细研究式(1.119),可以很容易发现频率偏移不仅是光强度的函数,也是 α_{L} 的函数,可以对式(1.119)的时间进行微分,得到

$$\frac{d(\Delta\nu_{\text{L}})}{dt} = I_{\text{o}} \frac{d\alpha_{\text{L}}}{dt} + \alpha_{\text{L}} \frac{dI_{\text{o}}}{dt} \tag{1.120}$$

如果抽运灯、滤光泡、共振泡中的任何变化影响 α_{L} 和 I_{o},频移则可能是时间的函数。随着时间的推移,最明显的变化将是温度,并直接影响铷原子数密度。另外,铷原子密度本身也可能被未知来源的相互作用所影响,如抽运灯、滤光泡和共振泡玻璃外壁的相互作用而改变。这种情况非常复杂,因为在整体系统中可以测量的只有光强度和谐振腔的频率。也因此,需要做长时间大量的实验来定位出问题。

应该指出的是,铷原子频标的长期稳定度通常被认为有 10^{-11}/月的漂移,同时也发现一些钟比整体平均的性能更加稳定。这种漂移可能是正向或反向,直到最近还没有令人信服的实验推测它的起因。

最近,Camparo(2005)和他的同事(2012)以一种非常严谨的实验解决了这个

问题(Camparo 2005;Camparo 等,2012),以便能够确定这种漂移的起源。作者得到了时钟在人造卫星上多年所积累的数据,典型结果如图 1.30 所示,尽管来自不同卫星上的时钟的指标稍有不同,但总体表现基本相同。GPS 卫星的数据涵盖了将近 3 年的时间,不同结构的其他时钟和组成不同系统的军用卫星数据都显示出了随着时间的变化,这种现象在地面的实验室也观察到了。

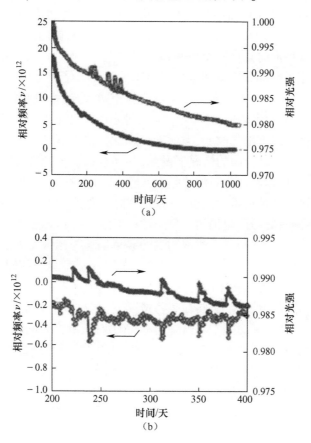

图 1.30 SVN-54 卫星上一个铷原子钟特性的结果((b)是(a)一部分的展开图)
(Camparo 等,2005。Copyright 2005 IEEE)。

这些数据最显著的特点是,大多数运行时钟的光强和频率随着时间呈指数变化,探测到的谱灯光强和输出频率趋于相对平衡。同时时钟频率特性 $y(t)$ 可用公式表示,即

$$y(t) = Ae^{-\gamma_w t} + Be^{\gamma_e t} + Dt \qquad (1.121)$$

式中:γ_w^{-1} 和 γ_e^{-1} 为钟运行过程的时间常数(不要与速率方程研究中常使用的弛豫速率混淆),时间常数 γ_w^{-1} 可以是一个月左右的量级,而 γ_e^{-1} 可以是一年左右

的量级。常数 A 和 B 决定了不同钟的不同演化过程。最后一项 Dt 表示随时间变化的剩余线性频率漂移,它的漂移率大概在 10^{-14}/天,但在其他的一些钟里这个数值也可以很小,小到几乎无法测量。可以从这个现象中得出什么结论? 这个问题没有真正明确的答案。但可以得出一些一般性的结论,并根据先前的分析提出一些可能的答案。

首先,很容易观察到,在最初运行的几个月内,灯的强度发生了剧烈的变化(降低)。从图 1.30(a) 可以观察到,很长的一段时间内,钟的频率也是在同一个方向上变化的。这种走向某种平衡的整体过程称为"平衡(equilibration)" (Camparo 等,2005)。根据先前的分析特别是式(1.120),第一个结论是,存在与光强度成比例的光频移,而且频率与光强随时间变化趋势相同,这种相关性看起来是成立的。但是,图 1.30(b) 显示了较短时间内钟频率的变化,与此结论相矛盾。这张图显示抽运光在短时间内强度随机改变,类似于短脉冲。这种情况可能会在抽运灯玻璃外壳内铷原子突然重新分布的情况下发生,并导致铷原子的密度随光强的增加而突然增加,从图中可以看出此时钟的频率下降,这与图 1.30(a) 所得出的结论相矛盾。另一颗卫星上的钟所得数据也支持这一结论,由于某种原因,光强随着时间增加,但钟频率在同一时间段内仍然下降。当系统到达稳定状态,频率变化应该和光频移无关。目前,尚不清楚导致所观测到的频率偏移与光强无关的原因。光谱灯的光谱可能与强度同时改变,但还不清楚如何解释光强和频率随时间变化的关系。虽然变化速率和时间常数在不同的钟之间有差异,但在不是很长时间尺度的情况下,这种变化有相同的趋势。虽然在某些情况下,光频移不能完全消除,但可以推断,作为一种改变速率和时间常数以到达平衡的机制,其主要的影响因素可能是铷原子与气室壁或缓冲气体在所有系统组成成分中(如光谱灯、滤光泡、共振泡中)的相互作用。例如,有定性实验表明,如果共振泡未经过很好的清洁,在很长一段时间内输出频率随时间的变化很大。此外,对于只有少量铷原子沉积的铷泡,仅仅通过改变铷原子泡的温度来控制泡中的原子密度是不太可能的。泡的内壁似乎发生了铷原子的缓慢吸附,当温度改变时新的蒸气压平衡不仅由温度决定,而且也由泡内部或泡表面的铷原子实际含量决定。在所有情况下,观察达到平衡的时间都会有延时,而且这些结果通常是不会重复再现的。因为泡内铷原子的密度不仅是温度的函数,而是从它初始状态到形成现在这个状态的历史函数,这个过程也一定发生在光谱灯中。因此,可以预计铷原子的密度可能通过各种机制对共振频率产生影响。缓冲气体本身也可能通过物理吸附或化学反应和泡内的铷原子反应,尽管非常轻微,但也会改变泡中缓冲气体的压力,导致频率偏移。我们还确定了一种机制:由于自旋交换,共振泡中的原子频率与密度成正比,这种变化相对较大,当密度变化为 8% 时,其频率变化的量级约为 10^{-11},对应于 1K 的等效温度变化,图 1.30(a) 中观察到的频率变化就是该量级。由于铷原子的移动和泡壁表面需要随时间变化达到平衡,这种程度的密度变化是非常可能的。在光谱灯中的变化会更快,因为它在较高的温度下工作,这将对光强和光谱形状产生影响。无法确定哪种机制是最重要的,很有可能在同一时间许多机制同时起作用,并以不同的速率变化,其中一些可以相互补偿,这样可以解释频标在各种环境下的长期的特性。

从前面的讨论中,经典的光抽运铷原子频标在今天仍是热点,可以通过设计一个较小的腔和上文中提到的使用数字电子技术的锁定环路对其结构进行改进。但长期稳定度问题的来源似乎并没有得到解决,这可能是因为问题极其复杂,期望有一个简单的解决方案是不太现实的。在本章中也提到了使用激光来代替光谱灯来反转布居数。下一章将对原子物理学的新发现进行全面分析,会介绍利用相干布居囚禁(CPT)来实现一种不使用微波腔的被动铷原子或铯原子频标(Cyr 等,1993;Levi 等,1997;Vanier 等,1998)。还将介绍一种使用脉冲探测方案的最新进展,该方案复制了拉姆塞在实现铯原子频标时所使用的空间分离相互作用区域的方法(Godone 等,2004、2006;Micalizio 等,2008、2012、2013)。长期漂移的问题可以用这些技术解决,在这些技术下,当激光频率稳定时,考虑到铷原子和缓冲气体的反应,只有原子泡部分的影响存在不确定性。

在 QPAFS(1989)中还描述了光抽运激射器的功能(Vanier,1968)。除了使用具有更高的 Q 值的微波腔外,它本质上是基于所描述的被动频标相同的光抽运方案。本书稍后将介绍一种利用相干布居数囚禁实现的铷或铯激射器的新方法(Vanier 等,1998;Godone 等,1999),由于没有振荡阈值,这种激射器不需要高的 Q 值的腔,因此,它比经典的铷激射器要小得多,将在第 3 章加以介绍。

1.2 其他原子微波频标

关于上文提到的原子频标,一个直接的问题是,用什么标准来选择元素(如氢、铯和铷)作为原子频标的核心工作物质。选择时考虑的因素有很多,一个最重要的考虑是对所选原子的可用技术有多少。在 20 世纪中叶,微波技术作为雷达技术发展的附带产物,使科学家们有了可用的微波射频源。此外,氢原子和碱金属原子借助原子束技术得到了广泛的研究,对其内部性质和光谱学也有了较为深入的了解(Ramsey,1956)。特别是他们基态能级之间的磁特性,以及在超精细能级之间的微波频段的能量间隔。不仅如此,该基态的磁特性使两个超精细能级间距与外加磁场的一阶量无关。这是一个很重要的特性,通过适当的磁屏蔽,可以利用此跃迁实现一个几乎与环境磁场波动无关的(频率)标准。另一个在当时具有决定性的特性是,通过对原子电离并计数来测量原子束的流量是相对容易的。

之所以选择铯原子,很大程度上是依赖于这种电离计数技术,因为它的电离能很低(3.894eV)。此外,铯原子在自然界只有一种同位素,即^{133}Cs,不像铷原子那样需要进行提纯,后者在自然界中存在有两种同位素。这些特性加上铯原子超精细跃迁频率落在微波谱的 X 波段,以及在 100℃ 左右的温度下较高的蒸气密度,可能是当时以铯原子为对象,进行深入研究,实现频标的最根本原因。结果证明,基于这些特性选择铯是合适的。由于针对铯原子进行了大量的研究,实验装置也得到发展,以及在实践中更容易和更准确地实施 SI,使得秒的产生不依赖于天文观测,而是基于原子的电磁辐射,因此,1967 年铯原子超精细能级跃迁频率被选择为 SI 中时间单位秒定义的基础,并且在 2015 年仍然沿用该定义,由此可见该选择的重要意义。但是,正如将看到的,这种情况可能会改变,这主要是由于原子物理学中杰出的新研究,使人们对原子与光辐射的相互作用有了更好的了解。这种新知识使原子的机械特性,如速度和在空间中的运动,得到了接近完美的控制。由此引入了新的方法来发展频标,其特点是准确度比前面描述的经典方法高出几个数量级。

另一种元素氢,在宇宙中是基本元素,因其简单的内部结构引人关注。其超精细频率落在 1.4GHz 的低频微波波段内,波长为 21cm。该频率下的微波腔在其基模下是相当大的,但原则上不会引起主要问题,尽管它不像具有 9.2GHz 超精细频率(或 3cm 波长)的铯那么引人关注。然而,氢的电离电势却较高,约为 13.6eV,阻止了它在类似于铯的方案中的应用,即氢原子无法通过电离进行检测。因此,它被用来开发微波激射器,使用氢原子在受激辐射过程中的微波辐射作为信号,而不是使用原子计数。由于腔壁频移的存在,氢激射器的准确度不能与铯标准相提并论,因此不能作为基准频标。然而,从获得的频率稳定度来看,在需要超稳定参考的地面应用中,氢激射器仍然是一种主要的工具。另外,随着具有较小磁控管型微波腔体的新设备出现,这些设备可以在导航卫星系统中使用(Rochat 等,2007;Waller 等,2010)。

铷原子能够作为实现频标的原子有其特殊性。这种选择实际上是基于 ^{85}Rb 和 ^{87}Rb 两种同位素的 D_1 和 D_2 谱线的某些线的偶然重合。这一巧合使得可以利用一种同位素(^{87}Rb)制成的光谱灯,经过另一同位素(^{85}Rb)气室过滤后,非常高效地抽运装有这种相同同位素(^{87}Rb)的气室。以上述结构类型获得的最终共振信号非常大,能够提供非常优质的信噪比。此外,通过选择适当的工作模式,可以使共振频率为 6.8GHz 的谐振腔变得非常小。再加上改造起来相对容易,使铷原子频标尺寸有所减小,同时稳定度指标不太受影响。对该标准的研究已经持续了 50 多年,并且由于其配套电子学发展的成功,铷原子频标非常实用和可靠,已在诸如卫星导航系统和整个通信系统等领域中得到应用。

尽管如此,这些年来人们仍在继续研究采用其他元素实现频标的新方法。读者可参阅 QPAFS 第 2 卷(1989),以了解 20 世纪 80 年代末关于研究使用其他元素的详细情况。在此,仅回顾那些引起一些有趣的发展的研究,以及对原子选择和技术选择仍然开放讨论的研究。有些是在原子电离状态下进行的研究,使得可以在存储、操作和技术方面采用完全不同的方法来实现频标。

1.2.1 $^{199}\text{Hg}^+$离子频标

1.2.1.1 概述

在单电离状态下,同位素$^{199}\text{Hg}^+$似乎是最引人关注的元素。它的基态是一个自旋$I=1/2$的$S_{1/2}$态,与氢的情况一样,但它的超精细频率是40.5GHz。由于不能像中性原子那样(如氢和铯)使用原子束流和选态磁铁,使用离子的主要困难在于对空间中离子的操作和实现布居数反转。此外,不能使用有壁镀膜的容器,因为离子会与此类容器的表面发生剧烈反应。因此,所使用的技术包含了将离子存储在电磁阱中。利用磁场、电场和射频场的组合来实现。仅使用静电场的结构会导致不稳定,因此无法使用。利用静磁场和电场的结合可实现稳定的陷俘,称为彭宁阱(Penning trap)。另外,直流和射频电场的结合使用也会实现稳定的陷俘。此陷俘称为Paul阱,是在原子频标领域以各种形态被广泛使用的一种阱(Paul 等,1958; Pau, 1990)。这种阱的特定位形如图1.31所示。

假设电极具有图1.31所示的尺寸大小为r_o和z_o的双曲线截面,并且几何条件为$r_o^2=2z_o^2$,则该势阱内部的电势可以用柱坐标系表示为

$$V(r,z)=\frac{V}{2r_o}(r^2-2z^2) \quad (1.122)$$

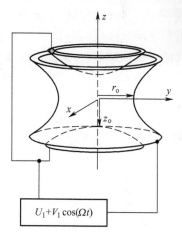

图1.31 使用双曲面型电极的Paul阱

假设电势V包含直流电和频率Ω的振荡分量,例如

$$V=U_1+V_1\cos(\Omega t) \quad (1.123)$$

阱中心是势能最小的区域,在一定条件下,带电粒子可以被捕获或长期储存。在$U_1=V_1$的情况下,该电势是球形的,并且计算表明这种阱中离子的势能由以下公式给出,即

$$E_p=\frac{1}{2}\frac{e^2V_1^2}{M\Omega^2 r_o^4}(r_{av}^2+z_{av}^2) \quad (1.124)$$

式中:e为电子电荷; V_1为频率Ω的外加射频场的振幅; M为离子质量; r_{av}和z_{av}为

离子在运动中的平均位置。

离子在驱动场的频率 Ω 处被迫做简谐运动,称为微运动。依靠其初始能量,离子也会围绕囚禁阱中心运动,这种运动称为宏运动或长周期运动。确定此项的标准做法为

$$\omega = \frac{eV_1}{M\Omega r_o^2} \qquad (1.125)$$

式(1.125)为宏运动的频率。离子在囚禁阱中的运动看上去有点像李萨如图形(Lissajou figure)。

在使用离子研制微波频标中,最早成功的进展之一是基于上述 ^{199}Hg$^+$ 离子和 Paul 阱的使用。通过同位素 ^{202}Hg 灯产生抽运光,并以铷气室标准类似的方式进行光抽运来实现粒子布居数反转,其发射谱线在 194.2nm 处与 ^{199}Hg$^+$ 从能态 $S_{1/2}$、$F=1$ 到能态 $P_{1/2}$ 的跃迁恰好重合。在早期研究中,原子系综在同一空间区域的超精细跃迁中同时受到光抽运和微波辐射的作用。实验上观察到了 8.8Hz 跃迁线宽,产生标频的频率稳定度为 $\sigma(\tau) = 3.6 \times 10^{-11} \tau^{-1/2}$(Jardino 等,1981)。通过用低压缓冲气体(如氦)冷却离子云,并使用脉冲方法,即在与微波辐射相互作用期间断开光抽运辐射,得到一条较窄的共振线。该方法获得了更窄的共振谱线以及更优的频率稳定度。例如,用该方法测量到了 0.85Hz 的线宽,得到了一条 Q 值 4.8×10^{-10} 的跃迁谱线(Cutler 等,1983)。用类似的方法观察到 1.6Hz 的线宽,在 $20s < t < 320s$ 时的频率稳定度为 $\sigma(\tau) = 4.4 \times 10^{-12} \tau^{-1/2}$(Prestage 等,1987;Tanaka 等,2003)。

1.2.1.2 频移

在早期的研究中,研究了影响频标的各种参量,并评估了它们对频率准确度和稳定度的影响。通常,正如前面描述的频标情况,如果可以准确地评估频率偏移并且随时间保持稳定,那么频率偏移便不会影响标准质量。在离子储存于 Paul 阱的情况下发现的 3 个偏移似乎足够大,这可能就是不准确和频率不稳定的来源,它们是外加磁场、光致频移、二阶多普勒效应。近阶段已经发现了一些方案和技术,能够至少在解决这些偏移带来的问题时达到让人满意的程度。我们来检验一下。

1. 外加磁场

谐振频率与实现系统量子化给出量子轴所需的直流感应磁场 B 的关系,用以下公式给出(QPAFS,1989),即

$$\nu = \nu_{hf} + 97.00 \times 10^8 B^2 \qquad (1.126)$$

其中,B 的单位是 T。

对于 $10\mu T$(100mGauss)的磁感应,偏移为 2.4×10^{-11}。虽然这似乎是一个很大的偏移,但借助于 $F=1$ 态的 Zeeman 跃迁可以精确地确定磁场的值。结果还表

明,在所描述的阱中,与前面描述的经典标准相比,原子系综仅占相当小的体积,并且磁场均匀性没有问题。另外,磁场必须随时间稳定,这通常是通过精心设计的电流源驱动螺线管来实现的。此外,由于共振线宽相当窄(约1Hz),并且相邻跃迁的效应不会出现问题,因此可以在一定程度上降低磁场。磁场的减小降低了对磁场稳定性的要求。因此,如果磁场得到很好的控制,不会引入不准确性或频率不稳定性。

2. 光致频移

在QPAFS第2卷(1989)中对Hg^+的光致频移问题进行了一定程度的讨论,计算出了在标准操作条件下6×10^{-12}的相对频移。Hg^+的光致频移随时间变化的稳定性及其精确评估值得关注且不容忽视。所用的灯在几瓦射频水平下被激发,发热并射出紫外线辐射,这会影响通常由石英制成的玻璃泡壳。实践中发现,汞灯的使用年限和光强往往随运行周期的变化而变化。利用抽运光强测量共振频率可以研究光致频移,原则上可以通过外推到零光强来确定其值。然而,光致频移在一定程度上仍然是不确定的,可能会对长期频率稳定度及准确度产生影响。如上所述,该问题是在早期发展阶段通过脉冲技术解决的。在激发基态超精细跃迁的微波辐射应用过程中,抽运光被关闭。由于该技术在微波辐射的应用期间避免了辐射的存在,因此不存在光抽运展宽,原则上也不存在光致频移。如上所述,在短期内,在Q值和频率稳定度方面取得了显著的成果。由参考氢激射器的频率稳定度测量显示,在大约几天的时间内,频率在$(4\sim8)\times10^{-15}$的量级上有随机波动(Cutler等,1987)。

3. 二阶多普勒效应

与铯和氢的情况一样,二阶多普勒效应是一个主要问题。在目前的情况下,跃迁谱线已经非常窄,而且与对称性无关。然而,离化后的离子温度很高,它们在阱中的速度也受到阱电场引起的运动的影响。正如上面提到的,在250~500kHz的阶数下,由施加的频率为Ω的射频场引起的离子运动称为微运动,而由离子围绕阱中心的演化引起的运动称为宏运动或长周期运动。电场随着离阱中心距离的增加而增加,离子的能量也增加。正如稍后将看到的,可以通过激光冷却的方法大大减少单离子的运动,并将其设置在阱的中间,那里的磁场强度为零。在这种情况下,离子的运动被最小化,二阶多普勒效应可以忽略不计。然而,在这里描述的微波频标中,阱装载着大约10^6个离子,并且这些离子具有相同的电荷,会互相排斥,从而形成了云。假设空间电荷通过自我调节产生等于零的总电势梯度,则有可能计算表征该电子云的各种参数(Dehmelt,1967)。其密度均匀,计算公式为

$$n = \frac{3\varepsilon_o M\omega^2}{e^2} \quad (1.127)$$

假设一个阱的$r_0=19$mm、$V_1=250$V、$\Omega=2\pi\times250$rad/s,汞离子$M=199$,获得

$n=1.54×10^{13}$ 离子/m^3 和 $\omega=2\pi×33.7×10^3$ rad/s。当离子总数 $N=10^6$ 时,离子云的半径 $r_c=2.5$mm。这证明了在有关外加磁场的讨论中所作的离子云微小性假设是正确的。由二阶多普勒效应引起的频移公式为

$$\frac{\Delta\nu}{\nu}=-\frac{1}{2}\frac{v^2}{c^2} \tag{1.128}$$

式中:v 为离子速度。用平均能量 $\langle E\rangle$ 可以表示成

$$\frac{\Delta\nu}{\nu}=-\frac{\langle E\rangle}{Mc^2} \tag{1.129}$$

频移由下式给出,即

$$\left(\frac{\Delta\nu}{\nu}\right)_{2ndD}=-\frac{3}{10c^2}\left(\frac{N\omega e^2}{4\pi\varepsilon_o M}\right)^{2/3} \tag{1.130}$$

势能是阱能量的 1/10 或 1eV 量级,相对频移是 10^{-12} 量级。这种偏移的大小可以通过降低离子的速度来实现。这可以通过上文提及的激光冷却来实现,后文将进行描述,也可以通过与氦等低压缓冲气体进行能量交换实现。如前所述,该技术已成功地应用于 Hg^+。然而,由于离子缓冲气体碰撞对超精细分裂的影响,又引入了一个小的频移。在通常的压力设定下,该偏移约为 10^{-14}。实施此类频标的主要实际目标之一是在短期内达到与上述经典频标相当的频率稳定度。对于方波调频,频率稳定度由下式给出(QPAFS 的第 2 卷,1989),即

$$\sigma^2(\tau)=\frac{8}{27}\frac{1}{Q_1^2}\frac{1}{C^2 I_m}\frac{1}{\tau} \tag{1.131}$$

式中:C 为相对于背景 I_m 的对比度或相对信号幅度 I_M。

如前所述,该技术能够获得长期的离子囚禁并保持谱线 Q 值在 $10^{10}\sim10^{11}$ 量级。实验人员可以控制的另一个因素是对比度。通过增加能促进共振信号的离子数量,可以实现 Q 因子的增加。然而,更多的空间电荷会使离子云的体积增加。外围的离子暴露在更大的电势下,并具有更多的能量。因此,二阶多普勒频移增大,并且对离子密度的稳定性提出了更高的要求。通过缓冲气体冷却往往会在一定程度上减少这种效应。

1.2.1.3 线性阱

另一种非常成功的方法是将上述双曲线阱改为线性阱,如图 1.32 所示(Prestage 等,1989、1990)。可以按照与双曲线 Paul 阱情况类似的方法来计算此类阱的属性。离子沿着阱的长度分布在其中心,在相同的总数下,它们所经历的电场不如在双曲线的 Paul 阱中的球形离子云强。二阶多普勒频移计算公式为

$$\left(\frac{\Delta\nu}{\nu}\right)=\left(\frac{e^2}{8\pi\varepsilon_o mc^2}\right)\frac{N}{L} \tag{1.132}$$

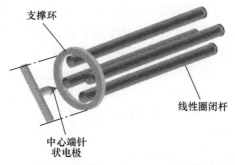

图 1.32 由 4 个具有适当交变极性的棒组成线性阱的端视图(图中所示为针端帽,用于固定棒之间的离子。另一端的结构类似,包含一个原子源和电离电极)(数据来自 Prestage D. et al., *J. Appl. Phys.*, 66, 1013, 1989; Prestage J. D. et al., *IEEE Trans. Ultrason. Ferroelectron. Freq. Control*, 37, 535, 1990.)

式中:N/L 为线密度。

将此结果与球形离子云的情况进行比较时,发现对于相同的二阶多普勒频移,线性阱可以存储的离子数量要大得多,由下式给出,即

$$N_{\text{lin}} = \frac{3}{5} \frac{L}{r_c} N_{\text{sphe}} \tag{1.133}$$

例如,当 $L=75$mm 和 $r_c = 2.5$mm 时,在相同的二阶多普勒频移条件下,线性阱能比球形阱多存储 18 倍的离子。这种离子阱得到了广泛的关注,并通过引入图 1.33 所示的截面来加以完善(Prestage 等,1993、1995、2008;Burt 等,2007)。

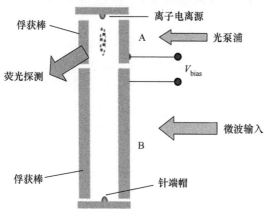

图 1.33 带有两个截面的射频离子阱(允许离子系综从一个进行光抽运的截面跃迁到另一个检测到共振信号的截面)(数据来自 Prestage J. D. et al., Improved linear ion trap physics package. In Proceedings of the IEEE International Frequency Control Symposium 144, 1993; Prestage J. D. et al., Progress report on the improved linear ion trap physics package. In Proceedings of the IEEE International Frequency Control Symposium 82, 1995.)

在这种排列下,通过改变两组俘获棒之间的偏置,离子系综可以被俘获并在区域 A 和区域 B 之间来回穿梭。离子在 A 区域产生,它们也在该区域被光抽运。接着将这些离子穿梭到 B 区,在那里它们暴露在微波辐射下。之后它们又被反射回 A 区,在其中进行光抽运并检测荧光,以验证 B 区是否满足微波共振的条件。因此,该技术完全避免了原子与微波相互作用期间光抽运辐射的存在,并且避免了光致频移和光展宽效应。这种离子阱方案用于时域拉姆塞作用,在给定的频率稳定度 $6.5×10^{-14}\tau^{-1/2}$ 下测量共振,在接近 10^5 s 的时间内,测量到的频率稳定度为 $5×10^{-16}$(Tjoelker 等,1995)。

通过在离子与微波辐射相互作用的区域使用多极结构(12 极),实现了进一步的改进。然而,只有抽运区域保持为 4 极结构类型时,才有用于光抽运和检测的空间。在这种配置中,可以显著地增加离子总数(最多 10^7 个离子),这时离子数量的变化对二阶多普勒频移的影响小于 4 极阱中相同变化的 1/10。最后,对使用不同缓冲气体进行冷却进行了研究,其目的是寻找一种冷却效率高,但碰撞频移比氦小的缓冲气体。研究发现,氖的碰撞频移为 $8.5×10^{-9}$/Torr,比氦小 2/5(Chung 等,2004)。使用周期时间为 12s 的时域拉姆塞分离脉冲,进而观测到 Q_L 为 $5 × 10^{12}$,从而得到频率稳定度为 $5×10^{-14}\tau^{-1/2}$(Tjoelker 等,1995;Burt 等,2008a、b)。这种钟的体积已减小到 3L 量级,同时保持频率稳定在 $(1~2)×10^{-13}\tau^{-1/2}$ 和天稳 10^{-15}(Prestage 等,2007、2008)。值得一提的是,这与用更大尺寸的氢激射器所获得的频率稳定度相当。

1.2.2 Paul 阱中的其他离子

在 Paul 阱实现微波频标方面,还提出和研究了其他离子,如 $^9Be^+$、$^{135}Ba^+$、$^{137}Ba^+$、$^{171}Yb^+$、$^{173}Yb^+$、$^{87}Sr^+$ 等其他一些离子(见 QPAFS 第 1 卷中表 1.1.3b)(1989)。与 Hg^+ 相比,这些离子的优点在于基态跃迁的微波频率较低,通过光抽运进行状态选择所需的波长较长,从而使激光的应用成为可能。这些性质使实验实现稍微容易些。

特别地,在对离子 $^{171}Yb^+$ 的研究上做了大量的工作。该离子的能级如图 1.34 所示。其与碱金属原子的主要区别在于 D 态和 F 态的存在低于 P 态。由于这些态是亚稳的,而落入其中的离子具有很长的寿命,因此它们充当了离子阱。根据应用情况的不同,该性质可能是不被期望的。

一般来说,使用同位素滤光或不同同位素的光谱灯(如 ^{87}Rb 和 $^{199}Hg^+$ 的情况)不能完成光抽运,因此需要使用具有合适波长的激光器。此外,为了减少二阶多普勒效应,需要像 Hg^+ 的情况一样使系综冷却。幸运的是,有效的激光倍频技术及适当波长的存在,几种离子可实现有效的激光冷却。在第 2 章中将介绍激光抽运和冷却技术。

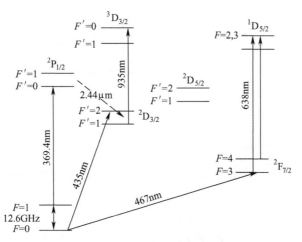

图 1.34 用于研制 $^{171}Yb^+$ 离子频标的能级结构

1.2.2.1 $^{171}Yb^+$ 离子与 $^{173}Yb^+$ 离子微波频标

作为例子,在这点上将直接概述用 $^{171}Yb^+$ 实现 12.6GHz 微波频标的结果。在发展离子频标的早期就提出了使用 $^{171}Yb^+$ 的建议(Blatt 等,1983)。在确定其基态超精细频率分裂的过程中也进行了频率的精确测量(Tamm 等,1995)。实际上,离子可用于实现光学范围或微波范围内的标准(Barwood 等,1988;Blatt 等,1988;Webster 等,2001)。它还被用于实现单离子光学频标的研究(Gill 等,2008;Tamm 等,2008)。

在实现 12.6GHz 的微波频标时,光抽运是在 369nm 的循环跃迁中完成的。由于一部分离子会衰变到亚稳态 $D_{3/2}$,因此它们需要返回到循环跃迁状态中;否则它们会在此状态中累积,并因双共振信号而丢失。在 369nm 的荧光上检测到该基态共振信号。在特定情况下,该波长的辐射是由掺杂钛蓝宝石激光器的倍频产生的,而从 $D_{3/2}$ 亚稳态抽运离子则是由固体激光器完成的(Fisk 等,1993;Sellars 等,1995)。在这些实验中,所使用的囚禁系统类似于前面描述的线性阱,离子通过缓冲气体如氦被冷却。这些离子被限制在长度 10mm、直径 1.5mm 的体积内,包含大约 10^4 个离子。在随后的实验中,离子被激光冷却(将在第 3 章中描述)到 1K 以下(Warrington 等,1999)。据称,与用缓冲气体冷却离子的情况相比,用这种冷却方法,二阶多普勒频移减少了 180 倍。为了避免由光辐射引起的系统偏移,在时域内拉姆塞型双共振中采用了脉冲光抽运和冷却技术。使用 10s 的拉姆塞脉冲间隔和 13s 的循环时间时,预期的频率稳定度为 $\sigma_y(\tau) = 5 \times 10^{-14} \tau^{-1/2}$,而相对频率不确定度为 4×10^{-15}(Dubé 等,2005;Park 等,2007;King 等,2012)。这些特征与之后将详细描述的铯原子喷泉的特征几乎相当。本书将在介绍激光光抽运和激光冷却之后再讨论这些结果。

^{173}Yb$^+$是另一种可用于实现微波原子频标的离子，但它似乎不如^{171}Yb$^+$引人注目，因为它的核自旋 I 为 3/2，具有一个更复杂的基态能级结构。Münch 等 (1987) 对使用光缓冲气体冷却的射频 Paul 阱进行了研究。用染料激光器在 369.5nm 处进行光抽运，并通过监测荧光检测了超精细共振。确定其频率为

$$\nu_{hs}(^{173}\text{Yb}^+) = 10491720239.550\,(0.093)\,\text{Hz}$$

1.2.2.2　^{201}Hg$^+$离子微波频标

具有单电离超精细结构的汞的两种稳定的奇数同位素即^{199}Hg$^+$和^{201}Hg$^+$，适合于微波钟的研制。在上文中已详细介绍了以同位素^{199}Hg$^+$为基础的频标研制进展。据报道，使用线性 Paul 阱可以获得最好的效果。该结构已被证明在积分时间 1s 时具有短期稳定度 $(1 \sim 2) \times 10^{-13}$，在积分时间 1 天时可达到 10^{-15}。该时钟的地面版本所显示的性能为 $5 \times 10^{-14}\tau^{-1/2}$，漂移为 2×10^{-17}/天 (Prestage 等，2005；Burt 等，2008a)。

在研究早期，Wineland 等 (1981) 就提出了在彭宁阱 (Penning trap) 中使用 ^{201}Hg$^+$的标准。如前所述，在这种阱中，由于需要大磁场，导致只能选择磁敏感跃迁。幸运的是，在强磁场下，其中的一些跃迁与磁感应强度的平方成比例。例如，采用 $(F=2、m_F=0) \rightarrow (F=1、m_F=1)$ 的基态跃迁，磁场强度为 0.2T，跃迁频率 25.9GHz。这种大小的磁场通常会带来实验上的困难，因此最好使用所谓的 0-0 基态跃迁。最后一种方法是由 Burt 等 (2008b) 在线性阱中提出的，类似于前面^{199}Hg$^+$案例中所描述的情况。

能级结构如图 1.35 所示。需要注意的是，该离子的核自旋为负，Zeeman 能级位置与同位素^{199}Hg$^+$的位置相反。使用^{198}Hg$^+$灯可以高效地对同位素^{201}Hg$^+$进行光抽运。实际上，由于共振光谱的良好交叠，从基态的 $S_{1/2}$、$F=2$ 到激发态 $P_{1/2}$、$F=2$，可以非常有效地进行光抽运。此外，在频率接近 29.95GHz 时，通过适当地混合 $m_F=\pm 1$ 的状态与基态 $F=2$ 能级的状态，可以将基态 $F=1$ 能级的布居集中到 $m_F=0$ 能级。

在加利福尼亚州帕萨迪纳市的喷气推进实验室 (Jet Propulsion Laboratory，JPL) 研究了这种时钟 (Taghavi-Larigani 等，2009)。研究者认为，这种钟的潜在准确度和稳定度超过了 10^{-15}。经测量，从 $^2S_{1/2}$ 的 $F=1、m_F=0$ 到 $F=2、m_F=0$ 的时钟跃迁的无干扰频率为 29.9543658211(2) GHz。

对^{201}Hg$^+$的关注点在于它与同位素^{199}Hg$^+$同时在同一阱中使用。由于这两种同位素将受到相同的微扰和偏置，因此可以精确测量它们的相对超精细分裂。这样就有可能检验^{201}Hg$^+$和^{199}Hg$^+$的基本常数恒定的可能性，该常数决定了它们的超精细结构 (Burt 等，2008a、b；Flambaum 和 Berengut，2008)。

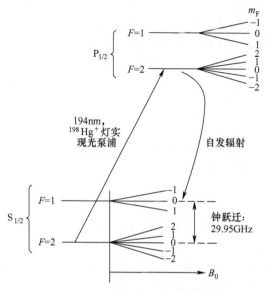

图 1.35　同位素^{201}Hg$^+$的能级结构

1.3 关于经典微波原子频标的局限性

我们已经在 QPAFS(1989)的两卷中详细描述了室温微波原子频标。这些内容出版后,在本书中概述了使用这些频标的标准方法所取得的进展。我们已经展示了这些频标的局限性,在此阶段,想用更进一步、更全面的方式研究这些限制背后的物理学特征。

对所有的时钟,都有两个重要的参数,分别是用于时钟跃迁的共振线的品质因数 $Q_L = \nu/\Delta\nu$ 以及其检测中的信噪比(S/N)。这些参数是由若干物理现象的贡献决定的,它们在频率稳定性的测定中起着基础性的作用。另外,准确度是识别和评估偏差概率的函数,这些偏差会影响作为时钟跃迁的原子共振频率。因此,主要问题在于能否更好地处理这些参数,以提高频率的稳定性和准确性。

在任何情况下,都会关注线性或二次多普勒效应。线性多普勒效应会导致谱线的大幅度展宽,从而显著降低 Q 值,通过各种方案可以设法消除这种展宽。例如,使用 Dicke 效应将原子保持在恒定相位磁场,该磁场可能位于具有非松弛壁的盒中,或者在 Paul 阱等存储阱中甚至缓冲气体中。还可以使用原子束避免线性多普勒效应,并通过 Ramsey 的空间或时间双重作用方案缩短线宽。由于机械的限制,这些技术基本上仅限于微波段。即使在可以消除一阶多普勒展宽的情况下,依赖于原子速度平方的二阶效应仍然存在,并在相当大的程度上降低了特定设备的精度。

在过去的几十年里，人们致力于解决这些问题，并试图减少甚至消除这些影响。许多工作在研究过程中是利用激光抽运和其他技术完成的，如复杂的原子陷俘。然而，在原子物理学领域，人们同时在降低温度方面做了工作。类似地，研究了光频率跃迁作为可能的时钟跃迁。第一种方法是用原子冷却减少线性多普勒效应。当与阱冷却结合使用时，可以完全抵消线性多普勒效应，同时将二阶多普勒效应降低到可忽略的值。第二种方法，使用较高频率的时钟跃迁，当这些跃迁具有较窄的线宽时，将导致较大的谱线 Q 值。关于信噪比和偏差的问题必须针对所使用的每一种技术选择进行评估，并在每个设备中处理。本书的其余部分致力于概述实现这些想法所涉及的物理学。

附录1.A 二阶多普勒频移公式

以速度 v 运行的原子在其参考系中经历时间膨胀。实验室参考系中的观察人员看到其频率因以下量而改变，即

$$\Delta\Omega_{D2} = -\frac{v^2}{2c^2} \tag{1.A.1}$$

式中: c 为光速。

在经典的铯频标中，该原子是束流的一部分，其速度扩展会产生相互作用时间 $f(\tau)$ 的分布，该分布是所用选态器类型的函数。因此，中心拉姆塞条纹受此频移的影响，可以写成

$$I = I_b + \frac{1}{2}I_0\int_0^\infty f(\tau)\sin^2 b\tau\left\{1 + \cos\left[\omega - \omega_0\left(1 - \frac{v^2}{2c^2}\right)\right]T\right\}d\tau \tag{1.A.2}$$

在实践中，理解此类频移对条纹的确切影响非常重要。可以很容易地看到，频移使条纹的形状发生了扭曲，并改变了它的最大值。通过式(1.A.2)相对于 ω 的微分，可以得到最大值的频率。这是通过首先将余弦项级数展开到二阶来完成的，即

$$I = I_b + I_0\int_0^\infty f(\tau)\sin^2 b\tau d\tau - \frac{1}{4}I_0\int_0^\infty f(\tau)\sin^2 b\tau\left[\omega - \omega_0\left(1 - \frac{v^2}{2c^2}\right)T\right]d\tau \tag{1.A.3}$$

这个过程是有效的，因为频移很小。求微分并令 $dI/d\omega = 0$，可以很容易得到条纹最大值的位置为

$$\frac{\omega_{max} - \omega_0}{\omega_0} = \frac{\int_0^\infty v^2 T^2 f(\tau)\sin^2 b\tau d\tau}{2c^2\int_0^\infty T^2 f(\tau)\sin^2 b\tau d\tau} \tag{1.A.4}$$

附录1.B 拉姆塞腔臂间的相移

当腔臂之间的相移 ϕ 不是 $0°$ 或 π 时,对中心拉姆塞条纹最大值的形状和频率的影响可通过以下公式计算,即

$$I = I_b + \frac{1}{2}I_0 \int_0^\infty f(\tau)\sin^2 b\tau \{1 + \cos[(\omega - \omega_0)T + \phi]\}d\tau \quad (1.B.1)$$

在多普勒频移的情况下,将余弦项按上述级数展开。这同样是有效的,因为与相移相关的频移非常小。将其对 ω 取微分,令结果等于0,得到

$$\omega_\phi - \omega_0 = -\frac{\phi}{L}\frac{\int_0^\infty (1/v)f(\tau)\sin^2 b\tau d\tau}{\int_0^\infty (1/v^2)f(\tau)\sin^2 b\tau d\tau} \quad (1.B.2)$$

附录1.C 方波调频和频移

在大多数实际操作中,拉姆塞中心条纹是通过对馈入拉姆塞腔的微波频率进行低频方波调制来检测的。定义 ω_m 为微波辐射频率调制的深度,设置 ω_m 的值大约等于图 1.C.1 所示条纹宽度的一半。然后,通过同步探测器比较拉姆塞条纹每侧在 $-\omega_m$ 和 $+\omega_m$ 处的信号值,并将微波发生器锁定在与所产生信号相等的频率

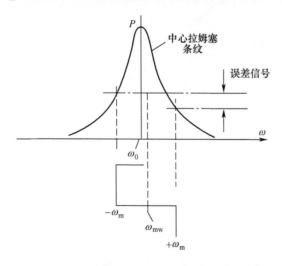

图 1.C.1 在铯束频标的情况下用方波调制检测信号

上。很容易观察到,中心频率取决于条纹的形状,以及由依赖于原子相互作用时间的频移引起的可能畸变。

假设一个给定的原子频移量为 $\Delta(\tau)$,可以将跃迁概率写成

$$P = \frac{1}{2}\int_0^\infty f(\tau)\{1 + \cos[\omega_0 - \Delta(\tau) - \omega]T\}\sin^2 b\tau d\tau \qquad (1.C.1)$$

余弦项可转换为

$$\cos[\omega_0 - \omega - \Delta(\tau)] = \cos(\omega_0 - \omega)T\cos\Delta(\tau)T + \sin(\omega_0 - \omega)T\sin\Delta(\tau)T \qquad (1.C.2)$$

$\Delta(\tau)$ 项很小,可以写 $\cos\Delta(\tau)T \sim 1$ 和 $\sin\Delta(\tau)T \sim \Delta(\tau)T$,得到

$$P = \frac{1}{2}\int_0^\infty f(\tau)\sin^2 b\tau d\tau + \frac{1}{2}\int_0^\infty f(\tau)[\cos(\omega_0 - \omega)T \\ + \sin(\omega_0 - \omega)T\Delta(\tau)T]\sin^2 b\tau d\tau \qquad (1.C.3)$$

给出这两种情况下的 P_- 和 P_+,概率就可以在两个频率 $\omega = \omega_1 - \omega_m$ 和 $\omega = \omega_1 + \omega_m$ 下进行计算。伺服系统满足条件 $P_- = P_+$,利用角度的累加、余弦和正弦的三角关系,得到频移为

$$\omega_0 - \omega_\Delta = \frac{\int_0^\infty \Delta(\tau)Tf(\tau)\sin\omega_m\tau \sin^2 b\tau d\tau}{\int_0^\infty f(\tau)T\sin\omega_m\tau \sin^2 b\tau d\tau} \qquad (1.C.4)$$

式中:ω_Δ 为被测量的原子的频移量。

式(1.C.4)是一个近似值,但对于系统中由物理现象如二阶多普勒效应和光致频移引入的任何微小的偏移 $\Delta(\tau)$ 都是有效的,之后将在使用光抽运进行状态选择时对这些物理现象进行检测。然而,它不能用于腔的两臂之间存在相移的情况。在这种情况下,给出了与刚才所做的计算相类似的谐振腔相移 ϕ 的频率,即

$$\omega_0 - \omega_\phi = -\frac{\phi}{L}\frac{\int_0^\infty f(\tau)\sin\omega_m\tau\sin^2 b\tau d\tau}{\int_0^\infty \frac{1}{v}f(\tau)T\sin\omega_m\tau\sin^2 b\tau d\tau} \qquad (1.C.5)$$

式中:$T = L/v$,且 $\tau = l/v$。

附录1.D 环形腔相移

在本书中引入了环形腔的概念,它在原则上减少了相移随横穿铯束位置的变化。我们希望推导出这种变化的表达式。参考图1.8,$z = 0$ 点周围的磁场是在谐振腔的A点注入的两个分量 b_1 和 b_2 的总和。假设传播系数为

其中，传播矢量 β 由下式给出，即

$$\gamma = \alpha + i\beta \tag{1.D.1}$$

$$\beta = \frac{2\pi}{\lambda_g} \tag{1.D.2}$$

可以把磁场的振幅写成两个分量 H_1 和 H_2 以及

$$H = H_1 + H_2 = H_{10} e^{i\omega t} e^{\gamma(l/2+z')} + H_{20} e^{i\omega t} e^{\gamma(l/2-z')} \tag{1.D.3}$$

可以假设在谐振腔入口处 $b_1 = b_2$ 或 $H_{10} = H_{20} = H_0$，表达式变成

$$H = H_0 e^{i\omega t + \gamma l/2} (e^{\gamma z'} + e^{-\gamma z'}) \tag{1.D.4}$$

式(1.D.4)可以写为

$$H = 2H_0 e^{i\omega t + \gamma l/2} \cosh(\gamma z') \tag{1.D.5}$$

将双曲余弦函数 cosh 项串联展开到二阶，忽略相对于 1 很小的项，得到

$$H = 2H_0 e^{i\omega t + \gamma l/2} (1 + i\alpha\beta z'^2) \tag{1.D.6}$$

给出了 z' 处的相移 $\alpha\beta z'^2$。

附录 1.E 磁控管腔

图 1.26 和图 1.E.1 所示的结构称为"磁控管腔"，也称为环隙谐振器，已用于磁共振领域的多个研究领域（Hardy 和 Whitehead，1981；Fronzcis 和 Hyde，1982；Rinard 和 Eaton，2005）。它的用途非常广泛，其形状非常适合原子频标领域的应用，其中一个单元用于容纳原子系综，如氢激射器（Peters，1978b；Belayev 和 Savin，1987）和双共振铷钟（Stefanucci 等，2012）。

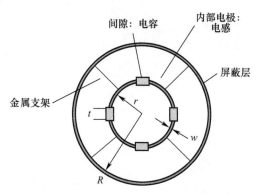

图 1.E.1 磁控管腔的横截面（显示了电极和屏蔽层，提供了文本中使用的符号）

电极内的磁场有时被限定为类 TE_{011} 模式，是相当均匀的，在这里考虑的应用中，包含原子系综的单元通常填充了这些电极之间的空间。可以将这些电极看作

电感,它们之间的间隙看作电容。使用图 1.E.1 中列出的符号,结构的共振频率为(Stefanucci 等,2012)

$$v_r = \frac{1}{2\pi} \sqrt{\frac{n}{\pi r^2 \varepsilon \mu}} \frac{t}{\omega} \sqrt{1 + \frac{r^2}{R^2 - (r+\omega)^2}} \sqrt{\frac{1}{1 + 2.5(t/\omega)}} \quad (1.E.1)$$

式中:第一项表示等效 LC 电路的共振;第二项表示屏蔽效应;第三项表示条纹效应。

这个表达式忽略了存储单元和支撑电极的存在。它精确到百分之几的量级(Stefanucci 等,2012)。它可用于确定给定频率下各种尺寸的一次近似值。需要一个程序,如 COMSOL 这种多物理软件,来调整最终尺寸和确定结构中的磁场质量。

对于氢激射器的应用,一个重要的参数是式(1.68)给出的填充因子。在磁控管腔的情况下,磁场在被电极包围的整体中具有相同的相位,因此该结构非常适合这种特定应用。另外,在铷时钟的情况下,原子的运动受到缓冲气体的限制,在这种情况下确定磁场的因子为(QPAFS,1989)

$$\eta = \frac{\langle H_z^2(r) \rangle_{\text{cell}}}{\langle H^2(r) \rangle_{\text{cavity}}} \quad (1.E.2)$$

然而,由于该气室基本上填满了电极之间的整个空间,分子和分母都可以被认为是整个气室的平均值。在这种情况下,填充因子实际上成为在适当方向(平行于施加的静态磁场)上的磁场质量的度量,并被称为方向因子。在所研究的案例中,该因子非常高(0.88)(Stefanucci 等,2012)。图 1.E.2 是由 6 个电极构成的实际原型的照片,显示了该气室顶部密封来调谐附件以及将耦合环与底部部分连接。

图 1.E.2 用于光抽运铷频标的磁控管腔照片(报告来源 Stefanucci, C. et al., Rev. Sci. Instr., 83, 104706, 2012. 美国物理学会,版权所有 2012)

参考文献

[1] Abashev Y.G., Elkin G.A., and Pushkin S.B. 1983. Primary time and frequency standards,*Measurement Techniques*, USSR, **26**: 996.

[2] Abashev Y.G., Elkin G.A., and Pushkin S.B. 1987. The main characteristics and the results of long-term comparisons between primary caesium beam standards and ensemble of hydrogen clocks of the national time standard.*IEEE T. Instrum. Meas.* **IM-36**: 627.

[3] Affolderbach C., Droz F., and Mileti G. 2006. Experimental demonstration of a compact and high-performance laser-pumped rubidium gas cell atomic frequency standard.*IEEE T. Instrum. Meas.* **55**: 429.

[4] Ashby N., Heavner T.P., Jeffferts S.R., Parker T.E., Radnaev A.G., and Dudin Y.O. 2007. Testing local position invariance with four caesium-fountain primary frequency standards and four NIST hydrogen masers.*Phys. Rev. Lett.* **98**: 070802.

[5] Audoin C. 1981. Fast cavity auto-tuning system for hydrogen maser.*Rev. Phys. Appl.* **16**: 125.

[6] Audoin C. 1982. Addendum: fast cavity auto-tuning system for hydrogen maser. Rev.*Phys. Appl.* **17**: 273.

[7] Audoin C. 1992. Caesium beam frequency standards: classical and optically pumped.*Metrologia* **29**: 113.

[8] Audoin C., Jardino M., Cutler L.S., and Lacey R. 1978. Frequency offset due to spectral impurities in caesium-beam standards.*IEEE T. Instrum. Meas.* **IM-27**: 325.

[9] Audoin C., Lesage P., and Mungall A. G. 1974. Second-order Doppler and cavity phase dependent frequency shifts in atomic beam frequency standards.*IEEE T. Instrum. Meas.* **IM-23**: 501.

[10] Barwood G.P., Bell A.S., Gill P., and Klein H.A. 1988. Trapped Yb^+ as a potential optical frequency standard. In *Proceedings of the 4th Symposium on Frequency Standards and Metrology*, A. DeMarchi Ed. (Springer-Verlag, Berlin, Germany) 451.

[11] Bauch A. 2005. The PTB primary clocks CS1 and CS2.*Metrologia* **42**: S43.

[12] Bauch A., Dorenwendt K., Fischer B., Heindorff T., Müller E.K., and Schröder R. 1987. CS2: the PTB's new primary clock. *IEEE T. Instrum. Meas.* **IM-36**: 613.

[13] Bauch A., Fischer B., Heindorff T., Hetzel P., Petit G., Schröder R., and Wolf P. 2000a. Comparisons of the PTB primary clocks with TAI in 1999.*Metrologia* **37**: 683.

[14] Bauch A., Fischer B., Heindorff T., and Schröder R. 1993. The new PTB primary caesium clocks.*IEEE T. Instrum. Meas.* **IM-42**: 444.

[15] Bauch A., Fischer B., Heindorff T., and Schröder R. 1998. Performance of the PTB reconstructed primary clock CS1 and an estimate of its current uncertainty.*Metrologia* **35**: 829.

[16] Bauch A., Fischer B., Heindorff T., and Schröder R. 1999a. Some results and an estimate of

the current uncertainty of the PTB's reconstructed primary clock CS1.*IEEE T. Instrum. Meas.* **48**: 508.

[17] Bauch A., Fischer B., Heindorff T., and Schröder R. 1999b. Recent results of PTB's primary clock Cs1. In *Proceedings of the Joint European Forum on Time and Frequency/IEEE International Frequency Control Symposium* 43.

[18] Bauch A., Fischer B., Heindorff T., and Schröder R. 2000b. Recent results of PTB's primary clock CS1.*IEEE Trans. Ultrason. Ferroelectr. Freq. Control* **47**: 443.

[19] Bauch A., Heindorff T., Schröder R., and Fischer B. 1996. The PTB primary clock CS3: type B evaluation of its standard uncertainty.*Metrologia* **33**: 249.

[20] Bauch A. and Schröder R. 1997. Experimental verification of the shift of the cesium hyperfine transition frequency due to blackbody radiation.*Phys. Rev. Lett.* **78** (4): 622.

[21] Bauch A., Schröder R., and Weyers S. 2003. Discussion of the uncertainty budget and of long term comparison of PTB's primary frequency standards CS1, CS2 and CSF1. In *Proceedings of the Joint Meeting of the IEEE International Frequency Control Symposium/European Forum on Time and Frequency* 191.

[22] Beard R., Golding W., and White J. 2002. Design factors for atomic clocks in space. In *Proceedings of the IEEE International Frequency Control Symposium* 483.

[23] Becker G. 1976. Recent progress in primary Cs beam frequency standards at the PTB.*IEEE T. Instrum. Meas.* **IM-25**: 458.

[24] Belloni M., Gioia M., Beretta S., Droz F., Mosset P., Wang Q., Rochat P., Resti A., Waller P., and Ostillio A. 2010. Space passive hydrogen maser-performances, lifetime data and GIVE-B related telemetries. In *Proceedings of the European Forum on Time and Frequency*.

[25] Belloni M., Gioia M., Beretta S., Waller P., Droz F., Mosset P., and Busca G. 2011. Space mini passive hydrogen maser—a compact passive hydrogen maser for space applications. In *Proceedings of the Joint International Frequency Control Symposium and European Forum on Time and Frequency* 906.

[26] Belyaev A.A. and Savin V.A. 1987. Calculation and analysis of frequency properties of special axisymmetric resonators of hydrogen quantum frequency discriminators.*Izmeritel' naya Tekhnica* 2 (Translation, Plenum Publishing Co., New York) 29.

[27] Bernier L.G. 1994. Preliminary design and breadboarding of a compact space qualified hydrogen maser based on a sapphire loaded microwave cavity. In *Proceedings of the European Forum on Time and Frequency* 965.

[28] Bernier L.G. and Busca G. 1990. Some results on the line Q degradation in hydrogen masers. In *Proceedings of the European Forum on Time and Frequency* 713.

[29] Berthoud P., Pavlenko I., Wang Q., and Schweda H. 2003. The engineering model of the space passive hydrogen maser for the European global navigation satellite system Galileo. In *Proceedings of the Joint Meeting of the European Forum on Time and Frequency/IEEE International Frequency Control Symposium* 90.

[30] Blatt R., Casdorff R., Enders V., Neuhauser W., and Toschek P.E. 1988. New frequency standards based on Yb$^+$. In *Proceedings of the 4th Symposium on Frequency Standards and Metrology*, A. De Marchi Ed. (Springer-Verlag, Berlin, Germany) 306.

[31] Blatt R., Schnatz H., and Werth G. 1983. Precise determination of the ^{171}Yb$^+$ ground state hyperfine separation. *Z. Phys. A* **312**: 143.

[32] Bloch F. and Siegert A. 1940. Magnetic resonance for nonrotating fields. *Phys. Rev.* **57**: 522.

[33] Boulanger J.S. 1986. New method for the determination of velocity distribution in caesium beam clocks. *Metrologia* **23**: 37.

[34] Boussert B., Théobald G., Cérez P., and de Clercq E. 1998. Frequency performances of a miniature optically pumped caesium beam frequency standard. *IEEE Trans. Ultrason. Ferroelectr. Freq. Control* **45**: 728.

[35] Burt E.A., Diener W.A., and Tjoelker R.L. 2007. Improvements to JPL's compensated multi-pole linear ion trap standard and long-term measurements at the 10^{-16} level. In *Proceedings of the Joint IEEE International Frequency Control Symposium/European Forum on Time and Frequency* 1041.

[36] Burt E.A., Taghavi-Larigani S., Prestage J.D., and Tjoelker R.L. 2008a. Stability evaluation of systematic effects in a compensated multi-pole mercury trapped ion frequency standard. In *Proceedings of the IEEE International Frequency Control Symposium* 371.

[37] Burt E.A., Taghavi-Larigani S., Prestage J.D., and Tjoelker R.L. 2008b. A compensated multi-pole mercury trapped ion frequency standard and stability evaluation of systematic effects. In *Proceedings of the 7th Symposium on Frequency Standards and Metrology*, L. Maleki Ed. (World Scientific, Singapore) 321.

[38] Busca G., Bernier L.G., Silvestrin P., Feltham S., Gaygorov B.A., and Tatarenkov V.M. 1993. Hydrogen maser clocks in space for solid-earth research and time-transfer applications: experiment overview and evaluation of Russian miniature sapphire loaded cavity. In *Proceedings of the Annual Precise Time and Time Interval Applications and Planning Meeting* 467.

[39] Busca G. and Brandenberger H. 1979. Passive H-Maser. In *Proceedings of the Frequency Control Symposium* 563.

[40] Busca G., Frelchoz C., Wang Q., Merino M.R., Hugentobler U., Dach R., Dudle G., Graglia G., Luingo F., Rochat P., Droz F., Mosset P., Emma F., and Hahn J. 2003. Space clocks for navigation satellites. In *Proceedings of the Joint European Forum on Time and Frequency/IEEE International Frequency Control Symposium* 172.

[41] Camparo J. 2005. Does the light shift drive frequency aging in the rubidium atomic clock? *IEEE Trans. Ultrason. Ferroelectr. Freq. Control* **52**: 1075.

[42] Camparo J.C., Hagerman J.O., and McClelland T.A. 2012. Long-term behaviour of rubidium clocks in space. In *Proceedings of the European Forum on Time and Frequency* 501.

[43] Camparo J.C., Klimcak C.M., and Herbulock S.J. 2005. Frequency equilibration in the vapor cell atomic clock. *IEEE T. Instrum. Meas.* **54**: 1873.

[44] CGPM, *Conférence générale des poids et measures*. 1967–1968. Resolution 1 of the 13th CGPM and 1968 News from the International Bureau of Weights and Measures. *Metrologia* **4** (1): 41.

[45] Chung S.K., Prestage J.D., Tjoelker R.L., and Maleki L. 2004. Buffer gas experiments in mercury (Hg^+) ion clock. In *Proceedings of the IEEE International Frequency Control Symposium* 130.

[46] Cline R.W., Smith D.A., Greytak T.J., and Kleppner D. 1980. Magnetic confinement of spin-polarized atomic hydrogen. *Phys. Rev. Lett.* **45** (2): 117.

[47] Collin R.E. 1991. *Field Theory of Guided Waves*, 2nd edition (IEEE Press, New York).

[48] Crampton S.B., Jones K.M., Nunes G., and Souza S.P. 1984. Hydrogen maser oscillation at 10K. In *Proceedings of the Annual Precise Time and Time Interval Applications and Planning Meeting* 339.

[49] Cutler L.S., Flory C.A., Giffard R.P., and De Marchi A. 1991. Frequency pulling by hyperfine σ transitions in caesium beam atomic frequency standards. *J. App. Phys.* **69**: 2780.

[50] Cutler L.S., Giffard R.P., and McGuire M.D. 1983. Mercury-199 trapped ion frequency standard. In *Proceedings of the Annual Symposium on Frequency Control* 32.

[51] Cutler L.S., Giffard R.P., Wheeler P.J., and Winkler G.M.R. 1987. Initial operational experience with a mercury ion storage frequency standard. In *Proceedings of the Annual Symposium on Frequency Control* 12.

[52] Cyr N., Têtu M., and Breton M. 1993. All-optical microwave frequency standard: a proposal. *IEEE T. Instrum. Meas.* **42**: 640.

[53] Daams H. 1974. Corrections for second-order Doppler shift and cavity phase error in caesium atomic beam frequency standards. *IEEE T. Instrum. Meas.* **IM-23**: 509.

[54] Dehmelt H.G. 1967. Radio frequency spectroscopy of stored ions: I storage. *Adv. At. Mol. Phys.* **3**: 53.

[55] De Marchi A. 1986. A novel cavity design for minimization of distributed phase shift in atomic beam frequency standards. In *Proceedings of the Annual Symposium on Frequency Control* 441.

[56] De Marchi A. 1987. Rabi pulling and long-term stability in caesium beam frequency standards. *IEEE Trans. Ultrason. Ferroelectr. Freq. Control* **34**: 598.

[57] De Marchi A., Rovera G.D., and Premoli A. 1984. Pulling by neighbouring transitions and its effects on the performance of caesium-beam frequency standards. *Metrologia* **20**: 37.

[58] De Marchi A., Shirley J., Glaze D.J., and Drullinger R. 1988. A new cavity configuration for caesium beam primary frequency standards. *IEEE T. Instrum. Meas.* **37**: 185.

[59] Demidov N., Vorontsov V., Belyaev A., and Blinov I. 2012. Studies of a short and long-term stability of an active hydrogen maser with stand-alone cavity auto tuning. In *Proceedings of the European Forum on Time and Frequency* 488.

[60] Demidov N.A., Pstukhov A.V., and Uljanov A.A. 1999. Progress in the development of IEM Kvartz passive hydrogen masers. In *Proceedings of the Annual Precise Time and Time Interval Applications and Planning Meeting* 579.

[61] Dicke R.H. 1953. The effect of collisions upon the Doppler width of spectral lines.*Phys. Rev.* **89**: 472.

[62] Dicke R.H. 1954. Coherence in spontaneous radiation processes.*Phys. Rev.* **93**: 99.

[63] Droz F., Mosset T., Barmaverain G., Rochat P., Wang Q., Belloni M., Mattioni L., Schmidt U., Pike T., Emma F., and Waller P. 2006. The on-board Galileo clocks: rubidium standard and passive hydrogen maser current status and performance. In *Proceedings of the European Forum on Time and Frequency* 420.

[64] Droz F., Mosset T., Wang Q., Rochat P., Belloni M., Gioia M., Resti A., and Waller P. 2009. Space passive hydrogen maser—performances and lifetime data. In *Proceedings of the European Forum on Time and Frequency* 393.

[65] Dubé P., Madej A.A., Bernard J.E., Marmet L., Boulanger J.-S., and Cundy S. 2005. Electric quadrupole shift cancellation in single-ion optical frequency standards. *Phys. Rev. Lett.* **95**: 033001.

[66] Essen L. and Parry. VI. 1955. An atomic standard of frequency and time interval: a caesium resonator.*Nature* **176**: 280.

[67] Fischer B. 2001. Frequency pulling by hyperfine sigma-transitions in the conventional laboratory frequency standards of the PTB.*Metrologia* **38**: 115.

[68] Fisk P.T.H., Lawn M.A., and Coles C. 1993. Progress at CSIRO Australia towards a microwave frequency standard based on trapped, laser-cooled^{171}Yb$^+$ ions. In *Proceedings of the IEEE International Frequency Control Symposium* 139.

[69] Flambaum V.V. and Berengut J.C. 2008. Variation of fundamental constants from the Big Bang to atomic clocks: theory and observations. In *Proceedings of the 7th Symposium of Frequency Standards and Metrology*, L. Maleki Ed. (World Scientific, Singapore) 3.

[70] Forman P. 1985. Atomichron: the atomic clock from concept to commercial product.*Proc. IEEE* **73**: 1181.

[71] Fronzcis W. and Hyde J.S. 1982. The loop-gap resonator: a new microwave lumped circuit ESR sample structure.*J. Mag. Res.* **47**: 515.

[72] Gaigerov B. and Elkin G. 1968.*Cavity Autotuning in Hydrogen Frequency Reference. Measurement Equipment* No 6.

[73] Garvey R.M. 1982. 4 Caesium beam frequency standard with microprocessor control. In *Proceedings of the Annual Symposium on Frequency Control* 236.

[74] Gaygorov B.A., Rusin F.S., and Sysoev V.P. 1991. Portable atomic clock on the basis of an active hydrogen maser, "sapphire." In *Proceedings of the European Forum on Time and Frequency* 293.

[75] Gill P., Webster S.A., Huang G., Hosaka K., Stannard A., Lea S.N., Godun R.M., King S. A., Walton B.R., and Margolis H.S. 2008. A trapped^{171}Yb$^+$ ion optical frequency standard based on the $S_{1/2}$–$F_{7/2}$ transition. In *Proceedings of the 7th Symposium on Frequency Standards and Metrology*, L. Maleki Ed. (World Scientific, Singapore) 250.

[76] Godone A., Levi F., and Vanier J. 1999. Coherent microwave emission in caesium under coherent population trapping.*Phys. Rev. A* **59**: R12.

[77] Godone A., Micalizio S., Calosso C.E., and Levi F. 2006. The pulsed rubidium clock.*IEEE Trans. Ultrason. Ferroelectr. Freq. Control* **53**: 525.

[78] Godone A., Micalizio M., and Levi F. 2004. Pulsed optically pumped frequency standard.*Phys. Rev. A* **70**: 023409.

[79] Goldenberg H.M., Kleppner D., and Ramsey N.F. 1960. Atomic hydrogen maser.*Phys. Rev. Lett.* **8**: 361.

[80] Goldenberg H.M., Kleppner D., and Ramsey N.F. 1961. Atomic beam resonance experiments with stored beams.*Phys. Rev.* **123**: 530.

[81] Goujon D., Rochat P., Mosset P., Boving D., Perri A., Rochat J., Ramanan N, Simonet D., Vernez X., Froidevaux S., and Perruchoud G. 2010. Development of the space active hydrogen maser for the ACES mission. In *Proceedings of the European Forum on Time and Frequency* 17–02.

[82] Hardy W.N. and Morrow M. 1981. Prospects for low temperature H masers using liquid helium coated walls.*J. Phys. Colloq.* **42** (Suppl.): C8 171.

[83] Hardy W.N. and Whitehead L.A. 1981. Split ring resonator for use in magnetic resonance from 200–2000MHz.*Rev. Sci. Instrum.* **52**: 213.

[84] Hartnett J.G., Tobar M.E., Stanwix P., Morikawa T., Cros D., and Piquet O. 2004. Cavity designs for a space hydrogen maser.*IEEE International Ultrasonics, Ferroelectronics and Frequency Control Symposium Joint 50th Anniversary Conference* 608.

[85] Harrach R.J. 1966. Some accuracy limiting effects in an atomic beam frequency standards. In *Proceedings of the Annual Symposium on Frequency Control* 424.

[86] Harrach R.J. 1967. Radiation-field-dependent frequency shifts of atomic beam resonances.*J. App. Phys.* **18**: 1808.

[87] Hasegawa A., Fukuda K., Kajita M., Ito H., Kumagai M., Hosokawa M., Kotake N., and Morikawa T. 2004. Accuracy evaluation of optically pumped primary frequency standard CRL-O1.*Metrologia* **41**: 257.

[88] Hellwig H., Jarvis S. Jr., Halford D., and Bell H.E. 1973. Evaluation and operation of atomic beam tube frequency standards using time domain velocity selection modulation. *Metrologia* **9**: 107.

[89] Howe D.A., Walls F.L., Bell H.E., and Hellwig H. 1979. A small, passively operated hydrogen maser. In *Proceedings of the Annual Symposium on Frequency Control* 554.

[90] Hu J., Xia B., Xie Y., Wang Q., Zhong D., An S., Mei G., and Xia B. 2007. A subminiature microwave cavity for rubidium atomic frequency standards. In *Proceedings of the Joint European Forum on Time and Frequency/International Frequency Control Symposium* 599.

[91] Huang X., Xia B., Zhong D., An S., Zhu X., and Mei G. 2001. A microwave cavity with low temperature coefficient for a passive rubidium frequency standard. In *Proceedings of the IEEE In-*

ternational Frequency Control Symposium 105.

[92] Itano W.N., Lewis L.L., and Wineland D.J. 1981. Shift of $^2S_{1/2}$ hyperfine splitting due to blackbody radiation and its influence on frequency standards J. Phys. Colloq. **42**: C8 283.

[93] Ito H., Hosokawa M., Umezu J., Morikawa T., Takahei K., Uehara M., Mori K., and Tsidu M. 2002. Development and preliminary performance evaluation of a spaceborne hydrogen maser. In Proceedings of the Asia Pacific Workshop on Time and Frequency 103.

[94] Ito H., Morikawa T., Ishida H., Hama S., Kimura K., Yokota S., Matori S., Numata Y., Kitayama M., and Takahei K. 2004. Development of a spaceborne hydrogen maser atomic clock for quasi-zenith satellites. In Proceedings of the Annual Precise Time and Time Interval Applications and Planning Meeting 423.

[95] Jardino M., Desaintfuscien M., Barillet R., Viennet J., Petit P., and Audoin C. 1981. Frequency stability of a mercury ion frequency standard.Appl. Phys. **24**: 107.

[96] Jornod A., Goujon D., Gritti D., and Bernier L.G. 2003. The 35 kg space active hydrogen maser (SHM-35). In Proceedings of the Joint IEEE International Frequency Control Symposium/European Forum on Time and Frequency 82.

[97] King S.A., Godun R.M., Webster S.A., Margolis H.S., Johnson L.A.M., Szymaniec K., Baird P.E.G., and Gill P. 2012. Absolute frequency measurement of the $^2S_{1/2}-^2F_{7/2}$ electric octupole transition in a single ion of $^{171}Yb^+$ with 10^{-15} fractional uncertainty. New J. Phys. **14**: 013045.

[98] Kleppner D., Berg H.C., Crampton S.B., Ramsey N.F., Vessot R.F.C., Peters H.E., and Vanier J. 1965. Hydrogen-maser principles techniques.Phys. Rev. A **138**: 972.

[99] Koga Y., Nakadan Y., and Yoda J. 1981. The caesium beam frequency standard NRLM-01.J. Phys. Colloq. **42**: C8 247.

[100] Koyama Y., Matsuura H., Atsumi K., Nakajima Y., and Chiba K. 1995. An ultra-miniature rubidium frequency standard with two-cell scheme. In Proceedings of the IEEE International Frequency Control Symposium 33.

[101] Koyama Y., Matsuura H., Atsumi K., Nakamuta K., Sakai M., and Maruyama I. 2000. An ultra-miniature rubidium frequency standard. In Proceedings of the IEEE/EIA International Frequency Control Symposium 394.

[102] Kramer G. 1973. Bestimmung der Geschwindigkeitsverteilung des Cs-Atomstrahls im Frequenznormal CS1 mittels Fourieranalyse der Resonanzkurve.PTB-jahresbericht 134.

[103] Lee H.S., Kwon T.Y., Kang H.S., Park Y.H., Oh C.H., Park S.E., Cho H., and Minogin V.G. 2003. Comparison of the Rabi and Ramsey pulling in an optically pumped caesium-beam standard.Metrologia **40**: 224.

[104] Lesage P., Audoin C., and Têtu M. 1979. Amplitude noise in passively and actively operated masers. In Proceedings of the Annual Symposium on Frequency Control 515.

[105] Levi F., Godone A., Novero C., and Vanier J. 1997. On the use of a modulated laser for hyperfine frequency excitation in passive atomic frequency standards. In Proceedings of the European Forum on Time and Frequency 216.

[106] Lewis L.L., Walls F.L., and Glaze D.J. 1981. Design considerations and performance of NBS-6, the NBS primary frequency standard.*J. Phys. Colloq.* C8 241.

[107] Lin C., Liu T., Zhai Z., Zhang W., Lu J., Peng J., and Wang Q. 2001. Miniature passive hydrogen maser at shanghai observatory. In *Proceedings of the IEEE International Frequency Control Symposium* 89.

[108] Majorana E. 1932. Oriented atoms in variable magnetic field.*Nuovo Cimento* **9**: 43.

[109] Makdissi A. and de Clercq E. 2001. Evaluation of the accuracy of the optically pumped caesium beam primary frequency standard of BNM-LPTF.*Metrologia* **38**: 409.

[110] Mandache C., Bastin T., Nizet J., and Leonard D. 2012. Development of an active hydrogen maser in Belgium-first results. In *Proceedings of the European Forum on Time and Frequency* 290.

[111] Mandache C., Nizet J., Leonard D., and Bastin T. 2012. On the hydrogen maser oscillation threshold.*Appl. Phys. B: Lasers Opt.* **107**: 675.

[112] Markowitz W., Hall R.G., Essen L., and Parry J.V.L. 1958. Frequency of caesium in terms of ephemeris time.*Phys. Rev. Lett.* **1**: 105.

[113] Mattioni L., Berthoud P., Pavlenko I., Schweda H., Wang Q., Rochat P., Droz F., Mosset P., and Ruedin H. 2002. The development of a passive hydrogen maser clock for the Galileo navigation system. In *Proceedings of the Annual Precise Time and Time Interval Applications and Planning Meeting* 161.

[114] Mattison E.M., Blomberg E.L., Nystrom G.H., and Vessot R.F.C. 1979. Design, construction and testing of a small passive hydrogen maser. In *Proceedings of the Annual Precise Time and Time Interval Applications and Planning Meeting* 549.

[115] Mattison E.M., Vessot R.F.C., and Levine M. 1976. A study of hydrogen maser resonators and storage bulbs for use in ground and satellites masers. In *Proceedings of the Annual Precise Time and Time Interval Applications and Planning Meeting* 243.

[116] McCoubrey A.O. 1996. History of atomic frequency standards: a trip through 20th century physics. In *Proceedings of the IEEE International Frequency Control Symposium* 1225.

[117] Micalizio S., Calosso C.E., Godone A., and Levi F. 2012. Metrological characterization of the pulsed Rb clock with optical detection.*Metrologia* **49**: 425.

[118] Micalizio S., Calosso C.E., Levi F., and Godone A. 2013. Ramsey-fringe shape in an alkali-metal vapor cell with buffer gas.*Phys. Rev. A* **88**: 033401.

[119] Micalizio S., Godone A., Calonico D., Levi F., and Loroni L. 2004. Blackbody radiation shift of the Cs hyperfine transition frequency.*Phys. Rev. A* **69**: 053401.

[120] Micalizio S., Godone A., Levi F., and Calosso C.E. 2008. The pulsed optically pumped clock: microwave and optical detection. In *Proceedings of the 7th Symposium on Frequency Standards and Metrology*, L. Maleki Ed. (World Scientific, Singapore) 343.

[121] Micalizio S., Godone A., Levi F., and Vanier J. 2006. Spin-exchange frequency shift in alkali-metal vapor cell frequency standards.*Phys. Rev. A* **73**: 033414; Correction *Phys. Rev. A* **74**:

059905(E).

[122] Morikawa T., Umezu J., Takahei K., Uehara M., Mori K., and Tsuda M. 2000. Development of a small hydrogen maser with a sapphire loaded cavity for space applications. In *Proceedings of the Asian Workshop on Time and Frequency* 224.

[123] Morris D. 1971. Hydrogen maser wall shift experiments at the National Research Council of Canada. In *Proceedings of the Annual Symposium on Frequency Control* 343.

[124] Morris D. 1990. Report on special hydrogen maser workshop. In *Proceedings of the Annual Precise Time and Time Interval Applications and Planning Meeting* 349.

[125] Morrow M., Jochemsen R., Berlinski A.J., and Hardy W.N. 1981. Zero-field hyperfine resonance of atomic hydrogen for 0.18 <T<1K: The binding energy of H on Liquid^{4}He. *Phys. Rev. Lett.* **46**: 195.

[126] Münch A., Berkler M., Gerz Ch., Wilsdorf D., and Werth G. 1987. Precise ground-state hyperfine splitting in^{173}Yb$^+$. *Phys. Rev. A* **35**: 4147.

[127] Mungall A.G. 1971. The second order Doppler shift in caesium beam atomic frequency standards.*Metrologia* **7**: 49.

[128] Mungall A.G., Bailey R., Daams H., Morris D., and Costain C.C. 1973. The new NRC 2.1 metre primary caesium beam frequency standard, Cs V.*Metrologia* **9**: 113.

[129] Mungall A. G. and Costain C. C. 1977. NRC CsV primary clock performance. *Metrologia* **13**: 105.

[130] Mungall A.G., Damms H., and Boulanger J.S. 1981. Design, construction, and performance of the NRCCs VI primary caesium clocks.*Metrologia* **17**: 123.

[131] Nagakiri K., Shibuki M., Okazawa H., Umezu J., Ohta Y., and Saitoh H. 1987. Studies on the accurate evaluation of the RRL primary caesium beam frequency standard.*IEEE T. Instrum. Meas.* **IM-36**: 617.

[132] Nagakiri K., Shibuki M., Uabe S., Hayashi Rm. and Saburi Y. 1981. Caesium beam frequency standard at the radio research laboratories.*J. Phys. Colloq.* C8 253.

[133] Nakadan Y. and Koga Y. 1982. A squarewave F.M. servo system with a digital signal processing for caesium frequency standards. In *Proceedings of the Annual Symposium on Frequency Control* 223.

[134] Nakadan Y. and Koga Y. 1985. Recent progress in Cs beam frequency standards at the NRLM. *IEEE T. Instrum. Meas.* **IM-34**: 133.

[135] Park S.J., Manson P.J., Wouters M.J., Warrington R.B., Lawn M.A., and Fisk P.T.H. 2007.^{171}Yb$^+$microwave frequency standard. In *Proceedings of the Joint Meeting of the International Frequency Control Symposium/European Forum on Time and Frequency* 613.

[136] Paul W. Nobel lectures. 1990. Electromagnetic traps for charged and neutral particles.*Rev. Mod. Phys.* **62**: 531.

[137] Paul W., Osberghaus O., and Fisher E. 1958. Ein Ionenkäfig.*Forschungsber. Wirtsch. Verkehrsministerium. Nordrhei-Westfallen* **415**.

[138] Peters H., Owings B., Oakley T., and Beno L. 1987. Hydrogen masers for radio astronomy. In Proceedings of the Annual Symposium on Frequency Control 75.

[139] Peters H.E. 1978a.*Atomic standard with reduced size and weight*, Patent 4,123,727.

[140] Peters H.E. 1978b.Small, very small, and extremely small hydrogen masers. In *Proceedings of the Annual Symposium on Frequency Control* 469.

[141] Peters H.E. 1984. Design and performance of new hydrogen masers using cavity frequency switching servos. In *Proceedings of the Annual Symposium on Frequency Control* 420.

[142] Peters H.E. and Washburn P.J. 1984. Atomic hydrogen maser active oscillator cavity and bulb design optimization. In *Proceedings of the Annual Precise Time and Time Interval Applications and Planning Meeting* 313.

[143] Pound R.V. 1946. Electronic frequency stabilization of microwave oscillators.*Rev. Sci. Instrum.* **17**: 490.

[144] Prestage D., Dick G.J., and Maleki L. 1987. JPL trapped ion frequency standard development. In *Proceedings of the Annual Symposium on Frequency Control* 20.

[145] Prestage D., Dick G.J., and Maleki L. 1989. New ion trap for frequency standard.*J. Appl. Phys.* **66**: 1013.

[146] Prestage J.D., Chung S., Le T., Lim L., and Maleki L. 2005. Liter sized ion clock with 10^{-15} stability. In *Proceedings of the Joint IEEE International Frequency Symposium and Precise Time and Time Interval Systems and Applications Meeting* 472.

[147] Prestage J.D., Chung S., Thomson R., MacNeal P., and Thanh L. 2008. Small mercury microwave ion clock for navigation and radio-science. In *Proceedings of the 7th Symposium on Frequency Standards and Metrology*, L. Maleki Ed. (World Scientific, Singapore) 156.

[148] Prestage J.D., Chung S.K., Lim L., and Matevosian A. 2007. Compact microwave mercury ion clock for deep-space applications. In *Proceedings of the Joint IEEE International Frequency Control Symposium/European Forum on Time and Frequency* 1113.

[149] Prestage J.D., Janik G.R., Dick G.J., and Maleki L. 1990. Linear ion trap for second-order Doppler shift reduction in frequency standard applications.*IEEE Trans. Ultrason. Ferroelectron. Freq. Control* **37**: 535.

[150] Prestage J.D., Tjoelker R.L., Dick G.J., and Maleki L. 1993. Improved linear ion trap physics package. In *Proceedings of the IEEE International Frequency Control Symposium* 144.

[151] Prestage J.D., Tjoelker R.L., Dick G.J., and Maleki L. 1995. Progress report on the improved linear ion trap physics package. In *Proceedings of the IEEE International Frequency Control Symposium* 82.

[152] QPAFS. 1989.*The quantum physics of atomic frequency standards*, Vols. 1 and 2, J. Vanier and C. Audoin Eds. (Adam Hilger, Bristol).

[153] Rabian J. and Rochat P. 1988. Full digital-processing in a new commercial caesium standard. In *Proceedings of the European Forum on Time and Frequency* 461.

[154] Ramsey N.F. 1950. A molecular beam resonance method with separated oscillating fields *Phys.*

Rev. **78**: 695.

[155] Ramsey N.F. 1956.*Molecular beams* (Oxford at the Clarendon Press, London).

[156] Rinard G.A. and Eaton G.R. 2005. Loop gap resonator *Biological Magnetic Resonance*, S.S. Eaton, G.R. Eaton, and L.J. Berliner Eds. (Academic Plenum, New York) 19-52.

[157] Rochat P., Doz F., Mosset P., Barmaverain G., Wang Q., Boving D., Mattioni L., Schmidt U., Pike T., and Emma F. 2007. The onboard galileo rubidium and passive maser, status & performance. In *Proceedings of the Annual Precise Time and Time Interval Applications and Planning Meeting* 26.

[158] Sellars M.J., Fisk P., Lawn M.A., and Coles C. 1995. Further investigation of a prototype microwave frequency standard based on trapped ^{171}Yb$^+$ ions. In *Proceedings of the IEEE International Frequency Control Symposium* 66.

[159] Shirley J.H. 1997. Velocity distributions calculated from the Fourier transforms of Ramsey line shapes.*IEEE T. Instrum. Meas.* **46**: 117.

[160] Shirley J.H., Lee W.D., and Drullinger R.E. 2001. Accuracy evaluation of the primary frequency standard NIST-7.*Metrologia* **38**: 427.

[161] Shirley J.H., Lee W.D., Rovera G.D., and Drullinger R.E. 1995. Rabi pedestal shifts as a diagnostic tool in primary frequency standards.*IEEE T. Instrum. Meas.* **44**: 136.

[162] Siegman A.E. 1964.*Microwave Solid State Masers* (McGraw-Hill, New York).

[163] Siegman A.E. 1971.*An Introduction to Lasers and Masers* (McGraw-Hill, New York).

[164] Silvera I.F.and Walraven J.T.H.1980.Stabilization of atomic hydrogen at low temperature.*Phys. Rev.Lett.***44**:164.

[165] Sing L.T., Viennet J., and Audoin C. 1990. Digital synchronous detector and frequency control loop for caesium beam frequency standard.*IEEE T. Instrum. Meas.* **39**: 428.

[166] Sphicopoulos T. Thèse de doctorat. 1986.*Conception et analyse de cavités compacte pour étalons de fréquence atomique, contribution `a la représentation du champ intégral du champ électromagnétique* (École Polytechnique Fédérale de Lausanne, Switzerland).

[167] Sphicopoulos T., Bernier L.G., and Gardiol F. 1984. Theoretical basis for the design of the radially stratified dielectric-loaded cavities used in miniaturized atomic frequency standards.*IEE Proc. H* **131** (2): 94.

[168] Stefanucci C., Bandi T., Merli F., Pellaton M., Affolderbach C., Mileti G., and Skrivervik A. K. 2012. Compact microwave cavity for high performance Rubidium frequency standards.*Rev. Sci. Instr.* **83** (10): 104706.

[169] Taghavi-Larigani S., Burt E.A., Lea S.N., Prestage J.D., and Tjoelker R.L. 2009. A new trapped ion clock based on^{201}Hg$^+$. In *Proceedings of the Joint IEEE International Frequency Control Symposium/European Forum on Time and Frequency* 774.

[170] Tamm Chr., Lipphardt B., Mehlstauber T.E., Okhapkin M., Sherstov I., Stein B., and Peik E. 2008.^{171}Yb$^+$ single-ion optical frequency standards. In *Proceedings of the 7th Symposium on Frequency Standards and Metrology*, L. Maleki Ed. (World Scientific, Singapore) 235.

[171] Tamm Chr., Schrier D., and Bauch A. 1995. Radiofrequency laser double-resonance spectroscopy of trapped Yb-171 ions and determination of line shifts of the ground-state hyperfine resonance Appl. Phys. B: Lasers Opt. **60** (1): 19.

[172] Tanaka U., Bize S., Tanner C.E., Drullinger R.E., Diddams S.A., Hollberg L., Itano W.M., Wineland D.J., and Bergquist J.C. 2003. The ^{199}Hg$^+$ single ion optical clock: progress. J. Phys. B At. Mol. Opt. Phys **36**: 545.

[173] Tjoelker R.L., Prestage J.D., and Maleki L. 1995. Record frequency stability with mercury in a linear ion trap. In Proceedings of the 5th Symposium on Frequency Standards and Metrology, J. C. Berquist Ed. (World Scientific, Singapore) 33.

[174] Vanier J. 1968. Relaxation in Rubidium-87 and the Rubidium Maser. Phys. Rev. **168**: 129.

[175] Vanier J. 1969. Tuning of atomic masers by magnetic quenching using transverse magnetic fields, Patent #3,435,369.

[176] Vanier J. 2002. Atomic frequency standards: basic physics and impact on metrology. In Proceedings of the International School of Physics, T.J. Quinn, S. Leschiutta, and P. Tavella Eds. (IOS Press, Amsterdam, the Netherlands).

[177] Vanier J. and Audoin C. 2005. The classical caesium beam frequency standard: fifty years later. Metrologia **42**: S31.

[178] Vanier J., Blier R., Gingras D., and Paulin P. 1984. Hydrogen maser work at Laval University. Acta Metrologica Sinica **5**: 267.

[179] Vanier J., Godone A., and Levi F. 1998. Coherent population trapping in caesium: dark lines and coherent microwave emission. Phys. Rev. A **58**: 2345.

[180] Vanier J., Kunski R., Cyr N., Savard J.Y., and Têtu M. 1982. On hyperfine frequency shifts caused by buffer gases: application to the optically pumped passive rubidium frequency standard. J. Appl. Phys. **53**: 5387.

[181] Vanier J. and Larouche R. 1978. A comparison of the wall shift of TFE and FEP teflon coatings in the hydrogen maser. Metrologia **14**: 31.

[182] Vanier J., Larouche R., and Audoin C. 1975. The hydrogen maser wall shift problem. In Proceedings of the Annual Symposium on Frequency Control 371.

[183] Vanier J. and Vessot R.F.C. 1964. Cavity tuning and pressure dependence of frequency in the hydrogen maser. Appl. Phys. Lett. **4**: 122.

[184] Vanier J. and Vessot R.F.C. 1966. Relaxation in the level F=1 of the ground state of hydrogen; application to the hydrogen maser. IEEE J. Quant. Elect. **QE2**: 391.

[185] Vanier J. and Vessot R.F.C. 1970. H maser wall shift. Metrologia **6**: 52.

[186] Vessot R.F.C. 2005. The atomic hydrogen maser oscillator. Metrologia **42**: S80.

[187] Vessot R.F.C., Levine M.W., and Mattison E.M. 1977. Comparison of theoretical and observed maser stability limitation due to thermal noise and the prospect of improvement by low temperature operation. In Proceedings of the Annual Precise Time and Time Interval Applications and Planning Meeting 549.

[188] Vessot R.F.C., Levine M., Mattison E.M., Blomberg E.L., Hoffman T.E., Nystrom G.U., Farrel B.F., Decher R., Eby P.B., Baugher C.R., Watts J.W., Teuber D.L., and Wills F.D. 1980. Test of relativistic gravitation with a space-borne hydrogen maser. *Phys. Rev. Lett.* **45**: 2081.

[189] Vessot R.F.C., Mattison E.M., and Blomberg E.M. 1979. Research with a cold atomic hydrogen maser. In *Proceedings of the Annual Symposium on Frequency Control* 511.

[190] Vessot R.F.C., Mattison E.M., Imbier E.A., Zhai Z.C., Klepczynski W.J., Wheeler P.G., Kubik A.J., and Winkler G.M.K. 1984. Performance data of U.S. Naval Observatory VLG-11 hydrogen masers since September 1983. In *Proceedings of the Annual Precise Time and Time Interval Applications and Planning Meeting* 375.

[191] Vessot R.F.C., Mattison E.M., Walsworth R.L., and Silvera I.F. 1988. The cold hydrogen maser. In *Proceedings of the 4th Symposium on Frequency Standards and Metrology*, A. de Marchi Ed. (Springer-Verlag, Berlin, Germany) 88.

[192] Vessot R.F.C., Mattison E.M., Walsworth R.L., Silvera I.F., Godfried H.P., and Agosta C.C. 1986. A hydrogen maser at temperatures below 1K. In *Proceedings of the Annual Symposium on Frequency Control* 413.

[193] Violetti M., Merli F., Zurcher J.F., Skrivervik A.K., Pellaton M., Affolderbach C., and Mileti G. 2014. The microloop-gap resonator: a novel miniaturized microwave cavity for Rubidium double-resonance atomic clocks. *IEEE Sensors J.* **14** (3): 194.

[194] Violetti M., Pellaton M., Affolderbach C., Merli F., Zurcher J.F., Mileti G., and Skrivervik A.K. 2012. New miniaturized microwave cavity for Rubidium atomic clocks. In *Proceedings of the IEEE Sensors Conference* 315.

[195] VREMYA-CH. 2012. Hydrogen maser frequency and time standard model VCH-1003A. Brief description and maintenance instruction.

[196] Vuylsteke A.A. 1960. *Elements of maser theory* (Van Norstrand, Princeton, NJ).

[197] Waller P., Gonzalez F., Binda S., Rodriguez D., Tobias G., Cernigliaro A., Sesia I., and Tavella P. 2010. Long-term performance analysis of GIOVE clocks. In *Proceedings of the Annual Precise Time and Time Interval Applications and Planning Meeting* 171.

[198] Walls F.L. 1987. Characteristics and performance of miniature NBS passive hydrogen masers. *IEEE T. Instrum. Meas.* **IM-36** (2): 585.

[199] Walls F.L. and Howe D.A. 1978. A passive hydrogen maser frequency standard. In *Proceedings of the Annual Symposium on Frequency Control* 492.

[200] Wallsworth R.L., Silvera I.F., Godfried H.P., Agosta C.C., Vessot R.F.C., and Mattison E.M. 1986. Hydrogen maser at temperatures below 1K. *Phys. Rev. A* **34**: 2550.

[201] Wang H.T.M. 1980. An oscillating compact hydrogen maser. In *Proceedings of the Annual Symposium on Frequency Control* 364.

[202] Wang H.T.M. 1989. Subcompact hydrogen maser atomic clocks. *Proc. IEEE* **77** (7): 982.

[203] Wang H.T.M., Lewis J.B., and Crampton S.B. 1979. Compact cavity for hydrogen frequency

standard. In *Proceedings of the Annual Symposium on Frequency Control* 543.

[204] Wang Q., Mosset P., Droz F., and Rochat P. 2013. Lifetime of space passive hydrogen maser. In *Proceedings of the Joint UFFC, ETFT and PFM Symposium* 973.

[205] Wang Q., Mosset P., Droz F., Rochat P., and Busca G. 2006. Verification and optimization of the physics parameters of the onboard Galileo passive hydrogen maser. In *Proceedings of the Annual Precise Time and Time Interval System and Applications Meeting* 1.

[206] Wang Q., Zhai Z., Zhang W., and Lin C. 2000. An experimental study for the compact hydrogen maser with a TE111 septum cavity. *IEEE Trans Utrason. Ferroelectr. Freq. Control* **47**: 197.

[207] Warrington R. B., Fisk P., Wouters M. J., Lawn M. A., and Coles C. 1999. The CSIRO trapped^{171}Yb$^+$ ion clock: improved accuracy through laser-cooled operation. In *Proceedings of the Joint Meeting of the European Forum on Time and Frequency/IEEE International Frequency Control Symposium* 125.

[208] Weber C., Duerrenberger M., and Schweda H. 2007. Principle of pulsed-interrogation automatic cavity tuning for the ACES hydrogen maser. In *Proceedings of the Joint Meeting of the European Forum on Time and Frequency/IEEE International Frequency Control Symposium* 71.

[209] Webster S.A., Taylor P., Roberts M., Barwood G.P., Blythe P., and Gill P. 2001. A frequency standard using the $^2S^{1/2}-^2F_{7/2}$ octupole transition in^{171}Yb$^+$ In *Proceedings of the 6th Symposium on Frequency Standards and Metrology*, P. Gill Ed. (World Scientific, Singapore) 115.

[210] Wineland D.J., Itano W.M., and Bergquist J.C. 1981. Proposed stored^{201}Hg$^+$ ion frequency standard. In *Proceedings of the Annual Symposium on Frequency Control* 602.

[211] Wittke J.P. and Dicke R.H. 1956. Determination of the hyperfine splitting in the ground state of atomic hydrogen. *Phys. Rev.* **103**: 620.

[212] Xia B., Zhong D., An S., and Mei G. 2006. Characteristics of a novel kind of miniaturized cavity-cell assembly for rubidium frequency standards. *IEEE T. Instrum. Meas.* **55**: 1000.

[213] Xiaoren Y. 1981. Works on chinese primary frequency standards. *J. Phys. Colloq.* C8 257.

[214] Yahyabey N., Lesage P., and Audoin C. 1989. Studies of dielectrically loaded cavities for small size hydrogen masers. *IEEE T. Instrum. Meas.* **38**: 74.

第2章
原子物理进展及其对频标的影响

过去几十年里,原子物理学的迅猛发展对原子频标领域产生了深远的影响。这主要得益于激光技术的进步,它直接影响了激光抽运技术(也称为光抽运技术),并使对原子的冷却和囚禁成为可能,通过激光冷却技术可将原子冷却至亚开尔文温度。激光器的发展可追溯至1960年,在其发展早期,由于激光器工作波长有限,可调谐范围窄,因此激光器在电磁场与原子相互作用的研究中鲜少应用。染料激光器的出现一定程度上拓展了其应用领域,然而由于它体积庞大、结构复杂,只能应用于有限的实验室范围。后来发明的常温半导体激光器,极大地改观了激光器的应用领域。半导体激光器的工作波长可覆盖碱金属原子(铯原子和铷原子)及某些金属离子(Sr^+和Yb^+)的多个跃迁能级,功率也可以达到几十毫瓦量级。激光器的发射光谱相对较窄,在激光器制造过程中通过掺杂特定元素的衬底可实现相对较宽的光谱发射范围。改变衬底的温度和驱动电流,还可以对激光器的频率进行微调。这样,激光器可用于将特定的原子从单个基态超精细能级激发到激发态,实现基态粒子数反转。本章将会详述,通过光子和原子的动量交换可降低原子速度,达到激光冷却原子的目的。以上两种技术的实现改变了原子频标领域的发展方向,使其在微波和光学领域创造了多种可能。本章主要选取了在原子物理领域中对频标发展有重要影响的技术和进展。如读者想更全面地了解原子物理学领域的发展情况,可以参考 Cohen-Tannoudji 和 Guéry-Odelin (2011) 的综述。

2.1 半导体激光器

本节将对半导体激光器进行简要描述,其工作原理为电子和空穴在 pn 结的过渡区复合会产生光子。需要注意的是,只有直接带隙半导体会发射光子,而广泛用于固体电子学中的锗和硅为间接带隙半导体材料,它们不能直接发射光子。Ⅲ~Ⅴ族化合物同样可以发射光子,如钾和砷可以形成砷化镓,为直接带隙半导体材料。而在间接带隙半导体材料中,电子和空穴在过渡区复合则会形成声子产生热量,不是发射光子产生电磁辐射。

2.1.1 激光二极管工作原理

关于激光器工作原理的量子理论读者可参阅原子频标的量子物理学第 2 卷,该卷详述了光学腔中的受激辐射理论,其基本原理与半导体激光器类似。如图 2.1 所示,通过将两个相同的半导体材料掺杂不同原子后紧密接触可形成 pn 结,分别标记为电子的施主 p 和受主 n,当掺杂浓度较高时,导带和价带会发生改变,从而费米能级同时存在于 n 型材料的导带和 p 型材料的价带中,这种高掺杂的衬底称为简并半导体材料。

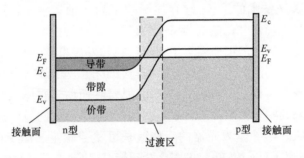

图 2.1 高掺杂(简并)半导体材料 pn 结能带结构示意图(费米能级存在于
n 型材料的导带和 p 型材料的价带中)

当没有外加电压作用于 pn 结时,器件处于热平衡状态,费米能级是不变的。当外加电压通过接触方式作用于半导体材料时,电压正极在 p 区,负极在 n 区,费米能级在两个区域均会发生变化,p 区的空穴和 n 区的电子向过渡区扩散。这样就会在过渡区形成粒子数反转,如图 2.2 所示。

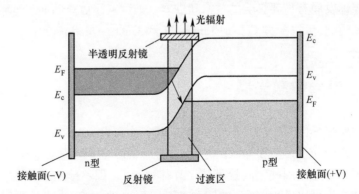

图 2.2 在高掺杂材料形成的 pn 结中施加直流电压后能带变化示意图

扩散至过渡区的电子会与空穴发生复合,辐射出光子,光子的能量对应于半导体材料的带隙间能量。该过程产生的光子与自发辐射过程类似,不同于传统半导体 pn 结二极管,传统半导体 pn 结很薄,电子直接注入到 p 区与空穴复合辐射热量。如图 2.2 所示,如果调节反射镜位置形成光学腔,产生的光子在腔中反射会再次激发复合过程,产生一个与激发光子同相位和同偏振的光子,类似于受激辐射过程。此时,pn 结就成为增益介质,当满足阈值条件,即增益大于损耗时,就会产生激光。反射镜是由衬底的自然解理面形成的平行反射端面,同气体激光器类似,一个反射镜为半透半反镜,从而可以将产生的激光耦合出去。当不满足阈值条件时,电子-空穴复合过程会产生非相干辐射,这是发光二极管的典型特征。发光二极管的物理结构如图 2.3 所示,通常也被称为法布里-珀罗(FP)半导体激光器。由于有源区折射率高于两边,会产生光波导效应,从而光波被限制在有源区。由于反射镜之间间距较小,且过渡区宽度有限,所产生的激光光束具有一定的发散性。另外,有源区的平面结构会导致光束在垂直方向上出现不对称性。

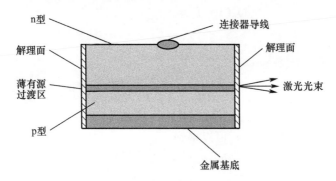

图 2.3 采用衬底解理面作为反射镜的法布里-珀罗半导体激光器的结构
(图中尺寸不同于实际比例)(由于有源区有限的厚度(微米量级)和长度(毫米量级),输出激光光束具有一定的发散性)

半导体激光器的振荡条件可通过以下方程得到。电子在导带某一能级 E_n 的布居概率可由费米-狄拉克统计公式得到,即

$$f(E_n) = \left[1 + \exp\left(\frac{E_n - \bar{\mu}_n}{kT}\right)\right]^{-1} \tag{2.1}$$

类似地,空穴在价带中某一能级 E_p 的布居概率为

$$f(E_p) = \left[1 + \exp\left(\frac{E_p - \bar{\mu}_p}{kT}\right)\right]^{-1} \tag{2.2}$$

式中:$\bar{\mu}_n$ 和 $\bar{\mu}_p$ 称为准费米能级,与外加电压有关。

定义 ρ_ν 为频率 ν 的辐射密度,W_{cv} 为跃迁概率,C 为表征跃迁过程的常数。光

子吸收速率 dN_a/dt 正比于跃迁概率 W_{cv}，价带中某一能级的布居概率 f_v，导带中自由电子的布居概率为 f_c 以及 pn 结的复合密度 ρ_v，有

$$\frac{dN_a}{dt} = CW_{vc}f_v(1-f_c)\rho_v \tag{2.3}$$

同样可以得到辐射速率，即

$$\frac{dN_e}{dt} = CW_{cv}f_c(1-f_v)\rho_v \tag{2.4}$$

如满足以下条件，即

$$\frac{dN_e}{dt} > \frac{dN_a}{dt} \tag{2.5}$$

则可以得到净增益和连续相干辐射，在受激辐射过程中，$W_{cv} = W_{vc}$，因此振荡条件为

$$f_c(1-f_v) > f_v(1-f_v) \tag{2.6}$$

即

$$f_c > f_v \tag{2.7}$$

或者

$$f(E_n) > f(E_p) \tag{2.8}$$

式(2.8)表明，当能级 E_n 的布居概率大于能级 E_v 时，满足粒子数反转条件。因此，利用式(2.1)和式(2.2)，可以得到

$$E_n - \bar{\mu}_n < E_p - \bar{\mu}_p \tag{2.9}$$

从而得出

$$\bar{\mu}_n - \bar{\mu}_p > E_n - E_p \tag{2.10}$$

因为

$$\bar{\mu}_n - \bar{\mu}_p = eU_a \tag{2.11}$$

式中：U_a 为施加在 pn 结上的电压，因此需要满足

$$eU_a > h\nu \tag{2.12}$$

该条件即为激光振荡条件。以上是对半导体激光器工作原理的简单描述，若读者想了解详细的分析过程，可参考激光二极管基本原理相关的书籍(如 Chow 和 Koch,2011)。

2.1.2 半导体激光二极管的基本特性

早期，激光二极管的发光效率较低，需较高的驱动功率，且只能工作于脉冲模式。后来出现了异质结二极管，即在 p 型和 n 型衬底之间的过渡区内沉积具有较

小带隙的半导体材料薄膜。此时二极管发射波长主要由所选取材料的带隙和掺杂物质共同决定。例如,掺杂铝元素后,半导体激光二极管辐射波长可覆盖750~850nm,工作于这一波长范围的二极管可用于抽运铷原子和铯原子。然而,由于异质结尺寸较小,会同时激发多个振荡模式,这主要是因为很宽波长范围的光子都能在有源区实现增益,而模式选取主要由增益来实现。即使异质结半导体激光器工作于单个模式,温度变化也可能引起模式的跳变,因为温度会同时引起器件折射率和长度的变化。这一现象在有些应用中是必须避免和克服的。例如,在光轴运(有时也称为光泵浦)和原子冷却中,需要将激光器的频率严格对准原子的能级结构而被原子吸收。另外,二极管电流也会产生热效应,它引起结区的温度变化率为$0.06\sim0.2K/mA$,引起频移量为$1.5\sim6GHz/mA$。可利用这一特性在不引起模式跳变的前提下对二极管的发射波长进行微调。典型(略理想化)的激光二极管发射波长随温度变化的曲线如图2.4所示,波长随温度呈阶梯形变化,陡变的台阶是由不同模式的跳变引起的。

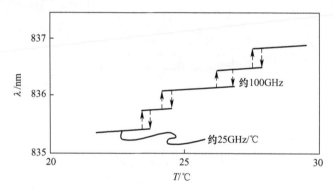

图 2.4 AlGaAs 激光二极管的典型(理想)特征(波长 λ 随温度 T 的变化)
(数据来自于 Hitachi Application Note HLN500。)

2.1.3 激光二极管的类型

在器件有源区刻蚀衍射光栅,提供内部主动反馈可解决以上所述问题,这种器件称为分布式反馈(DFB)激光器,其结构如图2.5所示。

在该结构中,有源区产生的光子被光栅多次来回反射,对某些特定波长的光产生分布反馈并引起相位变化。因此,最终只有某个模式干涉相长而其他的模式则由于干涉相消而得到抑制,从而实现单一模式的输出。还有一种激光器的结构如图2.6所示,在腔的两端刻蚀了光栅,此时光栅不能产生增益,而是作为波长选择反射镜,被称为布拉格反射镜。由于对波长的选择性,因此器件只能发射某一波长的光,而其他边模得到抑制。此时,所辐射的激光光谱带宽(约 MHz 量级)比标准

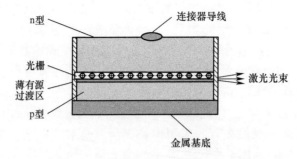

图 2.5 DFB 激光二极管结构示意图

FP 腔半导体激光器(约 100MHz)至少低一个数量级。

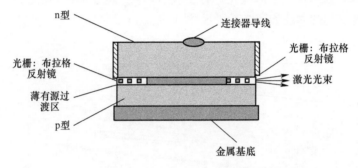

图 2.6 分布式布拉格反射半导体激光二极管(DBR)结构示意图

还有一种类型的半导体激光器,它辐射激光的方向与过渡区或者有源区垂直,称为垂直腔面发射激光器(VCSEL),同样利用内置结构(布拉格反射镜)作为波长选择反射镜。这种激光器体积小、功耗低,可产生功率为毫瓦量级的单模激光,其结构如图 2.7 所示。

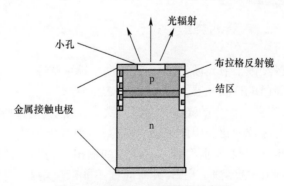

图 2.7 VCSEL 二极管结构示意图

虽然半导体激光器输出光谱的带宽较窄,但是与原子谱线相比依然较宽,这在某些应用中会引起一些不利影响。前面已提及,输出激光的波长对驱动电流和工作温度变化非常敏感,因此需要严格控制激光器工作温度和驱动电流,从而得到稳定的输出频率。

一种有效减小激光器线宽的方法为将激光器二极管放置于高精细度的光学谐振腔(FP)中,此时 pn 结二极管具有光放大器的功能。输出激光的频率由光学谐振腔决定,输出线宽主要取决于光学谐振腔的精细度,该结构可实现 100kHz 量级的激光线宽输出。利用某个元器件将二极管辐射的激光再次反射回激光器腔内,同样可以实现线宽压窄和模式抑制的效果。此外,还可将输出激光锁定到特定的原子吸收谱线上实现频率稳定。在 2.2 节中将会详述各种稳频技术。

2.1.4 其他类型的激光器

波长可调谐激光器是激光光谱学和原子频标领域中非常重要的光源。上述半导体激光器调谐范围有限,因此在有些对波长有特殊需求的应用中并不适用。在 QPAFS 的第 2 卷中介绍了染料激光器可以部分解决这一问题。其中,化学染料被稀释在酒精或者其他溶剂中,然后采用氩离子或者其他离子激光器泵浦。该系统产生一定波长范围可调谐的激光,不过这种激光器系统复杂、体积笨重、不易操作。另一种可解决该问题的激光器在 20 世纪 80 年代出现,并且于 20 世纪 90 年代实现了商业化(Moulton,1986),它是钛-氧化铝激光器,也被称为钛蓝宝石激光器。光辐射来自于蓝宝石晶体中掺杂的钛离子不同振动能级间的量子跃迁。这种激光器的光辐射增益带宽很宽,可以输出光谱范围为 650~1100nm,在约 800nm 处达到峰值。由于光谱带宽较宽,因此增益较低,需要较高的泵浦光功率,可以采用氩离子激光器或者其他类型的染料激光器进行。相比于染料激光器,钛蓝宝石激光器系统更加简单,用途更广泛,可产生连续光或者飞秒脉冲激光。因此该激光器广泛应用于原子频标领域,尤其是在光学原子频标和光频梳中。光频梳可有效连接微波原子频标和光学原子频率,进行光学频率的测量。

后面将会发现,对于某些激光冷却系统中所需的激光波长,现有的激光器可能无法直接满足。例如,应用于光学频标的汞原子系统,需采用波长为 254nm 的激光来激发 S-P 能级跃迁实现原子冷却。而这一波长的激光只能通过将波长较长的种子激光经过 2 倍频或者 4 倍频得到,这一过程需要种子激光器具有很大的功率。采用掺镱 YAG 晶体激光器(versadisk)可以产生足够大功率的波长为 1015nm 的激光。该激光器的泵浦光可选取波长为 938nm、功率为 100W 的半导体激光器阵列,晶体阵列采取水冷方式进行冷却,输出的 1015nm 激光功率可达 8W。为了满足冷却汞原子所需的波长,需要对输出的激光进行两次倍频,得到的 254nm 的激光输出功率为600mW(Petersen 等,2007;Mandache 等,2008)。

2.2 半导体激光器波长和线宽的控制

2.2.1 线宽压窄

半导体激光二极管的频率不稳定性、线宽、模式跳变等性能会影响其在光抽运和激光冷却方面的应用,这一部分内容将在2.3节和2.5节中详细描述。多种光学和电学技术被用来压窄半导体激光器的线宽和提高其频率稳定性,对这些技术的综述已有相关文章发表(de Labachelerie 等,1992;Ohtsu 等,1993)。本节主要讨论在原子频标领域中常用的关键技术。

2.2.1.1 光反馈

将小型的反射镜或者玻璃片放置于激光输出的端面附近提供光学反馈,可以使半导体激光器工作于单纵模状态。该方法使激光器输出波长对应于外置激光反射镜所形成谐振腔的某个单一模式,而不是半导体激光器衬底自然解理面所形成的腔模。这一技术的不足之处在于它仍然需要其他外部参考来稳定激光器的频率。另外,采用这种技术的激光器系统很难实现长时间稳定性(Kanada 和 Nawata 1979;Goldberg 等,1982;Saito 等,1982)。

2.2.1.2 外腔反馈技术

外腔反馈技术通常采用一个选频元件,如光栅,将特定频率的光再次反馈回激光腔内,其中反射光的方向与波长有关。这种结构的激光器称为外腔激光器(ECL),激光器的谐振腔是由激光器的解理面和外部的反射镜及中间的增益介质共同组成,如图2.8所示,此时光栅为选频器件。这种结构可以降低半导体激光器的阈值电流,压窄线宽,提高波长调谐范围。常见的两种外腔激光器结构为Littrow型和Littman-Metcalf型,如图2.8所示。

在Littrow型激光器中,通过调节光栅的位置可将一阶衍射光束反射到半导体激光腔中。光栅放置在半导体激光器前具有选频的作用,将一阶衍射光束反馈回激光器,同时将部分反射光耦合出去。在这种结构中,激光器输出波长满足布拉格反射条件,则有

$$\lambda = 2d\sin\theta \tag{2.13}$$

式中:d 为光栅间距;θ 为入射角(°)。

另外,由光栅和二极管解理面之间形成的外腔长度需要满足以下条件,即

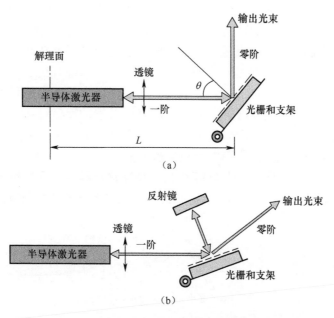

图 2.8　用于稳定激光器频率的外腔半导体激光器示意图
(a) Littrow 型；(b) Littman-Metcalf 型。

$$L = m\frac{\lambda}{2} \tag{2.14}$$

式中：m 为整数，满足激光腔中产生驻波条件。

激光器输出光束为零阶反射光。以常见结构参数为例，光栅周期为 1200 条/mm，$\theta \sim 30°$，可以得到 $(d\lambda/d\theta) = 1.4\text{nm/rad}$。由于波长选择和分频是由同一光学元件实现的，因此激光器输出光束的方向偏转角度为 $2(d\lambda/d\theta)^{-1} \approx 1.4\text{mrad/nm}$。

在 Littman-Metcalf 型激光器中，激光器二极管输出光束调整到掠射入光栅的方向。如图 2.8 所示，一阶衍射光通过反射镜（反射器）后原路返回到光栅中，反射光射向光栅后，衍射光束再次耦合并反馈回激光器二极管内。通过调整反射镜的角度可以调谐光栅的一级衍射光波长，从而改变反馈回激光器的波长。如果反射镜放置在光栅距离 15mm 处，输出激光光束在横向会产生 $(dx/d\lambda) = 18\mu\text{m/nm}$ 的偏移，在有些情况下这一偏移是需要避免的。Littman-Metcalf 型激光器最终输出的光束为光栅的零级衍射光（Baillard 等，2006）。

这种结构的激光器线宽主要由反馈光决定，另外还与外腔腔长和二极管腔腔长的比值有关。通常，它的线宽在 100kHz 量级。很多噪声都会引起线宽增加，包括声波传播、空气流动、驱动电流不稳定、机械和热漂移等。同时，外置反射器件的机械振动造成反射光的相位波动也会引起线宽随时间的变化(de Labachelerie 和 Cerez,1985)。需要说明的是,调节激光器的结构会改变输出光束的空间方向,作为复杂应用系统的一部分,其输出光束方向的改变则需要重新调整进入系统准直器的方向,这对其应用来说是不方便的。

不同于衍射光栅(Baillard 等,2006),还有一种激光器结构是利用低损耗的干涉滤光片进行波长(频率)选择。如图 2.9 所示,外置的反射镜和放置在反射镜与二极管之间的干涉滤光片形成了外腔结构,整个结构类似于一个高精细度的鉴频器。采用干涉滤光片而不是光栅,可以使整个激光器为线性结构,从而降低波长敏感性以及外腔反馈受器件未对准的影响。同时,激光器的光反馈和波长选择是相互独立的,这两部分可分别进行优化,因此可以提高激光器的可调谐性。

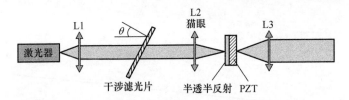

L1—准直透镜,3~5mm 焦距;L2—猫眼透镜,约 18mm 焦距;L3—可形成准直输出光束的透镜,焦距与 L2 相等;PZT—压电换能器,用于调节反射镜的位置,即腔长。

图 2.9 采用干涉滤光片进行波长选择的外腔激光器结构示意图
(数据来自于 Baillard X. 等,Opt. Commun. , 266, 609, 2006.)

干涉滤光片是基于其电解质涂层的多次反射来实现波长选择的,类似于有效折射率为 n_{ref} 的法布里-珀罗(简称 F-P)标准具。透射波长由下式得到

$$\lambda = \lambda_{max} \sqrt{1 - \frac{\sin^2\theta}{n_{ref}^2}} \tag{2.15}$$

式中:θ 为光的入射角;λ_{max} 为垂直入射波长。

假设滤光片的带宽为 0.3nm,透射率为 90%。同时 λ_{max} 为 853nm,n_{ref} 约为 2,标称波长的入射角为 6°,于是得到 $d\lambda/d\theta = -23$pm/mrad,该值远远小于 Littrow 结构中的结果。它表明,这种结构不易受到装置器件振动的影响。如在 Baillard 等 (2006)报道的结果中,输出光束的水平位移与波长调谐的比值:$dx/d\lambda = 8\mu m/nm$,考虑到干涉滤光片玻璃衬底厚度非常小,因此可以认为该结构是对 Littrow 结构的极大改进。

2.2.1.3 高 Q 值光学腔反馈

光学反馈方法的优势在于通过提高激光器谐振腔的品质因数(Q 值)就可以减小线宽。最简单的线宽压窄方法是直接将激光器输出光的一小部分反馈到激光

器内。采用这种技术,激光线宽可以减小 1000 倍,达到 kHz 量级(Dahmani 等,1987;Laurent 等,1989;Li 和 Telle 1989)。

2.2.1.4 电学反馈

利用 F-P 干涉仪测量激光光谱的电学反馈也可以用于激光线宽压窄(Ohtsu 等,1985)。采用该方案实现的最窄线宽为 330kHz,是中心波长为 1.5μm 的 InGaAsP 激光器,此线宽值是自由振荡激光器线宽的 1/15。

2.2.1.5 其他反馈方案

Kozuma 等(1992)提出了一种采用光学反馈方法来控制半导体激光器频率的方案,利用了速度选择光学抽运(VSOP)和铷原子(^{87}Rb)气体偏振光谱学技术。该方案可将激光器输出线宽相比于自由振荡激光器减小 1/20 倍。还有一种方法是将激光器二极管放在相对较长的腔内,利用某种波长选取方式来压窄激光器线宽(Fleming 和 Mooradian,1981;de Labachelerie,1988)。这种方案不仅可以压窄激光器线宽,还能在一定范围内对激光器波长进行调谐,然而它对激光器二极管的增透膜(也称减反膜)要求很高,并且需要外腔具有非常稳定的机械结构。

2.2.1.6 将激光器锁定到光学超稳腔上

以上提到的各种方案,尽管可以极大地改善半导体激光器的输出光谱,但仍存在诸多不足。很多重要的应用中既需要激光器具有非常高的频率稳定度,还需要有极窄的线宽,这些应用包括光学频标(Ludlow 等,2008;Rosenband 等,2008)、验证相对论效应(Müller 等,2007)、光钟信号的光纤传输对比(Jiang 等,2008;Williams 等,2008)以及引力波探测(Danzmann 和 Rudiger,2003;Acernese 等,2006;Waldman,2006)。围绕这些研究领域的需求,诸多优化 F-P 光学腔设计的方案被提出用于稳定半导体激光器频率并压窄线宽。下面对其中一些方案进行简要描述。

一种方案是通过设计谐振腔结构和安装方式来降低其对振动的敏感性,从而稳定激光器,得到改善的光谱特性。一些研究组设计并成功实现了低振动敏感性的光学谐振腔(Nazarova 等,2006;Ludlow 等,2007;Webster 等,2008)。另一个非常重要的问题是降低光学腔元件的热噪声(Numata 等,2004;Millo 等,2009;Dawkins 等,2010)。

下面介绍一套非常具有代表性的系统,它是由法国巴黎天文台时间-空间基准研究所(SYRTE)搭建的。系统中最核心的部分是 F-P 光学腔组件,该组件对环境扰动,如温度波动和振动,具有很强的抗干扰能力。F-P 光学腔由两个高质量反射镜(一个表面是平的,另一个为凹面镜,曲率半径为 500mm)紧贴在长度为

100mm、由超低膨胀系数材料(ULE)制作的间隔片的两端,间隔片对环境温度波动非常不敏感。反射镜衬底可采用熔融二氧化硅或者 ULE。如图 2.10 所示,F-P 光学腔放置在嵌套的真空外壳内。外层真空外壳环绕内部真空腔体,内部真空腔通过由 4 个串联的热敏电阻实现三线制温度测量并反馈给 4 个串联的制冷器来实现对温度的主动控制。此外,还采用了两个抛光的镀金铝护罩对温度扰动进行额外的被动隔离。内部真空腔的窗口采用 BK7 玻璃,可以透射激光光束,同时还可以屏蔽绝大多数的热辐射。

图 2.10　LNE-SYRTE 研究所在最终组装前的超稳光学腔照片。(图片来自于 SYRTE,法国)

光学谐振腔的机械加速所引起的畸变也是一种可能会引起激光器频率扰动的机制。振动隔离系统可用来最小化残留振动效应的影响。可将谐振腔安装在一个垂直结构上(Dawkins 等,2010),这样在安装中心处引起的垂直振动在腔的上半部分和下半部分产生的应力是大小相等、方向相反的(Taylor 等,1995)。当然,谐振腔也可以安装在水平装置上(Millo 等,2009)。

有一种激光器结构中,整个系统(谐振腔、真空腔放在光学工作台上)是水平放置在主动式隔振平台上的。在真空腔中的光学谐振腔由 4 个表面积为 $2mm^2$、高度为 0.7mm 的氟橡胶垫支撑。还有一种激光器,其光学谐振腔是水平安装的,并且由被动隔振平台实现振动隔离,与之前水平安装的光学谐振腔相同,也是由氟橡胶垫支撑的。将整个激光器系统放置在热声隔离箱中,可以滤除大部分空气流动、声学噪声和温度波动的影响。真空腔的温度主动稳定在约 22℃。

为了得到频率稳定的激光辐射,通常采用 PDH 稳定技术将激光器锁定到上面所描述的超稳光学参考谐振腔上(Drever 等,1983)。在该技术中,用于稳定微波频率的 Pound 稳频技术被迁移到光学频率,在该稳频系统中微波谐振腔由高精细度光学腔替代,其结构如图 2.11 所示。

F-P 腔的精细度可通过脉冲激发模式下测量光学腔中谐振的透射谱来确定。

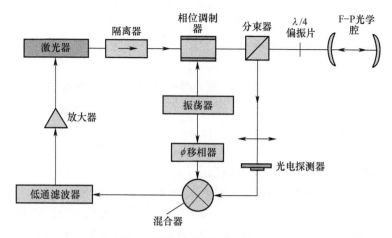

图 2.11 在激光器锁定到高精细度 F-P 腔的 PDH 稳频技术框图

采用该技术，LNE-SYRTE 研究组测量了他们所搭建的光学腔的精细度可以达到 850000（Dawkins 等，2010）。光学腔的自由光谱范围为 1.5GHz，对应的谐振腔线宽为 1.8kHz。采用 PDH 稳频技术，可将 1062.6nm 的掺镱光纤激光器锁定到高精细度的光学谐振腔上，激光器输出信号的频率稳定度可达到 10^{-15} 量级。这一频率稳定度的测量是通过光频梳技术实现的（见 4.6 节）。

激光器输出光的噪声与所有其他振荡器类似，如前面探讨的微波激射器。激光器中，自发辐射产生于谐振腔内，且混杂在激光器相干辐射模式中。这一现象与微波领域的微波激射器不同，后者超精细能级间的自发辐射可以完全忽略。自发辐射噪声这一物理过程限制了激光器辐射光束的基本线宽。定义单模激光器的线宽为光谱的半高全宽（FWHM）。所有具有随机相位的自发辐射光都叠加在辐射光场中。有些自发辐射过程产生的光与受激辐射光传播方向相同，因此无法将其区分出来。自发辐射噪声最主要的影响是造成激光器输出光具有一个有限的光谱线宽（Schawlow 和 Townes，1958）。光谱的形状为洛伦兹型，它的线宽由下式表示（Schawlow-Townes 公式），即

$$\Delta \nu_{\text{laser}} = \frac{4\pi h \nu (\Delta \nu_c)^2}{P_{\text{out}}} \tag{2.16}$$

式中：P_{out} 为激光器输出功率；$\Delta \nu_c$ 为激光器谐振腔带宽（半高半宽，HWHM）。

还有一种噪声在激光器使用过程中非常关键，即强度噪声，尤其是在光抽运应用中。它通常由相对强度噪声（RIN）来表征，定义为

$$\text{RIN} = \frac{N_L + N_q + N_{\text{th}}}{P} \tag{2.17}$$

式中：N_L 为激光器噪声；N_q 为散粒噪声；N_{th} 为热噪声；P 为激光器平均功率。后面还会提及这些公式。

2.2.2 利用原子共振谱线实现激光器频率稳定

在前面的章节中概述了多种稳定激光器频率的方法,这些方法主要是利用机械器件来实现,包括反射镜和光栅。采用这些方法可以极大地压窄激光器的输出线宽,并且激光器频率得到很大程度的稳定。然而,激光器频率往往是由机械器件的调谐过程决定,如在光学 F-P 腔中。因此,激光器的频率是由机械器件的实际安装调节过程而随意确定的。很多情况下,实验中要求激光器的频率需要调节到某一原子共振频率上并保持不变。例如,在激光器抽运和激光冷却中,激光器的频率必须要准确对应于或者非常接近某一确定的量子跃迁过程所对应的频率。这种要求采用机械器件,如光学 F-P 腔,是无法满足的,因为光学 F-P 腔的共振频率在其制作完成后就基本确定了。

2.2.2.1 将激光器频率锁定到线性光吸收谱上

第 1 章中提到的几种微波原子频标,包括光抽运产生粒子数反转或者直接探测原子共振谱线。但在这些技术中,通常会遇到的现象是作为锁定参考频率的微波精细能级跃迁存在严重的光频移,可高达 $5\times10^{-11}/MHz$。这就要求将激光器的频率稳定在约 2kHz 范围内,满足长期稳定度可达到 10^{-13} 的原子钟系统的要求。而这一要求并不容易达到,因为它要求激光器的长期频率稳定度达到 10^{-12} 量级或者更高,而之前描述的采用机械器件稳频的方法是无法达到这一要求的。

最常用也是最简单的方法是将激光器的频率锁定到量子参考系统的光学吸收谱线上,而这一量子参考也正好是原子频标的量子参考系统。该系统的结构如图 2.12 所示。

然而,这些光谱吸收线通常具有较大的线宽(700~1000MHz),它是应用系统中的多普勒效应和缓冲气体碰撞共同作用的结果。因此,需要采用恰当的频率锁定方式实现将激光器的频率仅仅锁定到原子吸收谱线宽度的 10^{-6} 量级。对激光频率的锁定通常是给其驱动电流一个低频调制和同步检测技术来实现。在调制过程中产生的误差信号直接反馈于驱动电流源上,如图 2.12 所示。

一般情况下,激光器的频率稳定性主要由积分时间为 1000s 以下的短期稳定度来衡量(即阿伦方差)。在这一积分时间长度内,测量过程比较简单,而且锁频回路效率的特征也能够很快获得。例如,Tsuchida 等(1982)将激光器稳定在不包含缓冲气体原子气室内的 ^{85}Rb 原子的 D_2 吸收线上,利用伺服回路中测量的误差信号估计激光器的频率稳定度在 $10^{-11}\tau^{-1/2}$ 量级,其中 $10^{-2}s<\tau<100s$。该系统中,原子吸收线经历了多普勒展宽,达到了 500MHz 量级,限制了锁定系统的效率。当积分时间大于 100s 后,激光器频率稳定性快速变差。

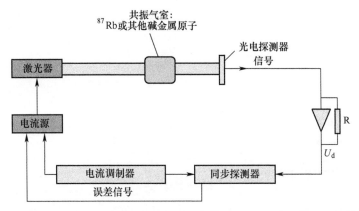

图 2.12 将半导体激光器二极管的频率锁定到铷(Rb)气室的线性吸收共振线上的伺服系统结构框图(该系统可用于激光抽运的无源 Rb 原子标准中的光抽运系统)

Ohtsu 等(1985)、Hashimoto 和 Ohtsu(1987)报道了类似的结果,采用了 ^{87}Rb 的 D_2 吸收线作为频率参考。需要注意的是,激光器频率稳定性是由伺服回路中的误差信号评估得到的,这样得到的频率稳定性评估结果偏好。在相同类型的激光器被锁定到原子吸收线的实验中,用两套类似的激光器进行拍频测量,得到频率稳定度在 0.2~40s 范围内为 $4.2 \times 10^{-10}\tau^{-1/2}$,在更长的时间内约为 $10^{-11}\tau$,可能主要是线性频率漂移引起的(Barwood 等,1988)。

2.2.2.2 将激光器频率锁定到饱和吸收线上

在后来的实验中,Barwood 等(1991)采用饱和吸收技术,并且通过光学反馈将激光器线宽压窄。饱和吸收是在原子气室中的原子由两束频率相同、方向相反的激光激发而产生的现象。两束激光作用于相同的原子,这些原子在激光光束方向上产生的多普勒频移小于跃迁能级的自然线宽。通过两套饱和吸收稳频激光器的拍频测量得到的频率稳定度为 $1.9\times10^{-11}\tau^{-1/2}$(Barwood 等,1991)。在 10s 的积分时间内激光器的频率稳定度测量值为 4×10^{-12},对应的频率波动约为 1.5kHz,略低于该积分时间对应的频率稳定度值。然而,如果测量时间超过几个月,激光器的频率波动则高达 44kHz。将激光器稳定于饱和吸收线的典型结构如图 2.13 所示。如果读者想了解饱和吸收现象的物理机制,可以参阅 QPAFS 的第 2 卷 (1989) 中 8.10.2 节。

Beverini 利用铯原子蒸气在磁场中的二向色性,采用 Littman 结构来稳定外腔半导体激光器系统的频率(Beverini 等,2001)。尽管铯原子的饱和吸收线存在多普勒展宽,但是二向色性原子蒸气激光频率锁定技术(DAVLL)产生的信号比饱和吸收方法更强,而且尤其抗机械振动。另外,这种技术还有其他优势,包括需要极

113

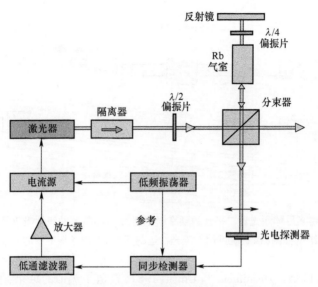

图 2.13 将激光频率锁定到饱和吸收线上的伺服系统框图

少的光学和光电子器件,不需要对激光器进行频率调制等。

Affolderbach 等(2003、2004、2005)报道了采用饱和吸收技术将外腔半导体激光器(ECDL)稳定到 Rb 参考气室的测量结果,并测量了激光器的频率稳定度,其结果如图 2.14 所示。

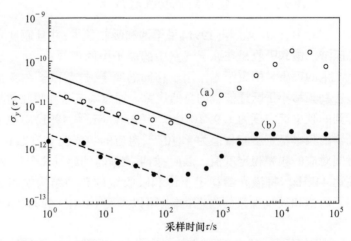

图 2.14 激光器测量的频率稳定度(虚线分别对应的是两种技术在 $2\times10^{-11}\tau^{-1/2}$ 和 $2\times10^{-12}\tau^{-1/2}$ 的短稳;实线代表为了避免书中描述的光频移效应所需的稳定度。(图根据 Affolderbach, C. and Mileti, G., Rev. Sci. Instrum., 76, 073108, 2005 修改。)
(a) 线性吸收线(空心圆);(b) 饱和吸收线(实心圆)。

通过图中测量结果可以看出,当把激光器锁定到多普勒展宽的原子能级上,得到 10000s 的频率稳定度在 10^{-10} 量级,对应的频率波动为 375kHz 量级。前面提及在光抽运被动铷频率标准中,激光器失谐引起的光频移为 $5×10^{-11}$/MHz 量级,很显然该激光器的频率波动会影响原子钟的长时间频率稳定度。

2.3 激光抽运

已经在 QPAFS 的第 2 卷讲述了激光抽运技术,并且概述了该技术的基本特征。为了简化在第 3 章中将要详述的采用激光抽运技术实现微波频标的内容,本节将简要回顾分析该过程中的一些主要步骤。

分析中采用的三能级系统如图 2.15 所示。图中显示的是一个通用情况,若分析具体某种原子时,则可换成具体相应原子基态的超精细和塞曼能级以及激发态的精细和超精细结构。

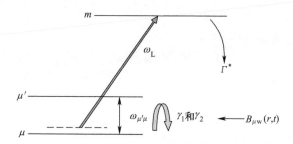

图 2.15 采用微波和光波相干辐射实现碱金属原子双共振的三能级结构(实际过程中,激光器调谐到接近于从 μ 或者 μ' 跃迁到 m 所需的频率)

在该模型中,激光器可以调谐到任何一个从基态能级跃迁到激发态所需要的频率。在以下分析中,假设激光光谱足够宽,可以覆盖由于外加磁场引起的超精细能级分裂,但远窄于基态的超精细分裂。在微波原子频标中,关注的是与不受磁场影响的从 F 和 $m_F = 0$ 到 F' 和 $m_F = 0$ 跃迁的共振信号。该信号将在分析过程的最后,通过对比对共振信号贡献的原子数目和对整个光吸收贡献的原子数目来体现(本节中的部分内容是根据 Vanier 和 Mandache(2007)进行了部分的改动,得到了柏林 Springer-Verlag+Business Media 的授权。)

2.3.1 速率方程

矩阵元素的动力学行为代表了系统中的能级布居数 ρ_{ii} 和相干性 ρ_{ij},它们可

以由 Liouville 方程来得到,即

$$\frac{d}{dt}\rho_{jk} = (i\hbar)^{-1} \sum_i (\mathcal{H}_{ji}\rho_{ik} - \rho_{ji}\mathcal{H}_{ik}) \tag{2.18}$$

式中:$\mathcal{H}$为外加场相互作用哈密顿量,包括激光场和微波辐射场。

在分析过程中,采用与 QPAFS(1989)稍微不同的方法,将保留激光与两个基态能级的所有相互作用项。这样可以研究某一能级或另一能级对抽运光的影响,从而能够更真实地得到光频移。激光器产生的光电场可以表示为

$$E(\omega_L, t, z) = E_{oL} e_\lambda \cos(\omega_L t + k \cdot r) \tag{2.19}$$

式中:E_{oL} 为辐射场振幅;e_λ 为偏振态矢量;ω_L 为角频率;k 为波矢。

我们只施加一个激光场,采用角标 1 来表示,定义光学拉比角频率 $\omega_{1m\mu'}$ 和 $\omega_{1m\mu}$ 为

$$\omega_{1m\mu'} = \left(\frac{E_{oL}}{\hbar}\right) \langle \mu' | er \cdot e_\lambda | m \rangle = \left(\frac{E_{o1}}{\hbar}\right) d_{\mu'm} \tag{2.20}$$

$$\omega_{1m\mu} = \left(\frac{E_{oL}}{\hbar}\right) \langle \mu | er \cdot e_\lambda | m \rangle = \left(\frac{E_{o1}}{\hbar}\right) d_{\mu m} \tag{2.21}$$

式中:$\hbar$ 为普朗克常量除以 2π。

括号中的项是两个可能跃迁的偶极矩阵 $d_{\mu'm}$ 和 $d_{\mu m}$。后面将会发现,存在两个激光跃迁将会引起很有意思的效应,如单量子态的粒子数囚禁。假设存在一个外加微波场,可以表示成为

$$B_m(r, t) = zB_1 \cos(\omega_M t) \tag{2.22}$$

式中:B_1 为微波场振幅;ω_M 为角频率。

微波场可以通过外加振荡器激发谐振腔内某一特定的模式来产生。微波场的拉比频率定义为

$$\omega_{1g} = \frac{\mu_B \mu_0 H_z(r)}{\hbar} \tag{2.23}$$

式中:μ_B 为玻尔磁子;μ_0 为真空磁导率。

为了简化计算过程,假设原子吸收池中微波场是均匀分布的,该假设不会严重影响整个计算过程。

下面考虑式(2.18)中各项的作用,将会得到一组表征粒子数和原子系综相干性的速率方程。基态弛豫由 γ_1 和 γ_2 表征,激发态的衰减速率为 Γ^*,它包含了自发辐射和由缓冲气体碰撞引起的衰减。实际上,原子系综会直接受真空辐射场的影响。而这种随机辐射场会影响原子系综在激发态的行为,引起频移(兰姆位移),自发辐射影响包含在 Γ^* 项中。考虑到实际应用中的激光强度很小和激发态 P 的衰减速率很大,激发态的粒子数比例总是非常小。

在基态粒子数方程中将以上因素考虑在内,假设总的粒子数是两个基态能级

粒子数的总和,速率方程为

$$\frac{d\rho_{\mu'\mu'}}{dt} = -\omega_{1g}\text{Im}\rho_{\mu'\mu'}e^{-i\omega_M t} + \omega_{1m\mu'}\text{Im}\rho_{\mu'm}e^{-i\omega_L t} + \frac{\Gamma^*}{2}\rho_{mm} - \gamma_1\left(\rho_{\mu'\mu'} - \frac{1}{2}\right)$$
(2.24)

$$\frac{d\rho_{mm}}{dt} = -\omega_{1m\mu}\text{Im}\rho_{\mu m}e^{-i\omega_L t} - \omega_{1m\mu'}\text{Im}\rho_{\mu'm}e^{-i\omega_L t} - \Gamma^*\rho_{mm} \quad (2.25)$$

$$\frac{d\rho_{\mu'm}}{dt} = i\omega_{m\mu'}\rho_{\mu'm} + i\frac{\omega_{1\mu'm}}{2}e^{i\omega_L t}(\rho_{mm} - \rho_{\mu'\mu'}) +$$
$$i\frac{\omega_{1g}}{2}e^{-i\omega_M t}\rho_{\mu m} - i\frac{\omega_{1\mu m}}{2}e^{i\omega_L t}\rho_{\mu'\mu} - \frac{\Gamma^*}{2}\rho_{\mu'm} \quad (2.26)$$

$$\frac{d\rho_{\mu'\mu'}}{dt} = i\omega_{\mu'\mu}\rho_{\mu\mu'} + i\frac{\omega_{1g}}{2}e^{i\omega_M t}(\rho_{\mu'\mu'} - \rho_{\mu\mu}) +$$
$$i\frac{\omega_{1\mu m}}{2}e^{i\omega_L t}\rho_{m\mu'} - i\frac{\omega_{1m\mu'}}{2}e^{-i\omega_L t}\rho_{\mu m} - \gamma_2\rho_{\mu\mu'} \quad (2.27)$$

$$\frac{d\rho_{\mu m}}{dt} = i\omega_{m\mu}\rho_{\mu m} + i\frac{\omega_{1\mu m}}{2}e^{i\omega_L t}(\rho_{mm} - \rho_{\mu\mu}) +$$
$$i\frac{\omega_{1g}}{2}e^{i\omega_M t}\rho_{\mu'm} - i\frac{\omega_{1\mu'm}}{2}e^{i\omega_L t}\rho_{\mu\mu'} - \frac{\Gamma^*}{2}\rho_{\mu m} \quad (2.28)$$

$$\frac{d\rho_{\mu\mu}}{dt} = \omega_{1g}\text{Im}\rho_{\mu\mu'}e^{-i\omega_M t} + \omega_{1m\mu}\text{Im}\rho_{\mu m}e^{-i\omega_L t} + \frac{\Gamma^*}{2}\rho_{mm} - \gamma_1\left(\rho_{\mu\mu} - \frac{1}{2}\right)$$
(2.29)

$$\rho_{\mu'\mu'} + \rho_{\mu\mu} = 1 \quad (2.30)$$

以上方程包含了微波场和光场同时作用于原子系综的所有信息,考虑了系综中的各种弛豫机制。实际过程中,关注的是在微波频率 ω_M 和原子基态能级差 $\omega_{\mu\mu'}$ 之间的哪个频率会产生共振。两个基态能级 μ 和 μ' 为精细能级。有多种方法可以探测到共振信号。可以探测光抽运产生的荧光或者透射光引起的能级跃迁效应。第一种方法在密度大的介质中不适用,如铯和铷原子共振气室。原因在于,通常采用缓冲气体使散射光或者荧光淬灭,从而避免随机光抽运高密度的原子系综。因此,在大多数采用封闭原子气室的系统中,微波场与基态精细能级之间的共振效应可通过其对透射光产生的影响而探测到。

2.3.2 场方程和相干性

我们关心的物理参数是由探测器探测到由共振气室中出射光的光强。研究人员采用了多种方法从理论上研究吸收效应对透射光的影响(Vanier 和 Audoin, 1989；Mileti,1995；Scully 和 Zubairy,1999；Godone 等,2002)。所有采用的方法都是等效的,因此选取 Godone 等 (2002)提出的方法。这种方法非常直接,得到了气室中任意一点处场振幅的一阶微分方程,其中场振幅为式(2.24)到式(2.30)中一系列参数的函数。

在气室中,电场 E 为距离 z 的函数,并且与该点处的电极化强度 P 有关(QPAFS 的第 1 卷,1989):

$$\frac{\partial^2 E}{\partial z^2} - \varepsilon_0 \mu_0 \frac{\partial^2 E}{\partial t^2} = \mu_0 \frac{\partial^2 P}{\partial t^2} \tag{2.31}$$

式中:ε_0 为真空介电常数;μ_0 为真空磁导率。

光跃迁和电场的拉比频率均与式(2.20)和式(2.21)有关。假设激光器频率调谐至接近于 μ 和 m 能级的跃迁频率,只有 μ 能级的原子会吸收激光光场。这一假设是合理的,因为激光器的线宽远小于精细能级分裂程度(激光器线宽为兆赫量级,精细能级跃迁频率在吉赫量级)。不过,方程中仍然保留了其他的光跃迁项,虽然这些跃迁并不满足共振条件,但其跃迁会引起光频移。因此,式(2.31)可以转化为(Godone 等,2002)

$$\frac{\partial \omega_{1\mu m}}{\partial z} = \alpha \operatorname{Im} \delta_{\mu m} \tag{2.32}$$

式中:$\delta_{\mu m}$ 为下面将会计算得到的光学相干性 $\rho_{\mu m}$ 的复振幅;α 为吸收系数,有

$$\alpha = \left(\frac{\omega_{m\mu}}{c\varepsilon_0 \hbar} d_{\mu m}^2\right) n \tag{2.33}$$

式中:c 为光速;n 为原子密度。

因此,后面需要解决的问题包括:如何通过式(2.24)~式(2.30)解出 $\delta_{\mu m}$；对式(2.32)积分得到共振气室中任一点处正比于电场强度的拉比频率,尤其是在气室出口 $z=L$ 处,其中 L 为气室的总长度。基于以上信息,原则上可以根据背景辐射、对比度和线宽随光强、原子密度和微波功率等参数变化的函数来得到一些结果。

在下面的分析过程中,假设激光在辐射方向的光强是一个恒定值。并且假设激光和微波场激发产生的相干性可以由下式表示,即

$$\rho_{\mu\mu'}(z,t) = \delta_{\mu\mu'}(z,t) \mathrm{e}^{\mathrm{i}\omega_M t} \tag{2.34}$$

$$\rho_{\mu m}(z,t) = \delta_{\mu m}(z,t) \mathrm{e}^{\mathrm{i}\omega_L t} + \varepsilon_{\mu m}(z,t) \mathrm{e}^{\mathrm{i}(\omega_L + \omega_M)t} \tag{2.35}$$

$$\rho_{\mu' m}(z,t) = \delta_{\mu' m}(z,t) \mathrm{e}^{\mathrm{i}\omega_L t} + \varepsilon_{\mu' m}(z,t) \mathrm{e}^{\mathrm{i}(\omega_L - \omega_M)t} \tag{2.36}$$

求解式(2.32)中的 $\delta_{\mu m}$ 需要采用一些代数计算,不过计算过程比较简单直接,可参阅 QPAFS 的第 2 卷(1989)。后面一些参数采用以下实验室条件下的典型值,即

$$\gamma_1 \sim \gamma_2 \sim 500(\text{s}^{-1}), \Gamma^* = 2 \times 10^9(\text{s}^{-1})$$

拉比频率是一个变量,取值在以下量级,即

$$\omega_{1g} \text{为}(1 \sim 5) \times 10^3(\text{s}^{-1}), \omega_{1\mu m} = \omega_{1\mu'm} \sim (1 \sim 5) \times 10^6(\text{s}^{-1})$$

考虑到各种衰减和弛豫速率,基于以上取值得到的光学相干性与基态相干性相比较小。另外,采用以上所述的激光光强,激发态 ρ_{mm} 的粒子数比例在 10^{-6} 量级。因此,在很大范围的微波和光学拉比频率内,采用的一系列假设都是合理的。将式(2.34)~式(2.36)代入式(2.24)~式(2.30)中,从而对每一个方程都求出稳态解。可以得到微波场激发的基态相干性为

$$\delta_{\mu\mu'} = \text{i} \frac{(b/2)[\gamma_2 + (\Gamma_{p\mu} + \Gamma_{p\mu'})/2]}{[\gamma_2 + (\Gamma_{p\mu} + \Gamma_{p\mu'})/2]^2 + [\omega_M + (\Delta\omega_{l\mu} - \Delta\omega_{l\mu'}) - \omega_{\mu\mu'}]^2} \Delta \tag{2.37}$$

式中:两个基态能级的粒子数差 Δ 可以由下式计算得到

$$\Delta = \frac{(1/2)(\Gamma_{p\mu} - \Gamma_{p\mu'})}{[\gamma_2 + (\Gamma_{p\mu} + \Gamma_{p\mu'})/2] + \dfrac{b^2[\gamma_2 + (\Gamma_{p\mu} + \Gamma_{p\mu'})/2]}{[\gamma_2 + (\Gamma_{p\mu} + \Gamma_{p\mu'})/2]^2 + [\omega_M + (\Delta\omega_{l\mu} - \Delta\omega_{l\mu'}) - \omega_{\mu\mu'}]^2}} \tag{2.38}$$

另外,解下面方程可得到光学相干性 $\delta_{\mu m}$,即

$$\delta_{\mu m} = -\text{i} \frac{\omega_{1\mu m}/2}{[\Gamma^*/2) + \text{i}(\omega_L - \omega_{m\mu})]} \rho_{\mu\mu} + \frac{(\omega_{1g}/2)^2}{[(\Gamma^*/2) + \text{i}(\omega_L - \omega_{m\mu})][(\Gamma^*/2) + \text{i}(\omega_L - \omega_M - \omega_{m\mu'})]} \delta_{\mu m} - \frac{(\omega_{1\mu m}/2)(b/2)}{[(\Gamma^*/2) + \text{i}(\omega_L - \omega_{m\mu})][(\Gamma^*/2) + \text{i}(\omega_L - \omega_M - \omega_{m\mu'})]} \delta_{\mu'\mu} \tag{2.39}$$

类似地,可以得到 $\delta_{\mu'm}$,即

$$\delta_{\mu'm} = -\text{i} \frac{\omega_{1\mu'm}/2}{[(\Gamma^*/2) + \text{i}(\omega_L - \omega_{m\mu'})]} \rho_{\mu'\mu'} - \frac{(\omega_{1g}/2)^2}{[(\Gamma^*/2) + \text{i}(\omega_L - \omega_{m\mu'})][(\Gamma^*/2) + \text{i}(\omega_L - \omega_M - \omega_{m\mu})]} \delta_{\mu'm} + \frac{(\omega_{1\mu'm}/2)(b/2)}{[(\Gamma^*/2) + \text{i}(\omega_L - \omega_{m\mu'})][(\Gamma^*/2) + \text{i}(\omega_L - \omega_M - \omega_{m\mu})]} \delta_{\mu\mu'} \tag{2.40}$$

在以上表达式中,引入以下参数,即

$$\Gamma_{p\mu} = \frac{|\omega_{1\mu m}/2|^2 \Gamma^*}{(\Gamma^*/2)^2 + (\omega_L - \omega_{mL} - \omega_{m\mu'})^2}, \text{(能级 } \mu \text{ 的抽运速率)} \quad (2.41)$$

$$\Gamma_{p\mu'} = \frac{|\omega_{1\mu' m}/2|^2 \Gamma^*}{(\Gamma^*/2)^2 + (\omega_L + \omega_M - \omega_{m\mu})^2}, \text{(能级 } \mu' \text{ 的抽运速率)} \quad (2.42)$$

$$\Delta\omega_{l\mu} = \frac{|\omega_{1\mu m}/2|^2 (\omega_L - \omega_M - \omega_{m\mu'})}{(\Gamma^*/2)^2 + (\omega_L - \omega_M - \omega_{m\mu'})^2}, \text{(能级 } \mu \text{ 的光频移)} \quad (2.43)$$

$$\Delta\omega_{l\mu'} = \frac{|\omega_{1\mu' m}/2|^2 (\omega_L + \omega_M - \omega_{m\mu})}{(\Gamma^*/2)^2 + (\omega_L + \omega_M - \omega_{m\mu})^2}, \text{(能级 } \mu' \text{ 的光频移)} \quad (2.44)$$

并且注意到

$$\omega_L - \omega_M - \omega_{m\mu'} = \omega_L - \omega_{m\mu} \quad (2.45)$$

且

$$\omega_L + \omega_M - \omega_{m\mu} = \omega_L - \omega_{m\mu'} \quad (2.46)$$

以上光频移表达式还可以通过其他很多种方法得到,如可以采用 Happer 和 Mather(1967)提出的算符方法或者将光抽运看作一个弛豫过程来考虑(Vanier, 1969)。在目前的情况下,也就是激光抽运中,保持光场相干可以计算光频移量以及根据式(2.32)得到透射光,然而其根本机制为强度光抽运。

采用假设的拉比频率值,还可以采用一些其他的近似。已经假设 ω_{1g} 在 10^3 量级,$\omega_{1\mu m}$ 为 10^6 量级,Γ^* 为 10^9 量级,因此式(2.39)和式(2.40)右侧的最后两项可以忽略。因此,得到

$$\delta_{\mu m} = -\mathrm{i}\frac{\omega_{1\mu m}/2}{[(\Gamma^*/2) + \mathrm{i}(\omega_L - \omega_{m\mu})]}\rho_{\mu\mu} \quad (2.47)$$

这表明,由 μ 能级向 m 能级跃迁引入的相干性主要来自于激光与两个能级的直接相互作用,而与通过基态相干性 $\delta_{\mu\mu'}$ 从 μ' 能级向 m 跃迁的反馈无关。

$\rho_{\mu\mu}$ 的值可以通过求解式(2.24)~式(2.30)得到。采用之前的近似,最终可以得到

$$\rho_{\mu\mu} = \left(\frac{1}{2}\right)\frac{\gamma_1 + \Gamma_{p\mu'}}{\gamma_1'} + \frac{1}{\gamma_1'}\frac{S}{S+1}\frac{(1/4)(\Gamma_{p\mu} - \Gamma_{p\mu'})}{1 + (\omega_M - \omega'_{\mu\mu'})^2/[\gamma_2'(S+1)]}$$
$$(2.48)$$

其中

$$\gamma_1' = \gamma_1 + \frac{1}{2}(\Gamma_{p\mu} + \Gamma_{p\mu'}) \quad (2.49)$$

$$\gamma_2' = \gamma_2 + \frac{1}{2}(\Gamma_{p\mu} + \Gamma_{p\mu'}) \quad (2.50)$$

$$\omega'_{\mu\mu'} = -(\Delta\omega_{l\mu} - \Delta\omega_{l\mu'}) + \omega_{\mu'\mu} \quad (2.51)$$

微波饱和因子 S 定义为

$$S = \frac{\omega_{1g}^2}{\gamma_1' \gamma_2'} \tag{2.52}$$

式(2.48)与 QPAFS 的第 1 卷中得到的结果完全相同,该结果是定性地只采用轴运速率计算得到。而本节中,对入射激光引起的原子系统相干性进行了全面分析,可以准确地得到光频移和轴运速率表达式,且可以得到激光和微波场引入的各种相干性的相对比例。式(2.48)中的第一项给出了只有激光抽运情况下的平衡粒子数,这里假设激光频率调谐至接近于较低的基态能级 μ 跃迁到激发态能级 m 的频率。第二项为施加微波场后产生的共振信号,由拉比角频率 ω_{1g} 表示。将激光频率调谐到接近于较高的基态能级 μ' 跃迁到激发态能级 m 的频率,可以得到类似于式(2.48)的公式。式(2.48)只表达该位置处的状态。因为入射激光在气室中会被吸收,随着在气室中传播距离 z 的增加,抽运激光光强会逐渐减小。因此,轴运速率 Γ_{pi} 在共振气室内是传播距离的函数。如果激光器频率等于基态能级 μ 到激发态能级 m 的跃迁频率,那么 $\Gamma_{p\mu'} \ll \Gamma_{p\mu}$,可忽略之。由式(2.41)中给出的 $\Gamma_{p\mu}$ 变为

$$\Gamma_{p\mu} = \frac{|\omega_{1\mu m}|^2}{\Gamma^*} \tag{2.53}$$

式中:$\omega_{1\mu m}$ 为 z 的函数。

将式(2.47)代入式(2.32)中,在光学共振条件下,有

$$\frac{d\omega_{1\mu m}}{dz} = -\alpha \frac{\omega_{1\mu m}}{\Gamma^*} \rho_{\mu\mu} \tag{2.54}$$

式中:$\rho_{\mu\mu}$ 可由式(2.48)得到。还可以根据式(2.48)可以得到 FWHM 为

$$\Delta\nu_{1/2} = \frac{1}{\pi} \gamma_2' (S+1)^{1/2} \tag{2.55}$$

以上得到了激光抽运气室的主要结果,不过最终结果并不能解析地表达出来。会在 3.4 节中将目前得到的结果用于方程组中数值求解得到信号振幅、对比度及光频移,以上参量与实际应用中采用激光辐射抽运不同尺寸的气室实现频标中采用的多个参数有关。

2.4 相干布居囚禁

对频率稳定度适中的小型原子频标的需求促使人们致力于原子尺度上发现的新现象,从而可以作为以上描述的经典方法的替代方案。相干布居囚禁(CPT)是 20 世纪 70 年代发现的一种量子现象(Alzetta 等,1976),它可以满足以上目的,已

经在 QPAFS 的第 1 卷(1989)对该现象进行了简单介绍。在早期的研究中,认为该现象阻碍了基于光抽运的铯原子束频标中的轴运效率,于是尝试了采用细微调谐处于共振频率激光器的方案试图来避免该现象产生(Gray 等,1978)。但很快便发现,这一效应可引起非常窄的共振线,尤其是在碱金属原子中,其基态的相干性已经引入了很多有意思的特征,类似于在微波原子频标领域中遇到的现象(QPAFS,1989)。在 20 世纪 60 年代,以上特征被用来实现被动原子频率标准(Cyr 等,1993;Levi 等,1997;Vanier 等,1998),甚至用来实现微波激射器(Godone 等,2000)。

CPT 现象发现于激光照射碱金属原子过程中,如两个相干激光场作用于所谓的 Λ 结构。CPT 效应使得在同一区域内实现制备原子系综和共振激发成为可能。在碱金属原子情况下,相干激光场作用于原子系统,其两个基态 $S_{1/2}$ 精细能级和激发态 P 形成 Λ 结构,两个激光场与两个基态到激发态的跃迁能级产生共振。由于系统的量子特性,基态会产生相干性并且干涉后产生量子激发过程。此时原子系综处于不吸收光子的状态,称为暗态。该现象之所以被称为 CPT,是因为原子被囚禁在了各自能级上,不发生任何光跃迁。该现象是由 Alzetta 等(1976)通过多模染料激光器作用于钠原子后首次观察到的。在更早期,报道了一个与之类似的现象,采用振幅调制的光谱灯作用于铯和铷蒸气产生塞曼频率(Bell 和 Bloom,1961)(本节中描述的部分内容依据 Vanier(2005)并作了适当修改,获得了 Springer Science+Business Media 的授权。)

CPT 现象可以采用多种技术进行观测。由于在 CPT 中共振条件下没有原子被激发到 P 态,因此在抽运原子系综的荧光光谱中会出现很窄的暗线。另外,由于原子系综不吸收任何能量,因此在共振情况下是透明的。所以,该现象可体现于荧光光谱中的暗线或者透射谱中的亮线。同时,原子系综处于碱金属原子两个精细基态能级的叠加态上,于是产生基态精细能级的相干态。这一相干态会产生振荡的磁化强度,可以通过微波激射器中的谐振腔直接探测出来,但不会产生任何粒子数反转。

早期研究将该现象应用于多个场景中,包括磁力仪(Scully 和 Fleischhauer,1992;Nagel 等,1998)、感应透明(Kasapi 等,1995;Harris,1997;Scully 和 Zubairy,1999)、原子冷却(Aspect 等,1989)、精密光谱学(Wynands 和 Nagel,1999),并且其性质与提高光抽运中的量子态选择联系在一起(Avila 等,1987)。

由于共振现象可以反映出碱金属原子基态精细能级共振的所有特性,类似于采用微波-光波双共振泵浦的经典方案,可应用于被动原子频标中,或者利用精细频率产生的相干性实现主动型微波激射器。将 CPT 现象应用于原子钟首先是 Thomas 等(1982)报道的。在该工作中,将 CPT 现象用于钠原子束中,与激光束的相互作用区域为分离的拉姆塞类型,未采用磁选态和经典的拉姆塞微波谐振腔。

在20世纪90年代中期,许多工作致力于将CPT现象应用于封闭气室中实现小型原子频标(Cyr等,1993;Levi等,1997;Vanier等,1998)。经过不懈的努力,已经在工业上实现了采用^{87}Rb原子的小型全自动的被动频标(Vanier等,2004、2005)以及实验室内实现CPT微波激射器(Godone等,1999;Levi等,2002;M. Delaney,2005,pers. comm.)。同时,也有在共振腔脉冲激发模式下对该现象进行了研究,目标是后续将其应用于拉姆塞型时间分离的脉冲来激发激光冷却的原子系综(Zanon等,2004)。

可以采用简单的三能级模型来解释CPT现象和大多数的观测结果。如果是原子束,那么问题就简化为原子在光束中的自由演化,不考虑其弛豫。在气室中,由于存在弛豫,原子能级的粒子数和激光辐射场作用于原子系综产生的相干性演化的速率方程可以在碱金属原子密度很低时精确求解(Orriols,1979)。然而求解过程非常复杂,不容易理解。一种更简单的方法可更好地解释原子频标应用中的实验数据(Cyr等,1993;Vanier等,1998)。在该方法中采用了三能级模型,速率方程是通过对光学相干性的一阶近似分析而求解得出的。由此得到的精细共振线型、线宽和振幅表达形式简单明了,易于理解,且结果可以解释稀释的或者薄的光学吸收介质中的大部分实验数据。在光学厚度较大的系综中(对于铷原子为$T>50℃$,对于铯原子为$T>40℃$),则需要采用更为复杂的方案,需利用电磁感应透明(EIT)现象(Harris,1997)中采用的设计(Godone等,2002)。另外,如果采用相对较高强度的光辐射场,三能级模型就不准确了(Vanier等,2003a、2003b、2003c)。碱金属原子包含多个能级,因此Λ系统已经不能像常用的三能级系统一样近似描述原子能级了。例如,为了观察基态与电场相关的0-0跃迁,需要采用圆偏振光,原子被轴运到一个能级,该能级与CPT现象无关。原子被转移并被囚禁在该能级,不会产生CPT现象。该现象会影响观察到的信号强度,在很多其他原子冷却(Berkeland等,1998;Wallace等,1992;Sortais,2001;Sortais等,2001)和激光辐射吸收(Vanier等,2003d)相关的实验中也观测到了类似的现象。

有些综述文章总结了CPT在高精度光谱学中的应用(Arimondo,1996;Wynands和Nagel,1999)。本节主要描述CPT现象产生的物理机制及其在原子频标领域的应用(Vanier,2005)。

2.4.1 相干布居囚禁现象的物理机制

本节首先建立描述碱金属原子中相干布居囚禁(CPT)现象的基本方程,如^{87}Rb同位素;随后讨论它们在不同条件下的结果。假设两相干辐射场分别与基态$F=1$和$F=2$能级到激发态P的一个精细能级跃迁共振。实际过程中最好选择$P_{1/2}$、$F'=2$能级(D_1跃迁),这样两个能级的跃迁概率相等,系统是对称的,避免了直接光抽运从而简化了整个分析过程(Levi 等,1999)。整个分析过程可以简单地拓展到其他的精细能级结构中以及其他碱金属原子中,物理机制如图 2.16 所示。

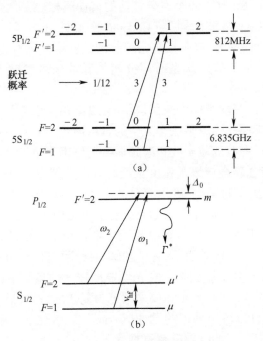

图 2.16　CPT 现象的物理机制能级示意图
(a)采用圆偏振光 σ^+ 作用于 ^{87}Rb 碱金属原子时 CPT 现象涉及的低能量能级示意图;
(b)常用的分析 CPT 现象的封闭三能级模型。

在描述 CPT 现象物理机制的能级示意图中,虽然激光器的光谱线宽通常能够激发从其他塞曼能级产生的跃迁,但是这里只显示了从基态能级 $m_F=0$ 产生的跃迁。然而,在所有描述的应用中,通常会施加 $10\mu T$ 量级的很小的磁场作用于原子系综,其他的拉曼共振可以分辨出来。因此,对于一个特定的 Λ 结构,只能选择与两个基态能级跃迁共振。在本节中选取 $m_F=0$ 的基态是因为它们的能级跃迁能量与一阶磁场强度无关,符合频标应用的要求。另外需要注意的是,利用了 σ^+ 偏振光激发 $\Delta m_F=+1$ 跃迁,还可以采用左旋偏振光。之所以要采用圆偏振光,是由于系统能态的对称性,自发跃迁 $\Delta F=0$、$\Delta m_F=0$ 是禁止的。

然而,其他塞曼能级会在系统的演化过程中产生影响。如果采用缓冲气体,那么原子碰撞会引起激发态到基态塞曼子能级发生自发辐射。因此,原子会由其他的路径到塞曼子能级,而不涉及 Λ 结构。这时系统不再是封闭的,而是类似于传统的光抽运过程(Kastler,1950),原子可能会被囚禁到一些能级上,包括 $m_F=+2$ 或者 $m_F=-2$ 能级,取决于光的偏振态。这些原子就不会产生 CPT 现象。一些效应发生在缓冲气体中,并且当激发态能级对应的激光强度不小于基态弛豫速率时,该效应尤其重要。因此,需要采用一个四能级系统,其中包含一个囚禁态来解释有些结果(Vanier 等, 2003b)。CPT 现象最好是采用密度矩阵形式进行分析。图 2.17 中的常用结构可用来得到速率方程。

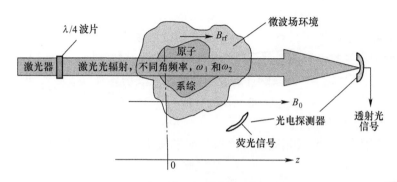

图 2.17 求解速率方程常采用的结构

原子系综可能在充有缓冲气体的封闭气室内,这种情况下,基态塞曼能级相干弛豫速率分别为 γ_1 和 γ_2。如果原子系综为原子束,那么两个弛豫速率则假定为 0。缓冲气体会影响激发态,增加 P 态的衰减速率 Γ^*,增加因子与压强有关,于是,光学共振线被均匀展宽了。如果缓冲气体的压强为 20Torr(1Torr = 133.3Pa),则衰减速率 Γ^* 为 $3 \times 10^9 \mathrm{s}^{-1}$ 量级,而原子束在自由空间的衰减速率(自发辐射)为 $3 \times 10^7 \mathrm{s}^{-1}$ 量级。

2.4.2 基本方程

下面采用类似于 2.3 节中采用的方法来分析 CPT 现象的产生机理。不同的是,这里有两个激光场。假设激光场的方向与外加磁场方向相同,且两个激光场的电场强度 E_n 具有以下形式,即

$$E_n(\omega_n, z, t) = E_{0n}(z) \boldsymbol{e}_\lambda \cos(\omega_n t - \boldsymbol{k}_n \cdot \boldsymbol{r}) \quad (n = 1, 2) \quad (2.56)$$

式中:E_{0n} 为 z 位置处激光辐射场 n 方向分量的振幅;ω_n 为其角频率;$\boldsymbol{k}_n$ 为其波矢;z 为光波进入包含原子系综气室后的传播距离。

以上两个激光场可以由同一个激光器产生,可通过调制激光驱动电流进行频率调制或者通过电光调制器得到激光光谱中的两个边带。两激光场还可以通过两个锁相激光器产生,两激光器的频率差等于精细能级频率。

引入光学拉比角频率 ω_{R1} 和 ω_{R2} 用来描述激光光强和跃迁概率,即

$$\omega_{\text{R1}} = \frac{E_1}{\hbar} \langle \mu | er \cdot e_\lambda | m \rangle \tag{2.57}$$

$$\omega_{\text{R2}} = \frac{E_2}{\hbar} \langle \mu' | er \cdot e_\lambda | m \rangle \tag{2.58}$$

式中：e 为电荷量；$\hbar$ 为普朗克常数除以 2π；$\langle i | er | m \rangle$ 为从能级 i（$i = \mu$ 或者 μ'）到能级 m 跃迁的电偶极矩阵。

假设原子系综处于具有角频率为 $\omega_{\mu\text{w}}$ 的微波场 $B_{\mu\text{w}}(z,t)$ 作用下。外置微波源或者原子本身的受激辐射都可以产生微波场。假设微波场与直流磁场（z 方向）方向平行，符合 $\Delta m_\text{F} = 0$ 能级跃迁的要求。假设微波场具有以下形式，即

$$B_{\mu\text{w}}(z,t) = B_z(z) \sin(\omega_{\mu\text{w}} t + \phi) z \tag{2.59}$$

式中：ϕ 为微波的相位。

为了简化符号，定义相应的拉比角频率来描述微波场与原子系综之间的相互作用，即

$$b = b(z) = \frac{\mu_z B_z(z)}{\hbar} \tag{2.60}$$

式中：μ_z 为原子磁矩。

如果像 2.3 节中只考虑单个激光辐射场抽运的情况，那么根据定义，则有 $b = \omega_{1\text{g}}$。另外定义：

$$\omega_{12} = \omega_1 - \omega_2 \tag{2.61}$$

能级粒子数的速率方程和基态的相干性在单个激光场抽运的情况下可通过 Liouville 方程得到，即

$$\frac{\partial \boldsymbol{\rho}}{\partial t} = \frac{1}{\text{i}\hbar} [\mathcal{H}, \boldsymbol{\rho}] \tag{2.62}$$

式中：$\boldsymbol{\rho}$ 为密度矩阵元；$\mathcal{H}$ 为相互作用哈密顿量。

假设非对角矩阵元的解具有以下形式，即

$$\rho_{\mu\mu'}(z,t) = \delta_{\mu\mu'}(z,t) \text{e}^{\text{i}[(\omega_1-\omega_2)t-(k_1-k_2)z]} \tag{2.63}$$

$$\rho_{\mu m}(z,t) = \delta_{\mu m}(z,t) \text{e}^{\text{i}(\omega_1 t - k_1 z)} \tag{2.64}$$

$$\rho_{\mu' m}(z,t) = \delta_{\mu' m}(z,t) \text{e}^{\text{i}(\omega_2 t - k_2 z)} \tag{2.65}$$

然后展开 Liouville 方程，得到方程为

$$\frac{\text{d}}{\text{d}t} \rho_{mm} = -\omega_{\text{R1}} \text{Im}\, \delta_{\mu m} - \omega_{\text{R2}} \text{Im}\, \delta_{\mu' m} - \Gamma^* \rho_{mm} \tag{2.66}$$

$$\frac{\text{d}}{\text{d}t} \rho_{\mu'\mu'} = -\text{Im}(b\text{e}^{-\text{i}\phi}) \delta_{\mu\mu'} + \omega_{\text{R2}} \text{Im}\, \delta_{\mu' m} + \Gamma^*_{m\mu'} \rho_{mm} - \left(\frac{\gamma_1}{2}\right)(\rho_{\mu'\mu'} - \rho_{\mu\mu}) \tag{2.67}$$

$$\frac{\mathrm{d}}{\mathrm{d}t}\rho_{\mu\mu} = + \mathrm{Im}(be^{-\mathrm{i}\phi})\delta_{\mu\mu'} + \omega_{R1}\mathrm{Im}\delta_{\mu m} + \Gamma^*_{m\mu}\rho_{mm} - \left(\frac{\gamma_1}{2}\right)(\rho_{\mu\mu} - \rho_{\mu'\mu'})$$
(2.68)

$$\frac{\mathrm{d}}{\mathrm{d}t}\delta_{\mu m} + \left[\frac{\Gamma^*}{2} + \mathrm{i}(\omega_1 - \omega_{m\mu})\right]\delta_{\mu m} = \mathrm{i}\left(\frac{\omega_{R1}}{2}\right)(\rho_{mm} - \rho_{\mu\mu}) + \frac{b}{2}e^{\mathrm{i}\phi}\delta_{\mu'm} - \mathrm{i}\left(\frac{\omega_{R2}}{2}\right)\delta_{\mu\mu'}$$
(2.69)

$$\frac{\mathrm{d}}{\mathrm{d}t}\delta_{\mu'm} + \left[\frac{\Gamma^*}{2} + \mathrm{i}(\omega_2 - \omega_{m\mu'})\right]\delta_{\mu'm} = \mathrm{i}\left(\frac{\omega_{R2}}{2}\right)(\rho_{mm} - \rho_{\mu'\mu'}) + \frac{b}{2}e^{\mathrm{i}\phi}\delta_{\mu m} - \mathrm{i}\left(\frac{\omega_{R1}}{2}\right)\delta_{\mu'\mu}$$
(2.70)

$$\frac{\mathrm{d}}{\mathrm{d}t}\delta_{\mu\mu'} + \left[\gamma_2 + \mathrm{i}(\omega_{12} - \omega_{\mu'\mu})\right]\delta_{\mu\mu'} = \mathrm{i}\frac{b}{2}e^{\mathrm{i}\phi}(\rho_{\mu'\mu'} - \rho_{\mu\mu}) + \mathrm{i}\left(\frac{\omega_{R1}}{2}\right)\delta_{m\mu'} - \mathrm{i}\left(\frac{\omega_{R2}}{2}\right)\delta_{m\mu}$$
(2.71)

其中

$$\rho_{mm} + \rho_{\mu'\mu'} + \rho_{\mu\mu} = 1 \qquad (2.72)$$

以上方程适用于具有特定速度的原子。光学跃迁中的多普勒展宽为 500MHz 量级。如上所述,如果原子气室中存在缓冲气体,气体碰撞会引起几百兆赫的均匀展宽,在该情况下,假设均匀展宽现象由方程中的衰减速率 Γ^* 来表示。同时还假设对应于基态超精细能级差的微波频率处会发生 Dicke 窄化(Dicke,1953)。如果在原子束中观察到该现象,那么实验装置中激光辐射引起原子束偏移合适角度,避免了一阶多普勒效应。与各个场相位相关的问题会在推导的过程中适当考虑到。

在第 3 章中,会将这些方程组用在一些目标用于原子频标的实验方案中。方程中的各个参数会根据不同方案中采用的具体实验条件来确定。通常情况下,式(2.66)~式(2.72)不能精确求解。但是,在很多情况下不采用微波场,因此 b 值可取 0。在图 2.17 中做了简化,激光辐射光束横穿过一个原子系综。这样,以上方程组就可以精确求解了(Orriols,1979;ZanonWillette 等,2011)。然而,得到的解非常复杂,不易理解。为了更好地理解所得结果,最好先考虑在某一指定条件下,根据该方程得到透射光的行为。采用一些恰当的近似,可以从结果中获取更多的信息。实际中测量的物理参数包括荧光功率和图 2.17 中表示的透射光功率。总的荧光功率可表达为

$$P_{\mathrm{fl}} = \hbar\omega_l \Gamma_{\mathrm{fl}} N \boldsymbol{\rho}_{mm} \qquad (2.73)$$

而光在长度为 $\mathrm{d}z$ 内被吸收的功率为

$$\Delta P_{\mathrm{abs}}(z) = n\hbar\omega_l \Gamma^* \boldsymbol{\rho}_{mm} \mathrm{d}z \qquad (2.74)$$

式中:N 为与激光场相互作用原子总的数量;n 为密度;Γ^* 为激发态的衰减速率,是由各种类型的弛豫过程引起的,包括缓冲气体碰撞和自发辐射;Γ_{fl} 为激发态荧

光产生的衰减速率。

以上参数是表示激发态粒子数的密度矩阵元 ρ_{mm} 的函数,也是需要计算的项。可以通过一种分步技术来进行求解,即首先假设两激光场具有相同的光强,$\omega_{R1} = \omega_{R2} = \omega_R$。在一阶计算过程中,可假设 $\delta^2_{\mu'm}$ 和 $\delta_{\mu m}$① 非常小,$\rho_{mm} = 0$。于是方程组的解由基态精细能级相干性的稳态方程代替,经过代数计算,ρ_{mm} 的近似解可通过基态相干性 $\delta_{\mu\mu'}$ 的实部表达出来,即

$$\rho_{mm} = \frac{\omega_R^2}{\Gamma^{*2}}(1 + 2\delta^r_{\mu\mu'}) \tag{2.75}$$

基态相干性的实部为

$$\delta^r_{\mu\mu'} = -\frac{\omega_R^2}{2\Gamma^*} \frac{(\gamma_2 + \omega_R^2/\Gamma^*)}{(\gamma_2 + \omega_R^2/\Gamma^*)^2 + \Omega_\mu^2} \tag{2.76}$$

式中:Ω_μ 为两激光器频率差与精细能级频率差的失谐量,即

$$\Omega_\mu = (\omega_1 - \omega_2) - \omega_{\mu'\mu} \tag{2.77}$$

从这些结果中很容易看到,荧光和透射光功率受很窄共振线宽的影响,即

$$\Delta\nu_{1/2} = \frac{(\gamma_2 + \omega_R^2/\Gamma^*)}{\pi} \tag{2.78}$$

是表征精细能级共振的特征参量,通过光学拉比频率 ω_R 与激光辐射场场强成正比。在封闭的三能级模型中,原子系统对光场完全透明,因此 ω_R^2/Γ^* 远远大于弛豫速率 γ_2。这一简单的均匀模型可以给出系统行为的一些信息以及参数大小的重要性。如果 Γ^* 为 $3\times10^9 s^{-1}$、γ_2 为 $1000 s^{-1}$,这是在实际采用 $1 cm^3$ 的气室中常用的值,缓冲气体压强通常为 2kPa(15Torr),拉比频率需要是线宽的 2 倍,为 $1.7\times10^6 s^{-1}$。在该拉比频率下,所需激光器功率在 $10\sim100\mu W$ 量级,取决于激光器辐射光谱线宽和气室横截面。同时很显然可以看到在平衡态下,采用这些参数值,激发态粒子数 ρ_{mm} 不超过 3×10^{-7},远远小于基态粒子数。在荧光谱中,该现象在辐射谱中表现为一条暗线。该态也被称为暗态,因为此时不发生任何光跃迁,在共振态下没有任何荧光产生。透射谱中可以看到一条亮线。

以上得出了一种简单的解,可准确描述 CPT 现象的基本性质。在第 3 章中,将会把这些方程组应用于表现为原子束的形式或者处于充满缓冲气体或端面镀膜的气室内的原子系综中。我们会研究原子系综放置于共振腔中的情况,共振腔的谐振频率对应于碱金属原子精细能级频率,得到 CPT 微波激射器。以上分析求解过程可简单地通过改变频率、波长以及其他衰减和弛豫参数,应用于其他碱金属原子中。

---

① 译者注:原文为 $\delta_{m\mu}$,有误,翻译正文中已修改。

2.5 原子的激光冷却

根据第 1 章中的分析和结论,提升原子频标性能的一个有效方式是降低或者消除多普勒效应,因为该效应会展宽原子钟的共振谱线,降低其品质因数(一阶多普勒效应)并引起频移(二阶多普勒效应)。共振谱线品质因数的提高直接影响频率的稳定度和准确度,大多数情况下减小二阶多普勒频移可以提高频率准确度。已有许多研究致力于寻找提高共振谱线品质因数的方法,如在涂覆特定涂层的容器中充入缓冲气体抑制原子弛豫,或采用时间或者空间上分立的拉姆塞相互作用技术,这些技术都可以减小观测到的原子共振峰的线宽。不过,这些技术本身具有局限性。为了解决这一问题,一种简单、直接的方法就是通过低温技术使原子系综的整体温度降低,减小原子的随机速度,从而抑制多普勒效应。该方法还可以降低热噪声从而提高频率稳定度。前文描述的冷却氢微波激射器就采用了该方法。然而低温技术比较复杂,它需要非常庞大的仪器,不适用于那些要求简单和空间有限的原子频标应用系统。另外,低温技术并不适用于所有原子系统,如碱金属原子。对共振峰品质因数的提高比较有限,同时各种存储技术还会引入其他不希望的频移。

激光器发明不久,科学家就提出了用它来直接影响原子运动的有效方法(Letokhov,1968;Hansch 和 Schawlow,1975;Wineland 和 Dehmelt,1975)。如果原子与光场的相互作用能够减弱原子的热运动,就可以直接影响多普勒效应。这一想法的原理在于,通过原子与其共振的光子之间的能量和动量交换会改变原子的速度和运动方向(Frisch,1933)。事实上,可以描述为相向传输的激光光子产生的辐射压力使原子速度减慢。通过计算容易得到,即使与相向传播的光子发生 10^5 次碰撞,也只能对室温下的原子平均速率产生微小的影响。初看起来这种方法似乎并不高效,但是考虑到中等强度(约 mW 量级)的激光束所包含的光子数量及原子内部的快速响应,在短时间内(约 ms 量级或更短)很大程度的改变原子速度具有一定的可行性。因此,该技术可应用于原子束中,改变其至少一个方向上的运动速度。从理论上来说,还可以采用多个垂直方向的激光光束作用于原子系综,减小系综平均速度,同时还可以压窄原子速率分布谱宽,最终实现原子系综的冷却。这一过程被称为激光冷却。

激光冷却并不直接表示常用的温度概念,因此该表述在使用时要注意区分。温度是一个与热平衡相关的物理概念,即原子系综与其相互作用的环境达到的一种平衡态。而在激光冷却情形下,温度与作用于原子系统的激光辐射场无关。另外,与辐射场相互作用后,原子系综也可能并不处于平衡态,它们的速度分布谱完全不同于麦克斯韦分布。从另一个角度看,可以从跟原子一起运动的参考系中来观察原子的行为,此时观测者认为原子是静止的。采用相同的办法来观察温度为 T、平均速度为 v 的热原子束,假设观测者也以速度 v 运动。然而,观测者还会看到原子向前或者远离其传播,这反映出了原子束中原子速度的分布谱线。原子速度分布谱线的宽度与冷却温度和原子炉的温度有关。然而,即使原子速度仅为单一方向的情况下,采用冷却温度描述也是非常便利的,其定义来自于原子的动能与热能之间的关系,即

$$E_k = \left(\frac{1}{2}\right)Mv^2 = \left(\frac{1}{2}\right)k_B T \tag{2.79}$$

式中:M 为原子质量,其速率 v 在激光场作用下已经减小;k_B 为玻尔兹曼常数;T 为描述原子速度的温度。

有些情况下,采用以上温度的概念可用来描述在某些特定实验条件下的原子速度,通过这个冷却温度,可以得到在该条件下原子系综中原子速度谱线的线宽。

激光冷却技术在物理学的很多领域都产生了重要的影响,如可提高光谱仪精度和观察一些长期预测的物理现象包括玻色爱因斯坦凝聚。同时也推动了原子频标的发展,尤其是应用于定义秒的一些主要频标中。该技术也开辟了新的研究方向,特别是在光学频标范畴,这一部分是我们感兴趣的。本节将描述该概念背后的物理机制,并列举采用的不同方法,包括采用激光光辐射来改变原子的速度,通过原子-光场相互作用降低原子温度以及囚禁和存储冷原子的方式。过去的几十年中,科学家在该领域开展了大量的研究工作。本节将主要考虑原子频标及其应用中所涉及的重要内容。如果读者想了解更全面的理论描述,可以参考一些很好的描述该现象的书籍(Cohen-Tannoudji 等,1988;Metcalf 和 van der Straten,1999;Letokhov,2007;Cohen-Tannoudji 和 Guéry-Odelin,2011)。早期也有一些针对这一现象非常全面的综述(如可参考 Adams 和 Riis,1997;Phillips,1998;Srinivasan,1999)。接下来简述主要的概念,从而可以更好地理解第 3 章和第 4 章。

2.5.1 原子-辐射场相互作用

在 2.3 节和 2.4 节中已经描述了电磁辐射场与原子相互作用的细节。之前主要关注辐射场对原子内部能态所产生的影响,包括能级布居数和辐射场引起的相干性,尤其是在基态。于是研究了同时采用微波场和光辐射场情况下的双共振现象,在光抽运铷原子频标中就是这种情况。类似地,当同时采用两个激光辐射场时,原子囚禁在内部能态上产生 CPT 现象,具有很多有趣的性质。为了研究这些性质,采用了布洛赫方程来分析能级布居数和原子系统中的相干性,后者由激发态 m 和包含两个精细能级 μ 和 μ' 且两者之间能级差在微波频率的基态来表征。这

样可以全面地研究原子的内部属性,并且识别出在应用于原子频标时非常重要的参数。原子速度和系统温度等原子外部属性则通过引入弛豫参数和多普勒效应的方式来表征。在这一过程中,无法对这些属性进行控制。这里将研究如何通过原子与光子相互作用来改变原子的这些外部属性。

2.5.1.1 基于半经典理论的光子对原子外部属性的影响

本小节将讨论激光器产生的光辐射对一个原子外部属性的影响,即对原子速率和动能的影响。

1) 基本原理及解释

假设原子具有两个内部能级,即 m 和 μ,两者之间的能级差为 $\Delta E = \hbar\omega_{m\mu}$,其中 $\omega_{m\mu}$ 是光学角频率,如图 2.18(a) 所示。

μ 为基态能级,在光辐射的作用下原子被激发到能级 m 后,通常会自发衰减到基态,其衰减速率为 Γ。激光器发出的光辐射角频率 ω_L 接近于 $\omega_{m\mu}$,光子的能量 E 和动量 p 分别为

$$E = \hbar\omega_L \tag{2.80}$$

$$p = \hbar k_L \tag{2.81}$$

式中:k_L 为辐射光波矢,在 z 方向传播时为 $(2\pi/\lambda)z$。

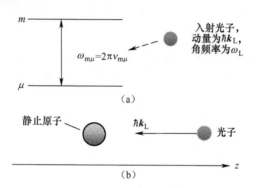

图 2.18 两个内部能级相互作用示意图
(a) 具有能级 m 和 μ 的原子与能量为 $\hbar\omega_L$ 的光子相互作用示意图;(b) 动量为 $\hbar k_L$ 的光子射向原子示意图。

首先讨论原子处于静止的理想情况。原子-光子之间的相互作用如图 2.18b 所示。如果激光辐射的频率 ν_L 接近于原子共振频率 $\nu_{m\mu}$,那么光子会被原子吸收,光子消失,原子被激发到能级 m 并沿着光子传输方向后退。根据动量守恒原理,光子动量 $p = \hbar/\lambda$ 转移给原子,于是在 $-z$ 方向产生与光子动量相同的动量称为 Δp_a。因此,原子处于激发态 m,并以速度 v_{rec} 后退,满足以下关系,即

$$\Delta p_a = \hbar k_L = M v_{rec} \tag{2.82}$$

式中：M 为原子质量。

由于与光子相互作用，原子得到的反冲速度为

$$v_{\text{rec}} = \frac{\hbar k_{\text{L}}}{M} \tag{2.83}$$

原子除了获得内部能量增益 $\hbar_{\text{L}}$ 外，每一次吸收还会获得外部能量增益 δE_{rec}，可表示为

$$\delta E_{\text{rec}} = \frac{1}{2}Mv_{\text{rec}}^2 = \frac{1}{2}\frac{\hbar^2 k_{\text{L}}^2}{M} \tag{2.84}$$

也可表示成

$$\delta E_{\text{rec}} = \frac{1}{2}\frac{\hbar^2 \omega_{\text{L}}^2}{Mc^2} \tag{2.85}$$

式中：c 为光速。

原子处于激发态，与真空辐射场相互作用。原子在激发态能级的寿命受限于该相互作用，并且通过自发辐射光子衰退回基态。光子辐射沿某一特定方向，但是也会以相同的概率沿反方向辐射。另外，当激光辐射场光束作用于原子时，假设每秒吸收并辐射光子的平均数量为 $\langle N \rangle$，速率为 $\partial \langle N \rangle / \partial t$。在自发辐射过程中，原子平均反冲速度可认为是 0，因为自发辐射单个光子的方向是随机的，且两相反方向的光子具有相等的辐射概率。不考虑自发辐射这一离散过程的随机游走产生的很小的残余效应，平均来说，自发辐射过程中原子不会产生动量。原子对光吸收并辐射的速率的最大值受制于原子返回到基态的实际速率。该速率记为 Γ，即自发辐射速率，是由真空辐射场决定的。每一次光吸收-辐射循环都会引起速度变化 v_{rec}，因此原子速率变化为

$$\frac{\text{d}}{\text{d}t}v = \frac{\partial \langle N \rangle}{\partial t}v_{\text{rec}} = \Gamma \frac{\hbar k_{\text{L}}}{M} \tag{2.86}$$

根据经典理论，速度的变化是由于受到了力的作用，即

$$F = \frac{\text{d}}{\text{d}t}Mv = M\frac{\text{d}}{\text{d}t}v \tag{2.87}$$

将式(2.86)代入后，记为

$$F = \hbar k_{\text{L}} \Gamma \tag{2.88}$$

在以上分析都基于激光光强很低，原子大部分时间都处于基态的假设。后面将会看到，在量子力学理论中，跃迁速率很快时会产生饱和现象，相互作用原子数为现在的一半。这时，原子一半时间处于激发态，另一半时间处于基态。由于跃迁速率减小一半，于是最大的作用力是上式计算的一半。

因此，在经典理论中，原子与连续辐射场之间的相互作用可看作原子受到持续作用力，从而在激光光束的方向上加速运动。可以解释为沿激光辐射场传播方向

施加在原子上的辐射压力。

2) 作用大小

在实际应用中,人们可能会质疑辐射场对原子作用的大小是否能够对静止的原子产生可测量的速度,或者改变一个原本在运动的原子速度。如前所述,我们的目的就是:改变原子速度或者速度分布,从而改变原子的温度。后面将只讨论在原子频标中常用的原子,即铷原子和铯原子。如有必要也会讨论其他原子和离子的情况。我们会选取 QPAFS 第 1 卷中表 1.1.2 和表 4.2.1 以及 Steck(2003、2008)报告中的一些数据。图 2.19 给出了铷原子(^{87}Rb)和铯原子(^{133}Cs)的低能级结构示意图。为了得到各个参数振幅的估计值,重新给出表 2.1 中的一些基础数据。然后计算之前分析的相互作用过程中的一些重要参数。在表 2.2 中给出了计算结果。

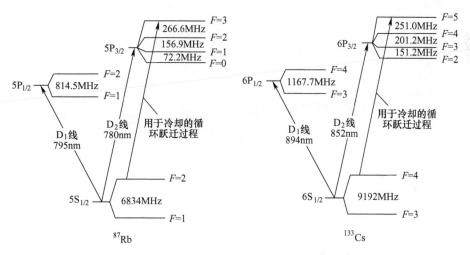

图 2.19　^{87}Rb 和 ^{133}Cs 原子的基态 S 和第一激发态 P 的能级结构(数据来自于 Steck, D., Cesium D Line Data, Rubidium 87 D Line Data, 2003, 2008. http://steck.us/alkalidata.)

表 2.1　计算书中讨论的吸收-辐射循环过程中重要参数所需要的 ^{133}Cs 和 ^{87}Rb 原子的一些基本参数

原子	M/kg (10^{-25})	λ/m(空气) (10^{-9})	ν/Hz (10^{12})	ω/(rad/s) (10^{15})	k/m^{-1} (10^{6})	τ/s (10^{-9})	Γ/s^{-1} (10^{7})	$\Delta\nu_{1/2}$/Hz (10^{6})
^{87}Rb	1.44	(D$_2$)780.0(P$_{3/2}$)	384	2.41	8.06	26.2	3.82	6.08
		(D$_1$)794.8(P$_{1/2}$)	377	2.37	7.91	27.7	3.61	5.76
^{133}Cs	2.21	(D$_2$)852.1(P$_{3/2}$)	351.7	2.21	7.37	30.5	3.28	5.26
		(D$_1$)894.4(P$_{1/2}$)	335.1	2.10	7.02	34.9	2.87	4.58

(数据来源:Steck D., *Cesium D Line Data*, Rubidium 87 D Line Data, 2003, 2008. http://steck.us/alkalidata.)

表2.2 处于 D_2 跃迁共振频率的激光光辐射与静止的 Cs 和 Rb 原子相互作用引起的反冲效应的计算数值

原子	δv_{rec}(每周期) /(mm/s)	δE_{rec}(每周期) /J(10^{-30})	$\delta E_{rec}/k_B$ /K(10^{-6})	$\tau_{ext}(\Delta v_{rec}=\Gamma/k_L)$ /s(10^{-6})
公式	$\hbar k_L/M$	$(1/2)(\hbar^2 k_L^2/M)$	$(1/2)(\hbar^2 k_L^2/Mk_B)$	$\hbar/2\delta E_{rec}$
^{87}Rb	5.9	2.51	0.181	21
^{133}Cs	3.5	1.36	0.099	38.8

注:表中给出了达到多普勒频移等于一个自然线宽时对应的速度所需要的时间,τ_{ext}。

在受到光子作用后,原子速度变化率或者变化时间常数是非常重要的参数。为了得到以上参数,需要设置一个参考。例如,可以随机设置一个外部时间常数 τ_{ext},表示静止原子获得某一速度所需时间,原子通过多次光吸收-辐射循环后达到该速度,其对应的多普勒效应,使原子 D_2 谱线的频率改变了一个自然线宽。在该速度下,原子不再与辐射场发生共振,因此光子吸收速率大大减小(约1/5)。频率变化为

$$\Delta\omega = k\Delta v_{rec} \approx \Gamma \tag{2.89}$$

式中:Δv_{rec} 为在时间 τ_{ext} 内累积的速度。

累积速度可以通过式(2.87)和式(2.88)得到

$$\Delta v_{rec} = \frac{F}{M}\tau_{ext} = \frac{\Gamma\hbar k_L}{M}\tau_{ext} \tag{2.90}$$

根据式(2.89)及式(2.86),可以得到

$$\tau_{ext} \approx \frac{1}{2}\frac{\hbar}{\delta E_{rec}} \tag{2.91}$$

对于以上得到的各参数值及表2.1和表2.2中列举的数据说明如下。首先,此处只讨论原子的 D_2 跃迁谱线,因为该谱线对应于循环跃迁。该跃迁过程是封闭的,效率极高,理想情况下原子被囚禁在该跃迁过程中,原子不会被光抽运到其他基态能级上。其次,还对原子从外界获得的能量和热能 $k_B T$ 进行了比较。根据表格中的数据,从单次吸收-辐射循环过程中原子获得的能量非常小,为 10^{-30} J 量级。而室温下原子的热能在(1/40)eV 量级,即 4×10^{-21} J,因此需要多次循环跃迁才能产生一定的效果,好在原子跃迁的概率是非常大的。最后,显著提升速率所需的时间常数 τ_{ext} 约为 30μs,然而原子的内部响应时间 τ 约为 30ns。因此,原子内部属性参数可快速跟随外部扰动的影响,可认为在任一时刻原子的内部属性均处于稳态,只有外部属性发生变化。该性质可简化量子分析过程,在下面一节中将会给出该过程更完整的分析。

之前假设与辐射场相互作用的原子处于静止状态,入射光子的动量转移过程

引起原子沿激光辐射场方向的加速。在某种程度上，可以看作原子被辐射场加热了，因为其速率在实验室坐标系下提高了。另外，注意到以上分析过程也以用于以速度为 v 沿 z 轴正方向运动的原子，与激光场的方向相反。此时，由于多普勒效应，原子观察到激光器频率增大。为了与原子频率共振，需要调谐激光器频率使其角频率比 $\omega_{m\mu}$ 低 $k_L v$。因此，采用以上分析过程就可以计算施加到原子上的力以及原子速度和能量的变化。在这种情况下，可以说原子被辐射场冷却，因为其速率由于相互作用而降低。在附录 2.A 中，列举了一个在 QPAFS 第 2 卷中采用的一个概念，基于考虑了吸收光子能量或频率和自发辐射的相对论方程。得到的结果与以上采用动量交换得到的结果是相同的。

2.5.1.2 量子力学理论

以上的基础理论虽然从原子外部属性和内部属性的联系出发，具有一定的指导性，但是不能给出原子和辐射场相互作用的全貌。它主要基于动量交换，并且定性地描述光子吸收现象。但是，不能给出吸收-辐射过程的细节信息，也不能指出行波和驻波在相互作用过程中的差别。实际上，在原子与辐射场相互作用的过程中，辐射场产生了振荡的偶极矩，相互作用与偶极矩和辐射场的相对相位有关。如果采用量子力学理论，可以发现除了冷却外，还会发现新的效应，比如在特定情况下囚禁原子，改变原子能级结构从而引起新的冷却机制。这些效应在原子频标中有着非常重要的应用，尤其在光频范围内。这里给出原子-辐射场相互作用的量子力学理论，并且明确给出相互作用对原子外部属性行为的影响。我们将遵循在 2.2 节中提到的一些分析过程（Cohen–Tannoudji 等，1988；Metcalf 和 van der Straten，1999；Cohen-Tannoudji 和 Guérin-Odelin，2011）。

1. 原子处于静止状态

1) 与内部变量有关的力

如图 2.18 所示，假设原子处于静止状态，并且受到沿 z 轴负方向传播的激光辐射场的作用。需要采用一种方式将之前基本理论中引入的辐射场作用于原子的经典力与原子受到辐射场后内部属性的变化联系起来。经典理论中，力可以表示为

$$F = Ma = \frac{\mathrm{d}}{\mathrm{d}t}Mv = \frac{\mathrm{d}}{\mathrm{d}t}p \tag{2.92}$$

在量子力学中，力可看作算符 F_{op} 的期望值，可以通过海森堡方程计算得到（QPAFS 第 1 卷，1989）。因此，有

$$F = \langle F_{\mathrm{op}} \rangle = \frac{\mathrm{d}}{\mathrm{d}t}\langle p \rangle = \frac{i}{\hbar}[\mathcal{H}, p] \tag{2.93}$$

式中：p 为量子力学动量算符；$[\mathcal{H}, p]$ 为代表原子-辐射场相互作用哈密顿量和动

量算符的对易。

在假设的相互作用情况下(图 2.18),选取 z 轴为辐射场传播方向,将 p 替代为其算符 $i\hbar \partial/\mathrm{d}z$。式(2.93)可以写成以下形式(Schiff,1968,第 24 节),即

$$F = -\left\langle \frac{\partial}{\partial z}\mathcal{H} \right\rangle \tag{2.94}$$

因此,需要给出相互作用哈密顿量 $\mathcal{H}$。现在考虑的是 S 态和 P 态之间的跃迁,涉及电偶极子 $\boldsymbol{d} = -e\boldsymbol{r}$ 和在原子周围辐射场的电场 $\boldsymbol{E}(R,t)$ 之间的相互作用。假设真空辐射场的平均值为 0,其梯度 ($\partial/\partial z$) 为 0。因此,在描述原子态演化的方程组中通过定性的表征自发辐射现象,并且假设不会影响平均辐射力。于是相互作用哈密顿算符为(QPAFS 第 1 卷,1989)

$$\mathcal{H}(R_0,t) = -e\boldsymbol{r} \cdot \boldsymbol{E}(R,t) = -\boldsymbol{d} \cdot \boldsymbol{E}(R,t) \tag{2.95}$$

式中: $\boldsymbol{E}(R,t)$ 为外加电场。

式(2.94)变为

$$F = \left\langle \left(\frac{\partial}{\partial z}\boldsymbol{d} \cdot \boldsymbol{E}(R,t) \right) \right\rangle \tag{2.96}$$

采用密度矩阵方式可以得到相互作用算符 $\boldsymbol{d} \cdot \boldsymbol{E}(R,t)$ 的期望值,一个算符 Q 的期望值为 $\langle Q \rangle = \mathrm{Tr}\rho Q$。这里的原子系统为一个二能级的分立系统,因此光辐射场作用下其密度矩阵为

$$\boldsymbol{\rho} = \begin{pmatrix} \rho_{mm} & \rho_{\mu m} \\ \rho_{m\mu} & \rho_{\mu\mu} \end{pmatrix} \tag{2.97}$$

定义类似于 2.3 节中式(2.21)中的定义,定义二能级系统的光学拉比频率 $\omega_{Rm\mu}$ 为

$$\omega_{Rm\mu} = \left(\frac{E_L}{\hbar} \right) \langle m | e\boldsymbol{r} \cdot \boldsymbol{e}_\lambda | \mu \rangle = \left(\frac{E_L}{\hbar} \right) d_{m\mu} \tag{2.98}$$

原子受到的作用力为

$$F = \hbar\mathrm{Tr}\left(\boldsymbol{\rho}\, \frac{\partial}{\partial z}\omega_{Rm\mu} \right) \tag{2.99}$$

可以更明确地表示为

$$F = \hbar \left\{ \rho^*_{m\mu} \frac{\partial}{\partial z}\omega_{Rm\mu} + \rho_{m\mu} \frac{\partial}{\partial z}\omega^*_{Rm\mu} \right\} \tag{2.100}$$

利用拉比频率的定义(式(2.98)),最后可以得到力与原子内部属性变量和 $E(z)$ 函数关系的表达式为

$$F = -\left\{ \rho^*_{m\mu} d_{\mu m} \nabla E(z) + \rho_{m\mu} d^*_{\mu m} \nabla E(z) \right\} \tag{2.101}$$

其中已经假设了图 2.18 中辐射场的传播方向沿 z 方向,并且将微分项 $\partial/\partial z$ 由梯度算符 ∇ 来替代。

2) 光学布洛赫方程求解密度矩阵元

为了进一步得到结果,需要求解出表示在辐射场作用下的原子态密度矩阵 ρ 。仍然可以假设原子体积非常小,且由于其质量大,处于很好的局域化状态,因此可以采用长波近似。也可以采用旋波近似,即入射到原子的辐射场的反向旋转波可忽略,这一近似在采用激光进行光抽运的情况中采用过。因此,可以利用 2.3 节的光学布洛赫方程组,这里假设基态只有图 2.18 所示的单个能级。因此,有

$$\frac{\mathrm{d}}{\mathrm{d}t}\rho_{mm} = -\omega_{Rm\mu}\mathrm{Im}\delta_{\mu m} - \Gamma\rho_{mm} \tag{2.102}$$

$$\frac{\mathrm{d}}{\mathrm{d}t}\rho_{\mu\mu} = \omega_{Rm\mu}\mathrm{Im}\delta_{\mu m} + \Gamma\rho_{mm} \tag{2.103}$$

$$\frac{\mathrm{d}}{\mathrm{d}t}\delta_{\mu m} + \left[\frac{\Gamma}{2} + \mathrm{i}(\omega_L - \omega_{m\mu})\right]\delta_{\mu m} = \mathrm{i}\left(\frac{\omega_{Rm\mu}}{2}\right)(\rho_{mm} - \rho_{\mu\mu}) \tag{2.104}$$

假设密度矩阵 ρ 的非对角元是由激光辐射场产生的,可表示为

$$\begin{cases}\rho_{\mu m}(z,t) = \delta_{\mu m}(z,t)\mathrm{e}^{-\mathrm{i}\omega_L t}\\ \rho_{m\mu}(z,t) = \delta_{\mu m}^*(z,t)\mathrm{e}^{\mathrm{i}\omega_L t}\end{cases} \tag{2.105}$$

对角元(粒子数)满足条件

$$\rho_{mm} + \rho_{\mu\mu} = 1 \tag{2.106}$$

假设原子在 $z = 0$ 处静止,并且采用如前所述的假设,即原子内部响应速度远远大于其外部属性的演化过程。因此,求解在稳态情况下以上方程的解,即

$$\frac{\mathrm{d}\rho_{mm}}{\mathrm{d}t} = \frac{\mathrm{d}\rho_{\mu\mu}}{\mathrm{d}t} = \frac{\mathrm{d}\delta_{\mu m}}{\mathrm{d}t} = 0 \tag{2.107}$$

为了简化符号表述,定义:

$$\delta_{\mu m} = \delta^r + \mathrm{i}\delta^i \tag{2.108}$$

$$\Delta = \rho_{mm} - \rho_{\mu\mu} \tag{2.109}$$

另外,定义饱和因子:

$$S = \frac{\omega_{Rm\mu}^2/2}{(\Gamma/2)^2 + (\omega_L - \omega_{m\mu})^2} \tag{2.110}$$

并且得到:

$$\delta^r = \frac{\omega_{Rm\mu}}{2}\frac{\omega_L - \omega_{m\mu}}{(\Gamma/2)^2 + (\omega_L - \omega_{m\mu})^2}\frac{1}{1+S} \tag{2.111}$$

$$\delta^i = -\frac{\omega_{Rm\mu}}{4}\frac{\Gamma}{(\Gamma/2)^2 + (\omega_L - \omega_{m\mu})^2}\frac{1}{1+S} \tag{2.112}$$

$$\rho_{mm} = \frac{S/2}{1+S}, \Delta = \frac{1}{1+S} \tag{2.113}$$

下面将 $\rho_{\mu m}$ 的假设解式(2.105)代入式(2.101)中,得到

$$F = -\nabla E(z,t) d_{\mu m} \{2\cos(\omega_L t)\delta^r - 2\sin(\omega_L t)\delta^i\} \quad (2.114)$$

现在需要假设辐射电场的形式。将相干辐射场表示为

$$E(z,t) = E_0(z)\cos[\omega_L t + \phi(z)] \quad (2.115)$$

式中:$\phi(z)$ 为作用于原子的辐射场的相位。

可以任意选取 z 轴的原点,取原点处的相位 $\phi(0) = 0$。将电场 $E(z,t)$ 的表达式代入式(2.14)中,得到

$$F = -d_{\mu m}\{2\delta^r \nabla E_0(z)\cos^2(\omega_L t) + 2E_0 \delta^i \nabla\phi \sin^2(\omega_L t)\} \quad (2.116)$$

在辐射场的一个周期内对作用力取平均,可以得到

$$F = -d_{\mu m}\{\delta^r \nabla E_0(z) + E_0 \delta^i \nabla\phi\} \quad (2.117)$$

下面可以分析两种具体情况来帮助理解作用力表达式中包含的两部分的具体含义。

3) 行波的情况

这是图 2.18 中以及实验中遇到的最简单的一种情况。在第一个激光冷却原子的实验中即是这种情况,其中原子炉中辐射出一束特定温度的钠原子,经过校准形成一窄束原子,经过与反向的激光辐射相互作用而实现了速度减慢(Balykin 等,1979;Phillips 和 Metcalf,1982;Phillips 和 Prodan,1983)。后面会介绍这一实验的其他细节条件,这里只需要理解其基本特征。行波可以写成

$$E(z,t) = E_0 \cos(\omega_L t + k_L z) \quad (2.118)$$

电场振幅梯度为 0(E_0 在空间中为常数),因此 $\nabla E_0 = 0$。而相位为 $k_L z$,其梯度 $\nabla\phi = k_L$。假设原子处于 $z = 0$ 处,因此会受到作用力,后面会发现作用力会引起能量的耗散,因此称为 F_{diss},有

$$F_{\text{diss}} = -d_{\mu m} E_0 k_L \delta^i \quad (2.119)$$

采用之前得到的 δ^i 值,有

$$F_{\text{diss}} = \hbar k_L \frac{\omega_{Rm\mu}^2}{2} \frac{\Gamma/2}{(\Gamma/2)^2 + (\omega_L - \omega_{m\mu})^2} \frac{1}{1+S} \quad (2.120)$$

利用饱和因子 S 的定义可以得到

$$F_{\text{diss}} = \hbar k_L \Gamma \frac{\omega_{Rm\mu}^2}{4} \frac{1}{(\Gamma/2)^2 + (\omega_L - \omega_{m\mu})^2 + \omega_{Rm\mu}^2/2} \quad (2.121)$$

在以上过程中,光子被原子吸收,光子的能量耗散到自发辐射过程中和初始静态的原子获取的能量中。在经典理论中,可以看作对原子做的功 $dW = F \cdot dr$,其中 dr 为作用力 F 的影响下电子产生的位移。假设作用于电子的电场表示为

$$E_{\text{op}} = E_0 \cos(\omega_L t) \quad (2.122)$$

受到的作用力为(eE_{op})。将(edr)项看作一个基本偶极子,然后计算能量吸收速率$\mathrm{d}W/\mathrm{d}t$的期望值为

$$\left\langle \frac{\mathrm{d}W}{\mathrm{d}t} \right\rangle = \boldsymbol{E}_0 \cdot \langle \dot{\boldsymbol{d}} \rangle \cos(\omega_\mathrm{L} t) \tag{2.123}$$

式中:$\dot{\boldsymbol{d}}$为$\boldsymbol{d}$的时间微分。

偶极矩的期望值可以依据作用力通过$\langle d \rangle = \mathrm{Tr}(\rho d)$计算出来,从而由上述计算的平衡密度矩阵得到

$$\langle d \rangle = 2d_{m\mu}(\delta^\mathrm{r}\cos(\omega_\mathrm{L} t) - \delta^\mathrm{i}\sin(\omega_\mathrm{L} t)) \tag{2.124}$$

最后替代式(2.123)中的d可以得到

$$\left\langle \frac{\mathrm{d}W}{\mathrm{d}t} \right\rangle = \hbar \omega_{\mathrm{R}m\mu} \omega_\mathrm{L} \delta^\mathrm{i} \tag{2.125}$$

因此,根据式(2.119)中作用力的表达式明显看出其正比于密度矩阵非对角元$\rho_{\mu m}$的虚部δ^i,这是原子吸收光子的结果,式(2.125)中明确给出了能量吸收速率。通过式(2.124)同样可以明显看到,偶极矩中与电场反相的部分引起了光吸收。

4) 驻波的情况

这种情况可以将激光器发出的光经过反射镜后重新反射回来而产生。这种情况下,辐射电场可以写成

$$E(z,t) = E_0 \cos(k_\mathrm{L} z)\cos(\omega_\mathrm{L} t) \tag{2.126}$$

因此,电场存在振幅梯度,而没有相位梯度。辐射场在空间上的分布是确定的。

式(2.117)于是简化成只保留第一项,称为F_react,即

$$F_\mathrm{react} = - d_{\mu m}\{\delta^\mathrm{r} \nabla E_0(z)\} \tag{2.127}$$

其中角标 react 表示此时存在一个反作用力,后面会详细指出。采用之前较早的定义和布洛赫方程给出的δ^r的解,得到

$$F_\mathrm{react} = - \hbar \frac{\nabla \omega_{\mathrm{R}\mu m}^2}{4} \frac{\omega_\mathrm{L} - \omega_{m\mu}}{(\Gamma/2)^2 + (\omega_\mathrm{L} - \omega_{m\mu})^2} \frac{1}{1 + S} \tag{2.128}$$

利用饱和因子S的定义,可以写为

$$F_\mathrm{react} = - \hbar \frac{\nabla \omega_{\mathrm{R}\mu m}^2}{4} \frac{\omega_\mathrm{L} - \omega_{m\mu}}{(\Gamma/2)^2 + (\omega_\mathrm{L} - \omega_{m\mu})^2 + \omega_{\mathrm{R}m\mu}^2/2} \tag{2.129}$$

5) F_diss和F_react的性质

利用实际实验中采用的参数来比较两种作用力。在耗散作用力的情况下,设定激光器频率与原子共振,即$\omega_\mathrm{L} = \omega_{m\mu}$,激光辐射场光强很小,$(\omega_{\mathrm{R}\mu m} \ll \Gamma)$,然后可以得到

$$F_{\text{diss}} \approx \hbar k_L \frac{\omega_{R\mu m}^2}{\Gamma} \quad (\text{弱激光辐射场强度情况下}) \tag{2.130}$$

此时作用力正比于 $\omega_{R\mu m}^2$，也正比于激光辐射场光强。在强度高的情况下，$\omega_{R\mu m} \gg \Gamma$，式(2.121)表明作用力正比于激发态的衰减速率，原子不能以大于衰退回基态的速率吸收光子，因此原子一半的时间处于激发态或者基态。

$$F_{\text{diss}} \approx \hbar k_L \frac{\Gamma}{2} \quad (\text{强激光辐射场强度情况下}) \tag{2.131}$$

在行波的情况下，作用力 F 为耗散的。原子从激光辐射场中吸收光子，并且通过动量交换原子受到作用力，这在前面计算过。由于假设原子开始处于静止状态，因此原子在该作用力的作用下加速到某一速度。如果原子在原子束中以速度 v 运动，那么在该作用下，原则上会发生减速，即在实验室坐标系下被冷却。

而反作用力 F_{react} 是不同的。如果激光器的频率调谐到跃迁频率($\omega_L = \omega_{m\mu}$)，反作用力就不存在了。并且，作用力的符号随着失谐量的符号而改变。式(2.129)可以由色散曲线来表示：当 $\omega_L < \omega_{m\mu}$ 时，原子受到梯度场的作用推向较高强度的方向；在相反的情况下，$\omega_L > \omega_{m\mu}$，原子被推向低强度场的方向。当辐射场强度较大时，有

$$F_{\text{react}} = -\hbar \frac{\nabla \omega_{R\mu m}}{\omega_{R\mu m}} (\omega_L - \omega_{m\mu}) \tag{2.132}$$

如果设定 $\omega_{R\mu m} \sim \omega_L - \omega_{m\mu}$，于是有 $F_{\text{react}} = -\hbar \nabla \omega_{R\mu m}$，即作用力随着外加电场而增加。不同于在光强较大时，耗散力会发生饱和，因为光子吸收速率不能高于原子自发辐射到可吸收光子的基态的速率。在光强较高的情况下，原子发生受激辐射，于是自发辐射就不占据主导作用。在耗散力情况下，原子辐射一个与入射场同相的光子，因此不产生动量转移。而在驻波产生的反作用力 F_{react} 情况下，原子可能受到沿正向传播的光波的激发，并受到相同频率的沿反向传播的光波的受激辐射。这一过程中没有能量交换，但是原子在吸收和辐射光子过程中受到反作用力。这样具有 $E_0 \cos k_L z$ 形式的驻波在 $\omega_{R\mu m}$ 的情况下产生的 $\nabla \omega_{R\mu m}$ 在某一场强下达到最大值。最大值发生在 $\omega_{R\mu m} \sim \omega_L - \omega_{m\mu}$ 处，于是 F_{react} 变成

$$F_{\text{react}} \sim \hbar k_L (\omega_{R\mu m})_0 \tag{2.133}$$

式中：$(\omega_{R\mu m})_0$ 为拉比频率 $(1/\hbar) d_{\mu m} E_0$。

可以看到反作用力正比于动量交换 $\hbar k_L$，比值为 $(\omega_{R\mu m})_0$，这与耗散力不同，后者动量交换在速率 Γ 时达到最大值。

需要注意的是，作用力还可以表示成为势能 U 梯度的负值，$F_{\text{react}} = -\nabla U$，势能表示为(Cohen-Tannoudji 和 Guéry-Odelin, 2011)

$$U = \frac{\hbar(\omega_L - \omega_{m\mu})}{2} \ln\left[1 + \frac{\omega_{R\mu m}^2/2}{(\omega_L - \omega_{m\mu})^2 + (\Gamma/2)^2}\right] \tag{2.134}$$

通过势能的以上表达式和之前的描述可以看出,反作用力可提供囚禁原子的合适条件,驻波就是这类条件之一。当然还需要满足其他条件,后面在描述适用于原子频标应用的囚禁原子类型中会给出更详细的描述。

需要注意的是,原子囚禁并不是由耗散力产生的。后面将会看到,还可以通过采用一定入射角的多个激光光束来冷却原子团。这种结构称为黏团,原子冷却主要是通过在计算耗散力时描述的动量交换过程实现的。因此,尽管原子被冷却下来,它们仍然会在吸收-辐射过程中随机扩散,而不会被囚禁起来。

2. 运动原子的多普勒冷却

到目前为止,除了偶尔提到激光辐射场对于运动中的原子产生的影响外,主要分析了激光场与静止原子之间的相互作用。由于引入原子冷却主要是为了抑制多普勒效应,因此后面将把分析过程拓展到原子处于运动时的情况。考虑多种结构,例如,原子系综处于具有温度为 T 的任意形状的气室中。速度分布谱满足麦克斯韦-玻尔兹曼分布,平均速率为 v_a。目的是为了减小平均速率,且减小速度分布或者速度谱的宽度,从而改变原子系综的温度。另外,也可以采用某一原子炉发出的特定温度且经过准直的原子束流。用作时间基准的被动铯原子标准就是采用的铯原子束流。而在其他碱金属原子束的情况下,如铷原子,产生原子的源可能是小的被加热的玻璃或者带有小孔的金属腔,其中椭圆形的小孔可起到准直器的作用。原子束中原子的速度分布体现了原子炉的温度,速度分布谱由修正的麦克斯韦-玻尔兹曼分布表示。在铯原子束钟中,共振峰的宽度代表了原子处于相互作用区域的渡越时间长短。因此,需要降低原子束中原子的速度,同时减小共振线宽。在20世纪80年代早期,通过激光辐射改变原子束中原子速度的实验成功完成,实验采用的是钠原子(Phillips 和 Metcalf, 1982)。后面将会看到如何将原子处于静止情况下的分析过程应用于运动的原子中。

实验室坐标系下运动的原子放到其质心所在的参考坐标系中时是静止的。如图2.20所示,假设质心坐标系朝着激光器运动,与激光辐射光束传播方向相反。

在2.5.1.1节开头中的基本理论中,计算了辐射场与原子之间的动量交换导致原子反向运动,获得速度 v_{rec},可根据式(2.83)计算得到。这一结果同样适用于运动中的原子,只是反冲速度需要矢量叠加到原子本身的速度上。但是,这种情况下会对激光器频率产生影响。如果激光器调谐到与静止中原子共振的频率,那么该频率将不会与速度为 v 的原子共振。如果原子朝向激光器运动,或者换句话说,与光波传输方向反向,由于多普勒效应原子感受到的光波频率正失谐,频移量为

$$\Delta\omega_D = k_L v \tag{2.135}$$

因此,为了与能级 E_μ 到 E_m 的跃迁频率共振,即 $\omega_{m\mu}$,激光器需要调谐到频率为

$$\omega_L = \omega_{m\mu} - k_L v \tag{2.136}$$

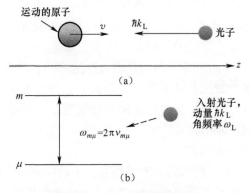

图 2.20 运动中的原子示意图

(a) 动量为 $\hbar k_L$ 的光子作用于具有速度为 v、与激光辐射场传播方向相反的原子示意图；
(b) 具有能级 E_m（激发态）和 E_μ（基态）的原子与能量为 $\hbar\omega_L$ 光子的相互作用。

即更低的频率或者相比于朝 $\omega_{m\mu}$ 红移的方向调谐。当激光器调谐到与原子共振的情况下，跃迁概率是最大的。原子吸收光子，反冲速度矢量叠加到原子初始速度上。因此，原子运动速度减慢，这与之前讨论处于静止的原子受到辐射场作用时的能量和自发辐射过程是相同的。但是，这里想更多了解相互作用过程的细节，然后应用于二维和三维空间中原子系综受到相向传播的辐射光相互作用过程中。因此，重新采用前文所述的量子力学理论来给出原子-光辐射相互作用中两种类型作用力的表达式。

由于处于运动状态的原子与静止的原子相比，感受到的辐射光频率会有所不同，可以简单地看作引入了多普勒效应（式(2.135)）对激光器的频率 ω_L 产生影响。耗散力可以通过式(2.121)，将激光器的频率转换成多普勒效应后的频率而得到，即

$$F_{\text{diss}}(v) = -\hbar k_L \Gamma \frac{\omega_{R\mu m}^2}{4} \frac{1}{(\Gamma/2)^2 + (\omega_L + k_L v - \omega_{m\mu})^2 + \omega_{R\mu m}^2/2} \quad (2.137)$$

因此，得到与 v 有关的作用力。如前所述，当激光器频率 ω_L 朝 $\omega_{m\mu}$ 的红移方向调谐可以补偿多普勒效应，得到作用力的最大值，即

$$\omega_L + k_L v = \omega_{m\mu} \quad (2.138)$$

共振峰的形状为洛伦兹型。原子以速度 v_1 与辐射光相向运动时，受到作用力随激光器频率变化如图 2.21 所示。

作用力的表达式非常复杂。处于不同速度的原子在辐射场作用下具有类似的行为，只是峰值相比于原子处于静止状态发生平移。还可以画出作用力随 v 的变化曲线，可以得到类似的情况，如图 2.22 所示。在图示的情况下，激光器被调谐至 $\omega_L = \omega_{m\mu} - k_L v_1$，可以看到在共振曲线的一侧 $v = 0$ 处也会受到作用力。

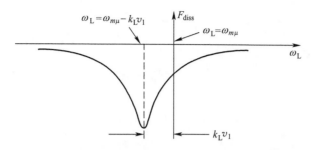

图 2.21　图 2.20 中原子以速度为 v_1 与辐射光相向运动时受到的耗散力随激光器频率变化的示意图

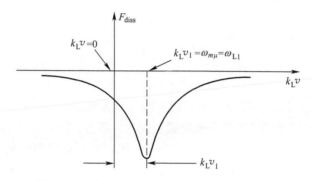

图 2.22　当激光器往静止原子共振频率的红移方向调谐后原子受到的耗散力随原子速度变化的示意图

显而易见，共振峰的宽度由 $\Gamma(\Delta\omega_{1/2}=\Gamma)$ 决定，只有在该速度范围内的有限的原子会与激光辐射场发生相互作用。通过表 2.1 可知，对于铯原子，在半高位置处的自然线宽为 5MHz，得到 $\Delta\omega_{1/2}=30\times10^6\,\mathrm{s}^{-1}$。调谐激光器频率产生红移量为 2Γ，将引起共振峰平移量为 $k_L v=60\times10^6\,\mathrm{s}^{-1}$，其中 k_L 约为 $7\times10^7\,\mathrm{m}^{-1}$，处于速度在 1m/s 量级的原子受到的作用力最大。某一温度下气室中原子的速率分布谱满足麦克斯韦分布。如果受到该辐射场的作用，那么根据式(2.137)，速度在 0.5～1.5m/s 之间的原子受到的作用力至少为最大值的 50%。

如果原子速度为负或者说与光的传播方向相同，就会受到相同方向的作用力，因此会被加速。但是，由于附加的多普勒效应和反冲速度，受到的作用力较小。为了更好地理解以上现象，可以将方程围绕 $v=0$ 进行级数展开。采用常规的代数计算，可以得到 v 的一阶展开为

$$F_{\mathrm{diss}}=-\left[\frac{\hbar k_L \Gamma}{2}\frac{\omega_{R\mu m}^2/2}{(\Gamma/2)^2+(\omega_L-\omega_{m\mu})^2+\omega_{R\mu m}^2/2}\right]$$

$$+ \left[\hbar k_L^2 \Gamma \frac{\omega_{R\mu m}^2}{2} \frac{\omega_L - \omega_{m\mu}}{(\Gamma/2)^2 + (\omega_L - \omega_{m\mu})^2 + \omega_{R\mu m}^2/2} \right] v \quad (2.139)$$

通常可以表示成

$$F_{\text{diss}} = F_0 - \alpha v \quad (2.140)$$

其中:

$$F_0 = -\frac{\hbar k_L \Gamma}{2} \frac{\omega_{R\mu m}^2/2}{(\Gamma/2)^2 + (\omega_L - \omega_{m\mu})^2 + \omega_{R\mu m}^2/2} \quad (2.141)$$

$$\alpha = -\hbar k_L^2 \Gamma \frac{\omega_{Rm}^2}{2} \frac{\omega_L - \omega_{m\mu}}{[(\Gamma/2)^2 + (\omega_L - \omega_{m\mu})^2 + \omega_{R\mu m}^2/2]^2} \quad (2.142)$$

注意到,以上表达式还可以由饱和因子 S 表示为

$$F_0 = -\frac{\hbar k_L \Gamma}{2} \frac{S}{1 + S} \quad (2.143)$$

$$\alpha = -\hbar k_L^2 \Gamma \frac{\omega_L - \omega_{m\mu}}{[(\Gamma/2)^2 + (\omega_L - \omega_{m\mu})^2]} \frac{S}{(1 + S)^2} \quad (2.144)$$

F_0 是与原子速度无关的作用力,沿辐射场的传播方向作用于原子;第二项 αv 可看作一个阻尼环境下受到的与原子速度成正比的作用力,与原子运动方向相反。

如果需要减慢原子的速度,首先需要补偿掉 F_0,可以采用多种方式达到以上目的(CohenTannoudji 和 Guéry-Odelin,2011)。例如,可以通过 Paul 阱来囚禁离子,从而通过回复囚禁力产生与该力相反方向的作用力。之前已经指出,由于来自反冲效应引起的动量交换,因此 F_0 非常小。如图 2.23(a)所示,如果另一个具有相同频率、相同强度、方向相反的辐射场作用于原子,就会产生一个与之前作用力方向相反的、同样与速度无关的作用力(Hansch 和 Schawlow,1975)。辐射场与原子相互作用是对称的,那么两个辐射场引入的与速度无关的两个 F_0 是相互抵消的。

在另一种特定情况下,原子以速度 v_1 沿 z 轴正方向运动,激光器相对 $\omega_{m\mu}$ 向红移方向调谐 $-k_L v_1$,辐射场从右侧发出沿 z 轴反方向传播,波矢为 $-k_L$ 时,跃迁概率(作用力)为最大。而向右侧传播、波矢为 k_L 的辐射场为非共振的,跃迁概率(作用力)较小。两个作用力的差值产生一个与原子速度成正比的净作用力,方向与原子运动方向相反,这表明从右侧发出的光被吸收较多,经历了更多的吸收-辐射过程。这一结果也适用于其对称情况,即原子向左侧运动而激光辐射向右侧运动的情况。由于原子速度减慢的机理来自于多普勒效应引起的不平衡,因此也被称为多普勒冷却。根据式(2.141)中的计算,当 $\omega_L - \omega_{m\mu} = -\Gamma/2$ 时,作用力为最大。在这种情况下,当激光器辐射强度很低时,即 $S \ll 1$ 时,阻尼系数为最大值,表示为

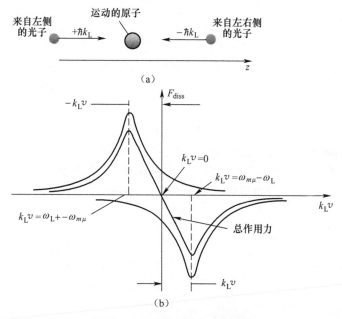

图 2.23 辐射场与原子相互作用
(a) 光子入射到原子的示意图;(b) 两个对称的相向传播的相同激光辐射场作用的情况下对原子产生的作用力随原子速度变化的示意图。

$$\alpha = 2\hbar k_L^2 S \quad (2.145)$$

式中：系数 2 来自于两个行波场形成了一个驻波场，并且假设激光辐射场强度很低时，两者是独立作用于原子的。

根据之前的分析结果，似乎这一过程并没有冷却极限，原子甚至可以完全停止运动。但是在实际过程中，光吸收和辐射过程都是分立的、随机的。这些过程会引起自发辐射和吸收光子的波动。例如，自发辐射在各方向上的波动导致原子的平均动量可能不为 0。这样，原子将会以剩余速度随机游走（Dalibard, 1986）。该效应还会伴随着加热，阻碍原子的冷却。当以上两个过程的波动相等时，就达到了冷却的极限。后面将会看到，原子能够达到的最小能量为

$$E_{\min} = \frac{1}{2}\hbar\Gamma \quad (2.146)$$

以上就是激光冷却的极限。然而，后面将会了解还有其他方法可以实现更低的能量，即更低的冷却温度。

3. 黏团

以上描述的结构是一维的，如图 2.23(a) 中的 z 轴方向。朝向左侧传播的波矢为 $-\boldsymbol{k}_L$ 的光是由激光器直接产生的，而向右侧传播的波矢为 $+\boldsymbol{k}_L$ 的光可以由同

一激光器产生的光经过反射镜反射得到。在充满碱金属原子蒸气的气室中进行以上一维相互作用,原子会被一维冷却,而在其他方向上由于随机自发辐射过程就会产生加热现象。显而易见,对于正交的另外两个方向,即 x 轴和 y 轴,也会产生类似的现象。因此,3束激光沿合适的角度出射,并且通过反射得到6束激光束,可以得到一个在一定体积范围内减小气室中原子在各个方向速度的三维装置。原子速度可减小至接近于0的一定范围内,并且在该装置内原子在某种程度上被相互作用过程捕获。经过每一次的吸收-辐射循环,原子速度都会减小,类似于在黏性物质中的一种阻尼机制。所以,这种结构也被称为黏团,类似于具有高非牛顿黏度的结构(Chu 等,1985)。黏团尺寸在毫米到厘米量级,取决于6束辐射光之间的重叠区域尺寸。典型的黏团装置的示意图如图 2.24 所示。

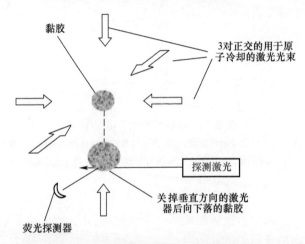

图 2.24 通过 3 对朝向合适角度的光束产生的黏团示意图(如果关闭激光器,那么黏团会由于重力场作用而下降,可通过探测光束分析其性质)

如图 2.24 所示,可以采用窄线宽的激光探测光束研究黏团的性质。如果冷却激光器关闭,在地球重力场的作用下,黏团会下落,可以确定其尺寸、密度、原子束和温度随时间变化的性质。对以上的研究发现,如果冷却激光频率红失谐频移量为几倍 Γ,那么黏团可以捕获约 10^9 个原子。之前计算的单束光情况下的捕获速度在此仍然适用。黏团技术可以捕获原子的速度约为几米每秒的量级,主要取决于激光器的失谐量。另外,一维情况下的随机过程的产生原因也适用于三维情况。由于在三维空间中,冷却过程基于分立的吸收-辐射循环过程,而该过程是随机的,进行统计后产生随机游走,原子在空间中扩散。能实现的原子最小能量(或者等价温度)表示为(Phillips,1992)

$$E_{\min} = \frac{\hbar \Gamma}{4}\left[\frac{2(\omega_L - \omega_{m\mu})}{\Gamma} + \frac{\Gamma}{2(\omega_L - \omega_{m\mu})}\right] \quad (2.147)$$

当 $\omega_L - \omega_{m\mu} = -\Gamma/2$ 时,可以得到与方程式(2.146)相同的结果。令 $E_{min} = k_B T_{min}$ 可以得到理论上可实现的最小温度的估计值。对于铯原子,可以得到 $T \approx 230\mu K$。后面将会看到,实际过程中可以得到比以上更低的温度。

在应用于原子频标时,黏团产生的小球表现出许多有趣的性质。特别是,它可以用在基于 Zacharias 早期提出的原子喷泉概念以实现铯原子频标系统中 (Forman,1985)。通过微调激光器的频率,黏团球就具有一个很小的竖直方向速度。如果关闭激光器,基于经典力学理论,黏团球会继续运动至一个高度后在重力作用下下降。黏团的色散或者尺寸变大与冷却过程中达到的温度有关。通过实验确定黏团温度过程中发现了一个有意思的现象:实验中测量到的原子系综的温度比以上基于激光冷却效应和吸收-辐射过程随机性引起的加热效应平衡计算得到的式(2.147)中的温度低两个数量级。图 2.25 中给出了非常有说服力的实验测量结果(Phillips,1992)。

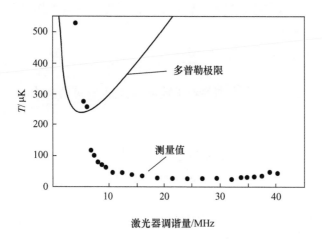

图 2.25　钠原子黏团的温度随激光器频率相对于原子静止时共振频率的红移调谐量变化的曲线
(图中的实线为根据方程式(2.147)计算得到的多普勒极限值。实心点为实验测量值)
(数据得到 W. D. Phillips 2014, pers. comm. 授权)

实验测量的结果似乎存在问题,因为它与多普勒冷却基本物理原理得出的理论结果不符(Lett 等,1988)。这一现象需要更深入地研究在强激光场存在时原子的行为。一直以来都认为激光辐射场会引起原子能级的变化,即 2.3 节中计算的光频移。分析中发现,如果原子运动与吸收-辐射过程中的空间调制抽运速率和光频移引起的能量峰、能量谷有关的话,那么原子在空间中运动会消耗额外的能量。以上过程被称为 Sisyphus 冷却(Dalibard 和 CohenTannoudji,1989)。这一效应将在 2.5.3 小节中进行半定量的描述。

147

2.5.2 激光冷却中的扰动效应及其极限

光子吸收和自发辐射都是随机的分立过程。因此,在一定时间 Δt 内,这些过程会受到扰动的影响。自发辐射过程的方向是随机的,会引起动量的随机游走,最小步长为 $\hbar k_L$。

在动量空间中,引起的原子动量扩散由色散来表征,随着观察时间 Δt 增大。游走的步数等于单位时间内的吸收次数 dN/dt。动量的色散平方均值 $\langle \Delta p^2 \rangle$ 可以表示成以下 3 个部分的乘积,包括最小动量值的平方、单位时间吸收光子次数以及观察时间,即

$$\langle \Delta p^2 \rangle = \hbar^2 k_L^2 \left(\frac{dN}{dt}\right) \Delta t \tag{2.148}$$

每秒的跃迁数量受制于吸收速率,而吸收速率不能大于自发辐射的速率。之前得到该速率的最大值为

$$\frac{dN}{dt} = \Gamma \rho_{mm} \tag{2.149}$$

式中:ρ_{mm} 为稳态情况下激发态的粒子数比例,之前计算得到为

$$\rho_{mm} = \frac{1}{2} \frac{S}{S+1} \tag{2.150}$$

可以将式(2.148)中动量色散的表达式写成

$$\langle \Delta p^2 \rangle = 2 D_{\text{spont}} \Delta t \tag{2.151}$$

式中:D_{spont} 为自发辐射扩散系数。

基于之前的讨论,D_{spont} 可以写成

$$D_{\text{spont}} = \frac{1}{4} \hbar^2 k_L^2 \Gamma \frac{S}{S+1} \tag{2.152}$$

还可以采用类似于分析讨论吸收过程的方法,此时吸收光子的数量存在扰动。计算的色散值与式(2.151)相近,色散系数与自发辐射计算所得的数值基本一致(Cohen-Tannoudji 和 Guéry-Odelin,2011)。

动量色散导致冷却过程存在极限,将在后面给出具体的计算过程。原子速度的减小或者冷却可以通过阻尼系数 α 由作用于原子的阻尼力来计算。由于 $F = -\alpha v$,通过简单的代数计算可得

$$\frac{dp}{dt} = -\frac{\alpha}{M} p \tag{2.153}$$

式中:M 为原子质量。

可以将动量 p 的扰动写成

$$\frac{\mathrm{d}\Delta p^2}{\mathrm{d}t} = -2\frac{\alpha}{M}\Delta p^2 \tag{2.154}$$

阻尼系数可以通过式(2.144)得到。如果假设激光器频率失谐量等于$(1/2)\Gamma$,此时冷却速率为最大值,激光光强非常弱,使得$S \ll 1$,那么α变为

$$\alpha = 2\hbar k_L^2 S \tag{2.155}$$

在冷却过程中动量步长的变化速率Δp可表示为

$$\left(\frac{\mathrm{d}\Delta p^2}{\mathrm{d}t}\right)_{\text{cool}} = -4\frac{\hbar k_L^2 S}{M}\Delta p^2 \tag{2.156}$$

随机辐射和吸收过程引起的动量扩散被看作加热过程。根据式(2.151),可以得到

$$\left(\frac{\mathrm{d}\Delta p^2}{\mathrm{d}t}\right)_{\text{heat}} = 2D \tag{2.157}$$

如果加热速率和冷却速率相等,就会达到一个稳态,此时动量扰动$(\Delta p)^2$是稳态的。根据吸收和辐射扰动,对应的稳态值为$(1/2)\hbar\Gamma M$。如果用剩余能量来解释,可看成由一个自由度的剩余热能$(1/2)k_B T_{\text{eq}}$导致,即

$$k_B T_{\text{eq}} = \frac{1}{2}\hbar\Gamma \tag{2.158}$$

以上结果还可以表示成为剩余平衡速度,即

$$\Delta v_{\min} = \left(\frac{\hbar\Gamma}{2M}\right)^{1/2} \tag{2.159}$$

通过分析可以发现,多普勒冷却能够实现的最低温度存在一个极限,如铯原子的极限为130μK。

2.5.3 低于多普勒极限的 Sisyphus 冷却

在2.5.2小节中提到实际过程中测量的温度低于理论计算值。实验测量到的温度比计算值低两个数量级。这样的实验现象非常有趣,虽然当时还无法由理论进行解释,但对它的观测打开了实现比预想更低温度技术的大门。因此,后续需要解释这种现象产生的原因,从而能够加以控制以实现更低的温度。

2.5.3.1 Sisyphus 冷却的物理原理

高效冷却的机理可以解释为原子外部属性参数(如原子速度)与内部相互作用的耦合导致了激光辐射场使原子能级产生光频移。后面将采用半定量的方式进行解释,并计算其极限值。计算过程基于 Dalibard、Cohen-Tannoudji 和 Phillips 所著的理论(Dalibard 和 Cohen-Tannoudji,1989;Cohen-Tannoudji 和 Phillips,1990;

Cohen-Tannoudji 和 Guéry-Odelin,2011)。

这里仍然考虑之前采用的两束平面波相向沿着 z 轴传播的结构。假设两平面波都是线偏振光,偏振方向相互垂直,频率和光强相等。两平面波的相位正比于 z,并且产生干涉。干涉的结果并不是谐振腔中的驻波,而只是偏振态在空间的分布具有驻波的形式,如图 2.26(a)所示。干涉波的椭圆度变化与 z 值成线性关系,以固定的变化模式从圆偏振变化为线偏振。

到目前为止,已经分析了激光辐射场与二能级原子跃迁频率近似共振情况下的多普勒冷却过程。然而在实际情况下,如碱金属原子,情况并非如此。例如,铷原子或者铯原子,不成对的电子具有 1/2 的自旋,与原子核相互作用产生核自旋 I。于是在基态和激发态产生塞曼能级。这些能级通常都是简并的,但是很多效应都会引起简并态解除,如与电磁场发生相互作用,可以为静电场或者静磁场。这些塞曼能级是解释观察到低于多普勒冷却温度的关键。但是,为了简化分析过程,采用较简单的系统,其中原子基态角动量 $J_\mu=1/2$,激发态角动量 $J_m=3/2$。两个能级之间的能级差在光学频率范围内,如图 2.26 所示,基于这一模型,可以研究具有简单能级的原子受到辐射场作用时内部属性的变化情况。

在基态 μ 和激发态能级 m 间的各种跃迁过程如图 2.26(b)中所示。两个塞曼子能级 $m_\mu=+1/2$ 和 $m_\mu=-1/2$ 会产生不同的光频移,频移量与激光的偏振态有关,因为相互作用引起的变化是由 Clebsch-Gordon 系数决定的。于是,能级简并被解除了。图 2.26(d)中明确表示出了两个子能级分裂的空间调制,周期为 $\lambda/2$,体现了偏振态的周期性变化。因此,在 z 轴方向上均匀分布的原子系综经过相互作用后产生的能量移动与原子在空间中的位置有关,类似于存在一个空间调制的有波峰和波谷的势,从而引起对基态能级光频移的调制。另外,第一次认识到当图 2.26(a)所示的场作用于原子时,原子可以从一个基态能级被光抽运到另一个基态能级。光抽运产生的能级跃迁如图 2.26(b)所示,跃迁概率可以直接计算出来(QPAFS,1989)。跃迁强度由对称性和 Clebsch-Gordon 系数决定。光抽运过程由抽运速率 Γ_p 表征,其表达式可由式(2.41)给出,由 Clebsch-Gordon 系数加权拉比频率表示。图 2.26 中给出偏振态跃迁的权重结果。因此,抽运速率得到了调制。通过以上简单的分析,可以得出以下结论,即在圆偏振光区域的原子在不同能级的抽运速率是不同的。例如,在辐射场偏振为 σ^- 的区域,原子被抽运到能级 $m_\mu=-1/2$。此时,辐射场只抽运处于低能级的原子,因此在稳态下,原子数本身就沿着 z 轴被调制。偏振态调制会产生调制的赝势能,可以将具有极低能量(极低速度)的原子囚禁其中。将抽运速率 Γ_p 与抽运时间 $\tau_p=1/\Gamma_p$ 联系起来。抽运时间比原子在激发态 $J=3/2$ 的寿命 $1/\Gamma$ 高几个数量级,Γ 为自发衰减速率,约为几十纳秒的量级。在光学抽运约为毫秒量级的时间内,原子可以运动一定的距离。

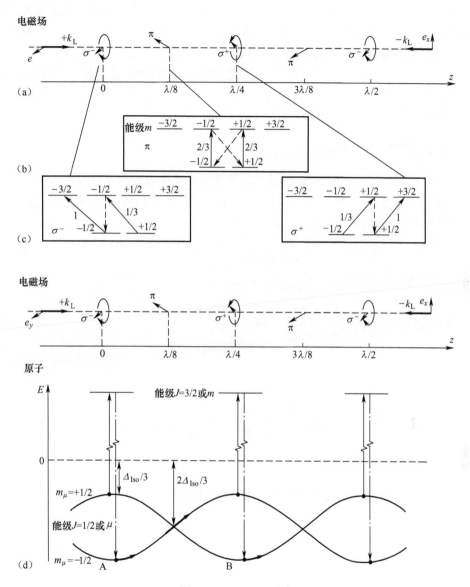

图 2.26 Sisyphus 冷却

(a)两束相向传播的、线偏振方向相互正交的激光作用的电磁场示意图;(b)具有两个能级 $J=0$ 和 $J=1$ 的原子受到电磁场作用。各个能级间的跃迁概率如图中标记;(c)如(a)中场的分布;
(d)光频移对原子能级的影响以及在 Sisyphus 冷却中能级跃迁的示意图。

假设图 2.26(d) 中位置 A 的,原子处于 $m_\mu = -1/2$ 能级,速度为 v_p。该速度可保证原子在时间 t_p 内到达势能峰值,并且运动距离为 $\lambda/4$,到达图中的 B 区域。在这种情况下,由于偏振态发生了变化,原子从能级 $m_\mu = -1/2$ 经抽运跃迁到 $m_\mu =$

151

+ 1/2 能级。在这一过程中,原子跨过了一个势能峰。原子的动能转化成势能,并且速度减慢。原子在极短时间 $1/\Gamma$ 内从 $m_\mu = -1/2$ 能级衰减到 $m_\mu = +1/2$ 能级,辐射出的光子能量比最初抽运光子的能量大 $2/3\Delta_{ls}$。通过一次光吸收-辐射过程,原子损失了一部分动能。然后原子会通过另一个势能峰,速度进一步降低。类似于希腊神话中的 Sisyphus 始终在推一颗石头到达山顶,由于总体上来说原子处于基态低能级的概率更高,原子攀登势能山峰的频率大于其下降频率。

2.5.3.2 捕获速度

在上面解释中提到的速度 v_p 可以等效地看作冷却过程的捕获速度,因为当原子速度大于该速度时,并不会长时间处于能够抽运到其他基态能级的偏振态上。在抽运时间 τ_p 内,原子传播距离为 $\lambda/4$,可以表示成

$$v_{capt}\tau_p = v_{capt}\left(\frac{1}{\Gamma_p}\right) \approx \frac{\lambda}{4} \tag{2.160}$$

根据 k_L 采用 λ 表示的定义可以得到捕获速度为

$$v_{capt} \approx \frac{\pi\Gamma_p}{2k_L} \tag{2.161}$$

与多普勒冷却中的捕获速度 $\Gamma/2k_L$ 比较可以得到

$$\frac{v_{capt}(\text{Sis.})}{v_{capt}(\text{Dop.})} \approx \frac{\pi\Gamma_p}{\Gamma} \tag{2.162}$$

式(2.16)的这一比值非常小,也表明 Sisyphus 冷却只适用于原子速度很小的情况或者已经采用其他类似多普勒冷却方法冷却的情况。

2.5.3.3 阻尼系数

类似于多普勒冷却,这里也定义一个阻尼系数 α_{Sis},可以表示成

$$F = \alpha_{Sis} v \tag{2.163}$$

原子在越过势能峰过程中耗散掉的能量 $W = \hbar(2/3)\Delta_{ls}$。在速度 v_p 时实现最大程度冷却所需时间为 $\tau_p = 1/\Gamma_p$。于是

$$\frac{dW}{dt} = -\frac{\hbar(2/3)\Delta_{ls}}{\tau_p} = (2/3)\hbar\Delta_{ls}\Gamma_p \tag{2.164}$$

另外,原子做的功等于力乘以传播的距离。因此,可以写成

$$\frac{dW}{dt} = F\frac{d}{dt}(\text{传播距离}) = Fv \tag{2.165}$$

利用式(2.163),可以得到

$$\frac{dW}{dt} = -\alpha_{Sis} v^2 \tag{2.166}$$

将 v 看作 v_{capt}，并利用式(2.164)最终可以得到

$$\alpha_{\text{Sis}} \approx -\hbar k_L^2 \frac{\Delta_{ls}}{\Gamma_p}\left(\frac{8}{3\pi^2}\right) \tag{2.167}$$

光频移采用式(2.43)，抽运速率采用式(2.41)中的表达式，得到在 Sisyphus 冷却中阻尼系数的幅度量级约为

$$\alpha_{\text{Sis}} \sim -\hbar k_L^2 \frac{\omega_L - \omega_{m\mu}}{\Gamma} \tag{2.168}$$

可以看到，当激光的失谐量远大于 Γ，α_{Sis} 远大于多普勒冷却阻尼系数 α_{Dop} 约为 $-\hbar k_L S$（S 为饱和因子，远小于 1）。但是需要注意的是，Sisyphus 效应适用的速度范围，即捕获速度是远小于多普勒冷却速度的。因此，Sisyphus 冷却只对速度很小的原子有效，在实际应用中，需要首先采用多普勒冷却将原子冷却到一定速度，然后再进行 Sisyphus 冷却。

2.5.3.4 冷却极限温度

从图 2.26 中可以看出，原子每经过一次吸收-辐射循环过程，速度就会在越过赝势峰后减慢，因此 Sisyphus 冷却存在极限。势阱的深度在 Δ_{ls} 量级，一旦原子动能达到 $\hbar\Delta_{ls}$ 量级，就会被捕获在势阱中，不能被光抽运。这时，可以认为

$$k_B T_{\text{Sis}} \sim \hbar\Delta_{ls} \tag{2.169}$$

再次利用计算得到的 Δ_{ls} 值，并且假设激光的失谐量大于其线宽，可以得到

$$k_B T_{\text{Sis}} \sim \hbar \frac{(\omega_{1\mu m})^2}{\omega_L - \omega_{m\mu}} \tag{2.170}$$

可以发现，如果减小拉比频率 $\omega_{1\mu m}$，也就是降低激光光强会得到更低的冷却温度。原因在于当辐射光强更低时，引起的光频移也更小。激光的失谐量会起到相同的效果。因此，原则上可以通过减小激光光强或者增加激光失谐量来实现更低的冷却温度。尽管 Sisyphus 冷却只适用于很少量的原子，即那些已经具有较低速度的原子，但是该过程可以很高效地进一步减小其速度，从而将这些原子冷却到极低的温度。

需要注意的是，还可以利用与图 2.26(a)所示的辐射光束的不同偏振态得到类似的结果。例如，两个相向传播的激光辐射场的偏振方向可以采用圆偏振，且为 σ^+—σ^- 配置。于是，可以得到旋转的线偏振光。这种结构与图 2.26(a)中不同，图中得到的偏振方向是从 σ^+ 到线偏振再到 σ^- 变化。尽管这种情况下相互作用具体过程不同于之前的分析，然而最终得到的结果是类似的，实际过程中两种偏振结构都可以采用(Dalibard 和 Cohen-Tannoudji，1989，以及其中的参考文献)。

2.5.3.5 反冲极限

Sisyphus 冷却还受制于反冲效应。类似于多普勒效应，在 Sisyphus 冷却中荧

光循环也不会停止。随机反冲 $\hbar k$ 通过随机自发辐射的光子作用于原子,并且该过程不受控,似乎不可能将原子动量扩散 Δp 减小到光子动量 $\hbar k$ 以下。$\Delta p = \hbar k$ 定义了单个光子反冲极限,对应的反冲温度可由 $[(k_B T_R)/2] = E_R$ 得到,E_R 为自发辐射光子的反冲能量。如果冷却过程达到该温度,那么该反冲能量就会加热原子,Sisyphus 冷却过程就不再有效(附录 2.A)。因此能实现的最低温度在 E_R/k_B 量级。对于重原子,如铷原子或者铯原子,该温度约为几个毫开尔文。分析过程与全量子理论和实验结果完全一致。

2.5.3.6 亚反冲冷却

还有其他方式可以进一步降低原子系综的温度,亚反冲冷却机制就是其中一种。众所周知,反冲能量来自于自发辐射过程,如果可以使自发辐射依赖于速度,那么原则上就可以操控反冲效应。因此,如果原子处于 $v=0$ 荧光消失的态,那么就可以实现冷却至低于反冲极限的温度,因为此时荧光效应消失了。这种条件可以通过相干布居数囚禁的方法来得到,此时两个激光辐射场用来产生非吸收态(参见 2.4 节)。在一种特殊情况下,即激光光束为圆偏振且传播方向相反,速度 $v=0$ 的原子处于暗态,不吸收光辐射,而具有很小速度的原子与辐射场相互作用。这些原子被激发,并且随机地冷却到暗态,速度减小到接近于 0。Aspect 等(1989)即采用了这种方法。还有一种类似的方法是利用受激拉曼跃迁,从而将原子速度减小到接近于 0(Kasevich 和 Chu,1992)。这些技术主要是利用了与随机游走过程有关的极少事件。另一种可以进一步降低温度的方法是采用蒸发冷却技术(Hess,1986)。在该技术中,用于捕获原子系统的势阱的深度逐渐减小,能量大于势阱深度的原子逃逸掉,剩下能量比较低的原子被捕获。于是,原子系综只剩下具有较低能量或者较低温度的原子。这些技术还被用于与玻色-爱因斯坦凝聚态的基础研究有关的实验中。由于这些内容超出了本书的范围,这里不做过多的讨论。

2.5.4 磁光阱

在光学黏团中,原子被囚禁在一个区域内,空间尺寸为 6 束激光光束的重叠区域的大小,约为厘米量级。然而,这种囚禁并不牢靠,区域内并没有空间回复力的约束。原子受到的作用力主要是通过摩擦机制对速度产生影响,而真正的囚禁力应该作用于原子驱使它到一个区域或者理想情况下处于某一点。除了冷却激光外,还可以对原子系综施加磁场,磁场的空间分布可以对原子产生新的作用力,推动原子局限于空间的某一个区域或者一个点。

这种结构被称为磁光阱(MOT),如图 2.27 所示(Raab 等,1987)。两个线圈产生的磁场如图 2.28(a)所示。两个水平放置的线圈中电流方向相反,产生一个四

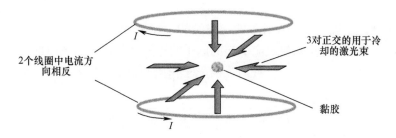

图 2.27 黏团在四极磁场作用下产生新的作用力,从而将原子驱使到磁场为零的中心区域的系统示意图(这种结构称为磁光阱)

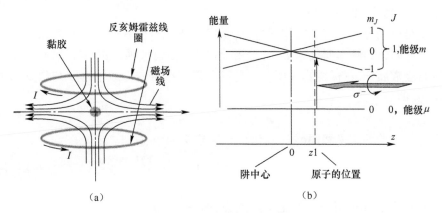

图 2.28 磁光阱的基本原理
(a)线圈电流方向相反产生四极磁场;(b)具有基态 $J=0$ 和激发态 $J=1$ 的原子受到中心位置处的辐射场作用的二维示意图。

极磁场。磁场线是轴向对称的,该结构的中心位置处磁场为 0。系统的工作原理可以通过图 2.28(b)中在一维情况下发生的现象来理解。为了简化分析过程,假设原子有两个能级,分别为 μ 态(角动量 $J=0$)及 m 态($J=1$)。能级没有超精细能级分裂现象,在磁场作用下,m 态分裂成 3 个能级,并且能量随着磁场强度增加而线性增加。处于 z_1 位置处的原子在磁场作用下,上能级 $J=1$ 分裂成 3 个塞曼能级。从右侧发出的激光,其偏振方向为 σ^-,频率相对于阱中心无磁场处原子的共振频率红失谐,激发原子从能级 $|J=0, m=0>$ 跃迁到 $|J=1, m=-1>$。在相互作用过程中引起动量交换,反映为之前计算的作用力上。在计算过程中,假设运动的原子受到存在多普勒频移的辐射场的作用。在本系统中,原子频率本身在磁场作用下发生频移。可以采用之前计算作用力的方程(式(2.137)),应用于本系统中,即原子共振频率相比于零磁场时的共振频率产生了频移。相互作用的磁场分量哈密顿算符为(QPAFS 的第 1 卷,1989)

$$\mathcal{H} = g_J \mu_B S_z B \tag{2.171}$$

于是产生了图 2.28(b)所示的能级结构。在这种情况下,对于图中的跃迁过程($m_J = -1$ 到 $m_J = 0$),塞曼效应引起的原子共振频率相比无磁场时的 $\omega_{m\mu}$ 变化了 $-2\mu_B B/\hbar$,其中已令 $g_J = 2$。此时入射光子作用于原子产生的作用力可以写成

$$F_{\text{diss}}(v) = -\hbar k_L \Gamma \frac{\omega_{R m\mu}^2}{4} \frac{1}{(\Gamma/2)^2 + \{\omega_L + k_L v - [\omega_{m\mu} - 2\mu_B B(z)/\hbar]\}^2 + (\omega_{R m\mu}^2/2)} \tag{2.172}$$

磁场随原子所在位置变化可认为是线性的,表示为

$$B(z) = Az \tag{2.173}$$

式中: A 为梯度(T/m)。

于是得到与位置有关的作用力,这是实现磁光阱捕获原子的必要条件。假设在阱中心附近的频率变化非常小,采用处理与速度有关项的相同方法,将作用力方程进行级数展开,仅保留线性项。于是可以得到在阱内与原子速度和位置相关的作用力,即

$$F = F_0 - \alpha v_z - \kappa z \tag{2.174}$$

其中 α 与之前的定义相同(式(2.144)), κ 定义为

$$\kappa = 2k_L \mu_B AS \frac{-(\omega_L - \omega_{m\mu})\Gamma}{(\omega_L - \omega_{m\mu})^2 + (\Gamma/2)^2} \tag{2.175}$$

如前所述, αv_z 对原子产生了阻尼力,而 $-\kappa z$ 将与原子推向该作用力为 0 的 $z=0$ 位置。向左边传播的光波在传播过程中会与处在 $-z$ 轴的原子发生相互作用。但是,光波的偏振态将造成其频率偏离原子共振频率,因此会抑制其与具有特定共振频率能级的原子的相互作用。以上分析过程也适用于从左侧发出向右侧传播、具有相同光强和相同频率的光波,然而光波的偏振态为 σ^+。由于作用力是对称的,原子被推向阱的中心处。当光波同时从左侧和右侧发出,那么 F_0 会相互抵消,原因前面已经给出。于是,在图 2.28(a)所示结构的中心位置两边的原子被同时推向中心。可以采用产生黏团的装置产生三维的囚禁阱,从而在 x 和 y 方向得到与原子位置有关的相同类型的作用力。因此,原子被捕获在黏团中,速度在阻尼力作用下减小,同时原子还处于一个真正的阱中,阱中心位于四极磁场强度为 0 处。以上描述的是用于单个基态能级原子的磁光阱技术。然而在实际的原子频标系统中,原子具有核自旋,并且基态总角动量大于 0。基态能级分裂成多个塞曼子能级。因此,即使采用循环跃迁冷却原子也会引起光抽运(来自多种因素包括不完全的圆偏振)。原子布居在不参与激光冷却的基态能级上,于是引起类似于之前分析的 CPT 过程。这种捕获态称为暗态,注意不要与 CPT 暗态混淆。这种情况下,需要采用单独的激光光束回泵原子,从该暗态能级跃迁出去。这通常实施起来

并不困难。磁光阱是最高效的激光冷却原子技术之一。通过施加四极磁场,实验室中观察到黏团的体积可以减少一个数量级。该技术已经成为原子物理研究的主要工具,并应用于原子频标领域的最新系统中。

读者之前已经意识到,采用激光辐射场及其通过反射镜的反射光场可以在辐射场传播的环境中产生驻波。产生的驻波在空间上是稳定的,并且具有恒定的相位。之前已经分析了这一过程,并且得到结论,即对原子产生的作用力不来自于相位的梯度,因为相位是恒定的,而是来自辐射场振幅的梯度。

驻波场对原子作用力的表达式为式(2.129)。作用力随着与拉比频率 $\omega_{Rm\mu}$ 成正比的辐射场光强的增加而增加,可表示为激光失谐频率($\omega_L - \omega_{m\mu}$)的函数,并且函数类似于色散曲线。该作用力也被称为反作用力。它表现得像一个用于捕获原子的阱。然而在本节中假设激光辐射场非常弱。

原子不会像在多普勒冷却中那样被捕获,并产生冷却的原子系综,称为黏团。在弱电场情况下,两个相反方向传播的光波对原子偶极矩的相互作用会产生干涉项。干涉项在半波长的范围内被空间调制,空间上平均值为0。在弱电场作用下,运动的原子能量足以穿过多个调制周期,平均掉干涉项。于是,两个相向传播光场相互作用对阻尼系数 α 的贡献可看作独立的、可叠加的(Cohen-Tannoudji 和 Guéry-Odelin,2011)。

2.5.5 激光冷却和囚禁的其他实验技术

上面讲述了激光多普勒冷却技术。该技术作用于处于气态的原子系综。历史上第一个采用激光器操控原子速度和冷却的实验是作用于原子束,如钠原子。如果采用原子束,那么减速过程就变得比较复杂,因为多普勒频移本身就随着减速过程而变化。随着原子速度的变化,原子在其静止坐标系观察到的激光频率也发生变化,于是共振条件不再满足,激光频率与原子处于非共振状态。

在原子减速过程中,多普勒频移的变化可以通过调整激光频率 ω_L 或者原子共振频率 $\omega_{m\mu}$ 来进行补偿。基于这一思路,提出了几种解决方案并进行了验证。其中塞曼减速和激光啁啾是最常用的方法。前者是通过非均匀静磁场引起空间变化的塞曼频移来实现频率调谐。采用这一方法在钠原子中进行了相关实验(Phillips 和 Metcalf,1982;Prodan 等,1982)。原子甚至会停止运动,可得到很小体积的冷原子(Prodan 等,1985)。后者通过扫描(啁啾)激光频率,从而能够随着减速过程中多普勒效应引起的频移量变化而变化(Letokhov 等,1976;Balykin 等,1979;Phillips 和 Prodan,1983)。

这些冷却技术除了自身具有的研究价值外,在原子频标领域也发挥了重要的作用。如前所述,黏团在捕获大量原子方面具有一定的局限性,因为冷却激光通过

在几个 Γ 内调谐频率,与有限数量的、具有较低速度的原子发生相互作用。被捕获的原子数量是激光调谐量的函数,受制于原子的自然线宽。因此,如果采用某些技术对原子系综进行初步冷却,那么黏团就可以捕获更多的原子。实际过程中,可通过激光辐射与原子动量交换使原子束速度减慢,进而再通过黏团捕获原子系综。之前提到两种冷却技术从原理上可以实现以上目标。另外,研究发现采用四极磁场作用于原子系综后,黏团可以非常高效地冷却到非常小的体积内。另一项非常重要的研究进展是发现可以调整磁光阱,从而捕获一束慢原子束。这种装置也被称为二维磁光阱(2D MOT)(Monroe 等,1990;Riis 等,1990;Dieckmann 等,1998)。可以为黏团提供原子束,从而大大提高捕获的原子数量。后面将会介绍产生低速原子束的各种技术。

2.5.5.1 利用扫频激光器系统进行激光原子减速的啁啾激光减速

在啁啾技术中,激光光束传播方向与原子束方向相反,激光频率相比于静止原子的共振频率朝红移方向轻微调谐,从而使原子束的速度减小到一定范围。在减速过程中,原子偏离共振状态,多普勒频移随着其速度改变而改变。为了补偿这一效应,对激光二极管电流进行调制,调制具有锯齿形状。因此,通过扫描激光频率,使激光器在任一时刻都与原子保持共振。激光啁啾系统的示意图如图 2.29 所示。在图示的典型实验装置中,铯原子来自于加热到约 90℃ 的原子炉。原子炉与装载腔室之间的压力差产生喷流原子束,并且经毛细管阵列准直。一般情况下,原子束被激光辐射减速过程中需要传播大约 50cm 的距离。然后原子进入捕获区域,在该区域中原子可被用于其他实验中。锯齿波发生器对激光器的电流驱动进行调制。于是激光光辐射产生啁啾,并且当以合适的啁啾速率,调谐与原子束相向传播的激光光辐射时,可以补偿原子静止坐标系中的速度变化或者多普勒频移变化。辐射场在整个原子束传播距离内与原子发生相互作用,通过动量交换机制减小原子束的纵向速度。

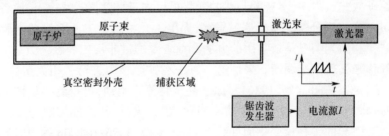

图 2.29 采用啁啾激光器对原子束进行减速的示意图(中间区域通常被称为捕获区域,虽然原子并没有真正被捕获到。处于捕获区域的原子,速度被大大降低或者在 z 方向的运动甚至完全停下来,可以用于其他实验中。本节没有具体介绍,但激光器的频率已采用之前描述的技术进行了稳频)

简单来讲,初始速度为 v_0 的原子静止下来所需的时间为 $\Delta t = v_0/a$,原子的传播距离 ΔL 可表示为

$$\Delta L = \frac{1}{2}a(\Delta t)^2 = \frac{v_0^2}{2a} \tag{2.176}$$

式中:a 为原子平均减速速率。

之前已经解释过,为了补偿原子速度的变化,需要不断对激光器进行调谐。原子在静止坐标系中多普勒频移为

$$\omega_D = k_L v \tag{2.177}$$

式中:v 为原子速度。

在原子减速过程中,速度变化 Δv 与激光角频率的变化需要相等,即

$$\Delta \omega_D = k_L \Delta v \tag{2.178}$$

激光频率的变化速率需要与原子速度的变化速率相同。因此令

$$\frac{d\omega_L}{dt} = \frac{\Delta \omega_D}{\Delta t} = k_L \frac{dv}{dt} \tag{2.179}$$

式中:dv/dt 为原子速度变化的速率。

假设激光光强很强,从而拉比频率 $\omega_{Rm\mu}$ 远远大于 $\Gamma/2$,对原子的作用力可以由式(2.121)得到,原子速度最大变化速率为

$$\left(\frac{dv}{dt}\right)_{max} = a_{max} = \frac{F}{M} = \frac{\hbar k_L}{M}\frac{\Gamma}{2} = v_{rec}\frac{\Gamma}{2} \tag{2.180}$$

于是,得到扫频频率为

$$v_{sweep} = \left(\frac{dv_L}{dt}\right)_{max} = \frac{1}{2\pi}\frac{d\omega_L}{dt} = \frac{k_L v_{rec}}{2\pi}\frac{\Gamma}{2} \tag{2.181}$$

需要将扫频过程持续 τ_{rep} 时间,该时间取决于激光初始频率决定的原子速度分布谱中原子的初始速度 v_0。同时,它还是原子源温度的函数。扫频时间可通过下式计算,即

$$\tau_{rep} = \frac{v_0}{v_{rec}(\Gamma/2)} \tag{2.182}$$

可以重复以速率 $1/\tau_{rep}$ 进行扫频,从而在图 2.29 中的捕获区域积累大量的原子。根据以上分析可以发现,当速度 $v_0 = 300\text{m/s}$ 时,将原子速度减为 0 所需的距离为 0.76m。另外,对于铯原子,扫描频率 $v_{sweep} = 68.35\text{MHz/ms}$;对于铷原子,扫描频率 $v_{sweep} = 145\text{MHz/ms}$。

频率啁啾技术的缺点在于激光器的脉冲特性。因此,相比于下面要描述的其他技术,每秒得到的慢速原子数量较少。

2.5.5.2 利用塞曼效应进行激光原子减速的塞曼减速器

塞曼减速器技术使采用空间变化的磁场来引起原子能级结构发生移动。在原

子前行轨道上,原子跃迁频率也自动发生变化,从而抵消因为减速引起的多普勒频移量的减小。

塞曼减速器包含一个内部施加磁场的原子束管,磁场使原子在沿轴向运动过程中发生能级频移。通过采用合适的磁场分布,在管中运动的原子在恒定频率、相向传播的激光光束的作用下,速度得到有效降低。塞曼减速器的原理示意图如图 2.30 所示。为了更好地解释该技术,图 2.31 给出了在外场作用下,^{85}Rb 原子的 $S_{1/2}$ 和 $P_{3/2}$ 能级变化的示意图。图中所示的两个跃迁过程中,原子共振频率随外加磁感应强度 B 按下式线性变化,即

$$\Delta\omega_z = \pm \frac{\mu_B}{\hbar} B \tag{2.183}$$

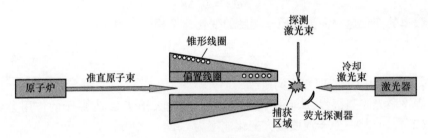

图 2.30 激光塞曼减速的原理框图

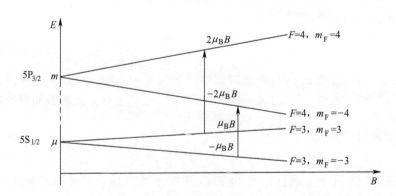

图 2.31 用于表征激光塞曼减速器原理的 ^{85}Rb 原子能级示意图

当同时考虑多普勒频移和磁场后,原子在静止坐标系中的原子频率和激光器频率都发生了频移。定义

$$\Omega_0 = \omega_L - \omega_{m\mu} \tag{2.184}$$

和

$$\Omega = \Omega_0 + k_L v - \Delta\omega_z \tag{2.185}$$

或者

$$\Omega = \Omega_0 + k_{\rm L} v \mp \frac{\mu_{\rm B}}{\hbar} B \qquad (2.186)$$

其中,已经引入了原子运动方向与激光辐射光束传输方向相反引起的多普勒频移 $k_{\rm L} v$。采用合适的磁场分布,在管中运动的原子在恒定频率、相向传播的激光光束的作用下,速度可以有效降低。塞曼调谐减速的共振条件($\Omega = 0$)可以写成

$$\Omega_0 + k_{\rm L} v \mp \frac{\mu_{\rm B}}{\hbar} B = 0 \qquad (2.187)$$

为了使原子与相向传播激光辐射场保持共振状态,磁场形状需要改变以满足

$$B(z) = \frac{\hbar}{\mu_{\rm B}} (\Omega_0 + k_{\rm L} v) \qquad (2.188)$$

其中,根据之前的分析,激光辐射场会改变 v。对于恒定的减速速率 a,速度变化量为 v^2,于是磁场形状需要相应地进行改变。采用式(2.183),$B(z)$ 的形状为

$$B(z) = \frac{\hbar}{\mu_{\rm B}} (\Omega_0 + k_{\rm L} \sqrt{v_0^2 - 2az}) \qquad (2.189)$$

为了避免光抽运效应并提高减速效率,通常采用圆偏振光来激发两个超精细能级之间的跃迁,即循环跃迁。在 σ^+ 减速中,当磁场梯度大于最大减速速率决定的允许值时,原子会与磁场脱耦。在 σ^- 减速中,在最大磁场位置处原子会与磁场脱耦,因为之后共振发生于更高原子速度处。这一重要区别在实际磁场中会碰到(与理想磁场情况不同),因此采用 σ^+ 减速器来获得低速原子非常困难。并且线圈通常比较庞大,需要很大的电流来产生能级频移,有时在特定的结构中需要采用水冷装置对线圈进行冷却。

需要注意的是,以上介绍的塞曼原子减速器的系统非常复杂,一旦系统搭建完成便很难改变,因此该系统装置通常是不可拆卸的。为了避免如此复杂的系统结构,搭建适用于多种原子及多种条件的系统,科学家提出了基于永磁偶极子(MD)阵列的塞曼减速器结构(Ovchinnikov,2007)。该系统有一个优势在于不需要电能和水冷装置。另外,系统可以根据需求组装和拆卸,这一特性可解决真空和烘烤引起的相关问题。磁场方向可以根据原子束和激光光束的方向,调整为横向或者纵向。例如,这种塞曼减速器的一个典型的实验目标是使锶(Sr)原子减速,在长度为25cm距离内使原子由初始速度420m/s 减到25m/s。这种利用永磁偶极子的横向减速器已成功用于锶(Sr)光钟(Ovchinnikov,2008)。

在横向塞曼减速器中,采用的激光辐射是线偏振的,可以分解成 σ^+ 和 σ^- 辐射,通过循环跃迁对原子进行冷却。由于只采用单一偏振光,相比于标准的纵向减速器,横向减速器所需的激光功率为前者的2倍。另外,由于横向塞曼减速器中的磁场会改变方向(自旋反转型),因此只适用于基态没有很大能级分裂的原子(如

Sr或者镱(Yb))。对类似于Rb和Cs的原子,由于具有显著的基态能级分裂,线偏振光不能激发原子到合适的冷却态,于是磁场强度为0区域的减速原子减少。近期,通过采用Halbach结构的磁偶极子分布,对横向塞曼减速器进行了完善和改进(Cheiney等,2011)。在Halbach结构中,阵列中每个MD的方向,就像在空间区域内的择优方向上创建一个场,并且消除其他区域的场(Halbach,1980)。在Cheiney等采用的实验装置中,在6mm×6mm的横截面积以及14.8mm长度的区域内,8个MD采用特定的Halbach分布于原子束周围的环形区域内(Cheiney等,2011)。沿原子束方向重复采用8个该区域,可以形成一个长度1m的减速器。沿原子束轴向,环形区域的直径从50mm到30mm变化,可以产生非常均匀的横向场,在轴向上变化量为$\Delta B = 388Gs$。例如,在Rb原子情况下,为了避免低磁场(约为120Gs)与P态交叠,需要在整个减速器上施加一个200Gs的偏磁场。沿着减速器方向产生了非常平滑变化的磁场,并且在原子束区域的均匀性在1Gs量级。减速器工作于从$S_{1/2}$到$P_{3/2}$的跃迁过程(D_2线,780nm),调谐为比原子静止状态时共振频率小800MHz。由于是横向结构,需要采用π偏振态,其中的σ^-分量用来激发从$|F=2, m_F=-2\rangle$到$|F=3, m_F=-3\rangle$的循环跃迁过程。σ^+偏振分量会引起其他跃迁,使有些原子衰减到冷却过程不需要的基态能级上。鉴于此,需要采用一个激光回泵原子使其离开暗态。这一减速器可用于MOT中。减速器捕获原子的速度约为450m/s,以速度30m/s输出的原子通量可达$5×10^{10}$原子/s。MOT每秒可以加载超过10^{10}个原子。

通过采用恰当的设计,磁场沿着原子束方向改变符号的纵向塞曼减速器的效率也可以很高(Slowe等,2005)。在该设计中,磁场变化范围由200Gs到-100Gs,并且采用回泵激光使原子从基态$F=2$能级跃迁到激发态P态的$F=2$能级。捕获速度约为320m/s,输出速度为40m/s。在该情况下,原子输出速度可以通过改变最后一部分线圈的电流来控制,该线圈可独立于主螺线管进行控制。他们独特的设计包括一个源,初始横向冷却得到的原子通量大于$3×10^{12}$/s,横向温度约为3mK。

还有一种采用MD阵列的纵向塞曼减速器被提出(图2.32)(Ovchinnikov,2012),它没有横向减速器的缺点,如局限于Sr和Yb原子,需要更高的激光功率等。这一减速器由两组包含4个对称分布在原子束轴两端的MD阵列组成,两组阵列之间具有一定的距离。例如,在Sr减速器中,减速器的每一个阵列入口组都包含16个MD(长度为8mm,直径为20mm)。第二组阵列由类似的MD构成,只是极性与第一组相反,位于减速器的另一端,即出口位置,与第一组的距离为58mm。第二组由6个MD组成。以上结构的横切面示意图如图2.33所示。在文献表格中给出了与每个MD原子束轴的距离,在参考文献中计算了产生的磁场(Ovchinnikov,2012)。原子在两组阵列之间经历了零磁场位置(自旋反转)。磁场由-300Gs

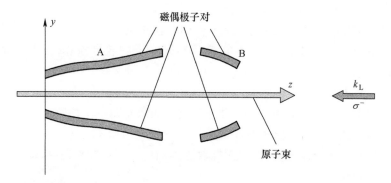

图 2.32 用于减速 Sr 原子的磁偶极阵列水平面塞曼减速器的横截面（yOz 平面）。纵向磁场在两对磁偶极子之间区域经过 1 次零点。在 xOz 平面也是类似的对称结构。用于减速 Sr 原子时，磁偶极子堆 A 包括 16 个磁偶极子，磁偶极子堆 B 包含 6 个磁偶极子。类似于此的更简单的结构已用于实际的 Sr 原子钟中。（数据来自于 Hill I. R. 等，A simple, configurable, permanent magnet Zeeman slower for Sr. In Proceedings of the European Forum on Time and Frequency 545, 2012.）

变化至+300Gs，且变化非常均匀。系统设计的捕获速度为 410m/s，输出速度为 25m/s，冷却频率红失谐，即比原子静止时共振频率小 476MHz。对于 Rb 原子，系统采用类似的设计结构，但是输入组和输出组各有 19 个和 6 个 MD，两组之间间隔为 125mm。阵列的直径为 30mm，长度为 20mm。计算得到磁场由 -118Gs 变化为 116Gs，避免与 P 态能级交叠。该设计实现的捕获速度为 275m/s，输出速度为 25m/s，冷却激光频率红移量为 196MHz。这些减速器比螺线管结构简单，却可提供相当的原子通量，因此具有广泛的应用前景。

2.5.5.3　2D 磁光阱

之前所述的磁光阱可作为提供低速原子束的装置而直接应用。例如，图 2.27 中顶部的垂直激光光束可以替换成中心具有很窄的暗柱的激光光束。在暗柱内失谐的相向传播激光光束作用下，原子被加速离开阱，功能类似于一个推进器。如果孔的直径为 0.6mm，可以实现原子通量为 5×10^9/s，速度为 14m/s，谱宽度为 2.7m/s（Lu 等，1996）。

另一种产生低速运动原子束的技术称为二维磁光冷却。由于它在之前描述的 MOT 的两个维度上采用横向磁场梯度囚禁原子，这种装置也称为 2D-MOT。该技术首先被应用于横向冷却和压缩原子束（Riis 等，1990）。随后，才意识到二维冷却可以用来在气室外产生冷原子束（Monroe 等，1990；Dieckmann 等，1998；Camposeo 等，2001）。目前已经实现了多种二维磁光阱，大致可分为以下几类：

1. 基础的 2D-MOT

此类型技术采用两对正交的激光辐射光束横向冷却气室中的原子。两对细长的线圈可为磁光阱提供四极磁场,原子被捕获在磁场为 0 的 z 轴上。经过准直器的原子束中心就在 z 轴方向上。可以实现冷却原子的通量为 $6\times10^{10}/s$,通过几何滤波可以将原子的平均纵向速度降至 30m/s 以下。

2. 2D-MOT$^+$

这种技术需要额外采用一个 z 轴方向传播的激光光束在轴向上冷却原子。因此这种类型称为 MOT$^+$。原子在 z 轴的平均速度可以降至 10m/s 以下,若采用这种技术作为原子源,3D-MOT 就可以捕获更多的原子。一般来说,冷却原子的通量约为 $10^{10}/s$ 量级。

3. 外加推送光的 2D-MOT

可以在 z 轴方向上外加一束窄的红失谐的推送激光光束用来将 2D-MOT 中的原子推向一个选定的点、孔或者准直器,从而产生冷却原子并进行后续应用。这种技术尤其适用于轴向速度分量为负值或者很小的原子。采用推送技术可以将原子通量提高 2 至 5 倍。

2D-MOT 的工作原理与之前描述的 MOT 原理类似,即采用多普勒冷却在二维(x 和 y)方向上冷却原子蒸气,而不是三维,在 x 和 y 轴方向上施加梯度磁场。两对正交的、圆偏振方向相反的、相向传播的激光光束直接作用于原子气室,且激光光谱的频率小于冷却跃迁频率(红失谐)。同时采用二维的四极磁场,激光辐射向着零磁场区域产生轴向的回复力,于是形成一个有限体积的限制区域。磁场使原子激发态能级分裂成多个塞曼子能级。类似于之前描述的 MOT,原子向低塞曼子能级的跃迁(在 MOT 的每侧不同)与入射光束更接近共振,将初始速度较低的原子推向中心,并将其沿着 z 轴方向捕获。这种类型的 2D-MOT 示意图如图 2.33 所示。原子的纵向速度分量不会发生变化,原子冷却只发生在径向。因此,在激光辐射的作用下,原子以偏斜的轨迹朝 2D-MOT 的中心运动。假设原子气室内压力很小,原子的平均自由程大于气室的尺寸。于是原子在碰撞情况下也不会离开冷却区域。在这种情况下,z 向速度分量较大的原子需要几乎处于该轴上面,只有当输出管很长时才能被输出。因此,只有在 z 轴方向速度非常小的原子才能从管中输出,形成一束慢光子束。

原子束沿 z 轴并没有优先方向。然而,通过采用沿 z 轴正方向上的弱推送激光光束,即该光束方向与所需原子束方向一致,可以使原子束成为单向的,并提高原子输出通量。通常的情况下,观察到原子通量的速度为 25m/s,具有很窄的速度谱(7.5m/s 量级)。每个冷却光束的激光功率为 160mW,MOT 的长度约为 90mm,可以得到原子通量为 $6\times10^{10}/s$(Schoser 等,2002)。巴黎的 SYRTE 实验室搭建的 2D-MOT 实验装置如图 2.34 所示。

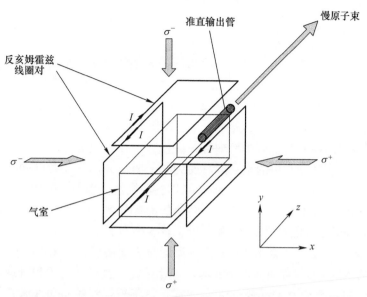

图 2.33 2D-MOT 装置示意图(包括一个气室,通常有一束原子射入其中,两对反亥姆霍兹线圈以及两对相向传播的圆偏振激光光束。准直输出管处形成一束慢原子束)

(数据来自 Schoser, J. et al., Phys. Rev. A 66, 023410, 2002.)

图 2.34 巴黎 SYRTE 实验室搭建的 2D-MOT⁺ 实物

磁光阱由钛制作,为非铁磁性物质,并配备了 5 个窗口。窗口涂敷了增透膜,适用于装置中采用的激光光束。阱内部的压强约为 10^{-9} mbar 量级。采用的推送激光的功率为几毫瓦。在这一特定阱出口处测量原子的速度为 9.5 至 10m/s,原子通量约为 4.2×10⁹/s(Chapelet,2008)。

2.5.5.4 各向同性冷却

各向同性冷却技术也可以用于冷却原子束中的原子。最开始在实验上对 Na 原子束(Ketterle 等,1992)和 ⁸⁵Rb 原子(Batelaan 等,1994)实现了二维冷却。后来实验上实现了对 Cs 原子束的三维冷却(Aucouturier,1997;Guillemot 等,1997)。下面将描述后一个实验中实现的原子气室各向同性冷却。

采用各向同性光实现原子冷却有一些优势。在常规的冷却装置中,原子只会在 3 束正交准直激光光束的重合区域受到辐射阻尼力。而在各向同性冷却中,整个气室都受到来自各个方向光场的作用,即各向同性光辐射。因此,原子气室中的所有原子都受到辐射阻尼力。相比于经典的冷却技术,各向同性冷却的主要优势在于:可以获得更多的冷却原子,并且光学装置得到了极大简化。

通过将激光场能量储存在具有高内反射率表面的腔内,利用激光在腔内的多次反射(或散射)实现各向同性激光场。与计量实验室中采用的积分球类似,采用特定波长(如铯原子为 852nm)的反射率或扩散率来得到各向同性激光场,重现形成 3D 光黏团的条件,如图 2.35 所示。

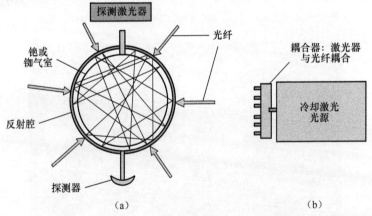

图 2.35 利用各向同性激光冷却气室中原子系综的示意图(激光在封闭腔内被抛光的表面多次反射,所有的原子都受到了激光场的作用。图中采用了 6 根光纤向腔内发出激光场。在第一次实验中,采用了 14 根光纤入射到腔内)(数据来自于 Guillemot C. et al. , 3D cooling of cesium atoms with isotropic light. In Proceedings of the European Forum on Time and Frequency 156, 1997.)

需要注意的是,在实际中很难实现激光场完全的各向同性。采用 6 根光纤将激光场引入到腔内的结构非常类似于产生光学黏团的标准结构。相比于传统的冷却方法,各向同性冷却的优点在于简化了光学系统,并且可以捕获的原子数量更多。

在后面的分析中,考虑具有二能级 m 和 μ,速度为 v 的原子,与原子相互作用的激光场与 v 的夹角为 θ。在相对原子静止的坐标系中,激光的频率由于多普勒效应产生频移,频移量为 $k \cdot v$。相互作用如图 2.36 所示。

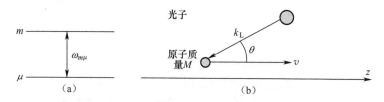

图 2.36 书中讨论的各向同性冷却示意图
(a) 与入射光子相互作用原子的能级结构;(b) 以相对于原子运动方向相反、角度 θ 入射的光子。

之前已经计算得出与原子速度 v 相反方向入射的光子对原子产生的作用力(式(2.137))。为了实现激光场和原子的共振,需要调谐激光频率为红失谐,失谐量为 $k_L v$。类似地,如图 2.36 所示,根据角度 θ 的定义,考虑原子在激光场方向的速度分量,激光场的频率也需要调小 $k_L v\cos\theta$,从而可实现激光场与原子的共振。作用力可以写成

$$F_{\text{diss}}(v) = -\hbar k_L \Gamma \frac{\omega_{Rm\mu}^2}{4} \frac{1}{(\Gamma/2)^2 + (\omega_L + k_L v\cos\theta - \omega_{m\mu})^2 + \omega_{Rm\mu}^2/2} \tag{2.190}$$

对于原子速度为 v_a 和激光调谐量为 ω_{L1},如果入射光子方向 θ_1 满足下面条件就能完全共振:

$$\omega_{L1} + k_L v_a \cos\theta_1 - \omega_{m\mu} = 0 \tag{2.191}$$

或者

$$\cos\theta_1 = \frac{\omega_{m\mu} - \omega_{L1}}{k_L v_a} = \frac{\Omega_{L1}}{k_L v_a} \tag{2.192}$$

以上就是共振需满足的条件。既然入射场来自于各个方向或所有角度 θ,那么该辐射场对原子最终状态的具体影响是怎样的? 从式(2.192)可以直接得到,由于具有相同的频率失谐量,所有入射角度为 θ_1 的光子均能与原子发生共振。于是,这些光子在空间上形成一个图 2.37(a)所示的锥面。原子经过一个吸收-出射光子的循环后,速度变慢,即 v_a 变小。根据式(2.192),由于辐射场频率恒定,随着 v_a 的减小,原子将与更小角度入射的光子发生共振。于是,锥面的角度 θ 变小。这一过程将持续至角度变为 0 为止,直至锥面自行闭合,如图 2.37(b)所示。

以上过程适用于所有方向运动的原子,因此原则上来说,所有方向的原子速度都会减小。整个过程发生于一个球形区域,因此是各向同性的。根据式(2.192),

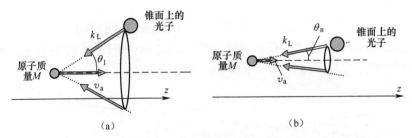

图 2.37 原子-光子相互作用在原子速度为 v_a 及其与入射光子角度
满足完全共振条件时形成的锥面示意图

(a)在吸收-辐射光子之前的情况;(b)随着原子冷却锥面逐渐闭合。

当 v_a 达到一个极限值时,锥面闭合,即

$$v_{alim} = \frac{\Omega_{L1}}{k_L} \qquad (2.193)$$

如果激光失谐量满足 $\Omega_{L1} = \Gamma$,即失谐一个自然线宽,对于铯原子,将辐射调谐到 D_2 跃迁($852nm, k_L = 7.37 \times 10^6$),那么 $v_{lim} = 4.4 m/s$。在速度降至该极限速度前,由于各向同性情况下,总有合适的角度满足共振条件,因此冷却过程会有效地进行。系统可自动调节,辐射来自各个角度。当降至极限速度后,激光频率的多普勒频移使光子无法与原子共振,于是冷却效率大大降低。冷却过程类似于采用准直光形成的光学黏团。实际过程中冷却原子的数量为 10^9 量级。

这个过程也属于多普勒冷却,也存在黏团中遇到的同样限制。由于冷却过程是离散的,因此自发辐射引起的随机游走和扩散也会发生。极限冷却温度约为 150μK。然而实际可实现的温度比该温度低一个数量级。因为还产生了其他的冷却机制,如之前提到的 Sisypus 冷却。

这种在气室中冷却原子的技术实现了降低多普勒效应的目标,从而可以应用于小型频标(Guillot 等,1999)。该应用已经得到进一步研究,将在第 3 章中具体介绍(Pottie,2004;Esnault 等,2008;Esnault,2009)。

2.5.5.5 光晶格

之前已经反复强调了多普勒效应是如何影响原子频标的。一般来说,速度为 v 的原子在多普勒效应作用下,其共振频率会改变 kv。例如,对于 H(氢)原子,常温下其基态超精细能级差 1.4GHz 会产生 12kHz 的频移,所对应的相对频移量为 10^{-5},这一比例是不容忽略的。另外,原子的速度遵循麦克斯韦分布,它随温度而变化;然而,准确度能够达到 10^{-17} 到 10^{-18} 量级,且秒稳达到 10^{-16} 的原子频标系统所需要的谱线分辨率是不可想象的。如前所述,激光冷却技术可以显著降低多普

勒效应,有一些方法甚至可以消除多普勒效应,在 QPAFS(1989)中进行了描述,本书第 1 章也进行了综述。在之前描述的经典微波频标中,Dicke 方案较为常用。例如,在 H 微波激射器中,利用存储容器将原子的运动限制在与其同相的微波场中。还有些情况下,可利用缓冲气体在原子扩散过程中限制其运动。在同相位场中发生光子吸收与辐射,于是多普勒效应消失。还可采用空间或者时间脉冲技术,利用的是其与运动原子相互作用时相位保持不变。该技术应用于铯原子钟系统,其中原子束与微波辐射场在不同位置发生短时间的相互作用。自由原子在运动过程中保持相位不变,由于发生干涉会产生条纹并出现窄的共振峰。以上这些技术都经过了最大程度的优化,改进的空间已经非常有限。通过前面分析可以发现,通过将 H 微波激射器的温度降到非常低也很难提高其性能,因为使用的实际存储概念本身固有的其他效应在低温下存在。本章已介绍了原子的激光冷却技术。在第 3 章中将会介绍该技术如何通过大幅降低原子速度和温度,结合原子喷泉的概念将传统的铯原子钟性能提高几个数量级。类似地,激光冷却技术在小型电磁阱中的应用也提高了如 Yb^+ 和 Sr^+ 等离子微波频标的性能。

然而,以上所有的技术中,原子共振频率都处于微波范围。简单推断,若采用更高频率的原子跃迁谱线,且引起稳定度和准确度的扰动保持与微波频率相同,那么原子频率系统的相对频率稳定度和准确度将会提高。因此,如果原子的跃迁频率可以达到 500THz,即光学频率范围,就可以大大提高原子频标的性能。有些类型的激光器可以产生这些频率,然而这些激光器辐射谱的线宽由于之前强调的多普勒效应的影响非常宽,并且激光频率也取决于所采用的 F-P 腔。固态半导体激光器通常不太稳定,工作频率由驱动电流和温度决定,两者通过引起衬底上共振腔腔长的变化而改变共振频率。实际中,需要将这些激光器锁定到外腔和窄的原子共振参考谱线上来稳定频率。前面也介绍了采用外腔来稳定激光器频率的方法,这一技术可以改进光谱的纯度。在 QPAFS 的第 2 卷以及本章中,都列举了如何将激光器锁定到原子共振峰上,可以通过宽谱线性吸收(多普勒展宽),还可以通过原子蒸气气室的饱和吸收(压窄到原子自然线宽),将激光频率与量子共振频率对应。本章已经对这些技术进行了详细描述。然而,即使是饱和吸收仍然存在局限性,反映出原子共振气室的性质受到各种扰动的影响。采用光学波长的原子跃迁的主要问题在于不能形成一个经典的力学阱,阱需要足够小,满足 Dicke 标准,从而能够抑制多普勒效应引起的光谱展宽。唯一可行的方案就是降低原子的速度。即上面描述的利用激光冷却的概念实现磁光阱。在磁光阱中,原子云的直径在几个毫米量级,原子的剩余温度约为几十毫开(尔文),如对于质量为几百个相对原子质量单位的原子,其剩余速度为几厘米每秒。在频率为 400 到 500THz 的情况下,对应的多普勒频移 $\Delta v = kv_a/2\pi$ 约为 100kHz 或者相对频移为 10^{-10} 量级。由于频移量较大,无法在微波频标中所实现的频率稳定度和准确度量级上进行控制或评定。因此,需要采取其他方案来消除光学频率下的多普勒效应。

原子最初应该处于静止,或者即使是运动的,也不会改变它们受到的光辐射场的相位。因此,不能采用行波,并且存储原子的容器,如谐振腔,其尺寸要小于1/2波长,而尺寸为1/2光波长的机械容器是难以实现的。

可以通过施加光辐射场来影响原子的运动。静磁场对原子产生的作用力非常小,因此利用磁场来存储原子,所需场的振幅很大,所以会引起较大的频移。在MOT中,通过施加磁场,由于原子受到的作用力来自于入射光子与原子相互作用引起的动量交换,而动量交换的速率与原子在激发态的衰减速率一致,所以力相对比较大,这一效应产生于适当极化的光子吸收-辐射循环过程中,而不是磁场直接作用于可能具有任意磁矩的原子。然而,电场辐射与原子的相互作用远远大于原子与磁场之间的相互作用。电场会在原子中产生电偶极子并与其相互作用,如果电场频率与原子基态和激发态能级差相同,且能级波函数的对称性满足条件,则会激发原子跃迁。在 QPAFS (1989) 中对这一现象进行了详细的描述。当入射电场频率与原子跃迁频率不相等时会产生另一个效应:相互作用会引起原子能级的变化,这一光频移被用于 Sisyphus 冷却过程中。这种能级频移类似于一个静电场对原子能级的频移。频移量正比于电场强度的平方,因此入射波的交变电场对能级的位置有直接的影响。这里计算了这一现象对原子超精细能级产生效应的大小,发现对感兴趣的频标应用中的微波超精细能级跃迁,该效应是应该避免的,因为会改变超精细能级跃迁的共振频率。

另外,如果能在空间不同位置产生不同的能级频移,从而产生电势,则可在原子捕获中可以利用该效应。如果电势存在周期性极小值,小的势阱就可以产生。采用驻波就可以实现以上目的,驻波存在零场节点和高场波峰,并且其位置在空间上不发生改变。因此,驻波场的相位是恒定的。原子与驻波的相互作用在空间上也是周期性变化的,并产生小的势阱,如果原子的动能小于势阱深度,则将被捕获其中。

本章采用激光作为驻波的光源,计算了该效应的大小,并将上面的分析过程用于原子捕获中。如图 2.38 所示,二能级原子受到了驻波辐射场的作用。

通常采用电场的表示方法,可以得到在电场二阶近似下能级的移动量为

$$\delta E_i = \alpha_i(\omega_L)\left(\frac{E_L}{2}\right)^2 \tag{2.194}$$

式中: α_i 为 i 能级的动态极化率; E_L 为作用于原子的激光辐射场的电场振幅。

原子的极化率正比于振荡强度或者电偶极子矩阵元 $d_{m\mu}$。能级平移量可用式(2.57)中定义的拉比频率 $\omega_{Rm\mu}$ 来表示,即

$$\omega_{Rm\mu} = \frac{E_L}{\hbar}\langle m \mid \bm{er} \cdot \bm{e}_\lambda \mid \mu \rangle = \frac{E_L}{\hbar}d_{m\mu} \tag{2.195}$$

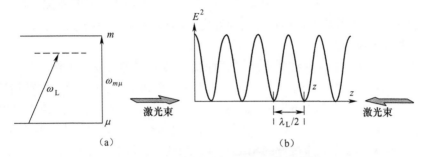

图 2.38 二能级原子受到驻波辐射场作用
(a) 二能级原子的示意图(激光辐射频率 ω_L 与原子共振频率 $\omega_{m\mu}$ 有较大的失谐量);
(b) 驻波场的示意图(只有电场)。

图 2.38 中驻波场可以表示为

$$E_L(z) = 2E_{Lo}\exp-\left[\frac{r}{w(z)}\right]^2 \cos(k_L z) \qquad (2.196)$$

式中:$w(z)$ 为 z 处的光束束腰半径。

在以上空间分布电场的作用下,原子频移量可以解释成存在一个势场,即

$$U(r,z) = U_0 \exp\left\{-2\left[\frac{r}{w(z)}\right]^2 \cos^2(k_L z)\right\} \qquad (2.197)$$

其中

$$U_0 = -\alpha(\omega_L) E_L^2 \qquad (2.198)$$

为了简化描述,对于一个较大失谐的激光频率,原子的极化率可以写成

$$\alpha_\mu(\omega_L) = \frac{\langle \mu | e\boldsymbol{r} \cdot \boldsymbol{e}_\lambda | m \rangle}{\omega_{m\mu} - \omega_L} \qquad (2.199)$$

于是势场为

$$U_\mu = \hbar \frac{(1/4)\omega_{R\mu m}^2}{\omega_L - \omega_{m\mu}} \qquad (2.200)$$

U_m 可用类似的表达式给出。在以上计算中,可以认为激光辐射光束对原子的作用力为耗散力和反作用力。耗散作用力可用于原子束冷却和黏团中。而反作用可以通过式(2.134)中描述的势场来得到。采用之前在较大失谐情况下势场的近似有

$$\omega_L - \omega_{mv} \gg \Gamma \qquad (2.201)$$

同样可以得到上面的势场。

注意,用于捕获原子的激光辐射场需与原子共振频率红失谐或蓝失谐,势阱的符号变化,作用于原子的作用力为势场的梯度,因此符号也随之变化。于是,原子趋向于场强最大或者最小的区域,主要取决于极化率的符号。

因此,采用驻波场可以产生周期性的势阱,原则上可以将原子捕获。当激光功

率不大时,势阱深度通常较浅,用温度单位表示小于100μK。若想将原子捕获到势阱中,原子的动能需要先减小到等效的温度,即需要采用之前描述的冷却技术事先对原子进行冷却。

这种周期性的结构就称为光晶格,通过采用对向传输的正交的激光光束,可以在一维、二维和三维中实现。一维光晶格的示意图如图2.39所示。如前所述,原子被囚禁于该结构中的Lamb-Dicke区域。原子囚禁于量子振动能级上,能级通过量子数 n 来表征,原子在势阱中简谐振荡。振荡可看作对于其中一束与原子能级共振的窄线宽激光光束进行的相位调制,因此会在探测到的荧光信号中产生边带,Dicke原子存储技术中对该效应进行了描述。取决于由激光功率决定的势阱深度和原子动能的相对大小,原子可能从一个势阱隧穿到另一个。通常会将光晶格与固态晶格进行比较,然而两者具有显著的差别(Cohen-Tannoudji 和 Guéry-Odelin,2011)。首先,由于改变波长就可以改变晶格间隔,因此光晶格非常灵活。于是,晶格的尺寸很容易改变,但是固体晶格无法做到。其次,与固体晶格相比,光晶格势深较浅,因为其势阱并非由原子相互作用产生,而是由激光场产生。最后,由于光晶格的势阱之间间距(100nm到1000nm)远大于固体晶格(约0.1nm),因此囚禁在光晶格中的原子之间的相互作用力非常小。

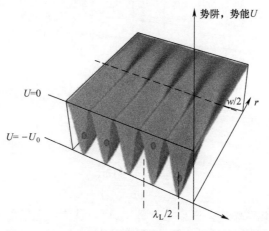

图2.39 一维光晶格的示意图(基本表征了式(2.197)。为了更清晰地展示形状,图中只给出了一半的光晶格。w 是激光光束的束腰半径。在势阱中原子的振动态这里没有给出。尽管在给定的势阱中只显示了一个原子,实际上每个势阱可能包含多个原子。当电场较小时(低激光功率),势阱深度较浅,原子可以从一个势阱隧穿到另一个中)

将此技术应用于光频标时,如图2.40所示,激光辐射场通过激发原子从基态到一个亚稳态的特定的非常窄的跃迁,实现原子激励。因此,以上能级跃迁不能被捕获辐射场替代。在前面的讨论中,势阱被看作由驻波中长波长的强捕获辐射引

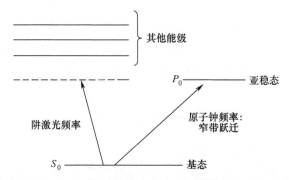

图 2.40 采用激光冷却和光阱实现光频标中的原子能级和各种对应频率的示意图。

起的光频移在空间的变化。两者似乎存在矛盾。通过仔细研究光频移随频率的变化,即极化率随频率的变化,考虑与引起原子囚禁的非共振辐射有关的所有能级,以上问题得到了解决(Katori,2001)。理论研究发现,当晶格激光场的波长调谐到某一个波长时,光钟跃迁涉及的两个跃迁能级频移相同,该波长称为魔术波长(Ovsiannikov 等,2007;Derevianko 和 Katori,2010;Mejri,2012)。以上理论和计算结果经过了实验的验证,光钟的准确度可达 10^{-17}。

基于以上性质的 Yb、Sr 和 Hg 原子光钟也已经实现了。

在第 4 章中将学习这些光学频标,给出它们的结构,详细介绍魔术波长并且综述当前的研究及性能。

附录 2.A 激光冷却的能量考虑

在 QPAFS 的第 2 卷中,用相对能量描述了原子在吸收光子后的能量变化(Wineland 和 Itano,1979)。这里简单介绍该方法,它与本章得到的结论类似。在波矢为 k_L 的激光辐射场作用下,原子从基态 g 被激发到激发态 m。假设原子在基态的运动速度为 v_μ,激发态的运动速度为 v_m。考虑多普勒效应和反冲效应后,吸收光子和原子辐射光子的角频率为 ω_{abs} 和 ω_{emit} 可表示为(QPAFS 的第 1 卷,1989)

$$\omega_{abs} = \omega_{m\mu} + \mathbf{k}_L \cdot \mathbf{v}_\mu - \frac{1}{2}\frac{\omega_0 v^2}{c^2} + \frac{\hbar k_L^2}{2M} \quad (2.A.1)$$

$$\omega_{emit} = \omega_{m\mu} + \mathbf{k}_{emit} \cdot \mathbf{v}_m - \frac{1}{2}\frac{\omega_0 v^2}{c^2} - \frac{\hbar k_L^2}{2M} \quad (2.A.2)$$

其中,式(2.A.1)和式(2.A.2)右边第二项为一阶多普勒效应,第三项为二阶多普勒效应(时间膨胀),最后一项为反冲效应,通过辐射或者吸收光子影响原子的运动。吸收过程中,动量守恒。由于光子动量 $\hbar k_L$ 消失,转移给了原子,原子受到反冲,在入射光子的运动方向上产生速度 $\hbar k_L/M$。另外,由于辐射光子的方向是随机的,对吸收-辐射过程取平均,方程式(2.A.2)中的 $k_{emit} \cdot v_m$ 项平均值为 0。因此,原子经过多次吸收辐射过程,平均的能量变化与光子能量变化相反,为 $\Delta E(光子) = \hbar(\omega_{emit} - \omega_{abs})$,如果忽略时间膨胀效应有

$$\langle \Delta E(原子) \rangle = \hbar k_L \cdot v_\mu + \frac{\hbar^2 k^2}{M} \quad (2.A.3)$$

当 k_L 和 v_μ 方向相反时,原子能量减小 $\frac{\hbar^2 k^2}{M}$,速度也由于反冲效应而减小。反冲能量非常小,需要多次作用才有明显影响。直至反冲能量大于剩余多普勒效应之前,原子一直被冷却。然而,由于光辐射的方向是随机的,因此原子会产生随机游走。随机游走的能量与反冲能量至少相当,所以原子速度不可能低于反冲效应对应的速度值。因此,从能量角度考虑可以得到与本章正文经过较复杂计算得到的相同结论。

参考文献

[1] Acernese F., Amico P., Alshourbagy M., and 127 colleagues. 2006. The virgo status. *Classical Quant. Grav.* **23**: S635.

[2] Adams C.S. and Riis E. 1997. Laser cooling and trapping of neutral atoms. *Prog. Quant. Elec.* **21**: 1.

[3] Affolderbach C. and Mileti G. 2003. A compact, frequency stabilized laser head for optical pumping in space Rb clocks. In *Proceedings of the Joint IEEE International Frequency Control Symposium/European Forum on Time and Frequency*, IEEE, 109.

[4] Affolderbach C. and Mileti G. 2005. A compact laser head with high-frequency stability for Rb atomic clocks and optical instrumentation. *Rev. Sci. Instrum.* **76**: 073108.

[5] Affolderbach C., Mileti G., Slavov D., Andreeva C., and Cartaleva S. 2004. Comparison of simple and compact Doppler and sub-Doppler laser frequency stabilisation schemes. In *Proceedings of the European Forum on Time and Frequency* 84.

[6] Alzetta G., Gozzini A., Moi M., and Orriols G. 1976. An experimental method for observation of Rf transitions and laser beat resonances in oriented Na vapor. *Il Nuovo Cimento B* **36**: 5.

[7] Arimondo E. 1996. Coherent population trapping in laser spectroscopy. In *Progress in Optics*, E. Wolf Ed. (Elsevier, Amsterdam, the Netherlands) 257.

[8] Aspect A., Arimondo E., Kaizer R., Vansteenkiste N., and Cohen-Tannoudji C. 1989. Laser cooling below the one-photon recoil energy by velocity-selective coherent population trapping: theoretical analysis. *J. Opt. Soc. Am. B* **6**: 2112.

[9] Aucouturier E.1997.*Nouvelle source d'atomes froids pour l'horloge atomique*.Thèse Université de Paris XI, Orsay, France.

[10] Avila G., Giordano V., Candelier V., deClercq E., Theobald G., and Cerez P.1987.State selection in a cesium beam by laser-diode optical pumping.*Phys.Rev.A* **36**: 3719.

[11] Baillard X., Gauguet A., Bize S., Lemonde P., Laurent Ph., Clairon A., and Rosenbusch P. 2006.Interference-filter-stabilized external-cavity diode lasers.*Optics Communications* **266**: 609.

[12] Balykin V., Letokhov V., and Mushin V.1979.Observation of free cooling sodium atoms in a resonant laser field with a frequency scan.*JEPT Let.***29**: 560.

[13] Barwood G.P., Gill P., and Rowley W.R.C.1988.A simple rubidium-stabilised laser diode for interferometric applications.*J.Phys.E*: *Sci.Instrum.***21**: 966.

[14] Barwood G.P., Gill P., and Rowley W.R.C.1991.Frequency measurements on optically narrowed Rb stabilised laser diodes at 780nm and 795nm.*Appl.Phys.B* **53**: 142.

[15] Batelaan H., Padua S., Yang D.H., Xie C., Gupta R., and Metcalf H.1994.Slowing of 85rb atoms with isotropic light.*Phys.Rev.A* **49**: 2780.

[16] Bell W.E.and Bloom A.L.1961.Optically driven spin precession.*Phys.Rev.Lett.* **6**: 280.

[17] Berkeland D.J., Miller J.D., Bergquist J.C., Itano W.N., and Wineland D.J.1998.Laser-cooled mercury ion trap frequency standard.*Phys.Rev.Lett.***80**: 2089.

[18] Beverini N., Maccioni E., Marsili P., Ruffini A., and Serrentino F.2001.Frequency stabilization of a diode laser on the Cs D2 resonance line by Zeeman effect in a vapor cell.*Appl.Phys.B* **73**: 133.

[19] Camposeo A., Piombini A., Cervelli F., Tantussi F., Fuso F., and Arimondo E.2001.A cold cesium atomic beam produced out of pyramidal funnel.*Opt.Comm.* **200**: 231.

[20] Chapelet F.2008. *Fontaine atomique double de césium et de rubidium avec une exactitude de quelques* 10^{-16} *et applications*.Thèse de l'Universite Paris XI.

[21] Cheiney P., Carraz O., Bartoszek-Bober D., Faure S., Vermerasch F., Fabre C.M., Gattobigio G.L., Lahaye T., Guéry-Odelin D., and Mathevet R.2011.Zeeman slower design with permanent magnets in a Halbach configuration.*Rev.Sci.Instrum.* **82**: 063115.

[22] Chow W.W.and Koch S.W.2011.Semiconductor-Laser Fundamentals (Springer, New York).Chu S., Hollberg L., Bjorkholm J.E., Cable A., and Ashkin A.1985. Three-dimensional vis- cous confinement and cooling of atoms by resonance radiation pressure.*Phys.Rev.Lett.* **55**: 48.

[23] Cohen-Tannoudji C., Dupont-Roc J., and Grynberg G.1988.*Processus d'interaction entre photons et atomes* (Editions du CNRS, Paris, France).

[24] Cohen-Tannoudji C.and Guéry-Odelin D.2011.*Advances in Atomic Physics* (World Scientific, Singapore).

[25] Cohen-Tannoudji C.and Phillips W.D.1990.New mechanisms for laser cooling.Physics Today **33**. Cyr N., Têtu M., and Breton M.1993.All-optical microwave frequency standard: a proposal. *IEEE Trans.Instrum.Meas.* **42**: 640.

[26] Dahmani B., Hollberg L., and Drullinger R.1987.Frequency stabilization of semiconductor lasers

by resonant optical feedback.*Opt.Lett.* **12**: 876.

[27] Dalibard J.1986.*Le role des fluctuations dans la dynamique d'un atome couple au champélectromagnétique*.Thèse, Un.de Paris VI France.

[28] Dalibard J.and Cohen-Tannoudji C.1989.Laser cooling below the Doppler limit by polarization gradients: simple theoretical models.*J.Opt.Soc.Am.B* **6**: 2023.

[29] Danzmann K. and Rudiger A.2003. LISA technology-concept, status, prospects. *Classical and Quantum Gravity* **20**: S1.

[30] Dawkins S.T, Chicireanu R., Petersen M., Millo J., Magalhães D.V., Mandache C., Le CoqY., and Bize S.2010.An ultra-stable referenced interrogation system in the deep ultraviolet for a mercury optical lattice clock.*Appl.Phys.B* **99**: 41.

[31] de Labachelerie M.1988.*Principales caractéristiques des lasers à semiconducteurs à cavitéétendue: application à l'amélioration des propriétés spectrales des diodes laser*.Thèse Université Orsay.

[32] de Labachelerie M.and Cerez P.1985.An 850 nm semiconductor laser tunable over 300 A range. *Opt.Commun.* **55**: 174.

[33] de Labachelerie de M., Latrasse C., Kemssu P., and Cerez P.1992.The frequency control of laser diodes.*J.Phys.III France* **2**: 1557.

[34] Derevianko A.and Katori H.2011.Colloquium physics of optical lattice clocks.*Rev.Mod.Phys.* **83**: 331.

[35] Dicke R.H.1953.The effect of collisions upon the doppler width of spectral lines.*Phys.Rev.* **89**: 472.

[36] Dieckmann K., Spreeuw R.J.C., Weidemuller M., and Walraven J.T.M.1998.Two-dimensional magneto-optical trap as a source of slow atoms.*Phys.Rev.A* **58**: 3891.

[37] Drever R., Hall J., Kowalski F., Hough J., Ford G., Munley A., and Ward H.1983.Laser phase and frequency stabilization using an optical resonator.*Appl.Phys.B* **31**;97.

[38] Esnault F.X.2009.*Etude des performances ultimes d'une horloge compacte a atomes froids: optimisation de la stabilité court terme*, Theses Université de Paris.

[39] Esnault F.X., Perrin S., Holleville D., Guerandel S., Dimarcq N., and Delporte J.2008.Reaching a few 10^{-13} $\tau^{-1/2}$ stability level with the compact cold atom clock Horace.In *Proceedings of the IEEE International Frequency Control Symposium*, IEEE, 381.

[40] Fleming M.W.and Mooradian A.1981.Spectral characteristics of external-cavity controlled semiconductor lasers.*IEEE J.Quant.Electr.* **QE-17**: 44.

[41] Forman P.1985.Atomichron@ : the atomic clock from concept to commercial product.*Proc.IEEE* **73**: 1181.

[42] Frisch R.1933.Experimenteller Nachweis des Einsteinschen Strahlungsrickstolies.*Z.Phys.***86**: 42.

[43] Godone A., Levi F., Micalizio S., and Vanier J.2000.Theory of the coherent population trapping maser: a strong-field self-consistent approach.*Phys.Rev.A* **62**: 053402.

[44] Godone A., Levi F., Micalizio S., and Vanier J.2002.Line shape of dark line and maser emission profile in CPT.*Eur.Phys.J.D* **18**: 5.

[45] Godone A., Levi F., and Vanier J.1999.Coherent microwave emission in cesium under coherent population trapping.*Phys.Rev.A* **59**: R12.

[46] Goldberg L., Taylor H.F, Dandridge A., Weller J.F., and Miles R.O.1982.Spectral characteristics of semiconductor lasers with optical feedback.*IEEE J.Quant.Electr.* **QE-18**: 555.

[47] Gray H.R., Whitley R.M., and Stroud C.R.Jr.1978.Coherent trapping of atomic populations.*Opt.Lett.* **3**: 218.

[48] Guillemot C., Vareille Ch., Valentin C., and Dimarcq N.1997.3D cooling of cesium atoms with isotropic light.In *Proceedings of the European Forum on Time and Frequency* 156.

[49] Guillot E., Pottie P.E., Valentin C., Petit P., and Dimarcq N.1999.HORACE: atomic clock with cooled atoms in a cell.In *Proceedings of the Joint Meeting of the European Forum on Time and Frequency/IEEE International Frequency Control Symposium*, IEEE, 81.

[50] Halbach K.1980.Design of permanent multipole magnets with oriented rare earth cobalt materials. *Nucl.Instrum.Methods* **169**: 1.

[51] Hansch T.and Shawlow A.1975.Cooling of gases by laser radiation.*Opt.Commun.* **13**: 68.

[52] Happer W. and Mather B.S.1967. Effective operator formalism in optical pumping. *Phys. Rev.* **163**: 12.

[53] Harris S.E.1997.Electromagnetically induced transparency. *Physics Today* **50**: 36.

[54] Hashimoto M.and Ohtsu M.1987.Experiments on a semiconductor laser pumped Rb atomic clock. *IEEE J.Quant.Electr.* **23**: 446.

[55] Hess H.F.1986.Evaporative cooling of magnetically trapped and compressed spin-polarized hydrogen.*Phys.Rev.B* **34**: 3476.

[56] Hill I.R., Ovchinnikov Y.B., Bridge L., Curtis E.A., Donnellan S., and Gill P.2012.A simple, configurable, permanent magnet Zeeman slower for Sr.In *Proceedings of the European Forum on Time and Frequency* 545.

[57] Jiang H., Kefelian F., Crane S., Lopez O., Lours M., Millo J., Holleville D., Lemonde P., Chardonnet C., Klein A.A., and Santarelli G.2008.Long-distance frequency transfer over an urban fiber link using optical phase stabilization.*J.Opt.Soc.Am.B* **25**: 2029.

[58] Kanada T.and Nawata K.1979.Single-mode operation of a modulated laser diode with a short external cavity.*Opt.Commun.* **31**: 81.

[59] Kasapi A., Jain M., Yin G.Y., and Harris S.E.1995.Electromagnetically induced transparency: propagation dynamics.*Phys.Rev.Lett.* **74**: 2447.

[60] Kasevich M.and Chu S.1992.Laser cooling below a photon recoil with three-level atoms.*Phys.Rev.Lett.* **69**: 1741.

[61] Kastler A.1950.Quelques suggestions concernant la production optique et la détection optique d'une inégalité de population des niveaux de quantification spatiale des atomes. Application à l'expérience de Stern et Gerlach et à la résonance magnétique.*J.Phys.* **II**: 255.

[62] Katori H.2001.Spectroscopy of strontium atoms in the Lamb-Dicke confinement.In *Proceedings of the 6th Symposium on Frequency Standards and Metrology*, *P.Gill Ed.* (World Scientific: Singa-

pore) 323.
[63] Ketterle W., Martin A., Joffe M., and Pritchard D.1992.Slowing and cooling of atoms in isotropic light.*Phys.Rev.Lett.* **69**: 2483.
[64] Kozuma M., Kourogi M., and Ohtsu M.1992.Frequency stabilization, linewidth reduction and fine detuning of a semiconductor laser using velocity selective optical pumping of atomic resonance line.*Appl.Phys.Lett.* **61**: 1895.
[65] Laurent P., Clairon A., and Breant C.1989.Frequency noise analysis of optically self-locked diode lasers.IEEE *J.Quant.Electr.* **QE-25**: 1131.
[66] Letokhov V.S.1968.Doppler line narrowing in a standing line wave.*JEPT Lett.* **7**: 272.
[67] Letokhov V.S.2007.*Laser Control of Atoms and Molecules* (Oxford University Press, Oxford).
[68] Letokhov V.S., Minogin V.G., and Pavlik B.D.1976. Cooling and trapping of atoms and molecules by a resonant laser field.*Opt.Commun.* **19**: 72.
[69] Lett P.D., Watts R.N., Westbrook C.I., and Phillips W.D.1988.Observation of atoms laser cooled below the Doppler limit.*Phys.Rev.Lett.* **61**: 169.
[70] Levi F., Godone A., Micalizio S., Calosso C., Detoma E., Morsaniga P., and Zanello R.2002. CPT maser clock evaluation for galileo.In *Proceedings of the Precise Time and Time Interval Systems and Applications Meeting*, ION Publications, 139.
[71] Levi F., Godone A., Micalizio S., and Vanier J.1999.On the use of Λ transitions in atomic frequency standard. In *Proceedings Precise Time and Time Interval Systems and Applications Planning Meeting*, ION Publications, 216.
[72] Levi F, Godone A., Novero C., and Vanier J.1997.On the use of a modulated laser for hyperfine frequency excitation in passive atomic frequency standards.In *Proceedings of the European Forum on Time and Frequency* 216.
[73] Li H.and Telle H.R.1989.Efficient frequency noise reduction of GaAlAs semiconductor lasers by optical feedback from an external high-finesse resonator.IEEE *J.Quant.Electr.***QE-25**: 257.
[74] Lu Z.T., Corwin K.L., Renn M.J., Anderson M.H., Cornell E.A., and Wieman C.E.1996.Low-velocity intense source of atoms from a magneto-optical trap.*Phys.Rev.Lett.* **77**: 3331.
[75] Ludlow A.D., Huang X., Notcutt M., Zanon-Willette T., Foreman S.M., Boyd M.M., Blatt S., and Ye J.2007.Compact, thermal-noise-limited optical cavity for diode laser stabilization at 1×10^{-15}.*Opt.Lett.* **32**: 641.
[76] Ludlow A.D., Zelevinsky T., Campbell G.K., Blatt S., Boyd M.M., de Miranda M.H.G., Martin M.J., Thomsen J.W., Foreman S.M., Jun Ye., Fortier T.M., Stalnaker J.E., Diddams S. A., Le Coq Y., Barber Z.W., Poli N., Lemke N.D., Beck K.M., and Oates C.W.2008.Sr Lattice clock at 1×10^{-16} fractional uncertainty by remote optical evaluation with a Ca clock.*Science* **319**: 1805.
[77] Mandache C., Petersen M., Magalhaes D., Acef O., Clairon A., and Bize S.2008.Towards an optical lattice clock based on neutral mercury.*Rom.Rep.Phys.* **60**: 581.
[78] Mejri S.2012.*Horloge à réseau optique de mercure : détermination de la longueur d´ onde magique*.

Thèse Université Paris VI France.

[79] Metcalf J.H.and van der Straten P.1999.*Laser Cooling and Trapping* (Springer, New York).

[80] Mileti G. 1995.*Etude du pompage optique par laser et par lampe spectrale dans les horloges à vapeur de rubidium.*These, Université de Neuchâtel, Suisse.

[81] Millo J., Magalhäes D.V., Mandache C., Le Coq Y., English E.M.L., Westergaard P.G., Lodewyck J., Bize S., Lemonde P., and Santarelli G.2009.Ultrastable lasers based on vibration insensitive cavities.*Phys.Rev.A* **79**: 053829.

[82] Monroe C., Swann W., Robinson H., and Wieman C.1990.Very cold trapped atoms in a vapor cell.*Phys.Rev.Lett.* **65**: 1571.

[83] Moulton P.F.1986.Spectroscopic and laser characteristics of Ti:Al_2O_3.*J.Opt.Soc.B* **3**: 125.

[84] Müller H., Stanwix P.L., Tobar M.E., Ivanov E., Wolf P., Herrmann S., Senger A., Kovalchuk E., and Peters A. 2007. Tests of relativity by complementary rotating Michelson-Morley experiments.*Phys.Rev.Lett.* **99**: 050401.

[85] Nagel A., Graf L., Naumov A., Mariotti E., Biancalana V., Meschede D., and Wynands R. 1998.Experimental realization of coherent dark-state magnetometers.*Europhys.Lett.* **44**: 31.

[86] Nazarova T., Riehle F., and Sterr U.2006.Vibration-insensitive reference cavity for an ultra-narrow-linewidth laser.*Appl.Phys.B: Lasers Opt.***83**: 531.

[87] Numata K., Kemery A., and Camp J.2004.Thermal-noise limit in the frequency stabilization of lasers with rigid cavities.*Phys.Rev.Lett.* **93**: 250602.

[88] Ohtsu M., Hashimoto M., and Hidetaka O.1985.A highly stabilized semiconductor laser and its application to optically pumped Rb atomic clock.In *Proceedings of the Annual Symposium on Frequency Control*, IEEE, 43.

[89] Ohtsu M., Nakagawa K., Kourogi M., and Wang W.1993.Frequency control of semiconductor lasers.*J.Appl.Phys.* **73**: R1.

[90] Orriols G.1979.Nonabsorption resonances by nonlinear coherent effects in a three-level system.*Il Nuovo Cimento B* **53**: 1.

[91] Ovchinnikov Y.B.2007.A Zeeman slower based on magnetic dipoles.Opt.Commun.276:261.Ovchinnikov Y.B. 2008. A permanent Zeeman slower for Sr atomic clock. *Eur. Phys. J. Spec. Top.* **163**: 95.

[92] Ovchinnikov Y.B.2012.Longitudinal Zeeman slowers based on permanent magnetic dipoles.*Opt. Commun.***285**: 1175.

[93] Ov siannikov V.D., Pal´chikov V.G., Taichenachev A.V., Yudin V.I., Katori H., and Takamoto M.2007.Magic-wave-induced S01−P03 transition in even isotopes of alkaline-earth-metal-like atoms.*Phys.Rev.A* **75**: 020501.

[94] Petersen M., Magalhaes D., Mandache C., Acef O., Clairon A., and Bize S.2007.Towards an optical lattice clock based on neutral mercury.In *Proceedings of the Joint IEEE International Frequency Control Symposium/European Forum on Time and Frequency*, IEEE, 649.

[95] Phillips W.D.1992.Laser manipulation of atoms and ions. In *Proceedings of the International*

School of Physics, Enrico Fermi Course CXVIII ed.E.Arimondo, W.D.Phillips, and F.Strumia Ed.(North Holland, Amsterdam) 239.

[96] Phillips W.D.1998.Laser cooling and trapping of neutral atoms.Rev.Mod.Phys.70: 3.Phillips W. D.and Metcalf H.1982.Laser deceleration of an atomic beam.*Phys.Rev.Lett.* **48**: 596.

[97] Phillips W.D.and Prodan J.V.1983.*Laser Cooled and Trapped Atoms* (NBS, Washington, DC, Spec.Pub.653) 137.

[98] Pottie P.E.2004.*Etude du refroidissement laser en cellule: contribution au développement d'une horloge atomique miniature à* ^{133}Cs.Thèse, Un de Paris VI, France.

[99] Prodan J.V., Migdall A., Phillips W.D., So I., Metcalf H., and Dalibard J.1985.Stopping atoms with laser light.*Phys.Rev.Lett.* **54**: 992.

[100] Prodan J.V., Philips W.D., and Metcaf H.1982.Laser production of a very slow monoenergetic atomic beam.*Phys.Rev.Lett.* **49**: 1149.

[101] QPAFS.1989.*The Quantum Physics of Atomic Frequency Standards*, Vols.1 and 2, J.Vanier and C.Audoin Ed.(Adam Hilger ed., Bristol).

[102] Raab E.L., Prentiss M., Cable A., Chu S., and Pritchard D.E.1987.Trapping of neutral sodium atoms with radiation pressure.*Phys.Rev.Lett.* **23**: 2631.

[103] Renzoni F., Lindner A., and Arimondo E.1999.Coherent population trapping in open system: a coupled/noncoupled state analysis.*Phys.Rev.A* **60**: 450.

[104] Riis E., Weiss D.S., Moler K.A., and Chu S.1990.Atom funnel for the production of a slow, high-density atomic beam.*Phys.Rev.Lett.* **64**: 1658.

[105] Rosenband T., Hume D.B., Schmidt P.O., Chou C.W., Brusch A., Lorini L., Oskay W.H., Drullinger R.E., Fortier T.M., Stalnaker J.E., Diddams S.A., Swann W.C., Newbury N.R., Itano W.M., Wineland D.J., and Bergquist J.C.2008.Frequency ratio of Al$^+$ and Hg$^+$ single-ion optical clocks; Metrology at the 17th decimal place.*Science* **319**: 1808.

[106] Saito S., Nilsson O., and Yamamoto Y.1982.Semiconductor laser stabilization by external optical feedback.IEEE *J.Quant.Electr*: **QE-18**: 961.

[107] Schawlow A.L.and Townes C.H.1958.Infrared and optical masers.*Phys.Rev.***112** (6): 1940.

[108] Schiff L.I.1968.*Quantum Mechanics* (McGraw-Hill, New York).

[109] Schoser J., Batar A., Low R., Schweikhard V., Grabowski A., Ovchinnikov Yu.B., and Pfau T.2002.Intense source of cold Rb atoms from a pure two-dimensional magneto-optical trap.*Phys. Rev.A* **66**: 023410.

[110] Scully M.O.and Fleischhauer M.1992.High-sensitivity magnetometer based on index- enhanced media.*Phys.Rev.Lett.* **69**: 1360.

[111] Scully M.O.and Zubairy M.S.1999.Quantum Optics (Cambridge University Press: London).Slowe C., Vernac L., and Nau L.V.2005.High flux source of cold rubidium atoms.*Rev.Sci.Instrum.* **75**: 103101.

[112] Sortais Y.2001.*Construction d'une fontaine double a atomes froids de Rb et 133Cs: étude des effets dépendant de nombre d' atomes dans une fontaine.* These Université de Paris VI, France.

[113] Sortais Y., Bize S., Abgrall M., Zhang S., Nicolas C., Mandache C., Lemonde P., Laurent P., Santarelli G., Dimarcq N., Petit P., Clairon A., Mann A., Luiten A., Chang S., and Salomon C.2001.Cold atomic clocks.*Phys.Scripta T* **95**: 50.

[114] Srinivasan R.1999.Laser cooling and trapping of ions and atoms.*Current Sci.***76**: 2.

[115] Steck D.2003, 2008.*Cesium D Line Data*, *Rubidium 87 D Line Data*.http://steck.us/ alkalidata.

[116] Taylor C.T., Notcutt M., and Blair D.G.1995.Cryogenic, all-sapphire Fabry-Perot optical frequency reference *Rev.Sci.Instrum.* **66**: 955.

[117] Thomas J.E., Hemmer P.R., Ezekiel S., Leiby C.C., Picard H., and Willis R.1982.Observation of Ramsey fringes using a stimulated, resonance Raman transition in a sodium atomic beam.*Phys.Rev.Lett.***48**: 867.

[118] Tsuchida H., Ohtsu M., and Tako T.1982.Frequency stabilization of AlGaAs semiconductor laser based on the ^{85}Rb D_2 line.*Jpn.J.Appl.Phys.* **21**: L561.

[119] Vanier J.1969.Optical pumping as a relaxation process.*Can.J.Phys.* **47**: 1461.

[120] Vanier J.2005.Atomic clocks based on coherent population trapping: a review.*Appl. Phys. B* **81**:421.

[121] Vanier J.and Audoin C.1989.The Quantum Physics of Atomic Frequency Standards (Adam Hilger, editor, Bristol).

[122] Vanier J., Godone A., and Levi F.1998.Coherent population trapping in cesium: dark lines and coherent microwave emission.*Phys.Rev.A* **58**: 2345.

[123] Vanier J., Godone A., Levi F., and Micalizio S.2003a.Atomic clocks based on coherent population trapping: basic theoretical models and frequency stability. In *Proceedings of the Joint IEEE International Frequency Control Symposium/European Forum on Time and Frequency*, IEEE, 2.

[124] Vanier J., Levine M., Janssen D., and Delaney M.2003b. Contrast and linewidth of the coherent population trapping transmission hyperfine resonance line in ^{87}Rb: effect of optical pumping.*Phys Rev.A* **67**: 06581.

[125] Vanier J., Levine M., Janssen D., and Delaney M.2003c.The coherent population trapping passive frequency standard.*IEEE Trans.Instrum.Meas.* **52**: 258.

[126] Vanier J., Levine M., Janssen D., and Delaney M.2003d.On the use of intensity optical pumping and coherent population trapping techniques in the implementation of atomic frequency standards.*IEEE Trans.Instrum.Meas.* **52**: 822.

[127] Vanier J., Levine M., Kendig S., Janssen D., Everson C., and Delaney M.2004.Practical real-ization of a passive coherent population trapping frequency standard.In *Proceedings of the IEEE Ultrasonics, Ferroelectrics, and Frequency Control Joint 50th Anniversary Conference*, IEEE, 92.

[128] Vanier J., Levine M., Kendig S., Janssen D., Everson C., and Delaney M.2005.Practical realization of a passive coherent population trapping frequency standards. *IEEE Trans. Instrum.*

Meas. **54**: 2531.

[129] Vanier J.and Mandache C.2007.The passive optically pumped Rb frequency standard: The laser approach.*Appl.Phys.B: Lasers Opt.* **87**: 665.

[130] Waldman S.J.2006.Status of LIGO at the start of the fifth science run.*Classical Quant.Grav.* **23** (19): S653.

[131] Wallace C.D., Dinneen T.P., Tan K.-Y.N., Grove T.T., and Gould P.L.1992.Isotopic difference in trap loss collisions of laser cooled rubidium atoms.*Phys.Rev.Lett.* **69**: 897.

[132] Webster S.A., Oxborrow M., Pugla S., Millo J., and Gill P.2008.Thermal-noise limited optical cavity.*Phys.Rev.A* **77** (3): 033847.

[133] Williams P.A., Swann W.C., and Newbury N.R.2008.High-stability transfer of an optical frequency over long fiber-optic links.*J.Opt.Soc.Am.B* **25**: 1284.

[134] Wineland D.and Dehmelt H.1975.Proposed $10^{14}\Delta v < v$ laser fluoresence spectroscopy on TV-Mono-Ion Oscillator IIT.*Bull.Am.Phys.Soc.* **20**: 637.

[135] Wineland D.and Itano W.M.1979.Laser cooling of atoms.*Phys.Rev.* **20**: 1521.

[136] Wynands R.and Nagel A.1999.Precision spectroscopy with coherent dark states.*Appl.Phys.B* **68**.

[137] Zanon T., Guérandel S., de Clercq E., Dimarcq N., and Clairon A.2004.Observation of Ramsey fringes with optical CPT pulses.In *Proceedings of the Joint IEEE International Frequency Control Symposium/European Forum on Time and Frequency*, IEEE, 29.

[138] Zanon-Willette T., de Clercq E., and Arimondo E.2011.Ultrahigh-resolution spectroscopy with atomic or molecular dark resonances: exact steady-state line shapes and asymptotic profiles in the adiabatic pulse regime.*Phys.Rev.A* **84**: 062502.

第3章
基于新物理技术的微波频标

在第 2 章的基础上,本章将讨论近代原子物理的发展对微波频标的影响。因为没有合适的技术,一些早期理论工作直到 20 世纪 80 年代才能在实验上得以实现。激光技术的发展,尤其是固态激光器的发展,为解决过去传统原子频标中所遇到的问题提供了新的技术手段。3 种不同的新方法被应用于铯原子束频标。第一种方法是,由于在室温下工作的固态激光器的进步(Picqué,1974、Arditi 和 Picqué,1980),利用激光抽运技术实现原子态制备的旧想法重新得到应用。这种方法推动了实验室高稳定度、高准确度原子钟的发展。第二种方法是相干布居囚禁(CPT)技术,20 世纪 80 年代初期,它不仅被用于原子态的制备,还被应用于微波激励(Hemmer 等,1983)。遗憾的是,这一技术目前只停留在实验室研究阶段。第三种技术,也是一项具有实际革命意义的技术,即将激光冷却应用于原子系综以实现微开尔文量级的光学黏团,这一技术使铯原子频标系统的 Ramsey 干涉条纹达到了赫兹量级(Kasevich 等,1989;Clairon 等,1996)。

固态激光技术的发展也使得基于双共振技术的被动型铷原子频标中的更高效率的光抽运成为可能(Levi,1995;Mileti,1995),同样也开启了将 CPT 技术应用到小型化原子频标的这扇大门,不再需要双共振方法中的微波振荡腔(Cyr 等,1993;Levi 等,1997;Vanier 等,1998)。

激光技术的发展也使得对离子的囚禁和冷却成为可能,并凭借很好的频率稳定度应用于微波频标领域,该方案已在 20 世纪 60 年代提出,可工作于室温环境下(Dehmelt,1967)。

本章将基于第 2 章的理论介绍各种技术的发展情况。

3.1 铯原子束频标

3.1.1 光抽运铯原子束频标

3.1.1.1 概述

早在 20 世纪 70 年代,科学家们就已经利用光谱灯对铷原子束进行光抽运

(Arditi 和 Cerez,1972)。但是,由于光谱灯辐射场的限制,特别是其谱线宽度的限制,这种方式的抽运效率并不高。窄线宽固体激光器的出现,使得对于激发碱金属原子的一些特殊的窄线宽光学跃迁成为可能,可以将基态的超精细能级跃迁到激发态 $P_{1/2}$ 或 $P_{3/2}$。这一过程可以使某一个基态超精细能级原子数增加,而其他能级的原子数减少。

以上频标的典型结构框图如图3.1所示。图3.2给出了铯原子的低能级 $S_{1/2}$ 和能级 $P_{3/2}$ 的示意图。

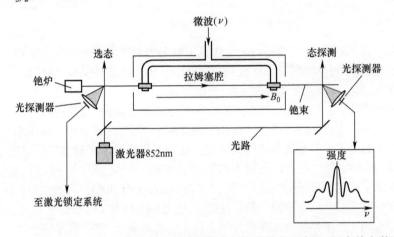

图 3.1 采用光抽运进行选态和态探测的铯原子频率标准的简化示意图(图中单个激光器同时实现了选态和态探测。小框中表示的是当缓慢扫描微波频率经过共振线后,探测到的荧光振幅)
(Vanier J., Atomic frequency standards: basic physics and impact on metrology. In Proceedings of the International School of Physics Enrico Fermi Course CXLVI, J. Quinn, S. Leschiutta, and P. Tavella, Eds., IOS Press, 2001. With kind permission of Societa Italiana di Fisica.)

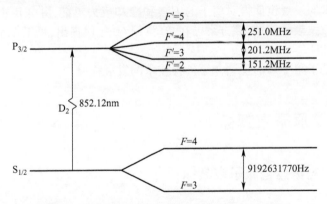

图 3.2 光抽运中涉及的铯原子较低能级示意图
(Tanner C. E. and Wieman, C., Phys. Rev. A, 38, 1616, 1988.)

有多种光抽运方式可以实现上述频标。在其中的一种方案中,处于能级 $S_{1/2}$ 基态的 $F=4$ 能级跃迁到激发态 $P_{3/2}$ 的 $F'=3$ 能级。原子在激发态能级的寿命为 30ns,辐射到基态各精细能级的概率几乎完全相等。因此,该跃迁过程使 $F=3$ 能级粒子数增加,而 $F=4$ 能级的粒子数减少,于是可以用于抽运该能级的原子。类似地,在拉姆塞相互作用区域的末端,采用相同的技术可以分析原子处于不同能级的分布情况。这样,还可以激发另一个特定的能级间跃迁,如 $F=4$ 跃迁到 $F'=5$,原子辐射到基态的荧光可以用来测量处于 $F=4$ 能级的粒子数。该粒子数对应于拉姆塞相互作用区域中发生跃迁的原子数。也可以采用其他方案,如采用两个激光器抽运原子,从而将原子抽运到相同的能级上。

这里不再赘述光抽运能级选择的计算细节,读者可以参阅 QPAFS 的第 2 卷获得各种抽运方案的细节及其将原子从其他能级跃迁到某一特定能级的效率。该方法的优点在于系统高度对称,并且避免了磁选态时可能出现的磁场不均匀性。光抽运选态自身的对称性使依赖电场强度的跃迁振幅不存在非对称性,并且极大地减小了之前提到的拉比牵引效应,拉比频移基本被消除。另外,在磁场选择原子态(磁选态)的方案中,如采用斯特恩-格拉赫型偶极磁铁,由于原子束的速度分布不同于传统的麦克斯韦分布,因此需要采用一定偏移的几何结构。如第 1 章所述,为了估计引起的频移,需要通过实验数据推导原子束的速度分布。在光抽运中,原子的速度分布是已知的,二阶多普勒频移的均值可以解析计算得到。另外,在光抽运中,还可以采用多个激光二极管来抽运和探测原子,采用恰当的光学结构能够将几乎所有原子跃迁到基态中的某一 m_F 能级(Avila 等,1987)。这样在探测原子时可以得到更高的信噪比(S/N),从而提高频率稳定度(Makdissi 等,1997)。这种方案的极限性能主要受制于选态激光器的频率噪声(Dimarcq 等,1993)。

这种装置可以用作实验室的频率基准(de Clercq 等,1989)或者用于小型的现场应用中(Cérez 等,1991)。为了与之前提到的磁选态得到的干涉条纹进行比较,图 3.3 给出较短的光抽运实验装置得到的共振条纹(Cérez 等,1991)。可以清晰地看到,在中心条纹两边各有两个条纹,这是因为在这种情况下速度分布谱较宽。

下面将介绍基于光抽运方案的原子频标的特征,并与基于磁选态的频标进行对比。

3.1.1.2 频移和准确度

如前所述,光学抽运铯原子束频标的结构是对称的,所以理论上来说其频率不会受到磁选态中存在的一些效应的影响。然而,仍然存在某些频移,下面将介绍一种新的频移,即光频移,并将总结与相位频移的估测相关的研究进展。

1. 光频移

在频标的发展早期,人们发现光抽运方案中,在抽运区域辐射的荧光以及装置

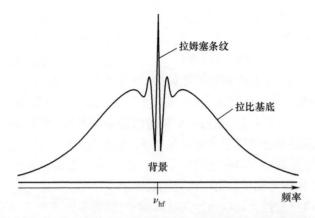

图 3.3 较短的光抽运铯原子束管中得到的拉姆塞干涉条纹(中心条纹的线宽约为500Hz)
(Cérez P. 等,IEEE Trans. Instrum. Meas., 40, 137, 1991. Copyright 1991 IEEE.)

中各个内表面的散射光漫射到微波共振腔中,会产生频移,即之前提到的光频移(Barra 和 Cohen-Tannoudji,1961)。在 QPAFS 的第 2 卷中详细计算了光频移对拉姆塞中心条纹的影响。这里将回顾实际计算过程,并且将该分析过程拓展到采用方波频率调制来探测拉姆塞中心条纹并将外部振荡器锁定到条纹的情况。

光频移来自用于抽运和探测的激光与穿越过拉姆塞腔的原子之间的相互作用,相互作用既可发生在两臂上的相互作用区域,还可发生在漂移区。光主要来自两个部分。首先,光可通过附近的表面反射漫射到拉姆塞腔中。然而,目前尚缺乏对散射光的具体表征,只能尽量减小光反射和漫射。计算表明,为了避免大于 10^{-14} 量级的相对频移量,漫射到腔中的反射光需要小于 10^{-6} W/m^2。

另外,在抽运和探测区域的荧光会进入相互作用区域,甚至还会通过两臂漫射进入漂移区。荧光引起的光频移需要仔细计算。基于之前的计算(式(2.43)和式(2.44))并结合 QPAFS(1989)中得到的结果,可以近似地估计光频移为

$$\Delta\omega_\mu = \sum_\mu \frac{e^2|\langle\mu|\boldsymbol{r}\cdot\boldsymbol{e}_\lambda|m\rangle|^2}{2\varepsilon_0 c\hbar^2} \times \int_0^\infty If(\omega^e)$$

$$\left(\int_0^\infty \frac{\omega_L - \omega_{m\mu} - \boldsymbol{k}\cdot\boldsymbol{v}}{(\omega_L - \omega_{m\mu} - \boldsymbol{k}\cdot\boldsymbol{v})^2 + (\Gamma/2)^2}p(v)\mathrm{d}v\right)\mathrm{d}\omega^e \quad (3.1)$$

式(3.1)给出了基态 μ 的光频移,采用角频率 $\Delta\omega_\mu$ 表示,由抽运和探测区域荧光产生的,其光强为 $If(\omega^e)$。由于频标钟跃迁中涉及两个基态能级 μ 和 μ',因此 μ' 能级的光频移可以通过类似的方法得到。实际的光频移是两个能级光频移的差,为 $(\Delta\omega_\mu - \Delta\omega_{\mu'})$。荧光辐射的光谱 $f(\omega^e)$ 是激发态原子的速度分布的函数。对于光抽运原子束来说,原子的速度分布对应于原子炉中的原子分布,可以近似的看作具有麦克斯韦分布,需修正系数权重为 $1/v$ 或 $1/v^2$,取决于激发的跃迁类型和激光的光强,该值反映了原子束中的原子处于抽运和探测激光束中的时间。

式(3.1)中等号右侧大括号中的项包含激发态的寿命($1/\Gamma$),表征了光与原子相互作用强度的大小,并且通过吸收原子的速度分布$p(v)$衡量了该相互作用的扩散程度。因此,荧光相互作用包含对运动的荧光原子光谱和在拉姆塞腔中相互作用区域内的运动吸收原子的二重积分。荧光光强正比于每秒辐射的荧光光子数,是抽运和探测光光强的函数,并且在循环跃迁中,是跃迁过程的饱和度$S/(S+1)$的函数,其中S为饱和因子。以上结果可通过实验进行验证,而且饱和可能会影响激光、光强和光频移之间的线性度,则可以直接测量。由于原子速度v可以表示成l/τ,其中l为相互作用长度,τ为相互作用时间。可以将光频移最终写成

$$\Delta_L = I_L \times g(\tau, \omega) \tag{3.2}$$

式中:$g(\tau,\omega)$包含式(3.1)中对荧光光谱和吸收光子速度的二重积分;I_L包含了光与原子相互作用中的所有常数。

类似于第1章中计算二阶多普勒效应,光频移Δ_L的最终影响可通过对其沿着拉姆塞条纹进行积分得到。采用类似的计算过程可以得到

$$f_L(\omega_m, b) = \frac{1}{2\pi} \frac{\int_0^\infty \Delta_L(\tau) Tf(\tau) \sin\omega_m \tau \sin^2 b\tau \, d\tau}{\int_0^\infty Tf(\tau) \sin\omega_m \tau \sin^2 b\tau \, d\tau} \tag{3.3}$$

利用式(3.2),可以改写成

$$f_L(\omega_m, b) = I_L F_L(\omega_m, b) \tag{3.4}$$

式中:$F_L(\omega_m, b)$包含了式(3.3)中的所有分子和分母项,其中Δ_L可由式(3.2)得到。

2. 相移

拉姆塞腔的两臂间相移ϕ(式(1.19))引起的频移也具有类似的表达形式,可以表示为

$$\omega_\phi - \omega_0 = -\frac{\phi}{L} \frac{\int_0^\infty f(\tau) \sin^2 b\tau \sin\omega_m T \, d\tau}{\int_0^\infty (1/v) f(\tau) \sin^2 b\tau \sin\omega_m T \, d\tau} \tag{3.5}$$

还可以改写为

$$f_\phi(\omega_m, b) = \phi F_\phi(\omega_m, b) \tag{3.6}$$

式中:$F_\phi(\omega_m, b)$包含了式(3.5)中分子和分母中的所有方程。

3. 多普勒频移

二阶多普勒频移已在式(1.18)中给出,这里为了方便讨论再次给出,即

$$\frac{\omega_D' - \omega_0}{\omega_0} = \frac{\int_0^\infty v f(\tau) \sin^2 b\tau \sin\omega_m T \, d\tau}{2c^2 \int_0^\infty (1/v) f(\tau) \sin^2 b\tau \sin\omega_m T \, d\tau} \tag{3.7}$$

在确定腔相移和光频移之前需要先确定多普勒频移。

3.1.1.3 实验测定频移量

实验测量以上频移量的难题在于如何单独测量。可以发现,它们都是原子速度分布 $f(\tau)$、调制深度 ω_m 和拉比频率 b 的函数。从理论上来说,每个频移量都需要单独测量。并且在测量某一个频移量时,如相移,在一种给定参数的情况下得到的结果可能并不适用于其他条件,因为条件改变时另外两个频移量,即多普勒频移和光频移,也会发生变化。三者之间的相互影响导致无法准确地分别测量其具体数值。

有一种方法是首先测量多普勒频移。可以采用之前提到的测量方法首先确定相互作用时间的分布(速度分布)。通过对拉姆塞干涉条纹进行余弦变换进行测量,可以得到极高的准确度。在不同的 b 和 ω_m 的情况下可以计算出多普勒频移。计算得到的频移量在 5×10^{-14} 量级,测量的准确度为 1×10^{-15}。

得到多普勒频移后就可以计算其他两种频移,即相移和光频移。相移通常通过光束反转进行测量。例如,通过测量东西方向和西东方向上的频率差,再进行平均后就可以得到对伺服锁定频率的实际修正量。然而,该测量方法需要光束在两个方向上严格反向。尽管环形腔可极大地减小腔中的相位梯度,仍然在一定程度上限制了测量的准确度。

采用参数方法可解决以上问题。在不同的 ω_m 和 b 的情况下,可以直接给出实验测量到的频移随方程 $F_\phi(\omega_m,b)$ 的变化曲线,该方程的值可以通过数值计算方法得到。根据式(3.6)可知,曲线的斜率就是相移 ϕ。需要注意的是,在测量多普勒效应引起的频移随调制深度 ω_m 和拉比频率 b 的变化关系时,需要进行修正。

式(3.4)中的光频移与相移非常类似。实际上,在 ω_m 和 b 取不同值时 $F_L(\omega_m,b)$ 随 $F_\phi(\omega_m,b)$ 变化的曲线近似为一条直线,于是可以认为光频移非常近似于相移(Makdissi 等,2000)。另外,还可以看出测量拉姆塞腔两臂的频移时,光频移会引起不容忽视的误差和不确定性。在某一特定的系统中,光频移抵消约 $8\mu rad$ 的相移,这样在测量相移引起的频移时带来的频率误差为 2.6×10^{-14}(Makdissi 等,2000)。

前述的测量方法听起来非常繁琐,通常为了得到测量所需要的参数需要计算很长时间甚至需要几周。当原子速度分布范围很广时,采用光抽运实现能态选择的情况下,以上方法是适用的。这也是为什么该方法不能用于偶极磁铁选态情况的主要原因,尤其是在六极-四极串联磁体的情况下,这会导致原子的速度分布非常窄(A. Bauch,2012,pers. comm.)。

还有一些实验室采用更加简单直接的方法来测量频移,在该方法中,荧光光频移被忽略不计。这样腔相移就可以通过光束反转进行测量,采用环形腔就可以保证两束光方向是相反的(Shirley,2001)。还有一些实验室报道在他们的系统设计中,光频移非常小,并不会影响系统整体的准确度(Hagimoto 等,1999;Jun 等,2001;Hasegawa 等,2004)。

3.1.1.4 频率稳定度

与基于磁选态的频标相同,光抽运频标的短期频率稳定度可由式(1.20)得到,是线宽 Q 和信噪比(S/N)的函数。线宽 Q 与拉姆塞共振腔两臂长度有关,因此与磁场选择技术相比,该参数不会有任何改进。然而,S/N 是可以优化的。光轴运可以得到比磁选态技术更大的粒子数反转程度,从而得到更大的信号。另外,由于该技术利用了整个速度谱的原子并且原子束通常具有更大的横截面,因此会有更多的原子对信号有贡献。最终,光探测效率很高,并且探测主要受限于探测噪声。实际系统经过精心设计和优化后,已经实现了 $3.5 \times 10^{-13} \tau^{-1/2}$ 的频率稳定度(Makdissi 和 de Clercq,2001)。

光抽运铯原子束频标的长期频率稳定度与各种频率和偏移量的稳定性有关。因此,频率的稳定度在很大程度上受到周围环境的影响,包括环境温度、湿度、大气压和磁场在内都会影响系统的长期频率稳定度,其中温度的影响最为显著。通常来讲,在温控环境中系统的性能较好。不过,大多数频率偏差都比较小,随时间的涨落也较小。

还有一些不明原因的涨落会降低系统的长期稳定度。当平均时间 τ 增加时,式(1.20)中的频率稳定度也会改进,直至进入一个平台期称为闪烁噪声噪底。决定闪烁噪声噪底的参数目前尚未可知。通过改进系统搭建和设计可将改噪声降至几乎探测不到的水平。

光抽运选态的一些应用结果及其与目前实验室最高水平的基于磁选态的铯原子束频标对比的结果如表 3.1 所示①。从表中可以清晰地看到,光抽运铯原子标准的准确度和稳定度都优于目前最好的磁选态铯原子标准。在本书后面将会看到,通过采用激光冷却可以实现原子喷泉,准确度比以上频标都要高一个数量。

3.1.1.5 应用

基于光抽运的铯原子频标应用于实验室中的频率基准具有很高的稳定度和准确度,性能与基于磁选态的频标相当(表 3.1①)。另外,人们对其作为小型频标的实际应用也已经开展了相关研究,尤其是在空间科学的卫星导航系统中。在发展大规模频率基准的过程中,巴黎的 SYRTE 同时搭建了小型的频标单元,尺寸是按照导航系统的要求进行设计的(被动 H 微波激射器和被动铷频标)。实验结果验

---

① 原文为表 1.1,有误,正文中已修改——译者

表 3.1 基于光抽运和磁选态的铯原子束频率基准对照表

特性	PTB Cs1（德国）	PTB Cs2（德国）	PTB Cs3（德国）	SYRTE JPO C（法国）	NIST NIST-7（美国）	NIICT CRL-01（日本）	NRLM NRLM-4（日本）(NMIJ)
拉姆塞腔之间的距离/m	0.8	0.8	0.77（垂直结构）	1.03	1.53	1.53	0.96
微波磁场方向/原子束方向	∥	∥	∥	⊥	∥	∥	⊥
状态选择-分析器	六极+四极	六极+四极	六极	光抽运：选态:$F=4\to F'=4$ 探测:$F=4\to F'=5$	光抽运：选态:$F=4\to F'=3$ 探测:$F=4\to F'=5$	光抽运：选态:$F=4\to F'=3$ 探测:$F=4\to F'=5$	光抽运：选态:$F=4\to F'=4$ 探测:$F=4\to F'=5$
平均原子速度/(m/s)	93	93	72	215	230	250	
线宽/Hz	59	60	44	100	77	62	100
$\sigma_y(\tau)\tau^{-1/2}$	5×10^{-12}	4×10^{-12}	9×10^{-12}	3.5×10^{-13}	1×10^{-12}	3×10^{-12}	8×10^{-13}
准确度	7×10^{-15}	12×10^{-15}	1.4×10^{-14}	6.4×10^{-15}	5×10^{-15}	6.8×10^{-15}	6.7×10^{-15}
参考文献	Bauch 等，1998、2003	Bauch 等，2003	Bauch 等，1996	Makdissi 和 de Clercq，2001	Shirley 等，2001	Hasegawa 等，2004	Hagimoto 等，2008

证了其可行性:频标线宽 $Q=1.2\times10^7$,频率稳定度为 $2.3\times10^{-12}\tau^{-1/2}$(Ruffieux 等,2009)。

3.1.2 原子束 CPT

3.1.2.1 简介

采用经典方法得到的铯原子束频标时,选态和微波相互作用是在不同的区域实现的。如图 1.2 和图 3.1 中的结构所示,通常需要在一个区域中由偶极磁铁或者光抽运选态,而微波相互作用在另一个区域,后者发生在拉姆塞腔的臂 A 上。在腔的臂 A 上,经过相互作用后原子处于能态,$|F=3, m_F=0\rangle$ 和 $|F=4, m_F=0\rangle$ 的叠加态,这就需要首先制备铯原子态,如 $|F=3, m_F=0\rangle$ 态。如果采用的是偶极磁铁,可以通过偏转处于该态的原子再进行准直。在光抽运选态方案中,原子被光抽运至该态。然后这些原子在拉姆塞腔的第一个臂上被与原子超精细能级频率共振的微波辐射场激发,相互作用时间为 $\tau=l/v$,l 为拉姆塞腔的臂长,v 为原子速度。调整微波辐射的功率,在时间 τ 内产生 $\pi/2$ 脉冲,此时原子在拉姆塞腔的第一个臂的出口位置处于叠加态。原子处于一个相干态。原子漂移至第二个臂 B 处,再次与 $\pi/2$ 脉冲的微波作用。如果调节得当,π 脉冲可以实现原子的完全跃迁。之后通过偶极磁铁选频器加上原子计数器或者光探测(荧光)进行探测。

以上装置较为复杂,需要搭建和调节各个元件,如磁体和微波双臂腔。然而这些元件较为脆弱,尤其是还需要考虑两腔臂引起的相移,对腔的尺寸精度要求较高。那么是否可以通过调整使装置得到简化。光探测装置可进行简化,可将选态、原子的离子化和原子计数简化为通过在拉姆塞腔第二个臂出口采用光激发和荧光进行原子计数。然而,以上的简化程度非常有限。

第 2 章中描述了 CPT 现象可同时实现前述的两种操作。它是采用两束频率对应于原子从基态 S 跃迁到 P 态跃迁能量的激光场作用于原子系综实现的。如果两个激光场频率差等于铯原子精细能级跃迁频率,就会产生基态的相干态,而无需进行选态。如果激光场作用时间为 $\tau=l/v$,这里 l 为激光束的宽度,此时原子就处于相干叠加态,效果与原子先处于单态然后受到 $\pi/2$ 脉冲的作用相同,即实现了在经典方案中所需要达到的效果。

3.1.2.2 具体分析

最早将 CPT 应用于频标是在实验室中在间隔 L 的两个区域激发一束碱金属原子,来模仿经典铯束频标中的微波拉姆塞谐振腔的两个臂(Thomas 等,1982;Hemmer 等,1983、1985、1986;Shahriar 和 Hemmer,1990;Shahriar 等,1997),结构如图 3.4 所示。

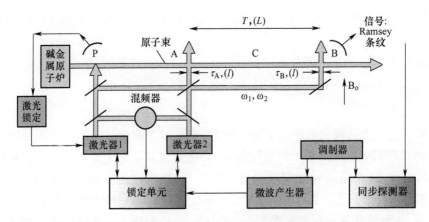

图 3.4　基于相干布局囚禁激发的铯束频标（Appl. Phys. B, Atomic clocks based on coherent population trapping: a review. 81, 2005, 421, Vanier, J.）

在图示的实验装置中，采用两束平行的激光场，频率分别为 ω_1 和 ω_2。两束光合束后以特定的角度穿过碱金属热原子束发生相互作用，相互作用时间 τ 与合并激光光束的束腰尺寸和原子速度有关，根据 CPT 原理，原子处于叠加态。从相互作用区域产生的原子处于相干叠加态，效果与原子先处于单态，然后受到频率为精细能级频率的微波的 π/2 脉冲的作用相同。原子离开光激发区域后在区域 C 中以这种叠加态自由演化。区域 A 相当于经典铯束频标中的第一个偶极磁铁和拉姆塞腔的一个臂的结合。相比于经典方案，CPT 方案的主要优势在于不需要微波相互作用结构和选态磁体。不需要提前制备单态原子，无需微波场激发原子。因此，整个系统相比于经典方案和光抽运方案得到了大大简化。

第 2 章中对 CPT 进行了总体的分析。式（2.63）～式（2.72）描述了光场与其作用的原子系统之间的相互作用，不过本章中不需要采用微波场，也不需要缓冲气体。因此，拉比频率 $b=0$。除了弱自旋相互作用外，原子基态的弛豫率 γ_1 和 γ_2 理论上应该都等于 0，原子束中的原子在基态没有任何弛豫。由于没有缓冲气体，原子在激发态的衰减速率来自于自发辐射，速率为 Γ。为了易于理解，假设拉比频率 ω_{R1} 和 ω_{R2} 相等，并都等于 ω_R。

本章分析过程不同于 Hemmer 等（1989），将采用算符形式表示。首先，激发态的演化过程采用绝热近似，即假设激发态的响应非常迅速，与基态演化相同，且一直处于稳定平衡态。于是式（2.66）～式（2.71）可以简化成只包括基态矩阵元和原子参数的 3 个方程。于是，可以得到特定区域中密度矩阵元的演化方程，即

$$\dot{\delta}_{\mu\mu'}^{r} = -\frac{\Gamma\xi}{1+3\xi}\delta_{\mu\mu'}^{r} - \frac{1}{2}\frac{\Gamma\xi}{1+3\xi} + \Omega_\mu \delta_{\mu\mu'}^{i} \tag{3.8}$$

$$\dot{\delta}_{\mu\mu'}^{i} = -\Gamma\xi\,\delta_{\mu\mu'}^{i} + \frac{1}{2}\Gamma\xi\delta_0(\rho_{\mu\mu} - \rho_{\mu'\mu'}) - \Omega_\mu \delta_{\mu\mu'}^{r} \tag{3.9}$$

$$\frac{d}{dt}(\rho_{\mu\mu} - \rho_{\mu'\mu'}) = -\Gamma\xi(\rho_{\mu\mu} - \rho_{\mu'\mu'}) - 2\Gamma\xi\delta_0\delta_{\mu\mu'}^i \tag{3.10}$$

B 区域的荧光功率可由下式表示,即

$$P_{fl} = \int \hbar\omega N\Gamma\rho_{mm} dt \quad (\text{对区域 B 积分}) \tag{3.11}$$

激发态的粒子数为

$$\rho_{mm} = \frac{\xi}{1+3\xi}(1 + 2\delta_{\mu\mu'}^r) \tag{3.12}$$

引入的一些参数项的定义为

$$\delta_0 = \frac{2\Delta_0}{\Gamma} \tag{3.13}$$

$$\xi = \frac{\omega_R^2/\Gamma^2}{1+\delta_0^2} \tag{3.14}$$

$$\Omega_\mu = \omega_{12} - \rho_{\mu'\mu} \quad \omega_{12} = \omega_1 - \omega_2 \tag{3.15}$$

以上定义参考了图 2.16 中涉及的多个频率。式(3.8)至式(3.10)还可以写成矩阵的形式,即

$$\frac{d}{dt}\begin{pmatrix} \delta^r \\ \delta^i \\ \rho_{\mu\mu} - \rho_{\mu'\mu'} \end{pmatrix} = \begin{bmatrix} -\frac{\xi\Gamma}{(1+3\xi)} & \Omega_\mu & 0 \\ \Omega_\mu & -\Gamma\xi & \frac{1}{2}\Gamma\xi\delta_0 \\ 0 & -\Gamma\xi\delta_0 & -\Gamma\xi \end{bmatrix} \begin{pmatrix} \delta^r \\ \delta^i \\ \rho_{\mu\mu} - \rho_{\mu'\mu'} \end{pmatrix} + \begin{pmatrix} -\frac{\xi\Gamma}{(1+3\xi)} \\ 0 \\ 0 \end{pmatrix} \tag{3.16}$$

其中,将原子态由矢量 u 表示为

$$u = \{\delta^r, \delta^i, \rho_{\mu\mu} - \rho_{\mu'\mu'}\} \tag{3.17}$$

在某一区域 CPT 相互作用可看作以上矩阵算符作用于原子态矢量。原子束中原子的特征,包括能级粒子数差和相互作用产生的相干性可以通过探测激光光束和探测如图 3.4 中产生的荧光来进一步研究光束路径。如果在级联的区域同时应用 CPT,那么只需要多个矩阵算符相乘计算即可。需要注意的是,原子束为热束,其中原子的速率分布满足麦克斯韦—玻尔兹曼分布(QPAFS,1989),即

$$f(\tau) = \frac{2}{\tau_0}\left(\frac{\tau_0}{\tau}\right)^5 e^{-(\tau_0/\tau)^2} \tag{3.18}$$

当计算荧光信号时需要在相互作用时间内取平均。

两个区域中 CPT 效应可以通过求解式(3.16)得到,由赝旋转算符 $M_A(\omega_R, \Omega_\mu, \delta_0, t)$ 作用于式(3.17)中态矢量来表示。区域 B 中的态矢量可由初始态矢量 u_0 经过以下变换得到,即

$$u_B = M_B(\omega_R, \Omega_\mu, \delta_0, \tau_B) M_C(0, \Omega_\mu, 0, T) M_A(\omega_R, \Omega_\mu, \delta_0, \tau_A) u_0 \quad (3.19)$$

式中:M_i 为各个区域对应的旋转矩阵;τ_A、T 和 τ_B 分别为原子在各个区域中停留的时间。

在区域 A 和 B 中,M 可通过式(3.16)进行拉普拉斯变换得到,即

$$M(\omega_R, \Omega_\mu, \delta_0, t) = \begin{pmatrix} \exp-\dfrac{t\Gamma\xi}{1+3\xi} & 0 & 0 \\ 0 & (\exp-t\Gamma\xi)\cos t\Gamma\xi\delta_0 & \dfrac{1}{2}(\exp-t\Gamma\xi)\sin t\Gamma\xi\delta_0 \\ 0 & 2(\exp-t\Gamma\xi)\sin t\Gamma\xi\delta_0 & (\exp-t\Gamma\xi)\cos t\Gamma\xi\delta_0 \end{pmatrix}$$

(3.20)

然而,在上面的运算过程中,有一项并没有与 u_0 中的元素发生耦合,没有包含在 $M(\omega_R, \Omega_\mu, \delta_0, t)$ 中,于是额外引入一个矢量 u_s 项来表示,即

$$u_s = \left\{ \frac{1}{2} \left[-1 + \exp\left(-\frac{\Gamma\xi t}{1+3\xi}\right) \right], 0, 0 \right\} \quad (3.21)$$

该矢量需要加入到将 u_0 经过 $M(\omega_R, \Omega_\mu, \delta_0, t)$ 变换得到的态矢量中。因此,从区域 A 出来的原子态矢量可以表示为

$$u_A = M_A \cdot u_0 + u_s \quad (3.22)$$

在原子自由演化的区域 C 中,算符具有以下形式,即

$$M(0, \Omega_\mu, 0, t) = \begin{pmatrix} \cos t\Omega_\mu & \sin t\Omega_\mu & 0 \\ -\sin t\Omega_\mu & \cos t\Omega_\mu & 0 \\ 0 & 0 & 1 \end{pmatrix} \quad (3.23)$$

在区域 A 和 B,假设激光强度非常大,CPT 共振峰被展宽,从而失谐量 Ω_μ 小到可以忽略不计。已经假设了系统在与两个激光辐射场之间的频率差相关的旋转坐标系演化。则在该坐标系下,区域 C 中基态非对角矩阵元素以 Ω_μ 旋转。假设在第一个区域出口处的相干相位 ϕ_A 的定义为

$$\delta_{\mu\mu'} = |\delta_{\mu\mu'}| e^{i\phi_A} \quad (3.24)$$

通过式(3.22)中的运算,可以得到 $\delta_{\mu\mu'}$ 的相位为

$$\tan\phi_A = \frac{\alpha^i}{\alpha^r} = \frac{\exp(-\Gamma\xi\tau_A)(\rho_{\mu'\mu'} - \rho_{\mu\mu})_0 \sin(\Gamma\xi\delta_0\tau_A)}{1 - \exp[-(\Gamma\xi t/1+3\xi)]} \quad (3.25)$$

对区域 B 进行积分得到荧光功率为

$$P_{fl}(\text{区域 B}) = \left\{ 1 - \exp\left(-\frac{\Gamma\xi\tau_B}{1+3\xi}\right) \right\}$$

$$\times N\hbar\omega \left(1 + \left\{ -1 + \exp\left(-\frac{\Gamma\xi\tau_A}{1+3\xi} \right) \right\} \right) |\sec\phi_A|\cos(\phi_A - T\Omega_\mu)$$
(3.26)

在以上方程中，N 为在区域 B 与激光光束相互作用原子的总数量，$(\rho_{\mu'\mu'} - \rho_{\mu\mu})_0$ 为在区域 A 出口位置处能态 μ' 和 μ 的粒子数差。在 Hemmer 等(1989)给出的相移表达式与本章中 sin 项相差系数 2。采用 Hemmer 等给定的符号，式(3.26) 中可以表示为

$$\tan(\phi_A) = \frac{-\exp(-\Omega^2 S\tau_A)(\rho_{\mu'\mu'} - \rho_{\mu\mu})_0 \sin(2\Omega^2 D\tau_A)}{\exp(-f\Omega^2 S\tau_A) - 1}$$
(3.27)

式(3.27)中各项与本章中采用参数之间的关系为

$$\Gamma\xi = \Omega^2 S \quad \frac{\Gamma\xi}{1+3\xi} = f\Omega^2 S \quad \Gamma\xi\delta_0 = 2\Omega^2 D$$

Shahriar 等(1997)也做了计算，与本章结论一致。

在区域 A 中的交流斯塔克效应会引起相移(光频移)，产生类似于经典方案中分立的拉姆塞区域产生的频移，不过产生两者的物理原理不同。τ_A、τ_B 和 T 是原子速率的函数。因此，通过对所有速率满足式(3.18)修正的麦克斯韦-玻尔兹曼分布的原子相互作用时间积分才可以得到真正的拉姆塞干涉条纹。然后可以对 τ 的积分进行归一化。当比值 $L/l = 100$、$\Gamma = 3\times 10^7 \text{s}^{-1}$ 时，积分后得到的干涉条纹形状如图 3.5 所示。

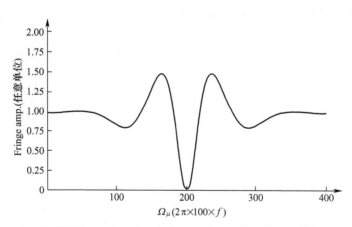

图 3.5 碱金属原子束在两个区域中产生 CPT 效应(通过计算得到的拉姆塞条纹。其中横坐标零点是由计算机选取，以确保共振发生在 200 处)

相移效应导致干涉条纹的中心移动量为

$$\Delta\omega(\phi_A) = \frac{\phi_A}{T} \tag{3.28}$$

该相移是相对于激光的相位而言,来自于第二个区域,当 ω_R 取不同值时,相移随着失谐量 δ_0 的变化如图 3.6 所示,其中 $\rho_{\mu'\mu'} - \rho_{\mu\mu} = 0.2$。以上结果已经对原子速率进行了平均,采用与计算干涉条纹时相同的分布,其中 $\Gamma = 3 \times 10^7 \mathrm{s}^{-1}$、$L/l = 100$。

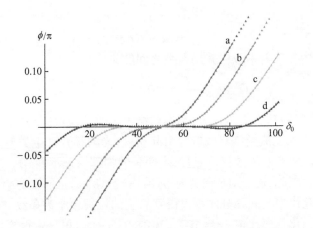

图 3.6 原子束双区 CPT 方案中相移对拉姆塞条纹的影响(理论值)(在区域 A,相移已经对速率进行了平均。图中采用的参数为:$\Gamma = 3 \times 10^7 \mathrm{s}^{-1}$,$\tau_A = 10^{-5}\mathrm{s}$。曲线 a:$\omega_R = 0.1\Gamma$,曲线 b:$\omega_R = 0.15\Gamma$,曲线 c:$\omega_R = 0.2\Gamma$,曲线 d:$\omega_R = 0.25\Gamma$。光共振对应于图中 $\delta_0 = 50$ 处)

从图 3.6 中可以看到,当 $\delta_0 = 50$ 时,失谐量对相位的影响大大降低,降低程度还与拉比频率或者激光光强有关。这一行为主要表现为光饱和效应,尽管激发态 m 的粒子数即使在 $\omega_R = 0.25\Gamma$ 时也并没有达到饱和。

为了更清晰地描述包含两个区域的 CPT 装置的物理原理,以上讨论假设两个频率为 ω_1 和 ω_2 的激光场光强相等,光强不相等时计算结果更复杂。不过,相移的基本性质与光强的不均匀性几乎无关。

3.1.2.3 实验结果

目前,实验室中已经将这一方案应用于碱金属原子钠和铯(Thomas 等,1982;Hemmer 等,1993)。对于钠原子系统,两个激光场来自于染料激光器;而对于铯原子,则采用的是半导体激光器。实验中测量到的第二个区域中荧光的拉姆塞条纹形状与以图 3.6 中一致。

1. 频率稳定度

在钠原子频标中,两个相互作用区域之间间隔为 $L=15\text{cm}$,实验测量得到条纹半高处的线宽为 2.2kHz。测量平均时间为 1s 时, $S/N=4500$ 时,预期的频率稳定度受限于散粒噪声,为 $5\times10^{-10}\tau^{-1/2}$。测量的频率稳定度验证了理论分析结果(Thomas 等,1982;Hemmer 等,1986)。对于铯原子频标,观察到平均时间为 1s 时信噪比为 1800。作者根据干涉条纹线宽(1kHz)和 S/N 给出对应的频率稳定度为 $6\times10^{-11}\tau^{-1/2}$(Hemmer 等,1993)。

2. 频移

1) 直流斯塔克相移

研究人员在不同拉比频率和从第一个区域出口处不同的基态粒子数差下分别测量了产生的相移(Hemmer 等,1989),测量结果与以上理论模型一致,第一个相互作用区域中引入的相移如图 3.6 所示。研究发现,通过调谐某些参数值,如抽运速率较大时,相移随失谐量 δ_0 变化的斜率符号会发生变化。作者从激发态与基态各精细能级的衰减速率有差异的角度来解释这一现象。然而需要提及的是,ϕ_A 随 δ_0 的变化非常依赖于拉比频率 ω_R,并且考虑到图 3.6 所示,当拉比频率值很大时曲线的斜率符号会发生变化,拉比频率对该变化产生的影响效果是非常复杂的。Kim 给出了其实验装置中(钠原子束)最小斜率情况下,激光失谐量为 $0.01\varGamma$ 时频移量为 2×10^{-11} 量级,对应的频率失谐为 300kHz。最新的理论研究已将多个能级与激光的相互作用考虑在内 Kim 和 Cho(2000)。

2) 其他频移

在 CPT 方案中还存在其他的频移。例如,在进入相互作用区域之前两激光场之间的光程差引入的相移,这一频移是非常常见的(Mungall,1983),在实验中也得到证实(Hemmer 等,1983)。另外,两束频率为 ω_1 和 ω_2 的激光场方向不平行、激光偏振引起的相移、原子束与激光束不平行以及拉姆塞条纹交叠都会引起频移。经过计算可以得到以上频移量的大小,虽然其大小不容忽略,然而并不会影响频标的一些重要性质(Hemmer 等,1986)。

3.1.3 原子束冷却频标

上面已经多次强调在计算各种频率偏差时,确定原子束中原子速率分布谱的重要性。原子速率谱还会影响拉姆塞条纹的线宽,并减少观察到的条纹数目。原子速度减小也会相应使某些频移减小,如二阶多普勒效应。德国的联邦物理研究所(PTB)采用多极磁铁组合将铯原子束的平均速率减小至 72m/s,速度分布的半高全宽为 12m/s(表 3.1)(Bauch 等,1996)。原子束减速改进了铯频标的基本物理特性。

是否可以只选取慢速的原子来实现更优的频标？其核心问题在于给定温度情况下，原子速率谱中慢速原子相对更少。通过提高原子炉的温度来增加原子通量效果甚微，原因在于温度提高后背景压力相应增加，那么高速原子对慢速原子的散射也增加了。然而，根据第2章中的内容，可以利用激光辐射压力来减小原子束的速度，原子甚至可以停止运动（Phillips 和 Metcalf，1982；Ertmer 等，1985）。

实验室中利用该方案降低了铯原子束的速度，并直接用于原子钟（Lee 等，2001、2004），将该技术与替代磁选态的光抽运方案结合使用。采用原子束冷却后原子速率分布的结果如图3.7所示。原子束中原子平均速率为30m/s，分布线宽为0.9m/s，原子束速率相当慢，且速率谱得到了压缩。实际应用中，原子束都是单频的。为了更好地进行对比，图3.7还给出了未进行冷却时室温下相同原子束的速率分布谱。之前提到，由于原子会受到地球引力场的作用而下落，慢速原子不适用于长的拉姆塞腔。对于1m长的拉姆塞腔，原子在到达腔的另一臂之前会下落5mm。在引用的文献中，拉姆塞腔长减小至21cm，中心干涉条纹的线宽为62Hz，相比于室温下未冷却原子束和37cm腔长方案线宽，线宽压窄为1/4。该线宽与采用1.5m的腔长，原子炉温度为100℃方案得到的线宽一致。因此，相比于常规的磁选态和热原子束方案，这一方案具有一定的优势。不过与采用热原子束和采用六极-四极态选择器选出慢速原子的方案相比，其优势就微乎其微了（见表1.3）。而且，系统中的冷却区域增加了系统的复杂性并增大了系统尺寸，与后面将要介绍的其他技术相比，这一方案并未引起较多的关注。

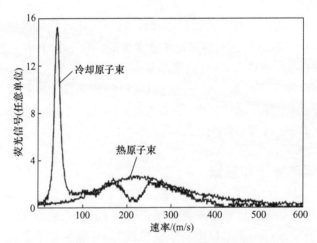

图3.7　冷却铯原子束得到的速率分布（冷却原子束的平均速率为30m/s，线宽很窄，仅为0.9m/s。该原子束用于频标，采用的拉姆塞腔长为21cm，中心干涉条纹的线宽为62Hz）
（数据来自于 Lee H. S. 等，J. Korean Phys. Soc.，45，256，2004；Lee，H. S. 等，IEEE Trans. Instrum. Meas.，50，531，2001.）

3.2 原子喷泉方法

3.2.1 方案探索

按照前文思路以及对于铯束频标原子束速度分布对准确度影响的讨论,似乎需要一种全新的方法来完全利用冷原子的特性。已经看到,原子可以在气室中采用各向同性冷却方案实现激光冷却。原则上,这种方法可以为解决原子运动问题提供解决方案。下面所述的基于气室的原子频标即采用该种方法。目前,需要讨论激光冷却的原子,如光学黏团中的冷原子,是否可以用于实现原子束频标。在绕地轨道运行的卫星中,重力作用微弱,可以采用如前文所述的慢速原子束,因为它不会受到外力的影响。后面将介绍该类型的频标,如 PHARAO(Projet d'Horloge A Refroidissement d'Atomes en Orbite or project of a clock in orbit using cold atoms),研制目的是成为绕地轨道钟组的组成部分。在地球表面,解决方案似乎只有采用垂直原子束。第 1 章中已介绍 PTB 所提出的采用相对低速原子的该种方案(Bauch 等,1996)。但是,相对于水平原子束,这种方案的效果并不理想,因为原子束速度依然很大(70m/s),并且装置中还有其他限制因素。然而,使用激光冷却的原子束,可以达到米/秒的速度水平,效果会更加明显。早在 1950 年前后,Zacharias 就提出了一种垂直方案(Forman,1985)。该方案中,整个系统是一个垂直装置,热原子铯束从炉中向上运动,并在重力作用下减速。减速的原子达到一定高度后回落至铯炉旁边的探测器中。但是,这个名为 Fallotron 的系统没有成功。原子束麦克斯韦-玻尔兹曼分布中的慢速原子并没有被探测到,它们被铯炉附近的快速原子从原子束中散射出去了。

但是,鉴于先前所做的分析以及 20 世纪 80 年代有关激光冷却的实验结果报道中,Zacharias 的方案似乎可行。主要思想是采用第 2 章所述的光学黏团将原子冷却至非常低的温度(微开量级)。低温冷原子形成一个小球(直径为厘米量级),可以通过适当调整冷却激光的频率将原子上抛,具体技术将在下文详述。球内的原子具有非常低的速度(约 1cm/s),在它们向上和向下移动时不会在空间中扩散太多,最大为几厘米,探测时的密度仍然很大。原子团上抛速度一般为每秒几米水平,在重力作用下不断减速并达到大约 1m 的高度,而后自由下落。如果将微波腔置于原子团的路径上,原子在上升和下降过程将两次穿过该微波腔。腔内馈入对应超精细跃迁频率的微波,原子会经历两个相干微波脉冲。两个脉冲的时间间隔可以在 1s 量级,也就是说,可以比通常的热原子束频标提高大约两个数量级。这些过程与在标准室温原子束频标下的原子过程类似,区别是该过程为脉冲模式,而不是连续模式。将原子团冷却和上抛的重复频率与其上升和下落的时间配合,再通过适当平均,可以实现一个完全集成的类似于热原子束方案的频标系统,称为原子喷泉。第一个钠原子喷泉由美国斯坦福大学实现(Kasevich 等,1989)。铯原子喷泉在巴黎,由 LPTF(Laboratoire Primaire du Temps et des Fréquences)与 LKB(Laboratoire Kastler-Brossel)合作实现(Clairon 等,1991)。LPTF 于 1995 年研制成第一台铯喷泉频率基准 Cs-FO1(Clairon 等,1995)。在这些早期的成功实验后,类似的喷泉装置在多个国家的实验室中相继实现,如巴西、加拿大、中国、德国、印度、日本、俄罗斯、英国和美国等。

3.2.2 铯喷泉概述

铯喷泉钟系统示意图如图 3.8 所示。首先介绍系统中的物理部分,关于该主题可参考一些综述(如 Wynands 和 Weyers,2005;Bize 等,2009)。在 3.2.3 小节中,将详细描述它们的具体功能,着重于这些功能的时间顺序。

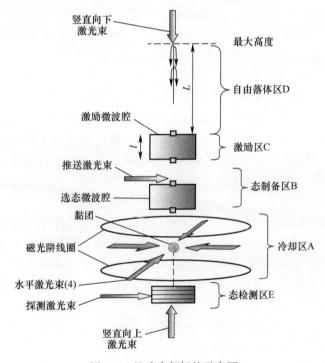

图 3.8 铯喷泉频标的示意图

A 区:形成和发射一小团冷原子云,类似一个直径几毫米的小球。该区域中,原子以蒸气形式存在,并被 6 个方向的激光束照射。这些原子被激光冷却为光学黏团,或者被设计囚禁于磁光阱(MOT),随后以缓慢的速度向上发射。

B区:原子的制备。该区域中,原子沿竖直方向向上运动时,被制备到纯态。该区域包含一个微波腔,通过微波场使原子产生超精细能级跃迁,实现原子态选择功能。还包含一个称为"推送器"的激光束,完成原子选态过程。

C区:原子的激励。该区域包括微波激励腔,用于激发原子的钟跃迁。微波谐振腔(TE_{011}模)由高电导率无氧铜(OFHC)制成。负载品质因数Q值约为10000。

D区:自由运动区。原子云向上自由运动受到地球的引力场作用。原子达到高度h后回落再次穿过激励腔,从而模拟了经典方案中双臂拉姆塞腔功能。

E区:探测区。该区域中,利用探测激光激发原子荧光,并被探测器检测,通过分析荧光信号确定原子态。在某些设计中,该区域可能位于冷却区上方。

微波腔和原子自由运动区外部包围多层磁屏蔽(圆柱和帽,3-5层),以屏蔽环境磁场波动。利用内部螺线管和一些补偿线圈,实现竖直方向约10^{-7} T的磁感应强度,并实现在微波作用区优于几个百分点的均匀性。

原子喷泉需要高真空度,以避免冷原子与剩余热原子(Rb、Cs、H、N和稀有气体)碰撞导致的损耗。在剩余压强10^{-6}Pa时,冷原子和热原子碰撞的速率约为1次/s。在数月的抽气后,真空度可以达到10^{-8}Pa量级,可以保证冷原子损耗达到很低的水平。一般采用离子泵和吸气剂泵实现真空抽气功能。

该系统按时间顺序运行,原子云约每秒上抛一次。下面将具体介绍各个区域的功能以及各种操控的时间顺序。

3.2.3 铯喷泉的功能

3.2.3.1 形成冷原子云的A区

区域A是在MOT中产生冷原子云的区域,如第2章中所述。该区域被3对正交激光束照射。如图3.8中的结构所示,这是法国巴黎STRTE所实现的第一台喷泉FO1的配置,前两对水平照射,另一对垂直传播。这种结构容易实现,然而垂直光束穿过激励微波腔时,光束横截面或束腰将受限于该腔中通孔的大小,而这些孔的大小又受到腔性能的约束,特别是考虑品质因数值和微波泄漏的情况。此外,还需要激光操控的时间顺序,微波腔中原子与微波场相互作用时,激光辐射会产生光频移效应,引起钟跃迁频率的偏移。后来发展出了另一种配置,称为(1,1,1)结构,各对激光束垂直于立方体表面,而该立方体的一条对角线指向原子云垂直方向。这种结构中,没有激光束直接穿过激励微波腔或沿运动冷原子云的垂直轴方向传播,如图3.9所示。MOT中两个线圈通以相反方向的电流,形成反亥姆霍兹结构,在捕获区域中心产生10Gs/cm大小的磁场梯度。MOT结构中相向传播的激

光构成 σ^- 到 σ^+ 偏振态,可以通过反射镜或分束器及光纤耦合实现。这些场构成了第 2 章中描述的黏团冷却装置。激光束的腰斑直径在冷原子云处为 10-20mm。该冷原子云是由已经存在于区域 A 的铯蒸气所形成。激光相对共振频率失谐 -3Γ（红移），捕获速度范围约为 30m/s。在典型装置中，MOT 可以在 1s 内捕获 10^8-10^9 个原子，形成总原子数为 10^8-10^9 量级的云团，其速度约为 $\Delta v \approx 2v_{\text{rec}}$ 或约 7mm/s。在 MOT 中，原子云具有高斯速度分布，直径一般在几个毫米量级。可以通过将第 2 章所述的 2D-MOT 实现的冷原子束，注入到 MOT 中心以提高原子数密度。

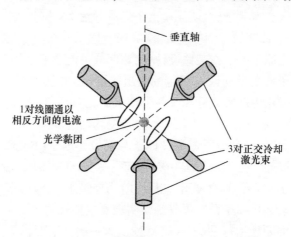

图 3.9　用于避免垂直方向冷却原子云运动路径上激光辐射的光束结构（激光束垂直于假想立方体表面,该立方体的一条对角线指向喷泉垂直轴向）

冷原子云通过移动黏团技术实现上抛。在图 3.8 所示的装置中,通过调节两束垂直激光束间的相对失谐来完成。如果向上的光束相对于设定的冷却频率 ν_c 失谐 $+\delta\nu$ 而向下的光束失谐 $-\delta\nu$,得到的干涉图样垂直移动速度为 $c\delta\nu/\nu_c$。以构成光学黏团的原子云本身为参考系,其可视化的效果是,光学黏团将锁定在干涉图样上,并跟随其运动。当完成失谐调整后,MOT 的梯度磁场关闭,光学黏团整体获得垂直方向速度,因此称为移动黏团。原子云形成一个小球,跟随干涉图样,在短时间(1~2ms)获得垂直方向的速度,即

$$v_{\text{launch}} = \frac{c\delta\nu}{\nu_c} \quad (3.29)$$

在典型情况下,调整到合适的失谐,上抛速度一般为 4m/s 水平。这种上抛原子技术也可以用于图 3.9 所示的(1,1,1)结构中。将失谐 $\delta\nu$ 应用于所有成对的激光束,并从激光束相对于垂直方向的几何考虑,上抛速度为

$$v_{\text{launch}} = \frac{\sqrt{3}\,c\delta\nu}{\nu_c} \quad (3.30)$$

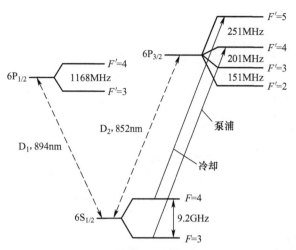

图 3.10 激光冷却和铯喷泉钟相关的 ^{133} 铯原子能级结构

冷却过程本身可以通过图 3.10 中 ^{133} 铯原子较低能级结构进行检验。MOT 中用于激光冷却的是图中 $|S_{1/2},F=4>$ 至 $|P_{3/2},F'=5>$ 循环跃迁。从原理上讲,原子被囚禁在两个能态间的吸收-荧光辐射的循环中。因为从 $|P_{3/2},F'=5>$ 到 $|S_{1/2},F=4>$ 以外的其他能态是跃迁禁戒,因此,冷却过程非常高效。但是,激光长时间作用后(0.1—0.5s),会发生 $|P_{3/2},F'=4>$ 能态的非共振激发。这种情况下,通过自发辐射发生到 $|S_{1/2},F=3>$ 能态的跃迁,所涉及的原子失去冷却作用。可以通过与能态 $|S_{1/2},F=3>$ 至 $|P_{3/2},F'=4>$ 共振的激光将原子从 $|S_{1/2},F=3>$ 能态转移,重新整合到冷却循环中。原子通过自发辐射回落到 $S_{1/2}$ 的 $F=4$ 和 $F=3$ 的能态上,但由于 $|S_{1/2},F=3>$ 能态的原子被光抽运,因此最终转移到 $F=4$ 能态,实现再次冷却。实验中一般采用将冷却激光和抽运激光重合,抽运激光频率对应 $|S_{1/2},F=3>$ 至 $|P_{3/2},F'=4>$ 跃迁。

图 3.11 说明了各种操作的典型时序。为了介绍各部分功能,假定喷泉装置采用一对垂直传播的激光束和两对水平传播激光束。所示的特定时序是不同冷却时长、激光失谐及强度的可能序列之一。实际中可以选择其他时序、操作时间及参数。图 3.11 所示的时序中,在初始冷却阶段,垂直和水平的激光频率被调谐为相对原子共振频率失谐 3 个自然线宽(-3Γ),称为捕获周期,标识为图中阶段 1,这段时间可以持续 0.1—1s。原子的温度通过多普勒冷却和西西弗斯冷却过程降低到几个微开尔文水平。在这个阶段结束前后,关闭梯度磁场。然后,所有激光束都以 -2Γ 失谐,而垂直向上和向下传播的激光束分别失谐 $+\delta\nu$ 和 $-\delta\nu$,如图 3.11 中阶段 2 所示。在这些初始阶段,$|S_{1/2},F=3>$ 至 $|P_{3/2},F'=4>$ 能态间的抽运激光叠

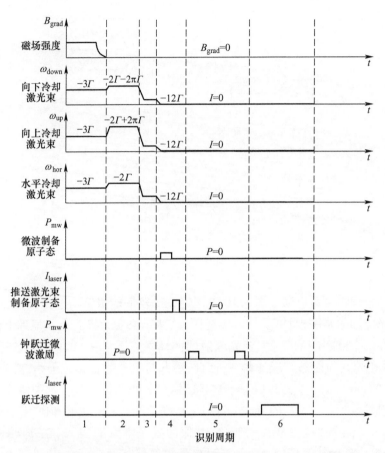

1—MOT中制备光学黏团;2—调节激光失谐实现原子云上抛;3—原子云冷却到亚多普勒冷却极限温度;4—原子态制备;5—原子向上和向下通过激励腔;6—下落原子云的能态检测。

图 3.11 喷泉操作时序示意图(图中不代表真实时间长度)

加到一个或多个水平激光中。如前所述,由于垂直激光的失谐,原子在参考系中运动的速度与两个干涉辐射场的移动驻波一致。在发射阶段,水平和垂直光束往往会加热原子,为了重新冷却运动中的原子,激光器的频率失谐线性增加到-12Γ,并且激光强度逐渐按斜坡下降,这在图 3.11 中显示为阶段 3。在整个过程中,亚多普勒冷却通过第 2 章所述的西西弗斯冷却实现。最后,利用机械快门关闭光束,关闭时间约为 1ms。最终垂直上抛原子云的温度为几个微开尔文,对应原子速度 1cm/s 左右。与 MOT 出口处原子云的速度 4m/s 相比,这个速度很小。以这种速度,原子云达到约 1m 的高度,然后在重力作用下回落。

需要注意的是,采用 MOT 实现原子冷却不是绝对必需,该系统还可以采用光学黏团形成的原子云。在这种情况下,冷却激光的偏振态设置为 lin⊥lin 结构。

原子云的尺寸相对较大,因为没有磁阱的束缚作用。它产生于冷却激光的相交区域,尺寸约为1cm。然后,原子云中的原子密度小于通过MOT制备的原子云的密度。这些属性在实际中对于下文将提到的频移问题具有优势。此外,产生MOT所需的磁场相对较大,可能会传递到检测腔的位置,引起其他问题。

3.2.3.2 原子的制备:B区

在光学黏团的出口,原子均匀分布在$F=4$基态的所有塞曼子能级,作为下一步操作的原子样品。但是,处于外场敏感子能级上的原子对时钟信号无贡献,而且会在探测中引起不利的附加噪声。因此,在冷却区后进入图3.8中标记为B和图3.11中标记为阶段4的态制备区。该区域中,几毫高斯的微弱磁场可以消除基态塞曼子能级的简并性。

在上升的过程中,原子首先穿过微波腔,腔的频率调谐到超精细频率 ν_{hf} = 9.2GHz。通过外部信号源激发腔共振频率,使原子云穿过微波腔时,受到π脉冲作用,跃迁至$|F=3, m_F=0>$能级。因此,最初处于$|F=4, m_F=0>$能级的原子通过该微波腔后,转移到$|F=3, m_F=0>$能级,而其他原子分布在$|F=4, m_F\neq 0>$塞曼子能级上。然后,原子受到与其运动路径垂直的激光作用,激光频率调整到与$|S_{1/2}, F=4>$至$|P_{3/2}, F'=5>$跃迁共振。处于$|F=4, m_F\neq 0>$能级的原子将受到该激光的动量反冲作用,被推离出原子团。如果冷却采用垂直方向激光,推离激光也可以通过调整该冷却激光频率实现。在态制备区的出口处,原子云中的所有原子基本都处于$|F=3, m_F=0>$能级上。

3.2.3.3 激励区:C区

所有铯原子都处于状态$|F=3, m_F=0>$并以4~5m/s速度发射,在以该速度移动的参考系中,原子温度约为1μK。在向上运动过程中,原子团穿过激励腔,腔的频率调节到TE_{011}模式的超精细频率,即图3.8中的C区。将9.2GHz微波馈入微波腔,接近超精细结构间共振频率,则原子被置于两个基态$|F=3, m_F=0>$和$|F=4, m_F=0>$的叠加态。如果微波功率和发射速度设置适当,原子在腔体的出口处的状态相当于经过π/2脉冲作用。原子云向上运动,在重力作用下减速并达到1/2m量级的高度L后反转路径,即图3.8所示的D区。在高度h处,原子类似喷泉一样回落,并以相同的速度再次通过微波腔,对应到图3.11所示时序中的阶段5。原子因此实现了拉姆塞分离场相互作用,与经典的水平方向热原子束方案一样。所不同的是,该相互作用发生在同一个微波腔中。即使腔中存在纵向相位梯度,如由铜壁的损耗引起,该效应对频标的影响也会由于原子穿过腔体时速度反向而得以消除。因此,从原理上讲,不存在由腔相位梯度引起的端到端频移,该结论在原子向上和向下运动至腔中经过相同路径时仍然成立。

3.2.3.4 自由运动区:D 区

在该区域中,原子在重力作用下自由运动,达到最大高度后回落。

3.2.3.5 检测区:E 区

在钟跃迁微波作用区之后,原子落入检测区。原子从腔落出后处于$|F=3, m_F=0>$和$|F=4, m_F=0>$能态的相干叠加态,其性质取决于施加到腔内的微波频率。通过以下方式可以确定两个状态上的原子数(Chapelet,2008)。

原子云被薄片形状的多个激光束激发,这些激光方向与原子下落路径垂直。第一束激光为驻波,用于激发$|F=4>$至$|F'=5>$跃迁,原子穿过该光束时以脉冲方式发出荧光,可以反映出原子云的形状。这个脉冲称为飞行时间检测脉冲。从该飞行时间信号的面积计算得到在 $F=4$ 能态的原子数 $N_F=4$。紧接着,原子云穿过另一个片状激光行波区域,激光频率相同。$F=4$ 能态的原子被推出下降的原子云团。然后,将原子再次置于激光驻波场作用,其频率对应$|F=3>$至$|F'=4>$跃迁,原子被抽运到 $F=4$ 能态。随后,原子云落入与第一束激光完全相同的一个区域,产生的荧光脉冲代表着被抽运 $F=4$ 能态的原子数,从而得到在检测区入口处的原子云中 $F=3$ 能态的原子数 $N_{F=3}$。激励微波导致的跃迁概率可以表示为

$$P = \frac{N_{F=4}}{N_{F=4} + N_{F=3}} \tag{3.31}$$

可以根据各种参数,特别是激励微波腔频率,分析该跃迁概率。拉姆塞条纹花样非常窄,反映了原子在自由落体区 D 的时间或往返于高度 h 的过程中经历的微波脉冲的时间序列,高度一般在 0.5m 量级。

图 3.12 展示了法国巴黎 SYRTE 的喷泉 FO2 观察到的 Ramsey 条纹。图中数据点为实验结果,代表跃迁概率,通过所设定微波腔的频率对应的荧光探测信号得到,信噪比非常高,可以达到 5000/点。

3.2.4 铯喷泉的物理构造

以下章节将描述喷泉的典型实现,以法国巴黎 SYRTE 研制的铯喷泉为例进行介绍。

3.2.4.1 真空室

喷泉基本上由两部分组成,即冷原子操控区和激励区,封闭在高质量的真空室中。激励区封闭在温度稳定性很高、均匀性很好的管中。法国巴黎 SYRTE 搭建的喷泉装置中,这个管的直径为 150mm、长度为 700mm。这个圆柱管的顶部被直径

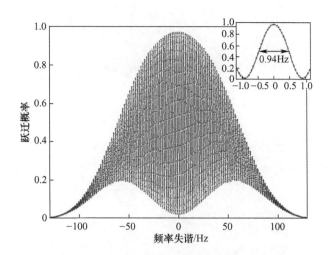

图 3.12 SYRTE FO2 喷泉获得的拉姆塞条纹(插图代表中心条纹,宽度为 0.94Hz,代表腔上自由落体的时间,约 500ms)(由法国巴黎 SYRTE 提供)

40mm 的玻璃窗密封。

原子操控区由不锈钢制成,分为两部分,即图 3.8 所示的捕获区 A 和检测区 E,两者间隔 15cm。第一部分包括玻璃窗口,用于通过冷却激光束并观察冷原子云。第二部分包括用于检测的玻璃窗。所有玻璃窗均镀有减反膜并焊接在真空法兰上。真空管将铯源连接到捕获区。

3.2.4.2 微波腔

喷泉钟的最关键部分之一是由 OFHC 铜制成微波激励腔,原子穿过两次,一次向上,一次向下,提供拉姆塞式相互作用。微波腔呈圆柱形,工作在 TE_{011} 模式,具有轴向对称性和相对较高的品质因数值。这种基本的 TE_{011} 模式可以在腔的两端开出相对较大的孔,而不会对内部的电磁场产生很大的干扰。TE_{011} 结构的模式具有较小的横向相位梯度以及很小的磁场横向分量,不会激发 $\Delta m = \pm 1$ 跃迁。图 3.13 展示了 SYRTE 制作的双腔,用于双组分原子铷和铯的喷泉。

3.2.4.3 磁场

使用缠绕铝管上的铜线制成的螺线管产生所需的静磁场。3 层由坡英合金(厚度 2mm)制成的圆柱形磁屏蔽罩放在螺线管周围,每一层通过两个端盖封闭。在某些设计中,几个补偿线圈放置在磁屏蔽的端盖,以确保在这些过渡区域磁场变化的连续性和平滑性,避免磁场的快速变化导致 Majorana 跃迁。这些线圈也用于改善 C 场的均匀性。

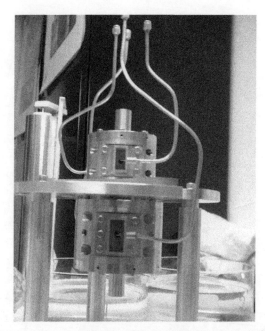

图 3.13 铷、铯双共振腔(图片由法国巴黎 SYRTE 提供)

3.2.4.4 温度控制

喷泉的典型工作温度可设置为 29℃。在第一个实现装置中,由 ARCAP(非磁性和高电阻率)制成的电热丝在第一和第二层磁屏蔽间的铝管上缠绕成双螺旋线圈。调节温度并保持在 ±0.5℃ 以内。因为金属腔谐振频率具有 150kHz/℃ 的温度灵敏度,可以将其用作传感器元件,测量其共振频率可以实现在激励区温度控制精度达到 10^{-3}℃。当然,在温度控制良好的房间内(0.5℃ 以内),不进行温度控制的情况下操作喷泉,也可以取得较好的效果。该方法还有一个额外的优势,即降低了该结构内的温度梯度(A. Clairon,2014)。

3.2.4.5 捕获和选择区

在原子喷泉中,重力用于完成拉姆塞类型的相互作用,原子两次通过相同的腔。这种方式可以大大减少传统的室温原子束方案中两个腔的微波场相位差导致的频移问题。由于来自检测区和冷却区的寄生光可以穿透相互作用区域并产生原子共振频率的频移,类似于光抽运原子束频标,需要采用机械开关在原子下落期间挡住激光束。

3.2.4.6 检测区

检测区位于捕获中心下方约 15cm 处。检测过程中采用 3 个激光束和两个低噪声光电二极管。两个抽速 25L/s 的离子泵可产生 10^{-7}Pa 的真空。

3.2.4.7 支撑系统

1. 微波

馈入腔内以探测原子跃迁的微波信号是由低噪声 BVA 石英晶体振荡器或低温蓝宝石振荡器($CSO、\alpha Al_2O_3$)综合产生(Vian 等,2005),后者表现出很高的频率稳定度,可达 $5.4\times10^{-16}\tau^{-1/2}$($\tau$ 取 1-4s)和 $(2-4)\times10^{-16}$ 之间(τ 取 800s),然后才出现缓慢的漂移(Bize 等,2004)。在典型操作中,压控振荡器(VCO)或 CSO 被弱锁相到氢钟,后者用作喷泉时钟的频率参考。用于激励的 9.2GHz 微波信号是通过对 VCO 或 CSO 频率信号与商用综合器的频率进行适当的乘法和混合而生成。

2. 激光束

冷却、推离和检测所需的激光来源于固态二极管激光器。这些激光通常通过如第 2 章中所述的各种技术来稳定,如饱和吸收。喷泉运行所需的各种激光频率和失谐是通过声光调制器(AOM)而获得。各种组件安装在光学平台上,激光通过耦合器进入光纤。光纤通过特殊的耦合器和准直器,形成 1-2cm 腰斑直径的光斑,连接到喷泉的主体上(Chapelet,2008)。

3.2.4.8 脉冲喷泉的优、缺点

本小节将介绍脉冲工作模式喷泉的一些主要优点和缺点以及更多细节。

1. 频率稳定度

脉冲喷泉在短期频率稳定性方面的优点主要表现在高信噪比(S/N)和长作用时间产生的中心拉姆塞条纹很窄,如图 3.12 所示。因此,谱线品质因数值非常大,约为 10^{10}。检测到的原子数约为 10^7,信噪比约为 5000。短期稳定度可能高达 $10^{-14}\tau^{-1/2}$,由 SYRTE 实现的室温光抽运频标是它的 $\frac{1}{30} \sim \frac{1}{20}$,见表 3.1。另外,脉冲操作的主要缺点在于短期稳定性对微波信号的相位噪声的敏感性,该微波信号的相位噪声仅在操作周期的一部分时间作用于跃迁概率(Dick,1987)。

2. 频率准确度

在频率准确度方面,由于所观测的窄共振线和原子云中温度,喷泉具有一些优点。喷泉的频率对腔牵引效应相对不敏感,二阶多普勒频移减小到 10^{-17},其不确定度为 10^{-18}。在脉冲操作模式下,微波激励阶段没有激光作用,因此光频移效应可以完全消除。由于原子以相反的速度两次通过相同的微波腔,喷泉钟中不再存在端到端的相移效应。唯一剩余影响是由腔中振荡微波场的相位空间变化引起的。原子喷泉的另一个优点在于通过发射不同初速度的原子,可以将磁场描绘成高度的函数。通过这种方法,可以将时钟跃迁的二阶塞曼频移的不确定性提高到

10^{-16},偏移量约为 10^{-13}。还需提及的是,可以改变周期时间和相互作用时间进行各种测试,以提高频率准确度。喷泉原子云低温原子($1\mu K$)的缺点是,碰撞频率偏移变得很重要。Tiesinga 等(1992)及合作者计算估计铯原子碰撞频移为 10^{-22} 原子/cm^3。SYRTE 可移动喷泉钟,此项偏移小于 3.4×10^{-15},不确定度小于 5.8×10^{-16}(Ghezali 等,1996;Abgrall,2003)。

最后应指出,喷泉是一个相当复杂的装置,它的操作需要一个光学平台来进行激光器的操作和稳频,并且它的构造相当大,因为原子沿其上、下方向运动路径长度约为 1m。

3.2.5 铯喷泉的频率稳定度

如第 1 章所述,频率稳定度和准确度是基准型原子频标两个最重要的特性,因此需要研究所有影响准确度的各种效应和扰动。本节将讨论这种喷泉钟的频率稳定度极限,针对该问题也在 QPAFS 的第 2 卷中针对室温铯束频标进行了详细研究,特别是将共振信号的固有频率稳定度转移到参考振荡器的问题,如石英振荡器,可以参考本书。就喷泉而言,问题不同,因其处于脉冲工作模式,共振信号来于自由落体的原子团,重复周期约为 1s。该主题在几篇文章中都有提及(Audoin 等,1998;Greenhall,1998;Santarelli 等,1998、1999),本书概述将外部振荡器锁定在喷泉共振线上时导致的频率稳定度的主要特征。

频率稳定性受限于原子跃迁谱线探测中各种随机波动以及影响跃迁线频率的各种偏置的时间漂移,本书将研究这些偏置的来源及其随时间的稳定性。目前,首先考虑到达探测器的光子数随机波动,或探测器观测到的噪声。在喷泉钟系统中,通过以下方式实现参考振荡器的频率锁定并产生激励微波。在锁定周期的第一阶段,制备冷原子云并上抛,在运动路径上、下两次通过微波腔,在检测区探测处于 $F=3$ 和 $F=4$ 能态的原子数。连续微波激励信号馈入微波腔,其频率 ω_{osc} 相对原子共振频率 ω_M(中心条纹的最大值)存在一定偏移量 $\Delta\omega$。此外,激励微波受到方波调制,调制幅度为 ω_m,对应中心拉姆塞条纹线宽的一半。当设置微波频率在条纹的低频侧($\omega_{osc}+\Delta\omega-\omega_m$)处测量 $F=3$ 和 $F=4$ 能态的原子数。通过式(3.31),利用归一化原子数得到跃迁概率。在此过程中,原子数的探测是通过荧光光子计数实现。在锁定周期的第二阶段,制备第二团原子云,上抛后重复上述过程,微波频率设置为中心拉姆塞条纹的高频侧,即 $\omega_{osc}+\Delta\omega+\omega_m$,再次利用探测器实现原子跃迁概率的归一化测量。两次跃迁概率的差值取决于所设置的 ω_{osc} 与拉姆塞条纹的最大值 ω_M 的差值。重复该过程,结果可以取几个周期的平均值。对获得的信号进行数字化处理,得到关于激励信号频率 ω_{osc} 的误差信号,该误差信号用于将激励信号频率 ω_{osc} 锁定到中心拉姆塞条纹最大值处,即实现失谐量 $\Delta\omega$ 几乎为零。整个过程都是利用处理器以数字化方式完成所有设置和操作。

上述过程存在的问题是,在原子检测过程中测量会受到噪声的影响,导致观测信号变差并影响其频率稳定度,因此需要识别这些噪声来源。各种文献已经具体分析各种噪声及其公式表达。对于某些噪声,附录 3.A 中提供了分析,描述推导这些表达式的重要步骤。导致喷泉钟不稳定性的主要噪声成分将在下面部分讨论。

3.2.5.1 光子散粒噪声

在探测大量荧光光子以鉴别共振谱线时,粒子数的随机波动表现为散粒噪声。该噪声在 QPAFS 中针对各种频标有详细的讨论,特别是光抽运铷频标和 Hg^+ 离子频标。实际上,Hg^+ 离子频标的锁频方法与喷泉系统非常相似,区别在于离子阱是通过连续 Rabi 激励方法,而不是双脉冲拉姆塞技术。散粒噪声与光子计数值 $N_{at}n_d$ 成正比,其中 N_{at} 是原子云中的原子数,n_d 是单个原子发射的荧光光子数 n_{ph},探测器的荧光收集效率 ε_c 以及探测器本身的效率 ε_d 的乘积,即定义为

$$n_d = n_{ph}\varepsilon_c\varepsilon_d \tag{3.32}$$

附录 3.A 中的分析给出了与散粒噪声相关的喷泉的频率稳定度表达式,即

$$\sigma_{ySN}(\tau) = \frac{1}{\pi} \frac{1}{\sqrt{N_{at}n_d}} \frac{1}{Q_L} \sqrt{\frac{T_c}{\tau}} \tag{3.33}$$

3.2.5.2 量子投影噪声

微波激励信号的频率被设置为偏离中心条纹最大值的半宽处。在这种情况下,原子处于两个基态超精细结构能级的叠加态。原子处于任何一种状态的概率相同,测量过程将导致原子处于其中某个能态。在一种解释中,代表原子状态的波函数发生了塌缩过程,或者在另一种解释中,测量将波函数投影到叠加态中其中一个态矢量上。在量子力学中,这个过程是不确定的,在数学上用概率表示。这个现象导致辐射过程的随机性及探测噪声,通常称为投影噪声,它与原子云中的粒子数 N_{at} 成正比。附录 3.A 中计算给出该类型噪声对稳定度的影响,即

$$\sigma_{ySN}(\tau) = \frac{1}{2\pi} \frac{1}{\sqrt{N_{at}}} \frac{1}{Q_L} \sqrt{\frac{T_c}{\tau}} \tag{3.34}$$

该结果与 Wineland 和 Itano(1981)关于离子阱中散粒噪声的推导结果类似。在他们的系统中,离子被拉姆塞形式的微波作用,与喷泉钟类似,但是,离子云是静态的且只有制备过程是非连续的。

需要注意,在单个原子辐射荧光光子数量 n_{ph} 非常大的情况下,n_d 变大,喷泉钟频率稳定度主要由量子投影噪声决定。

3.2.5.3 电子噪声

噪声也可能在检测组件内部以及放大电路产生。通常,在设计合理的情况下,通过选择合适的器件,可以将这种噪声忽略不计。

3.2.5.4 参考振荡器噪声:Dick 效应

由于喷泉以脉冲模式运行,参考振荡器的频率波动可能不会被伺服系统修正或过滤,在这种情况下,伺服系统的环路增益可变。正如 Dick(1987)所提到的,这种效应与 Vanier 等(1979)所讨论的本地振荡器波动导致的问题有很大的不同,他们的问题是由有限环路增益所致。在当前脉冲模式情况下,激励振荡器的高频相位波动可能在伺服系统中进行下变频,表现为白频率噪声,该类型噪声在喷泉钟系统中很重要。当石英晶体振荡器在频率综合链中用作参考振荡器,$1/f$ 噪声有重要影响,喷泉的频率稳定性可能受到该效应的影响。已经发现,使用短期噪声较小的 CSO 作为参考振荡器,显著改善了频率稳定度。

喷泉的性能一般通过测量所观测条纹的信噪比来表征,由此得到该喷泉的预期频率稳定度。用公式表示频率稳定度与测量获得信噪比(S/N)的关系,即

$$\sigma_y(\tau) = \frac{2}{\pi} \frac{1}{Q_{at}} \left(\frac{S}{N}\right)^{-1} \sqrt{\frac{T_c}{\tau}} \qquad (3.35)$$

实际中,在条纹最大值处(频率 ω_M)测量时,信噪比可能约为 1000。但是,在频率 $\omega \pm \omega_m$ 处,即条纹的半高度处,线形的斜率可作为激励信号相位噪声的鉴别器,信噪比降低到约 600。计算出频率稳定度 $\sigma_y(\tau) = 1.4 \times 10^{-13} \tau^{-1/2}$,与实验数据一致(Szymaniec 等,2005)。该表达式可以分析提高频率稳定度的途径,通过提高上抛速度、增加发射高度,可以提高谱线品质因数值。但是,该方法有局限性,当上抛原子到更高高度时,原子云会更分散,导致探测原子数的减少,很难产生高密度的原子云。通过注入 2D-MOT 冷却的慢原子束到 MOT 区域或其他方案,可以解决原子云密度下降的问题。另外,通过设计和选择低噪声电子元件,可以解决检测系统产生的噪声问题。

然而,参考振荡器噪声的影响很难控制。大多数研究小组使用高质量的频率合成器和石英振荡器来产生激励信号。但是,通过使用 CSO(Luiten 等,1994),或者高质量的信号源,如光学稳定的微波源(Millo 等,2009;Weyers 等,2009),可以降低相位噪声,但也增加了装置的复杂性。使用 CSO 方法以及特殊设计的低相噪频率综合器,法国巴黎 SYRTE 实现频率稳定度 $1.6 \times 10^{-14} \tau^{-1/2}$(Bize 等,2004),受限于量子投影噪声(Santarelli 等,1999)。

降低 Dicke 效应影响的另一种方案是加速冷原子云的装载和态制备过程,从而减小喷泉运行周期中微波腔内或上方没有原子的时间比例。当从慢原子束收集

原子时,MOT或黏团的装载时间可以大大缩短。对于相同的装载时间,从慢原子束装载光学黏团的原子数比背景气体装载的原子数提高10倍以上。可以通过将啁啾减速的原子束(Vian等,2005)或2D MOT(Chapelet,2008)实现低速原子注入到光学黏团。

最后,最理想的方案是实现连续模式的喷泉(Berthoud等,1998),该方案已有研究,但很难实施,下面将介绍各种方案及最近结果。

3.2.6 铷和双组分喷泉钟

在研制频标时,需要比较在相同条件下使用不同元素原子的特征,或利用一种原子作为参考,鉴别原子频标中的基本偏移项,或者只是为了验证一种原子相对于另一种原子的优势。例如,比较微波激射器中的氢和原子束频标中的铯,表明了铯在准确度方面的优越性,而氢在激射器中具有更好的频率稳定性。喷泉方案中,铷是天然的备选原子,因为铷与铯非常类似,对于铷的激光冷却和操控与铯一样方便。此外,在实际中,铷喷泉钟的装置结构和操作与铯喷泉基本相同(Bize,2001)。

最显而易见的事情之一,是确定铷喷泉输出频率相对于铯喷泉的频率以及两个设备的相对频率稳定度。这些测量将首先确定作为实际的时间标准时每个频标的性能以及作为基准的相对性能。此外,可以进行各种实验,以确定超精细频率的比值随时间变化的特性,解决基本常数的稳定性问题。

图3.14显示了^{87}Rb原子的低态能级结构,可以与图3.11中的铯原子进行比较。可以看出,这个能级结构与铯原子略有不同,但很容易看到,前文对铯喷泉的描述、构造和功能可以直接转移到铷喷泉的实现方案。巴黎SYRTE实现的喷泉,

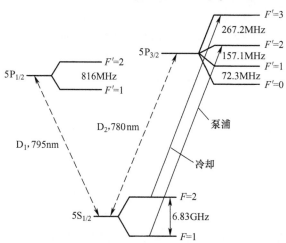

图3.14　^{87}Rb原子的低态能级结构

包含了将铯和铷喷泉集成在同一个系统所需的所有组件。图 3.15 展示了这样的双喷泉装置,它可以将^{133}Cs 和^{87}Rb 交替操作,或将两个原子同时工作。环境、磁场和温度相同的两个频标的比对是容易进行的,结果具有很高的可信度。精确重复测量 ν_{Cs}/ν_{Rb},实现^{87}Rb 超精细频率 ν_{Rb} = 6834682610.904312Hz 作为国际单位制时间秒的次级定义被采纳,其不确定度为 1.3×10^{-15}(CCTF,2004;Guena 等,2014)。

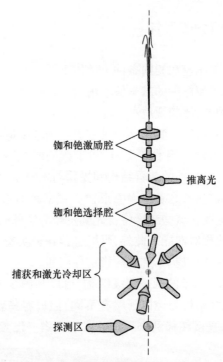

图 3.15　法国巴黎 SYRTE 实现的铯和铷双喷泉概念图(探测区类似于单喷泉结构。冷却激光束通过扩束准直器输出,安装于真空入口处并连接光纤。整个系统包括真空、磁场和磁屏蔽,类似于前面所述的单喷泉装置)

图 3.16 显示了法国巴黎 SYRTE 实际设计和搭建的铷-铯双喷泉装置。与单铯喷泉一样,冷却两种原子所需的激光束在制备区的中心成直角交叉,在该区域中会产生每种原子的冷原子云。激光辐射场通过光纤进入系统。图 3.11 所示的时间序列所需的激光频率和功率控制通过两个光学平台上的 AOM 和机械开关实现。每种原子的微波激励发生在图 3.13 所示的双腔中。

铷和铯的两种原子在同一区域被 lin⊥lin 结构的双光学黏团捕获。为了实现同时操作,需要使用二向色准直器(Chapelet,2008)。两个分开的光学平台用于产生铷和铯分别为 780nm 和 852nm 的激光束。光学黏团在同一个空间区域产生。

图 3.16　铷-铯双重喷泉的照片(图片由法国巴黎 SYRTE 提供)

两种原子在同一瞬间以稍有不同的速度上抛,以避免两种原子云在整个落体路径上的碰撞。

3.2.7　喷泉钟频率偏移和偏差

第 1 章中详细研究了室温铯束频标的频率偏移,这些偏移项大多数仍存在于喷泉系统中,但有些效应大大降低。另外,由于喷泉钟频率非常稳定,铯束频标有些观测不到的偏移可以在喷泉钟检测到。此外,由于喷泉钟的准确度远高于其他类型的频标,有些较小的偏移需要在准确度评估时予以考虑。本节将详细研究这些频移的物理性质,确定偏移值,并讨论其对作为基准频标的喷泉钟整体性能的影响。

3.2.7.1　二阶塞曼位移

在喷泉中,由于腔中的相互作用时间长,因此 Rabi 共振谱很窄,与经典铯束频标相比,喷泉钟系统可以在更小的基态能级塞曼分裂下工作。通常施加的磁场强度设置在 10^{-7}T(约 1mG)内。在弱磁场作用下,$|F=4,m_F=0>$ 至 $|F=3,m_F=0>$ 钟跃迁频率 ν_c 的频移 $\Delta\nu_{00}$ 由下式给出,即

$$\Delta\nu_{00} = \nu_c - \nu_{HFS} = \frac{\nu_{HFS}}{2}x^2 \tag{3.36}$$

其中

$$x = \frac{(g_i + g_j)\mu_B}{E_{HFS}} B_0 \tag{3.37}$$

式中:B_0 为磁感应强度(T);ν_{HFS} 为零磁场时的超精细分裂。

当公式中计入常数时,频移实际上是式(1.21)。10^{-7} T 磁场强度产生的频移约为 5×10^{-14}。与经典的铯束频标相比,该频移相对更小,如表1.1列,铯束频标的塞曼频移大 10^4 倍。尽管如此,为了达到优于 10^{-16} 的频率准确度,磁场需要精确确定。

腔上方自由落体区域中的磁场强度可以通过几种方法确定。可以通过激发与磁场相关的超精细跃迁确定,如 $|F=4, m_F=1>$ 至 $|F=3, m_F=1>$。拉姆塞条纹中 Rabi 台上方的中心条纹的位置可以用来原子感受的平均磁场强度。忽略二阶项,$\Delta m_F=0$ 跃迁的频移由下式给出,即

$$\frac{\Delta\nu_{11}(B_0)}{\nu_{HFS}} = \frac{1}{4}x \tag{3.38}$$

因此,如果场是均匀的,场相关跃迁的频移测量提供了原子云运动路径上磁场强度。实际中,与场独立的 ν_{00} 的频移通过结合式(3.36)和式(3.38)得到,即

$$\frac{\Delta\nu_{00}(B_0)}{\nu_{HFS}} = 8\left[\frac{\Delta\nu_{11}(B_0)}{\nu_{HFS}}\right]^2 \tag{3.39}$$

但是,磁场分布可能不均匀。场相关的频移与场成线性关系,所得条纹的位置反映磁场或 $\Delta\nu_{11}$ 的时间平均。根据式(3.36),场无关跃迁 $\Delta\nu_{00}$ 的位移应为磁场平方的时间平均值,而式(3.39)不太合适。这实际上是关于 $<B_0^2>$ 与 $<B_0>^2$ 之间差值问题,导致不确定性,有

$$\delta\Delta\nu_{00} = 427 \times 10^8 (\langle B_0^2 \rangle - \langle B_0 \rangle)^2 \tag{3.40}$$

可以通过绘制原子云轨迹中的磁场分布图来解决此问题。因此,确定原子云中每个点的磁场强度值并进行适当平均非常重要。在经典的热原子束方法中,原子以恒定速度水平运动。时间平均值可以替换为空间平均值。但是,在喷泉的情况下,原子垂直发射,原子云的速度从发射时的 4m/s 变化到顶部时等于 0。磁场对钟跃迁的影响为

$$\Delta\nu_B = 427.45 \times 10^8 \langle B_z^2(t) \rangle_{traj} \tag{3.41}$$

因此,由于原子速度的变化,时间平均发生在各种大小的长度段上。通过调整原子云的上抛速度并因此改变原子云达到的高度,可以使用依赖于场的原子跃迁来完成磁场分布的测量。例如,给定原子云 n,可以发射到给定的高度,测量给定高度或者原子云 n 对应的 $<\Delta\nu_{11}>_n$,随后的 $n+1$ 原子云,可能会以更高的速度上抛,达到更高的高度,并再次测量频率 $<\Delta\nu_{11}>_{n+1}$。频率差表示原子路径上的磁场

变化,并将平均时间解释为随高度变化的速度的函数,从而根据所测频率差推导出磁场分布。

另一种方法是时域塞曼光谱。在这种情况下,上抛速度保持恒定,调整激励腔中激光原子跃迁的微波功率,实现原子的 π 脉冲跃迁作用。在前文描述的喷泉标准操作方法中,原子首先制备在 $|F=3, m_F=0>$ 能态,并进入激励腔。微波 π 脉冲使原子进入状态 $|F=4, m_F=0>$ 能态。利用射频场对原子云自由落体的整个区域短时间作用,如 10ms,对应原子 $\Delta m_F = \pm 1$ 的塞曼跃迁。在这个过程中,原子在给定的时间内被激发到 $|F=4, m_F \neq 0>$ 能级,对应着施加射频脉冲时达到的高度。在下落过程经过微波腔时,原子云中的原子再次受到同样强度和频率的微波作用,对应 π 脉冲作用。没有被磁场激发的处于 $|F=4, m_F=0>$ 能态的原子,将受到此脉冲的作用并被激发回 $|F=3, m_F=0>$ 能态。可以通过在检测区激发 $F=4$ 至 $F'=5$ 的循环跃迁并探测荧光,完成测量过程。荧光强度表明被激发到 $m_F \neq 0$ 能态的原子数。测量时可以调节原子云的到达时间与塞曼脉冲施加时间的延迟。对所施加的塞曼频率的测量,即对应荧光最大值,可以直接表明被激发时原子云高度处的磁场值。因此,可以得到激励腔上方关于延迟时间的磁场分布,并提供所期望点数的磁场强度绝对值。

另一个与之相关的技术,在正常运行喷泉中激发 $F=4$ 能态中 $m_F=0$ 和 $m_F=\pm 1$ 之间的塞曼跃迁,此技术在氢钟磁场测量中已采用。利用持续时间 100ms 的射频脉冲,在原子达到最大高度时激发该跃迁(Meekhof 等,2001;Levi 等,2004、2009)。当所施加的射频脉冲的频率与这些跃迁共振时,0-0 拉姆塞共振条纹会受到影响,原子在激励腔上方时的相干性被破坏。然后,测量与中心场无关的拉姆塞条纹振幅的影响,该影响是所施加的射频频率的函数。这是针对各种上抛速度实现的,并且将射频脉冲的施加时间与上抛速度关联,使其在自由运动的原子的顶点处施加。由此获得在激励腔上方区域的磁场分布,并且利用式(3.40)得到对应钟跃迁的磁场偏移。这种方法非常有效,但由于原子云在空间中扩散,并且存在空间上和脉冲持续时间的积分,在数据解释上需要注意。

前已提及,圆柱形磁屏蔽的横向屏蔽系数通常大于其纵向因子。因此,垂直结构,即屏蔽圆柱体几乎平行于地球场的方向,其效果不如第 1 章描述的热束系统中的横向结构。尽管如此,精心设计的磁场存在的不均匀性不会造成很大问题。这是通过使用足够的屏蔽层(大于 3)、端盖以及可能靠近它们的校正线圈以补偿螺线管的末端影响。实际中,尽管存在不均匀性及剩余磁场,但一般很小。例如,在英国国家物理实验室(NPL)构建的系统中,发现对于 176nT 的磁场,其波动方差可能低至 0.35nT,并且由磁场不均匀性引起的最终偏差小于 10^{-18}(Szymaniec 等,2005)。其他小组也获得了类似的结果。磁场随时间的波动(可能是微波腔中热电流引起)可能更重要,导致偏移约 5×10^{-17},但这其实仍然很小。

3.2.7.2 黑体辐射位移

前面已介绍,电场可以改变原子内部的能级结构,提升能级简并性或产生能级移动,即斯塔克效应。直流和交流电场都有影响。在喷泉系统中,原子受到外部幻境辐射的影响,称为黑体辐射(BBR),它将导致交流斯塔克效应并改变碱金属原子基态超精细能级,这是铷或铯喷泉钟最大的偏差之一,也是不确定度的重要来源。下文将概述此效应以及对喷泉钟准确度的影响。

1. 静态斯塔克效应

关于氢和碱金属原子的超精细能级的静态斯塔克效应的计算,QPAFS 的第 1 卷和第 2 卷进行了总结。这个效应可以解释为一种相互作用,导致原子激发态,特别是 P 态、与基态 S 的混合,引起每个超精细能级不同的偏移,并导致超精细能级之间的频率偏移,即

$$\left.\frac{\Delta \nu_{\mathrm{hf}}}{\nu_{\mathrm{a}}}\right|_{\mathrm{st}} = k_{\mathrm{st}} E^2 \tag{3.42}$$

式中:k_{st} 为静态斯塔克效应系数,该系数是原子极化率的函数。

一般采用微扰方法将上能态与超精细基态混合进行计算。理论计算静电场对超精细频率影响的准确性取决于对激发态求和的程度。例如,Anderson(1961)将选择限制为用于极化率 α_{e} 计算时取适当值的激发态。这样的计算对于铯的超精细频率产生的相对频移等于 $-3.5 \times 10^{-20} E^2$,而测量值为 $-2.44 \times 10^{-20} E^2$(Mowat, 1972)。此系数通常用绝对频率单位给出,如果是铯,Mowat 的测量结果为 $\Delta \nu_{\mathrm{hf}} = -2.25 \times 10^{-10} E^2 (\mathrm{Hz})$。稍微复杂的方法是采用扰动波函数和微分方程(Lee 等,1975),得到 k_{st} 值等于 2.23×10^{-10},而更精细的微扰计算扩展到更高的连续态,得到 k_{st} 为 $2.26(2) \times 10^{-10}$(Angstmann 等,2006)和 $2.271(8) \times 10^{-10}$(Beloy 等,2006)。Micalizio 等(2004)的计算给出了更小的值,但因为没有扩展到连续态,准确度有限。

2. 交流斯塔克效应和 BBR

一个重要的考虑因素是振荡电场,其频率低于原子基态到激发态的跃迁频率,会产生类似效应。假设该交流斯塔克频移与振荡电场平方的时间平均值成正比 $\langle E^2(t) \rangle$。所以,室温 T 下黑体在热平衡下发出的电磁辐射总是存在于喷泉系统中原子演化的区域,也会产生交流斯塔克效应。该辐射在 $\nu-\nu+\delta\nu$ 区间中的单位体积的能量谱为

$$\rho(\nu)\mathrm{d}\nu = \frac{8\pi h \nu^3}{e^3[\exp(h\nu/kT)-1]}\mathrm{d}\nu \tag{3.43}$$

式中:h 为普朗克常数;k 为玻尔兹曼常数。

该辐射大部分能量集中在低频率处。实际上,室温下的黑体辐射能量谱最大

值在 30THz 附近(10μm),远低于对应于混合激发态到基态的跃迁频率,如铯原子即 350THz(850nm)。在这种情况下,可以假设超精细频率的 BBR 频移由 BBR 电场的均方根值给出。式(3.42)写为

$$\left.\frac{\Delta\nu_{\text{hf}}}{\nu_{\text{hf}}}\right|_{\text{BBR}} = k_{\text{BBR}}\langle E^2(t)\rangle \tag{3.44}$$

式中:$<E^2(t)>$ 为 BBR 电场的均方值;k_{BBR} 为斯塔克系数,计算方法类似于静电场情况,问题简化为 k_{BBR} 的评估。

第一次近似估算可以通过直接计算 BBR 电场的均方值,并使用 k_{BBR} 作为测量的直流值。单位体积的总能量可从式(3.43)得到,并且等于该辐射的电磁场能量。利用储存磁能和电能相等的性质,对式(3.43)所有频率进行积分,得到电场的均方根值为(QPAFS 的第 2 卷,1989)

$$\langle E^2(t)\rangle^{1/2} = 831.9\left(\frac{T}{300}\right)^2 \tag{3.45}$$

需要说明的是,分析中发现 BBR 辐射的磁性成分不会引起显著的频移,这在室温铯束频甚至是喷泉钟达到的准确度情况下是很重要的。计算出的频移在 10^{-17} 量级。

可以使用由 Anderson 计算 k_{st} 值来计算 k_{BBR}。但是,更好的近似方法是使用上文所述的 Mowat 实验测得的静态电场对超精细频移的系数,结果为

$$\left.\frac{\Delta\nu_{\text{hf}}}{\nu_{\text{hf}}}\right|_{\text{BBR}} = -1.69 \times 10^{-14}\left(\frac{T}{300}\right)^4 \tag{3.46}$$

这对于期望的 10^{-16} 准确度是一项很大的频移,因此 k_{BBR} 系数的准确度问题需要解决。所幸的是,目前已经得到比实验结果给出的经验值更精确的计算值,特别是,发现 BBR 的频率分布引入校正因子 ε(Itano 等,1982),该移位实际上可以写成

$$\left.\frac{\Delta\nu_{\text{hf}}}{\nu_{\text{hf}}}\right|_{\text{BBR}} = \beta\left(\frac{T}{300}\right)^4\left[1 + \varepsilon\left(\frac{T}{300}\right)^2\right] \tag{3.47}$$

其中

$$\beta = \frac{k_{\text{st}}}{\nu_{\text{hf}}}(831.9)^2 \tag{3.48}$$

如上所述,对于多种离子和碱金属原子已经由精确的理论计算。表 3.2 列出了 Angstmann 等(2006)和 Beloy 等(2006)针对铷和铯计算的结果。

显而易见,因子 ε 引入了稍大于1%或 10^{-16} 量级的修正,这是所需准确度的极限。但是,β 项会导致 10^{-14} 量级的频移,因此非常重要。为了实现 10^{-16} 量级的准确度,这项频移需要精确到1%。此外,频移与温度的 4 次方成正比,温度误差 1K 引起频率变化为 2.26×10^{-16}。还应该注意,温度梯度以及喷泉系统穿过通孔的外部辐射也会影响最终的准确度。

表 3.2 铷和铯的 BBR 导致的超精细频移特征参数

原子	$k_{st}\times\nu_{hf}(10^{-10})$	β (10^{-14})	ε	参考文献
^{87}Rb	-1.24(1)	-1.26(1)	0.011	Angstmann 等,2006
^{133}Cs	-2.26(2)	-1.70(2)	0.013	Angstmann 等,2006
^{133}Cs	-2.271(8)	-1.710(8)		Beloy 等,2006

注:括号中的数字为计算的准确度。

原则上,以上分析可用于确定 BBR 导致的偏差,即通过精确测量原子云自由落体区域周围的温度实现。结果用于确定喷泉钟的准确度,以实现基于 0K 温度下铯超精细频率 9192631770Hz 的秒定义(BIPM,2006)。因此,从原理上讲,对于室温 300K 条件下运行的频标,需要对测得的频率进行约 $1.73(1)\times10^{-14}$ 的修正。BBR 对频标准确度的影响约为 1×10^{-16}。但是,该方法主要依赖于理论计算,为了能够使用上面的分析来确定特定喷泉的实际准确度,以某种方式验证上面的结果是否与实验数据一致非常重要。

LNE-SYRTE 对 FO1 铯喷泉的 k_{st} 系数进行了高精度测量,这些测量通过在原子自由落体区域放置金属板并施加 50-150kV/m 的电场来实现(Simon 等,1998),该电场强度远高于 300K 温度下的 BBR 电场强度,即上文给出的 831.9V/(m·rms)。还研究了对电场平方依赖关系的偏差,测试结果未得到此类偏差。其他测量(Zhang,2004;Rosenbusch 等,2007)在 1.5-25kV/m 的电场强度下也验证了之前的结果。静态斯塔克系数的实验值最终确定为:$k_{st}=-2.282(4)\times10^{-10}$,与表 3.2 中的理论值一致。值得一提的是,采用充有缓冲气体的密闭泡的 CPT 共振方案也测量了 k_{st} 系数(Godone 等,2005),实验结果为 $k_{st}=2.06(6)\times10^{-10}$,该值与所报道的铯束频标的值存在明显的差异。

这些测量是通过施加直流电场到原子系综上来实现。然而,式(3.47)的形式自然导致通过改变原子所在的整体环境温度来进行理论验证。暂时忽略 ε 的影响(T^6 依赖性),超精细频率随温度 4 次方变化的斜率可以得到 β 值。其中一项实验是采用室温下工作的经典铯束频标完成的(Bauch 和 Schröder,1997),该装置在铯束包覆一层圆柱体,改变其温度,得到的结果是 $\beta=1.66(20)\times10^{-14}$。室温工作的频率稳定度有限,无法得到更高的准确度,然而此实验结果仍然与表 3.2 中的理论值一致。另一项实验基于喷泉钟系统,采用类似的方法,利用石墨管包围原子自由下落区域(Rosenbusch 等,2007),改变该区域整体的环境温度,温度范围从室温至 440K。实验结果可以很好地用 T^4 拟合,所得 k_0 值为 $2.23(9)\times10^{-10}$,或相对值为 $1.68(9)\times10^{-14}$,与理论值在误差范围内一致。然而,在类似的实验中,Levi 等(2004)得到 $\beta=-1.43(9)\times10^{-14}$,该值明显偏小,引起疑问。

根据这些实验结果,BBR 频移是一个很大的偏移项,但如下所述,其不确定性可与喷泉中的其他偏移项相当。但是,式(3.47)表明,如果喷泉可以在非常低的温度(致冷)下运行,此项偏移可以有效减小,并且不确定度可以忽略不计。在这种情况下,由于此项偏移与温度变化的4次方依赖关系,将喷泉系统的拉姆塞腔和自由落体区域在77K温度下运行,BBR频移会相对室温条件降为1/230,这将使此项偏移评估的不确定度可以忽略不计。美国国家标准技术研究院(NIST)和意大利国家计量院(INRIM)(Levi等,2009;Heavner等,2011)的喷泉钟采用了这种方案,其中源和检测区保持在室温,磁屏蔽包覆的激励区被封闭在一个液氮杜瓦瓶,工作在80K左右。微波腔调至低温条件下的谐振频率。总的BBR频移可以通过式(3.46)估算,结果为10^{-16}量级,不确定度为10^{-18}量级。本节所述的其他偏移仍存在,评估方法与室温工作的喷泉系统类似。

利用3个喷泉精确测量它们的相对频率:美国NIST,NIST-F1在317.35(10)K下运行;NIST-F2为81.0K;意大利INRIM的IT-CSF2工作于89.4(10)K(Jefferts等,2014)。NIST采用氢钟比较两个喷泉的频率。NIST和INRIM通过双向时间传递比较两个低温喷泉。需要提及的是,激励部分不同区域的温度测量需要格外小心。特别地,需要考虑穿过窗口的外部辐射以及不同区域发射率的影响,每个单元都是精确确定准确度的对象,Levi等(2014)和Heavner等(2014)对此进行了报道,其中一些结果见表3.2。测量持续了数年,BBR频移问题已经达到一定的准确度,并且解决了之前所提及的疑问。β值评估为$-1.719(16) \times 10^{-14}$,与Beloy等(2006)的计算值以及Rosenbusch等(2007)的测量值一致。

3.2.7.3 碰撞频移

在喷泉中,使用了包含$10^7 \sim 10^9$个原子的冷原子云。如果是MOT,云团的直径可能是几毫米;如果是光学黏团,直径可能是1cm。云团内部的温度大约是几个微开尔文,对应平均速度为厘米每秒量级。原子云的密度为$10^7 \sim 10^8/cm^3$,可以看作原子系综,与之前研究的被动频标(如光抽运铷频标)中的泡中原子情况类似。在这种方法中,碱金属原子系综铯和铷,可以视为真空环境中的蒸气,随机运动并相互碰撞,碰撞速率是原子相对速度(温度)、密度和碰撞截面的函数。如果真空度不高,存在残留气体,碱金属原子可能与那些背景气体原子碰撞,导致弛豫和频移,类似于缓冲气体对碱金属蒸气的影响。通常系统中的真空压强很小,这种效应不会对原子钟目前达到的准确度造成影响,残留气体效应可以忽略。但是,尽管冷却原子云中原子的密度很低,由于喷泉钟的准确度很高,碰撞仍然会导致明显的效应,对拉姆塞激励产生的相干性或超精细频率造成影响。需要提及的是,由于原子云自由落体时的膨胀,原子密度在运动路径上连续变化,导致碰撞效应的分析相对复杂。实际上,在原子云连续通过腔之间的落体过程中,密度降低了10倍以上,因此,在第一部分的运动中相互作用更为重要。

这与 QPAFS 的第 1 卷中研究的情况类似,已经应用于各种频标的功能分析,如氢钟,基于双共振的铷被动频标或 CPT 方案以及铷激射器。该现象在自旋交换相互作用的背景下引入的,已经用经典方法和量子力学方法进行了研究。总体思路:在高温下,两个碱金属原子相互靠近,可能处于排斥态或吸引态,取决于包含轨道和自旋坐标的联合波函数的对称性,形成一个三重态或单重态,通常由 Lennard-Jones 势或 6-12 势表示。碰撞导致波函数产生相移,其大小取决于两个态的势函数的形式和幅度。该现象被解释为自旋交换,因为当发生碰撞时导致 π 的相移,波函数的变化方式好像每个原子未配对的电子已经交换。在此分析中,假定原子团在室温下,对应能量 kT 约为 4×10^{-21} J。但是,在当前情况下,激光冷却的原子温度处于 μK 范围内,能量约为 10^{-29} J。基态中的超精细能级分裂对应的能量为 6×10^{-24} J。这种考虑得出的结论是,碰撞原子的能量不足以引起较大的相移并引起超精细结构之间的跃迁。在这种情况下,碰撞只会引起超精细基态能级中的原子波函数小的相移。计算表明,该相移随机变化,会导致超精细共振的加宽以及小的平均频移,而不影响原子布居数。将两个超精细能态标记为 a 和 b,对密度矩阵的影响可以写为(Cohen-Tannoudji 等,1988)(见式(1.42)和式(1.43))

$$\frac{\mathrm{d}}{\mathrm{d}t}\rho_{\alpha\alpha} = \frac{\mathrm{d}}{\mathrm{d}t}\rho_{\beta\beta} = 0 \tag{3.49}$$

对于布居数和相干,有

$$\frac{\mathrm{d}}{\mathrm{d}t}\rho_{\alpha\beta} = nv_{\mathrm{r}}(\sigma + \mathrm{i}\lambda)\rho_{\alpha\beta} \tag{3.50}$$

式中:n 为原子密度;v_{r} 为原子的相对速度。

加宽由式(3.50)等号右边的第一项引起,与横截面 σ 成正比,此项本质上是相干弛豫项。等号右边第二项是虚数,引起频移,与横截面 λ 成正比。早期对铯喷泉的测量表明,频移比预期的要大(Gibble 和 Chu,1993;Ghezali 等,1996)。由于对基准频标的重要性,人们开始研究这些横截面的确切值,进行了大量的工作进行实际评估(Kokkelmans 等,1997)。特别地,对于不同元素的此效应评估引起了兴趣,因为此效应对相互作用势比较敏感,决定了散射长度(参见附录 3.B)。例如,铯原子碰撞频移 $\Delta\nu/\nu$ 在标准运行时预计约为 20×10^{-13},而 ^{87}Rb 的频移值是铯的 $\frac{1}{15}$。因此,选择铯作为秒定义的基础受到质疑,巴黎 SYRTE 开始搭建 ^{87}Rb 喷泉(Sortais,2001;Bize 等,2009)。

根据式(3.50),评估频移的传统方法,可以测量超精细频率与原子云密度 n 的函数关系,通过某种特定方式在实验中改变密度 n,然后外推至零密度。密度的测量通常利用检测区的荧光探测。尽管许多实验室采用,但该方法存在一定的问题,改变喷泉原子云的密度通常会伴随着云中原子速度及其分布的变化,这不可避免地导致对零密度的错误推算,特别是在碰撞偏移严重依赖于碰撞能量的情况。各种实验表明,实验过程并不纯净,用这种方法来确定碰撞位移很难优于 5%~10%。如上所述,预期的铯偏移数量级为 $17×10^{-13}$,采用此方法能达到的准确度为 10^{-13} 量级或略好,但这远非期望的 10^{-16} 准确度。

SYRTE 发展了一种新技术,可以连续制备两个相对密度非常接近 2 的样品或球(Pereira 等,2003),也可以用不同密度的成对的样品验证结果的重复性。精确的密度比 2 通过以下方式实现。首先,在图 3.8 所示的选择腔中将原子云制备在 $F=3$、$m_F=0$ 和 $F=4$、$m_F=0$ 的叠加态,可通过适当强度的微波和推离光来实现,其频率调整到与 $F=4$、$m_F=0$ 共振。前面已经展示,采用此方案可以选择仅处于 $F=3$、$m_F=0$ 能态上的原子。但是,所描述的简单方案中,原子数对选择腔中场的幅度很敏感,因为这个场是腔内位置的函数,此方案所获得的腔内的叠加态并不完美。采用特殊时间形状和频率扫描的脉冲(称为 Blackman 脉冲),扫频在半共振时关闭,实现绝热快速通道,有可能获得更好的叠加态(Leo 等,2000;Marion,2005)。这种方法的优点是可以制备连续的高密度和低密度原子样品,并且密度比严格等于 2。这个比值对腔中存在的微波场的幅度基本不敏感。在该制备方法中,唯一的关键参数是必须在半共振时恰好中断微波频率扫描。碰撞频移评估的不确定度为 10^{-16}~10^{-17} 之间,具体取决于初始原子密度。

NPL 和 PTB 等其他实验室也提出消除碰撞频移的喷泉运行方案(Szymaniec 等,2007)。该方法基于铯的频移取决于原子云中的碰撞能量及两个超精细能级的布居数。此方法对喷泉的参数(冷原子云的几何形状、上抛高度、布居数比等)非常敏感,并且用 MOT 冷原子作为初始样品。

为了减少碰撞频移而不减少探测原子数,提出了两种喷泉结构。第一种称为"杂耍喷泉"(Legere 和 Gibble,1998),就像玩杂耍球的运动一样,连续发射几个原子云,时间间隔小于单个云的飞行时间。每个云的密度都低于标准喷泉,因此,内部原子的碰撞率降低。多球方案要求精确控制上抛时间、速度和单个球的密度(Fertig 等,2001)。Levi 等(2001)提出了另一种方案,在此结构中,将球上抛并且保证其不会在腔上方的自由落体区域碰撞而导致频移。但是,这些原子一起到达检测区产生强的探测信号,而在此区域的碰撞已经不再重要。此方案的技术困难的是,必须在真空中放置一个快速的机械快门,避免已经上抛的原子不受下一个原子团的冷却和发射激光的杂散光的影响(Jefferts 等,2003)。

3.2.7.4 腔相移

影响喷泉钟准确度的另一个现象是腔相移。由于原子沿相反的方向在同一个腔中通过,因此原理上可以避免腔端到端相移引入的频移。然而,腔中存在分布式空腔相移(DCP)或相位梯度。根据落体运动的轨迹,原子在下降过程中感受的相移可能与上升阶段不同;与室温铯束频标类似,此效应对应剩余一阶多普勒频移,主要来源于激励腔中相位的不均匀性。这种效应导致喷泉对倾斜和功率敏感。尽管 DCP 效应已经研究了数年,但仍然是提高室温铯束频标准确度的主要瓶颈。第 1 章中已详细讨论了这个问题。实际上,测量与理论之间的一致性较小(De Marchi 等,1988)。另外,在喷泉方面,在这个问题上的进展也很小,因为无法准确描述腔体内场的相位。此外,由于需要在腔上钻孔使原子云通过,导致场线变形,因此理论计算比较困难。需要注意的是,尽管由于喷泉的准确度很高使此效应可见,但实际影响很小,并且在存在其他扰动的情况下,它的尺度相当精细。另外,准确计算腔中实际相位分布及其相应的频移是一个具有挑战性的数值问题。然而,最近的计算和实验已经尽可能地阐明此问题(Li 和 Gibble,2004、2010、2011;Guéna 等,2011;Weyers 等,2012)。

喷泉钟一般使用圆柱形 TE_{011} 模式,腔的尺寸为厘米量级,腔的中部平面馈入微波,腔两端的孔让原子球穿过,如图 3.17 所示。

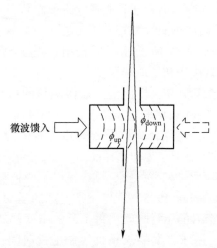

图 3.17　喷泉系统腔相移示意图(原子落体向上和向下路径不完全相同,腔内存在相位梯度,依赖于馈入微波的方向。图中展示了从相反方向(虚线)馈入微波的方法)

计算中,腔内的场基本上被视为两个分量的叠加,一个是大的驻波分量,另一个是由腔损耗导致的小行波分量,该分量引入原子路径上经历的局域化相移。实际分析中,小场分量展开为多项,其中有 3 个分项:一是代表馈入的微波并在腔的两端消失导致,导致纵向相位梯度;二是产生图 3.17 所示的横向梯度,对腔与原子行进方向的倾斜非常敏感,也是研究最多的分项,在原子的初始向上运动时特别重要,因为此时原子云很小,高度局域化,只采样一小部分腔场;三是考虑微波从图 3.17 所示的两个方向馈入时的相位变化,所示的虚线代表反向微波馈入。

SYRTE 对该问题进行了细致的研究（Bize 等，2009；Guéna 等，2011），如将一个馈入微波作为原子球路径和腔之间的倾斜角的函数进行频率测量。其他测量用两个馈入完成，并设置相对功率。实验发现，此项频移的评估可以达到 $1×10^{-16}$ 量级的准确度，仍然是喷泉钟准确度评估表的重要一项。

3.2.7.5 腔牵引

用于实现喷泉的微波腔必须精确调至原子共振频率；否则在钟跃迁探测中会观察到频移。原子跃迁的表观频率取决于腔的频率与原子共振频率之间的频率偏移。第 1 章和第 2 章已经概述了这种效应，通常称为腔牵引效应，在各种频标系统如室温铯束频标和氢钟中都存在。QPAFS 第 2 卷中详细讨论了该问题。腔失谐可以通过多种方式影响检测的共振频率。当腔频率与原子超精细频率失谐时，扫描微波频率可观察到中心拉姆塞条纹变形，导致偏移。这是由于原子感受的微波场强度随所施加的频率而变化，因为失谐的腔，原子共振频率位于腔模的一侧并具有很大的斜率。因此，拉姆塞条纹的最大值相对于激励场强度不随频率变化时的位置发生移动。另外，如果拉姆塞条纹的探测是通过施加微波的方波频率调制完成，调制深度 $\delta\omega$，微波在两个频率 $\omega\pm\delta\omega$ 处的振幅将不同，同步探测器探测到的共振中心将发生偏移。室温铯束频标系统中也存在这两种效应。在喷泉的情况下，这些效应很小，因为中心的拉姆塞条纹相对于腔的宽度很窄。适当调整腔，此效应相比之前分析的腔膜的磁场耦合效应可以忽略不计。

实际上，当原子团磁化变得重要时，腔牵引存在并影响腔中激励场。QPAFS 区分了共振是通过微波辐射探测以及能级布居数探测两种情况。该效应对所考虑设备的原子增益敏感，是腔中原子的磁化函数。例如，在氢钟系统中，超精细共振通过微波辐射检测。磁化强度大，可自我维持，腔牵引正比于相对超精细共振的腔失谐乘以腔品质因数与原子品质因数的比值，即

$$\Delta\nu_{maser} = \frac{Q_c}{Q_{at}}\Delta\nu_{cav} \tag{3.51}$$

式中：$Q_c/Q_{at} \approx 10^{-5}$，并且输出频率 1.4GHz 相对腔牵引的灵敏度约为 $7×10^{-12}/$kHz。这个值非常大，需要大量的努力来尝试稳定腔的频率，通过外部反馈被动地或主动地稳定。

在被动频标，如被动型室温铯束频标，能级相对布居数是微波场与超精细共振的表征。在这种情况下，设备的增益很弱，近似的计算表明，腔牵引正比于 Q_c/Q_{at} 的平方。考虑到在这种情况下腔品质因数是几百，原子跃迁线品质因数约为 10^7，对于腔失谐 1MHz，腔牵引的量级为 10^{-14}，由于这些频标的准确度最多只能达到 10^{-14} 量级，并且腔可以更紧密地调谐与超精细频率相差小于 1MHz，因此偏移可以忽略不计。

就喷泉而言,由于其固有的 10^{-16} 量级的高准确度,需要更准确地评估腔牵引效应。本节将回顾讨论该主题,概述所涉及的物理问题并量化对频标准确度的影响。

在第 1 章所述的室温铯钟中,原子以恒定速度连续不断地水平通过拉姆塞腔。在喷泉里,原子以初速度 v 垂直上抛,通过微波腔,到达给定的高度 L,回落,并再次穿过相同的微波腔。它的速度沿轨迹连续变化。这个轨迹类型具有改变系统对沿着原子路径的扰动响应的特性。在这种情况下,需要引入几个定义和参数,使所涉及的物理过程明确并简化计算。如图 3.8 所示,假设腔的长度为 l,并且与腔相比原子团的尺寸非常小,需要时间 τ 穿过那个腔,球沿着腔上方路径运动时间 T。在腔中,原子受到微波感应强度 $B(\omega)=\mu_0 H(\omega)$。另外,腔尺寸可以在 ω_c 时支持 TE_{011} 模式,调谐至接近铯或铷超精细频率 ω_{at},取决于具体元素。腔方向的微波磁场沿 z 方向,假设变化为

$$H_{cz}(r(t)) = \sin\pi\frac{t}{\tau} = f(t) \tag{3.52}$$

该变化代表了模式形状,因此磁场在腔中心处最大。假设原子团很小,以速度 v 沿对称轴穿过腔并在其轨迹对磁场采样。式(3.52)中引入的函数 $f(t)$ 等于 H_{cz},本质上代表了腔内场的变化。第 1 章中定义了腔中心的 Rabi 频率,有

$$\omega_{R0} = \frac{\mu_B}{\hbar} B_0(\omega) \tag{3.53}$$

场与原子共振 ω_{at} 的失谐定义为 $\delta = \omega - \omega_{at}$,与腔共振宽度相比,失谐通常非常小,如前所述,原子线宽度约为 1Hz,腔品质因数值约为 10000,共振全宽度约为 1MHz。定义相互作用时间的有效时间为

$$\tau_{eff} = \int_0^\tau f(t) \mathrm{d}t \tag{3.54}$$

这是对式(3.52)给出的场分布效应和拉比频率 ω_R 的度量,它也是确定微波场形状关于跃迁概率的权重的工具,或者更形象地,磁化空间旋转角,关系公式为

$$P(\tau) = -\int_0^\tau \Omega_0 f(t) \mathrm{d}t = -\Omega_0 \tau_{eff} \tag{3.55}$$

可以使 $P(\tau) = -\pi/2$,即腔中一个通道中的有效 $\pi/2$ 脉冲,通过调整原子的发射速度和场的强度实现,即 $\tau = (\pi/2)(1/\omega_{R0})$。

原子团的路径已在上面概述,可以引入灵敏度函数 $g(t)$ 描述该路径,定义为

$$g(t) = \begin{cases} (-1)^p \sin(-p(t)) & \text{当}(0 < t < \tau)\text{时} \\ +1 & \text{当}(\tau < t < T+\tau)\text{时} \\ \cos(-p(t)) & \text{当}(T+\tau < t < T+2\tau)\text{时} \end{cases} \tag{3.56}$$

式中:p 为一个整数,0、1、2、⋯表示原子经历的脉冲。对于 $p=0$,球受到 $\pi/2$ 脉冲,

磁化倾斜 $\pi/2$。$g(t)$ 本质上是对场的脉冲响应,并且在大多数路径上为1,除了在腔中。这样就可以定义有效的激励时间 T_{eff},关系式为

$$T_{\text{eff}} = \int_0^{T+2\tau} g(t) \mathrm{d}t \qquad (3.57)$$

可以看出,给定区域中沿着该路径的频移的权重,以及对时钟频率的影响(Lemonde 等,1998),即

$$\Delta\nu_{\text{clock}} = \frac{1}{T_{\text{eff}}} \int_0^{T+2\tau} \delta\nu_{\text{at}}(t) g(t) \mathrm{d}t \qquad (3.58)$$

同样地,如果位移 $\Delta\phi(t)$ 影响微波辐射与原子路径给定区域中的磁化强度之间的相位,钟跃迁频移为

$$\Delta\nu_{\text{clock}} = \frac{1}{T_{\text{eff}}} \int_0^{T+2\tau} \frac{\mathrm{d}\Delta\phi(t)}{\mathrm{d}t} g(t) \mathrm{d}t \qquad (3.59)$$

腔中原子团内部产生的磁化强度与腔内磁场之间的耦合由式(1.60)给出。式(1.60)用于评估腔调节至共振频率的效应。用复数表示磁场和磁化强度,该等式可以转换为(QPAFS,1989)

$$\left(\omega_c^2 - \omega^2 - \mathrm{i}\omega\frac{\omega_c}{Q_c}\right)H(\omega) = -\frac{\omega_c^2}{Q_c}H_e(\omega) + \frac{\omega^2}{V_{\text{mode}}}\int_{V_a} m(r,\omega)H_c(r,\omega)\mathrm{d}v$$

$$(3.60)$$

式中:$H(\omega)$ 为腔内的场;H_c 为场腔模式;H_e 为从外部源耦合到腔中的频率 ω 处的场;$m(r,\omega)$ 为穿过腔的原子云的磁化强度。

式(3.60)右边第一项表示外部场通过波导或环路与腔的耦合,第二项表示磁化强度与腔中场的耦合,喷泉系统中由于腔体的高品质因数,此效应不可忽略。模式体积 V_{mode} 是式(3.52)给出的腔模态的积分,即

$$V_{\text{mode}} = \int_{\text{Vol}} \|H_c(r)\|^2 \qquad (3.61)$$

对于 TE_{011} 腔,有

$$V_{\text{mode}} = \pi L R^2 \left[1 + \left(\frac{\pi R}{kL}\right)^2\right] \frac{1}{2} J_0^2(k) \qquad (3.62)$$

式中:$J_0(k)$ 为贝塞尔函数,$J_0(k) = -0.403$。对于具有适当尺寸的 6.8GHz 铷谐振腔,$V_{\text{mode}} = 14.52\text{cm}^3$。

在没有磁化强度 $m(r,\omega)$ 的情况下,该方程式描述了腔中磁场 $H(\omega)$ 对外部输入 $H_e(\omega)$ 的响应。由于左手构件的复杂形状,腔内的场相对于输入以给定的幅度和相位响应。该响应是腔品质因数 Q 的函数,并且具有较大的频率宽度。另外,当存在磁化强度时,还有另一个输入,腔内场在振幅和相位上发生了改变。由于共振非常窄,振幅的变化很小并且具有对跃迁概率的影响可忽略不计。因此,磁

化强度引起原子磁化和磁场之间的相移。原子团通过腔后,自由运动时间 T,然后第二次进入相同的腔,受到同样场的作用,并且原则上发生相同的相互作用,改变相位。但是,由于所使用的频率调制类型,即拉姆塞条纹最大共振位置的一侧半高处,如果原子感受的等效脉冲为 $\pi/2$,则相移可以抵消(Sortais,2001)。此外,由于原子团的尺寸内部残余径向速度而在行程中会增加,第二腔的密度小得多,与第一次穿越引入的相移相比降为 $1/5 \sim 1/10$,第二次穿越偏离 $\pi/2$ 等效脉冲的相移很小。因此,仅计算由原子在腔中的第一次通过引入的相移是合适的。

可以根据原子的量子力学特性以及原子团中原子数,利用式(3.60)评估磁化强度。这可以通过使用虚拟自旋方法(Bize 等,2001;Sortais,2001)或仍然使用密度矩阵方法,如像氢钟计算方法一样。计算结果提供相移 $\Delta\phi(t)$ 的表达式。然后将结果引入式(3.59),由腔失谐引起的频移计算式为

$$\Delta\nu_{\text{clock}} = K \frac{\tau_{\text{eff}}}{T_{\text{eff}}} \left[\frac{2(\omega_{\text{at}}^2/Q)(\omega_{\text{at}}^2 - \omega_{\text{c}}^2)}{(\omega_{\text{c}}^2 - \omega_{\text{at}}^2)^2 + (\omega_{\text{at}}\omega_{\text{c}}/Q)^2} \right] \frac{\pi}{4\tau_{\text{eff}}} \int_0^{\tau} f^2(t) \sin[2\theta(t)] dt \tag{3.63}$$

其中

$$\theta(t) = n \frac{\pi}{2} \frac{1}{\tau_{\text{eff}}} \int_0^t f(t') dt' \tag{3.64}$$

$$p = \frac{n-1}{2} \tag{3.65}$$

$$K = \frac{\mu_0 \mu_B^2 N_{\text{cav}} Q}{2\pi^2 \hbar V_{\text{mode}}} \tag{3.66}$$

因此,频移以色散形式依赖于腔的失谐。当腔调至接近超精细频率时,喷泉的斜率与腔失谐的依赖性近似为(Bize,2001)

$$\left. \frac{d\Delta\nu}{d\nu_{\text{c}}} \right|_{\nu_{\text{c}} = \nu_{\text{at}}} = -8\tau_{\text{eff}} \frac{\mu_0 \mu_B^2 N_{\text{cav}}}{2\pi^2 \hbar V_{\text{mode}}} \frac{Q_{\text{c}}^2}{Q_{\text{at}}} \tag{3.67}$$

对于铷腔的 TE_{011} 模式,$N = 10^8$ 和 $Q = 10000$,$K = 3.578 \times 10^{-3}$,腔失谐的斜率为 5.8×10^{-17}/kHz。这个计算结果表明腔失谐在最终喷泉钟准确度评估中的相对重要性。例如,在铷的情况下,温度变化 ± 90mK 可能会导致腔频率偏移 ± 10kHz,而钟频率变化为 5.8×10^{-16}。

上述计算明确了从磁化强度到腔场的耦合导致的偏移,引起腔中场的相移。应该说明的是,腔牵引和碰撞频移的测量是交错的,实际中是同时进行的。

3.2.7.6 微波频谱纯度

如果所施加的微波激励信号包含频谱分量,则这些分量可能会导致超精细频

率的频移。QPAFS 的第 2 卷中有详细介绍。使用非常纯净的微波激励信号可以减小此效应。目前,使用现有技术不会对喷泉钟现在的准确度造成太大问题。

3.2.7.7 微波泄漏

当任何杂散共振微波场存在于微波腔之外时,也会导致频移问题。杂散微波辐射可能是由于腔的泄漏,或是频率综合器通过馈入电路和光学馈通产生微波辐射到达喷泉结构内部。原子在腔外的自由路径中可以感受到该场。与腔内激励微波场的频率相同,该微波与原子发生强相互作用,导致所观测共振谱线的频移。精确的钟偏差很难评估。意外的是,这种残余场本质上是不受控制的,结构复杂,既有大驻波又有大行进波分量。这个外在的场无法通过纯电方式排除,导致频移随着喷泉参数的变化非常复杂,尤其是微波功率(Jefferts 等,2005;Weyers 和 Wynands,2006)。此外,频移通常很难与其他系统误差信号分开,如分布式腔相移。评估此效应的方案包括改变馈入微波腔的功率。例如,可以通过在腔出口处的原子施加 $3\pi/2\pi$ 脉冲而不是 $\pi/2$ 脉冲改变功率。原则上,原子以相似的叠加态离开腔,但功率提高了 9 倍,因此如果是腔泄漏引起,则泄漏频移也相应地提高。在不泄漏的情况下,测量频率原则上应保持不变。不幸的是,分布式腔相移也可能引入功率相关频移。此外,泄漏改变频率的规律还不完全清楚,外推到零泄漏可能缺乏对此问题的物理特征的认识而引起误差。由此,开发了一种技术,仅当原子云穿越腔时,微波才馈入到腔中。为了确保在原子云自由运动时完全没有微波功率,微波是由合成的 8992MHz 通过适当的混合 200MHz 频率的辐射而产生。微波辐射根据原子云的运动而打开和关闭,并且当云离开腔时微波将不存在。唯一剩下的不确定性是开关引起的相位瞬变产生。可以将采用这种开关的喷泉与连续模式的微波频率的系统进行比较,测试该技术(Santarelli 等,2009),结论是微波泄漏效应降低到小于 10^{-16} 量级(Bize 等,2009)。

3.2.7.8 相对论效应

相对论时间膨胀导致的二阶多普勒效应也存在于喷泉系统,由式(1.10)给出,为了方便,重复写为

$$\frac{\Delta\nu_{D2}}{\nu_{hf}} = -\frac{v^2}{2c^2} \tag{3.68}$$

喷泉相比传统热束频标的优势在于云中原子温度约为 $1\mu K$,因此扩散速度非常慢,达到厘米每秒量级。另外,相互作用期间的原子最大速度约为 3.5m/s,并且在自由运动时连续变化。原则上,该效应需要在原子云整个运动过程中进行积分。幸运的是,由此产生的二阶多普勒频移为 10^{-17} 或更小的量级,因此与喷泉钟的其他效应相比完全可以忽略不计。

另外,考虑到喷泉钟达到的准确度,第 1 章提及的引力效应变得相当重要,由式(1.17)给出,为方便起见也在此处重复,即

$$\Delta\nu_{\mathrm{gr}} = \left(\frac{gh}{c^2}\right)\nu_{\mathrm{hf}} \tag{3.69}$$

式中:g 为地球的重力常数($9.8\mathrm{m/s^2}$);h 为大地水准面上方时钟的高度。

在地球表面上方,相对频率以约 10^{-16} m^{-1} 随高度变化,称为红移。初看起来,喷泉钟的高度有些不清楚,因为与拉姆塞腔相互作用的原子的位置在自由运动期间发生了变化。因此,该频移需要原子在腔之间运动路径上进行积分,评估需要足够精确,不影响时钟的准确度。

但是,在比较远处的两个时钟比对时,必须考虑引力频移,因为它们可能相对于大地水准面位于不同的高度。由于高度可以精确到不超过 1m,因此评估该偏移的准确度优于 10^{-16}。

3.2.7.9 其他频移

1. 光频移

用来冷却和检测原子的杂散激光可能进入系统并与云中的原子在其落体运动时相互作用,或在腔中与微波辐射一起与原子发生相互作用。当原子与微波场相互作用或仍在腔体上方自由落体时,该杂散光可能会导致频率偏移,即光频移,就像前文所述的光抽运铯频标的情况一样。通常,当原子处于自由落体或与腔中的微波相互作用时,通过关闭所有辐射可以避免此问题。可以通过机械开关来完成,从而避免了对激光连续运行的干扰,这些激光通过伺服系统将其锁定在光学腔或吸收线上。采取这种措施时,光偏移不会在目前达到的准确度下影响钟跃迁频率。

2. 反冲效应

与激励腔内部的电磁驻波相互作用的原子会经历多光子过程:从场的一个行波分量吸收光子,然后将它们发射到另一个。根据第 2 章的分析,光子的吸收会导致动量交换以及动能的相应变化。因此,从原理上讲,原子向上运动时与微波腔中驻波场的相互作用,会稍稍改变原子的运动,该效应最初称为微波反冲(Kol'chenko 等,1969)也称为微波透镜(Weyers,2012),导致钟跃迁频率的偏移为

$$\frac{\delta\omega}{\omega_{\mathrm{at}}} \approx \frac{\hbar k}{2mc} \tag{3.70}$$

对于铯,在超精细频率处由于光子引起的相对频移约为 1.5×10^{-16}。Wolf 等(2001)利用 MOT 对铯喷泉进行了数值模拟。在正常工作条件下,对应 π/2 脉冲的激励,该效应影响评估为 0.5×10^{-16} 左右。

3. Ramsey、Majorana 和 Rabi 跃迁

根据磁场的实际结构和形状,在喷泉的原子云中可能会发生各种跃迁,相关内

容在第 1 章中已经介绍。这些跃迁可能有不同的起源,考虑到喷泉的准确度,需要仔细考虑该问题。这些跃迁的基本性质如下。

(1) Ramsey 跃迁。如果静磁场与腔体中的微波场不平行,可能会引起 $\Delta F = \pm 1, \Delta m_F = \pm 1$ 类似的跃迁。例如,当原子没有精确地在微波腔对称轴上运动时,可能会产生这种情况。磁力线在腔体的端板处弯曲,并且直流磁力线和这些磁力线之间存在一个角度。这种情况可能会导致 $\Delta m = \pm 1$ 型混合态的跃迁,并导致 $F = 4$、$m_F = 0$ 至 $F = 3, m_F = 0$ 跃迁的频率偏移。

(2) Majorana 跃迁。当磁场快速变化或改变符号时,自由路径中的原子感受到变化的场。这可能会导致原子跃迁,如 $F = 3$ 或 $F = 4$ 能态的 $\Delta F = 0$、$\Delta m_F = \pm 1$ 跃迁,再次导致态混合并导致频移。

(3) 拉比跃迁。第 1 章已表明,由于原子的相对高的速度,当直流磁场弱且拉比台较大时,取决于磁场的 $\Delta F = 1, \Delta m_F = 0$ 的拉比跃迁会被激发。它的边翼显示出随频率变化的斜率,可能会与独立于场的底部重叠,从而使中心拉姆塞条纹变形。

结论是这 3 个偏差对喷泉的准确度影响可忽略不计。

4. 背景气体碰撞

真空系统的背景压强低于 10^{-9} Torr。根据已公布的数据(QPAFS,1989)评估,与残留的热原子(氦、氢等)碰撞引起的频移小于 10^{-16}。此外,与背景气体原子的碰撞很强,遭受碰撞的冷原子有可能在到达检测器之前从云中移出,因此对信号没有贡献。

3.2.7.10 频移和准确度总结

表 3.3 给出了所选喷泉的特性比较,需要指出的是,由于不同实验室对频移和不确定性的评估可能不同,因此该表不能用于比较实际喷泉的性能。表 3.3 实质上提供了测量结果的总结,目的是确定最重要的频移项及其准确度。从表 3.3 中可以很容易地看出,这些频移的评估最大会导致 10^{-16} 量级的不确定性。

表 3.3 几种喷泉钟的不确定度评估

物理效应	SYRTE FO1 /10^{-16} (典型修正)	SYRTE FO1 /10^{-16} (Guena 等,2012) (不确定度)	PTB CsF2 /10^{-16} (Weyers 等,2012) (不确定度)	NPL CsF2 /10^{-16} (Li 等,2011;Szymaniec 等,2014) (不确定度)	ITC-F2 /10^{-16} (Levi 等,2014) (不确定度)	NIST-F2 /10^{-16} (Weyers 等,2012) (不确定度)
二阶塞曼	-1274.5	0.4	0.59	0.8	0.8	0.2
黑体辐射	172.6	0.6	0.76	1.1	0.12	0.05

续表

物理效应	SYRTE FO1 /10^{-16} (典型修正)	SYRTE FO1 /10^{-16} (Guena 等, 2012) (不确定度)	PTB CsF2 /10^{-16} (Weyers 等, 2012) (不确定度)	NPL CsF2 /10^{-16} (Li 等, 2011; Szymaniec 等, 2014) (不确定度)	ITC-F2 /10^{-16} (Levi 等, 2014) (不确定度)	NIST-F2 /10^{-16} (Weyers 等, 2012) (不确定度)
碰撞和腔牵引	70.5	1.4	3.0	0.4	0.3	<0.1
分布式腔相移	-1	2.7	1.33	1.1	0.2	<0.1
拉比和拉姆塞牵引	<1.0	<0.1	0.01	0.1		<0.1
二阶多普勒频移	<0.1	<0.1		0.1		
背景气体碰撞	<0.3	<0.3	0.5	0.3	0.5	<0.1
频谱纯度和泄漏	<1.0	<1	1.0	0.6	1.5	0.5
微波透镜	-0.7	<0.1	0.42	0.3		0.8
重力和相对论多普勒效应	-68.7	1.0	0.06	0.5	0.1	0.3
合计		3.5	4.1	3.3	2.3	1.1

注:NIST-F2 和 ITC-F2 在低温腔和飞行区运行。

3.2.8 交替冷铯频标:连续喷泉

为了避免脉冲式铯或铷喷泉的某些缺点,有人提出了一种以连续模式运行的喷泉(Berthoud 等,1998)。瑞士联邦计量局(METAS)和瑞士纳沙泰尔大学/瑞士纳沙泰尔大学(Dudle 等,2000、2001)研制了这种铯原子连续喷泉,它可以提供两个主要优点。

(1) 热原子束中铯原子的密度是脉冲喷泉的原子云所需的密度的 1/50。这意味着喷泉中冷原子之间的碰撞导致的频移可以小得多。这种效应将不再限制标准的准确性,并且将需要高原子通量的高频率稳定度和高准确度之间的折中条件放宽 50 倍(Castagna 等,2006)。

(2) 原子的激励将以连续的方式发生,如与热束流方案类似。这种方式下,相对于其他不稳定来源,脉冲激励导致的稳定度下降将会消失或至少忽略不计,并且对于本振相位噪声的要求将不那么严格(Joyet 等,2001)。石英振荡器可用作常规的本振而不再需要 CSO。

然而,连续喷泉带来许多技术和实验方面的挑战。首先,由于制备和检测是连续的,因此专用于这些操作的区域需要在空间上分开,以保持制备和询问/检测操作的正确时序。最简单的方法是使原子沿着抛物线运动,并通过不透明的光壁分隔检测区和冷却区,以防止制备区和检测区之间不必要的光散射。图3.18显示了采用该方法的装置设计概念图。

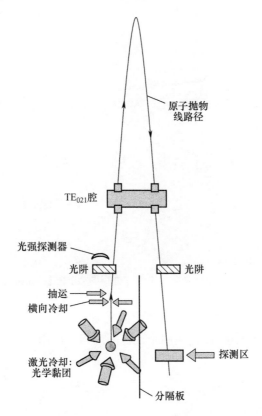

图3.18 连续型铯喷泉冷却区和检测区分离概念图

连续喷泉的设计需要两个主要的物理组件,以区别于脉冲喷泉,包括:光阱,可以避免冷却和探测光辐射到达激励区;特殊腔体,使原子束沿抛物线路径上下通过。这些组件的位置如图3.18所示。该设备的三维图如图3.19所示。

3.2.8.1 光阱

在连续操作中,且原子路径没有特殊遮罩的情况下,进入微波相互作用区的原子将受到从连续冷却区发出荧光的照射。源自探测区的辐射光也会产生相同的干扰。原子将受到与该区域中原子发出的荧光成正比的光频移。由于此类喷泉的目标是达到优于10^{-15}的准确度水平,因此避免这种被估计为10^{-12}量级的光频移非常重要,实验中很难将这种变化测量或推断到所需的准确度水平。为了防止这种

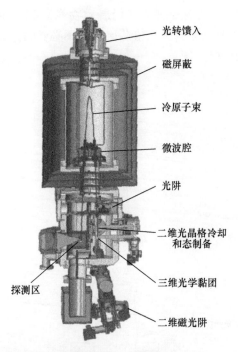

图 3.19 METAS 研制的连续铯喷泉详细三维视图(由 P. Thomann 和 METAS 提供)

干扰,设计了对原子透明但对辐射不透明的光阱,如图 3.20 所示。在原子源和探测器之间还放置了分隔壁,以避免两个区之间的相互作用。

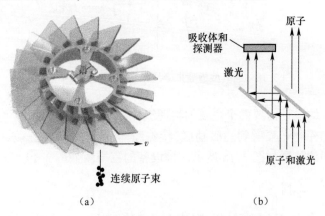

图 3.20 光阱(图由 P. Thomann 和 METAS 提供)
(a)当叶片的水平速度与原子束的垂直速度匹配时原子束通过该阱;(b)叶片反射后激光被吸收。

设计中,光阱由 18 个成 45°方向的叶片组成(Joyet,2003),由超高真空(UHV)静电电机驱动(Füzesi 等,2007),以避免任何多余的杂散磁场。调节旋转速度,使叶片的水平速度与束中原子的纵向速度相匹配。当满足此条件时,系统对原子束透明,原子以最小的衰减通过。相反,以速度 c 传播的光子始终在其路径中受到叶片作用,在叶片上发生两次反射后,被叶片吸收,或转向吸收体。该光阱在冷原子源和腔之间的路径上很重要,因为产生和操控原子束的冷却区需要多个较高强度的激光。然而,不应忽略存在较低强度的激光辐射的探测区,为了避免光频移,还应该在探测区和微波激励腔之间放置一个光阱。

3.2.8.2 激励区、微波腔

连续的原子束需要两个独立的激励区,以实现拉姆塞类型的相互作用所需的相干激发。如第 1 章所述,具有低相位变化的腔可能是环形的。METAS 和 Neuchatel 大学研制的喷泉结构中使用了以 TE_{105} 模式工作的腔(Devenoges 等,2013)。在狭窄的抛物线飞行中,两个激励区(在经典的 U 形拉姆塞腔中相距 1m)仅相隔几厘米。因此,设计该系统使原子在其轴的相反两侧相同的半径 r_p 通过环形腔,腔中微波磁场分量是垂直的。场分量平行于所施加的直流磁场,满足对基态 $\Delta m_F = 0$ 跃迁的要求。选择的模式实现相互作用区之间的 π 相差,是一项优势,使中心拉姆塞条纹在其中心处最小,在这种情况下原子检测具有更低的散粒噪声(Audoin 等,1994;Vanier 和 Audoin,2005)。这样的腔如图 3.21 所示。

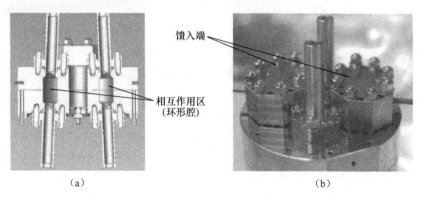

图 3.21 TE_{105} 模式工作的腔(由 METAS 提供;来自 Devenoges,L. 等的数据,Design and realization of a low phase gradient microwave cavity for a continuous atomic fountain clock. In Proceedings of the Joint European Forum on Time and Frequency/IEEE International Frequency Control Symposium 235,2013.)
(a) TE_{105} 微波腔的纵向截面;(b) 构造腔的俯视图。

腔安装在垂直旋转 180°的支架上,可以交换两个相互作用区域,并且能评估腔体的两个部分之间的端到端相移。需要提及的是,这种操作与第 1 章中所述的用于评估室温铯束频标的端到端相移的方法略有不同,在那种情况下,原子束本身

相对于腔反向而不是腔反向,这里保持了原子束的方向。原子喷泉束腔中的开口固定了抛物线轨迹的几何形状。

3.2.8.3 初步结果

该喷泉已经获得初步结果,包括在源和腔之间的喷泉原子束的路径中没有光阱和有光阱两种工作模式。在所使用的系统中,原子首先从二维 MOT 产生的连续慢原子束进入系统,然后在光学黏团中冷却至 70μK 左右的温度,对应于约 7cm/s 的均方根原子速度。慢原子束是通过移动光学黏团产生,如前所述,将 45°冷却激光失谐约 3MHz。原子束是垂直上抛,最终垂直速度约为 4m/s,通过设计,允许通过腔体两侧之间的自由落体时间 T 约为 0.5s。上抛和探测之间的总飞行时间约为 800ms。可以看出,在这段时间内,由于原子在 70μK 时的剩余横向速度(相当于每秒几厘米),在自由飞行期间,原子束将扩散到几厘米。因此,通过横向激光在原子束路径中对原子进一步冷却(Di Domenico 等,2004、2010)。该激光还用于使原子束方向稍微偏斜(1.2°),以产生所需的抛物线运动路径。等效横向温度约 3μK,对应于每秒几毫米的速度。最后,通过调谐到 $F=4, F'=4$ 跃迁的激光在原子路径上将其抽运,以去除原子束中残留的 $F=4$ 态原子。

将光阱安装到位,观察到原子的衰减小于 15% 以及光的阻挡系数为 10^4(Di Domenico 等,2011a)。在初步测量中,平均时间为 $10s<\tau<4000s$ 时,测得的频率稳定度为 $6\times10^{-14}\tau^{-1/2}$(Devenoges,2012)。对这种喷泉特有的频率偏移进行了评估。首先在没有光阱的情况下,通过改变冷却区中的激光强度并测量荧光水平,测量光频移。在冷却激光的标称功率下,光频移约为 -1.6×10^{-12} 量级。由于光阱会将在原子束路径中传输的光衰减至 $\frac{1}{10^4}$,因此可以预期源区内的辐射所产生的频移不超过 1.6×10^{-16}。另外,通过探测激光强度变化 2 倍(1mW 和 0.5mW)对喷泉频率的影响,评估来自探测区中荧光的光频移。要消除与该实验测量相关的剩余不确定度,并实现评估达到 10^{-15} 量级,需要在激励区和探测区之间搭建第 2 个光阱。

TE_{105} 腔的相互作用区域相对于端口对称放置。由于几何形状,两个区域之间可能存在相移,可以通过将腔体本身旋转 180°来评估此相移。这种方法中安装可实现腔的绝对位置复现性达到 0.01mm,端到端相移引起的频移估计为 1.7×10^{-15}。但是,腔内的空间相位变化也会引起频率偏移。前面在脉冲喷泉的情况下已提及该效应。在 TE_{105} 腔中,该相移是通过三维有限元模拟计算得到,结果表明,相互作用区域之间的相位变化相对于正交方向呈鞍形,变化峰-峰值为 30μrad,与室温原子束频标中使用环形腔时报道的结果大致相同(见第 1 章)。对于 0.5s 数量级的原子自由飞行时间,与 DPS 相关的相对频移应小于 10^{-15}。

超精细频率的二阶塞曼频移不能像脉冲喷泉方法一样,仅仅通过改变上抛速度,以不同的高度上抛原子云来评估,因为上抛速度只能在有限的范围内变化。静磁场图通过两种互补方法进行评估(Di Domenico 等,2011b):一是是通过对记录 3.7—4.2m/s 上抛速度对应的依赖于磁场的拉姆塞花样,对其进行傅里叶分析;二是通过时间分辨塞曼光谱。在后一种方法中,原子在第一次穿过激励腔时会受到微波 π 脉冲的作用,通过适当调整射频功率将其转移到 $F=4, m_F=0$ 能级。在抛物线落体运动期间,对自由落体运动的整个原子团用塞曼频率的射频脉冲(12ms)激发 $\Delta m=\pm1$ 处的跃迁。因此,原子在运动过程中转移到 $m=\pm1$ 能级,取决于所在位置的磁场和所施加的射频频率。在向下穿过激励腔的过程中,原子随后经历另一个 π 脉冲,将原子转移到 $F=3, m_F=0$ 能级。最后,在探测器上观测荧光信号,测量 $F=4$ 能级的总布居数。测量荧光强度与塞曼射频脉冲后的时间以及射频频率的函数关系,可以得到有关 $\Delta m=\pm1$ 的跃迁概率的全部信息。时间分析、射频频率和原子束轨迹的认识,可以完整地测量原子运动空间中的磁场分布。通过对磁场平方进行时间平均确定二阶塞曼位移,准确度可以达到 0.2×10^{-15} 量级。

上述频移,包括光偏移、腔相移和磁场偏移是连续喷泉的主要特征,这就提出了有关这种方法可能产生的准确度问题。其他频移类似于脉冲铯喷泉,但是碰撞频移要小得多。因此可以得出结论,在此发展阶段对这些重要频移的评估及控制将导致最终准确度达到 10^{-15}。这种评估,加上前面提到的更小的碰撞频移,降低的 Dicke 效应使得可以使用传统的本振,以及相对较好的短期频率稳定度等优势,为实现以连续模式运行的基准标准喷泉钟开启了大门。

3.2.9 铯冷原子空间钟 PHARAO

法国航天局 CNES 和 SYRTE 为欧洲航天局(ESA)的 ACES(太空原子钟)项目研制一种名为 PHARAO 的冷原子空间钟。该项目包括在国际空间站的微重力环境中组装和运行高稳定且高准确的原子钟。图 3.22 给出了 PHARAO 钟的实物图。

该 PHARAO 时钟利用了以下两个因素。
(1)通过激光冷却技术获得的非常低的温度,提供了慢原子束。
(2)地球轨道卫星提供的微重力环境。

PHARAO 钟使用冷铯原子,该原子以极低的速度发射,并像在室温原子束频标方法中那样,穿过由两个臂制成的拉姆塞腔(Laurent 等,2006)。

如前所述,在原子钟中,原子与电磁场之间相干相互作用的持续时间是频率测量分辨率的基本限制。实际上,对于铯和铷喷泉此持续时间不超过 1s。由于空间中不存在重力,因此可以通过调节移动光学黏团的发射参数,将 PHARAO 装置中原子束的速度降低到 5cm/s 或更小的量级。对于两臂之间 50cm 的拉姆塞腔,相

图 3.22 PHARAO 空间铯频标,最终组合显示了所实现系统的复杂性
(照片由法国巴黎 SYRTE P. Laurent 提供)

互作用时间变为 10s,从而得到中心条纹宽度为 0.1Hz,与此相比,相同尺寸热束频标的条纹宽度大于 500Hz。截至 2015 年,PHARAO 时钟已经研制完成,并且性能达到要求。

3.3 各向同性冷却方法

第 2 章中已经表明,可以通过各向同性的激光辐射来冷却泡中原子团。可以想像,在泡中形成一小团低温原子云,具有喷泉中所用光学黏团的所有特性。在当前情况下,借助各向同性辐射而不是 6 束重叠的激光束,通过光纤将各向同性辐射传送到泡中,容易形成冷原子团。可以像在经典铷频标一样,在泡中直接使用冷原子团来实现频标。这种频标将具有经典铷标准的所有特性,但由于原子的速度降低,该频标可降低多普勒效应和原子间碰撞的影响。此外,该装置将比先前描述的喷泉系统小得多。然而,主要的困难是用于冷却的激光强度较大。因此,如果在与冷却相同的空间区域内以微波频率进行连续激励,则该辐射会改变超精细频率。

3.3.1 外腔方法 CHARLI

CHARLI 可以通过使原子云在重力的作用下横穿微波腔而运行该系统,如图 3.23 所示。

基本思想包括使用该系统作为反向喷泉,不是在垂直方向上发射原子云,而是在重力作用下原子自由下落并穿过微波腔。不幸的是,在到达微波腔时,原子云已经获得了速度,并且在腔微波场中停留的时间并不长。因此,激励仅限于短时间。

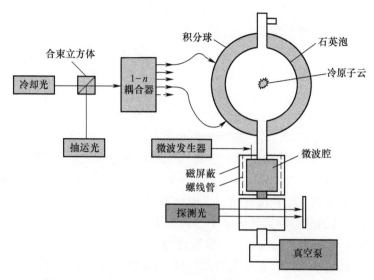

图 3.23 使用各向同性冷却和外腔(CHARLI)实现频标(数据来自 Guillemot, C. 等, A simple configuration of clock using cold atoms. In Proceedings of the European Forum on Time and Frequency 55, 1998.)

尽管如此,还是按这种方式实施方案,称为 CHARLI(d'Horloge à Atomes Refroidis en Lumière Isotropique, Guillemot 等, 1998)。设计中,包含铯蒸气的泡由石英制成,而积分球由高反射率材料 Spectralon 制成。源自分布式布拉格反射器(DBR)激光(150mW)的冷却激光通过在对称位置连接到球体的几条光纤注入积分球内部,以便获得尽可能各向同性的冷却辐射。通过循环跃迁 $F=4 \rightarrow F'=5$ 进行冷却。与光学黏团的情况一样,也通过跃迁 $F=3 \rightarrow F'=4$ 进行反轴运。多普勒冷却的时间为几百微秒,随后是几微秒的亚多普勒冷却。通过跃迁 $F=3 \rightarrow F'=4$ 的光抽运进行态制备,时间约为 $10\mu s$。估计原子云的温度约为 $40\mu K$。当原子云在重力作用下自由下落并穿过腔时,原子受到激励微波场作用,激发拉比跃迁。

通过双重激光配置检测发生跃迁的原子,该双重激光配置包括类似于在喷泉中所述的推离光动作,可以实现归一化原子实现,避免每个循环原子数变化的问题。穿过腔的原子感受场的振幅是正弦形式。这种情况下,拉比共振的宽度不是常数,线宽为(QPAFS, 1989)

$$W \approx \frac{5}{\tau_c} \tag{3.71}$$

式中:τ_c 为原子在腔中停留的时间。

式(3.71)适用于原子所受的场作用后离开腔时达到 π 脉冲作用效果的情况。

在上述配置中,腔长度为 5cm,测得的宽度为 35Hz,与通常预测的宽度基本一致。该结果和对飞行时间参数的多次测量,为采用各向同性冷却来实现实际频标奠定了基础,该频标中原子云内部温度为 50μK 量级。

3.3.2 集成反射球和微波腔的方法 HORACE

在泡周围放置一个微波腔,进行各向同性冷却,并在自由落体的早期阶段激励原子(Esnault 等,2010、2011)。在这种情况下,可以使用时域拉姆塞激励方案,可以获得比原子穿过腔的情况更窄的线宽。图 3.24 显示了在巴黎 SYRTE 实现的系统,命名为 HORACE(Horloge à Refroidissement d'Atomes en Cellule)。该方法中,使用球面腔,其壁以一定程度抛光以提供 96% 的反射率。原子被限制在该腔体内的石英池中。腔的品质因数值为 5000。冷却方案和态制备与先前方法(CHARLI)类似。循环时间为 80ms。观察到的温度约为 35μK。尽管可以通过亚多普勒冷却获得更低的温度,但这并不是必需的,因为腔内云的扩展不会限制钟的性能。拉姆塞激励方案由两个 5ms 的脉冲组成,这些脉冲之间有 25ms 的自由演化时间。该方案中的优势是,在循环结束时泡中的原子已经被冷却,并且经过一段较短的距离下降后,在随后的循环中可以被再次使用。发现在 5~10 个循环之后达到了稳态的重捕获。如图 3.24 所示,通过叠加在一个冷却光束上并后向反射的垂直探测光束来检测共振信号。与吸收有关的能态上原子数约为 1.5×10^6,吸收率为 2.5%,

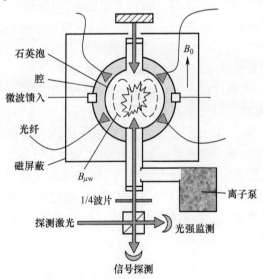

图 3.24 基于各向同性冷却的频标的实现方案及时域拉姆塞激励方案(HORACE)
(数据来自 Esnault F. X. 等,Phys. Rev. A,82,033436-1,2010.)

而背景蒸气的吸收率约为20%。监视激光强度,并将结果用于减少探测信号的激光强度波动。图3.25展示了一个独立于场的拉姆塞条纹的典型结果。测得的中央条纹的线宽为18Hz,与计算一致,对比度为90%。该装置被用作原子频标的核心,如前面所述的喷泉,用作CSO激励微波的参考。测得的频率稳定度为$2.2 \times 10^{-13} \tau^{-1/2}$。模拟显示,采用频谱密度$S_y(f) = 10^{-25}f^{-1} + 3.3 \times 10^{-28}f + 3.3 \times 10^{-31}f^2$的石英晶体振荡器,频率稳定度会小幅度下降至$2.4 \times 10^{-13} \tau^{-1/2}$。

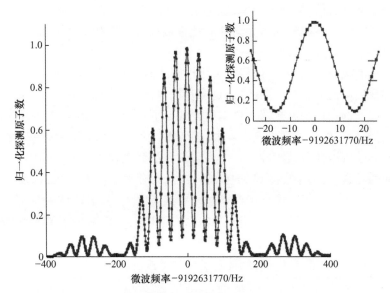

图3.25 HORACE概念钟观察到的拉姆塞条纹(经Esnault F. X. 等授权重印,Phys. Rev. A,82,033436-1,2010. 美国物理学会2010年版权所有)

3.3.3 不同的HORACE方法

采用与喷泉系统类似的光学黏团技术可以实现与上面描述类似的频标。基本思想是使用带有窗口的小腔,以便允许冷却激光的6束光束穿过,形成冷原子云,与各向同性冷却的效果类似。缺点:一是该系统在腔中需要较大的孔,使腰斑1cm的光束能够穿过;二是黏团的产生需要激光束的精确定向,而各向同性的冷却是通过借助光纤注入的光实现的。然而,使用腔中的光学黏团和时域拉姆塞双脉冲方法实现了小型频标(Müller,2010;Müller等,2011)。使用8ms的脉冲间隔,获得宽度为47Hz的中心拉姆塞条纹。该系统作为时钟运行,并且对大于100s的积分时间,其频率稳定度$\sigma_y(\tau) = 5 \times 10^{-13} \tau^{-1/2}$。

3.4 光泵室温 Rb 频标

第 1 章中回顾了近年来光泵被动型铷频标的进展,该系统采用谱灯作为辐射源的经典方案。这种频标 1s 积分时间稳定度限制在 10^{-11} 量级,主要是由于散粒噪声限制了可观测的信噪比。由第 2 章可知,固态半导体激光器的出现为光抽运领域打开了新的大门,提高了效率,能量集中在所需的特定跃迁附近。与光谱灯相比,这是一个明显的优势,因为光谱灯的能量散布在相对较大的频谱中,而大多数频谱成分不会对有用信号做贡献。

利用三能级原子模型,可以相对通用地阐述激光抽运理论。但是,使用激光抽运实现频标的可选原子是有限的,这是多种因素导致的,如工作温度、功耗以及成本、尺寸、波长都合适的激光器。这实质上减少了对 ^{87}Rb、^{85}Rb 和 ^{133}Cs 等元素跃迁能级的选择,所需的波长列于表 3.4 中(QPAFS,1989)。第 2 章中讨论了在这些波长下激光器的可用性及其特性。本书将假设此类激光器可用。实际中,^{87}Rb 仍然是可选择的元素,因为考虑到诸如在 60—70℃ 的合理温度下运行,以及与 Cs($I=7/2$)和 ^{85}Rb($I=5/2$)相比核自旋($I=3/2$)更低等因素,基态能级数量更少。该特性是有利的,因为更多的原子处于 $m_F=0$ 超精细能态,从而减少了原子数密度相关的频率扰动。

表 3.4 碱金属原子以及光抽运所需波长

原子	超精细能级跃迁频率/GHz	D_1辐射/nm	D_2辐射/nm
^{87}Rb	6.835	794.978	780.241
^{85}Rb	3.035	794.979	780.241
^{133}Cs	9.192	894.592	852.347

3.4.1 对比度、线宽和光偏移

图 3.26 显示了使用激光抽运的 ^{87}Rb 原子气室(也常称作"铷泡")频标的典型实现。类似谱灯方案,用于馈入腔体并激发 ^{87}Rb 的超精细跃迁的微波发生器,通过频率控制回路锁定在光电探测器观察到的共振跃迁频率上。

在该方案中,微波发生器的频率以 100Hz 量级的低频调制,调制深度为超精细共振线宽的一小部分。通过同步检测处理的光电探测器上的信号,近似于共振谱线的微分,并提供了频率鉴别信号,可用于将微波发生器的频率锁定到共振谱线的中心。实际上,微波发生器由石英晶体振荡器组成,该石英晶体通过数值合成为

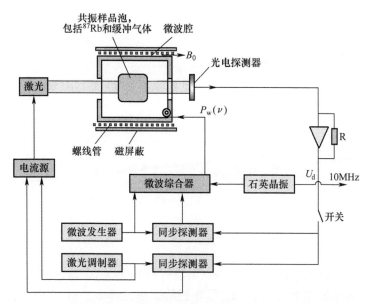

图 3.26 用密封泡和激光抽运实现频标的典型实验装置(该系统可用作光谱仪(开关打开)或频标(开关关闭))

所需频率 ν_{hf}。如图 3.26 所示,该系统与使用谱灯方案的系统非常相似。但是,使用激光需要一些额外的控制。如第 2 章所述,固态二极管激光器的频率取决于温度和驱动电流等参数。因此,必须对其进行控制,以将其频率调整到为选定的光学跃迁。在图 3.26 所示的结构中,是通过与用于检测微波超精细共振相同的单元中的线性吸收完成的。不同的调制频率用于微波锁定和激光稳定。使用激光进行光抽运的一个目标是改善信噪比,提高系统的短期频率稳定度。第 1 章介绍了可以基于可测量参数或谐振单元的特性,预测频率稳定性。此处将使用略有不同的表述。在简单的线性电路分析中,超细共振线的频率稳定性已传递到石英振荡器(Vanier 等,1979),并且系统在时域中的频率稳定度可以写为(Vanier 和 Bernier,1981;QPAFS,1989)

$$\sigma(\tau) = \frac{KN}{v_o I_{bg} q} \tau^{-1/2} \tag{3.72}$$

式中:N 为在光电探测器处观察到的所有噪声的频谱密度;I_{bg} 为光电探测器背景辐射产生的电流;τ 为平均时间;K 为取决于调制波形的因数,约为 0.2;q 为共振线对比度 C 与线宽 $\Delta\nu_{1/2}$ 之比的品质因数。

这些不同参数的确切含义在图 3.27 中明确说明。对比度可以写成

$$C = \frac{I_s}{I_{bg}} \tag{3.73}$$

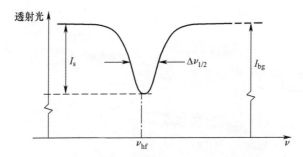

图 3.27 用于短期频率稳定度分析的各种参数

品质因数为

$$q = \frac{C}{\Delta\nu_{1/2}} \quad (3.74)$$

在使用光谱灯的方法中,产生的抽运辐射由 D_1 和 D_2 组成,并包含多条超精细谱线。这些谱线的宽度约为 1GHz,尽管超精细滤波降低了对应于跃迁 $S_{1/2}$、$F=2$ 到 $P_{1/2}$ 和 $P_{3/2}$ 的跃迁强度,但到达探测器的辐射强度很大并导致散粒噪声,其频谱密度由下式给出,即

$$N^2 = 2eI_{bg} \quad (3.75)$$

式中:e 为电子的电荷。

在这种情况下,$\sigma(\tau)$ 与 I_{bg} 的平方根成正比。在标准操作中,I_{bg} 很大,这种噪声通常占主导地位,远高于探测器的热噪声。此外,由于存在对光抽运或信号无贡献的光谱成分,以及来自启动和维持灯的等离子体激发的稀有气体的背景辐射,超精细共振线的对比度很小(10^{-3} 量级)。假设超精细线宽为 250~500Hz,则式(3.74)定义的品质因数计算为 10^{-5}。实际上,使用光谱灯时背景光强度可能对应于 100μA 的电流,经计算,散粒噪声限制的频率稳定度约为 $(0.5~1)\times10^{-11}$。使用积分或分离滤波器方法的仪器,具有与该计算大致的频率稳定度,较小的仪器显示出稍差于 $10^{-11}\tau^{-1/2}$ 的频率稳定度。

以上分析表明,在散粒噪声的情况下频率稳定度由 3 个参数控制,即线宽、对比度和背景电流。因此,减小背景辐射可以得到散粒噪声极限下更优的频率稳定度。在设计和构造上的这种考虑以及可能的简化,引起人们对于使用固态二极管激光器实现这种类型频标的兴趣。这是因为激光自身光谱非常窄(小于 100MHz),从而实现更有效的光抽运、减小背景辐射以及提高超精细共振线的对比度。实际上,如下将要提到的,由于背景电流减小了大约两个数量级,在激光抽运中观察到的对比度大于 10%。

第 2 章中的分析可以直接应用于 ^{87}Rb 的情况,采用激光抽运,其频率调谐到

$S_{1/2}$-$P_{1/2}$ 跃迁(D_1 辐射),如图 3.28 所示。与使用光谱灯的方法一样,使用缓冲气体防止铷原子碰到泡壁产生弛豫。缓冲气体通常是稀有气体与 N_2 的混合物。混合物的目的是大大降低 ^{87}Rb 共振频率对温度的依赖性,这将在下面说明。另外,N_2 专门用于通过与激发态的铷原子碰撞来淬灭荧光辐射(Happer,1972)。该过程防止由散射辐射导致的光抽运,导致附加的弛豫机制。N-Rb 原子碰撞导致 $P_{1/2}$-$P_{3/2}$ 状态混合以及铷原子从这些状态衰变,导致 794nm 处的光共振谱线变宽。另外,稀有气体与铷的碰撞引起光学跃迁产生一定程度的相移,也导致了光学加宽。在分析中,一般将激发态衰变和移相两种效应分开。但是,由于所涉及过程的复杂性,以及在谱线展宽中的不确定性,假设导致的综合效应是激发态的展宽,并将此效应与激发态的衰变联系起来。根据吸收光谱测得,由于缓冲气体碰撞而导致的展宽约为 20MHz/Torr,加到多普勒展宽上,在正常工作温度(60℃)下为 530MHz。因此,在 20Torr 的缓冲气体压力下,光谱线宽度约为 930MHz,为洛伦兹线型。Vanier(2005)对此进行了验证,研究了在各种光偏振条件下的吸收光谱。应该注意的是,自发辐射线宽约为 5MHz,与缓冲气体碰撞的影响相比很小。因此,用参数 Γ^* 表示激发态衰减率。本分析中所考虑的压强下,从观察到的线宽估计该值为 $(2\sim5)\times10^9 s^{-1}$。此衰减的选择定则未知,因此假设衰减在基态的所有塞曼子能级发生的概率均等。考虑到缓冲气体加宽,几乎不能分辨激发态的分裂。实际上,通常将激光器调谐到 $S_{1/2}, F=1 \to P_{1/2}, F=1$ 跃迁。因此,鉴于这些特性,即基态的所有能级和部分激发态的超精细结构的衰减率相同,可以使用第 2 章中所做的简单三能级模型。交叉的 $S_{1/2}, F=1 \to P_{1/2}, F=2$ 跃迁对分析没有太大影响,除了稍微改变计算的抽运速率并导致光频移的增加,可以通过调整计算出的抽运速率来解决抽运率的变化,并利用微扰方法解决光频移。

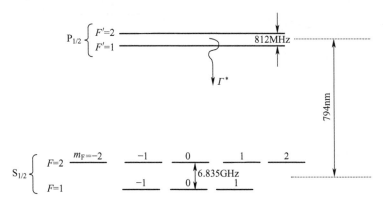

图 3.28　^{87}Rb 的基态 $S_{1/2}$ 和第一激发态 $P_{1/2}$ 能级结构

应当指出的是,使用非偏振辐射可以防止任何终端塞曼能级的布居数囚禁,而采用圆偏振光抽运的情况会产生该现象(Vanier 等,2003a)。另外,采用线偏振可能会影响基态塞曼能级之间的最终布居数分布。然而,以上关于从激发态随机衰变的论述是有条件的,我们假设了辐射是非偏振的,并且一个超精细能级内的所有塞曼能级均被均匀地填充。

因此,可以通过对抽运速率和饱和因子进行适当的评估,计算泡的出口处的 $\Delta\nu_{1/2}$。根据上面关于频率稳定度的讨论,一个重要参数是与对比度成比例的品质因数 q。因此,通过对假设中可能出现的对比度进行数值评估,扩展上述分析。该数值计算是针对吸收系数 α 的几个值以及腔的几个微波场强度进行的,该强度取决于泡入口处的光强度或抽运速率。泡的长度假设为 2cm。根据式(3.73)由拉比频率 $\omega_{1\mu m}$ 得到对比度,即

$$C = \left| \frac{\omega_{1\mu m}^2(z=L, \omega_M = \omega_{\mu'\mu}) - \omega_{1\mu m}^2(z=L, \omega_m - \omega_{\mu'\mu} = 100000)}{\omega_{1\mu m}^2(z=L, \omega_M - \omega_{\mu'\mu} = 100000)} \right| \quad (3.76)$$

式中:分母上的频率差 $\omega_M - \omega'_{\mu\mu} = 100000$,这保证了对于背景辐射,可以在微波共振之外评估拉比频率。

图 3.29 和图 3.30 显示了典型实验中不同条件下的对比度和线宽的结果,图中的微波拉比频率固定为 $1.41\times10^3/s$。类似地,固定吸收系数 $\alpha=2\times10^{11}/(m/s)$,将微波拉比频率作为自变量,抽运速率 Γ_p 作为参数,计算结果如图 3.31 和图 3.32 所示。从这些图中可以得到结论:由于低杂散背景辐射,在铷密度很高(α 很大)时,对比度可以达到 10%—20% 量级,比灯泵结果高一个数量级。与预期一致,线宽随光强增加,在低 Γ_p 值下是非线性的,这由高铷密度下光学吸收的非线性特性导致,均匀模型可以得到所有 Γ_p 值下随光强线性增加的线宽。另外,对比度随微

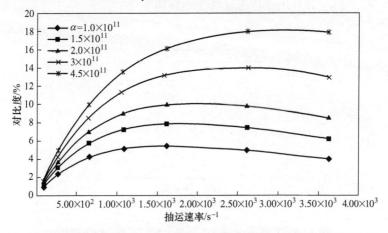

图 3.29 (理论)对比度与抽运速率及吸收系数的函数关系计算结果(微波拉比频率 b 设定为 $1.41\times10^3 s^{-1}$。图表中的点来自计算软件,以区别各条曲线)

波功率而增加,但趋于极限,该饱和行为是由于微波强度大于特定值时,两个基态能级的布居数平衡,吸收系数在拉比频率达到特定值 b 以上时变为常数。如图 3.32 所示,线宽也随微波功率加宽。因此,尽管对比度变大,式(3.74)所定义的品质因数 q 并没有增加。在高拉比频率值下,线宽随微波场线性增加。

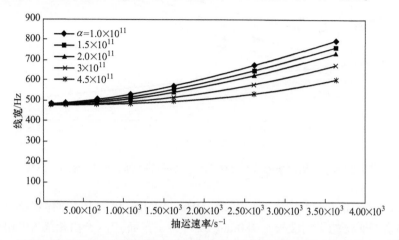

图 3.30 (理论)线宽与吸收系数和抽运速率的关系计算结果(微波拉比频率为 $1.41\times10^3 s^{-1}$)

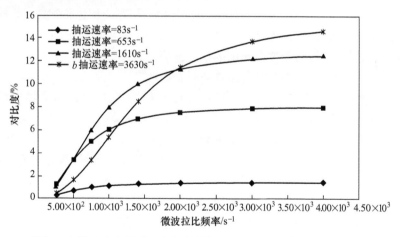

图 3.31 (理论)4 个抽运速率的对比度与微波拉比频率关系(吸收系数 $\alpha=2\times10^{11}/(m/s)$)

影响频标运行的另一个因素是式(2.43)和式(2.44)给出的光频移,该频移很大,并以重要的方式影响激光抽运频标的特性,使基态能级相对于彼此发生偏移,从而以一种重要的方式改变了跃迁频率(Barrat 和 Cohen-Tannoudji,1961;Mathur 等,1968;Vanier,1969)。但是,以上分析只考虑 3 个能级,所得结果是近似的。对于实际情况,完整的频移计算相当复杂。首先,^{87}Rb 原子的 P 态由几个超精细能

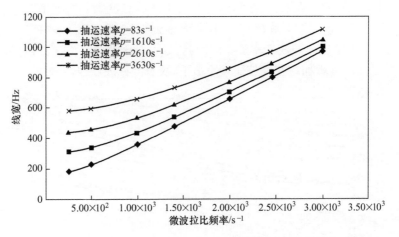

图 3.32 （理论）4 个抽运速率的线宽与微波拉比频率的关系（吸收系数 $\alpha = 2\times 10^{11}/(\mathrm{m/s})$）

级形成。一方面，$P_{3/2}$ 态由 4 个相隔 266MHz、153MHz 和 70MHz 的能级组成，从该能态到基态跃迁的平均波长是 780nm(D2)；另一方面，$P_{1/2}$ 态由相隔 812MHz 的两个超精细能级组成，该跃迁的平均波长为 795nm(D1)，两种波长均可使用激光。从基态到每个超精细能级激发态的跃迁概率，根据与角动量矩阵代数（Clebsch-Gordan 系数）相关的规则而变化，并且吸收线因缓冲气体碰撞而变宽。此外，需要考虑多普勒展宽效应，通过麦克斯韦分布对所有原子速度进行平均。最后，激光的径向强度不均匀性，将改变整个光束的抽运速率，从而改变频移，下文将详细讨论。泡内的频移也发生变化，辐射沿着传播路径被吸收。

　　测量结果通常需要包括铷原子密度（温度）、缓冲气体压强、激光器类型、光谱宽度和光束直径等各种实验条件。考虑到所有这些因素，很难对所有实验数据进行分析。此外，本书目的是总结应用到频标研制需要注意的问题。因此，目标不是通过与实验数据对比来验证理论的准确性，而是要确定对比度、线宽和光偏移的参数，并总结提高频率稳定度的实用方法。然后，将所述分析作为提高频标性能的指导，而不是对实验观测结果的完整解释。

　　针对光频移的特定简单情况，已进行近似评估。采用三能级模型进行分析，其中缓冲气体压强及多普勒效应导致的光吸收线增宽为 1GHz，以氮气为例，对应的压强约为 3kPa(25Torr)。对于重要的均匀展宽，光抽运对于所有速度有效。在该压强下，光吸收的线形变成近似洛伦兹形状，覆盖由多普勒展宽（60℃ 下为 530MHz）产生的高斯线形。因此，在式(2.43)和式(2.44)中调整 Γ^* 的值，得到实验观察到的吸收线宽度（约 1GHz），该值为 $6.28\times 10^9 \mathrm{s}^{-1}$。因此，在进行计算时无须对速度进行平均，并假定由于缓冲气体的均匀加宽而抽运了所有速度的原子。这种方法在低缓冲气体压强下不太精确，因为实际线形是 Voigt 轮廓，是洛伦兹与高斯线形的卷积。然而,由于泡中的激光不均匀抽运以及微波饱和效应的耦合等,这种近似是有效的。在这种情况下,似乎还没有更精确的方法。过去也使用这种方法来计算光抽运对吸收线形状的影响,可以得到理想的结果(Vanier,2005)。

因此,假设谱线展宽是均匀的,然后针对 3 个抽运速率 $\Gamma_p = 2×10^3 s^{-1}$、$3×10^3 s^{-1}$ 和 $4×10^3 s^{-1}$ 进行计算,得到图 3.30 中可见的共振线展宽的值。通过式(2.41)或式(2.42),计算出光学拉比频率 $\omega_{1\mu m}$,得到光频移的绝对值,计算结果如图 3.33 所示。容易看出,光频移在激光抽运频标中非常重要,在 $10^{-8} \sim 10^{-9}$ 的范围内。因此,在实际频标中需要对激光频率和强度进行稳定,才能实现传统的谱灯抽运光频标 10^{-13} 量级的频率稳定度。

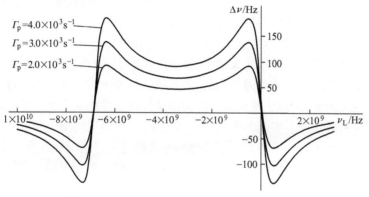

图 3.33　(理论值)三能级模型计算的 ^{87}Rb 光频移(参数选取可产生加宽的 3 个抽运速率值(图 3.32 和图 3.34)。x 轴 ν_L 是激光频率,原点位于 $S_{1/2}$、$F=2$ 至 P 的跃迁频率处)

这些关于抽运速率、对比度、线宽和光频移的理论结果,与 Camparo 和 Frueholz (1985)、Mileti(1995)、Thomann(1995)将激光视为没有相干性的窄带抽运灯所得到结果相似。在这些计算中,抽运速率以唯象的方式引入速率方程中,而光频移则作为微扰引入。然而,在当前情况下所有的分析都考虑到激光引入系统的光学相干性。这种相干性为计算吸收系数、剩余光强以及泡出口处的双共振信号幅度提供了有用的方法,通过从麦克斯韦方程组获得的一阶微分方程组的解实现。此外,本分析可以直接得出线宽、光频移和抽运速率的表达式,并将这些结果与频率稳定性的分析联系,所得到的光频移与 Mathur 等(1968)采用算符公式得到的结果相似。在目前的光频移计算中,忽略了激发态的超精细分裂,这在高缓冲气体压强下是有效的,因为此时光吸收线变宽,将观察不到激发态的超精细分裂。在此情况下,光学谱线的中心表现为各个超精细吸收线的平均。低压下通过微扰方法增加各个超精细结构跃迁的效应,但实际上激发态超精细结构的作用可能会被下面要讨论的激光束的各种非均匀性掩盖。

3.4.2 激光辐射束形状的影响

上面分析没有考虑激光辐射束的形状以及径向上的光抽运速率的变化。激光强度通常用径向高斯函数来表征,导致光束的各部分会产生不同的抽运速率。实际上,由于光电检测器与激光束直径相比尺寸更大,因此检测光束整体可得到原子泡出口处的激光平均光强。先前预测的信号随抽运速率达到最大,即所谓的峰值效应将被掩盖(Mileti,1995)。这是由于泡的不同部分受到不同的辐射强度作用,所得信号实际上对应一定范围内不同抽运速率的信号平均值。关于线宽和光频移的计算存在同样的现象,两者均随径向距离而变化。因此,在某些配置中这些参数在高功率激光下是非线性的(Camparo 等,1983)。由于辐射强度在光束半径上的变化,光频移也随之变化,共振线的中心频率是光束径向坐标的函数。因此,信号最大值处的频率测量值是激光束形状、缓冲气体加宽、腔场几何形状和微波饱和度等多种权重因素的平均值。因此,测得的光频移取决于实际的实验条件。

应该注意的是,相对于使用激光作为抽运源的频标的频率稳定性,这种效应不会明显改变最终结论。实际的激光抽运频标中,设置合适的激光强度使 q 值最佳,即恰好低于对比度最大值的区域。关键的参数仍然是对比度和线宽。光频移问题要先单独评估,再针对具体实验装置评估其对频率稳定度的影响。

3.4.3 短期频率稳定度估算

以上分析结果为计算图 3.26 所示频标的频率稳定度提供了基础,这些结果可用于评估式(3.74)定义的品质因数,并为设置工作点以达到最佳频率稳定性提供指导。例如,假设吸收系数 $\alpha = 2\times 10^{11}/(m/s)$,对应泡温约 65℃,则从图 3.31 看出抽运速率 $2000 s^{-1}$ 且微波拉比频率为 $1.41\times 10^3 s^{-1}$ 时,可获得 10% 的对比度。这种高对比度主要是由于激光光谱的宽度较窄,比光谱灯小一个数量级,从而减少了背景辐射。在该抽运速率下,根据图 3.30 和图 3.32,超精细共振线的宽度约为 575Hz。实际上,在相同情况下使用垂直腔表面发射激光器(VCSEL),可以检测到几微安量级的背景电流。仅考虑散粒噪声,由式(3.72)和式(3.75)计算得出期望的频率稳定度为:

$$\sigma(\tau) \approx 小数 \times 10^{-14} \tau^{-1/2} \tag{3.77}$$

3.4.4 信号幅值、线宽和频率稳定度的实验结果

已发布的实验数据通常只提供实际频标的有限信息。通常提供线宽数据,但

对比度在过去发布的数据中不是受关注的参数。在给定的最佳条件下,所报道的对比度可大于10%,与上面的预测基本一致(Chantry 等,1992;Mileti,1995)。应该提到的是,在 Chantry 等(1992)的实验中,使用^{133}Cs 作为参考碱金属元素。但系统实际上与采用^{87}Rb 的频标系统相同,同样可以采用前述的三能级模型。发现对比度随着微波功率的增加而趋于最大值,且共振线变宽,与式(2.55)一致。光电探测器的信号幅度也经常被报道为铷密度(泡温度)的函数,发现在较高温度时信号幅度会降低(Hashimoto 等,1987;Matsuda 等,1990)。但是,由于在较高温度下吸收变得重要,背景强度也降低,但缺乏关于背景光强度的信息,相对于对比度、品质因数 q 和频率稳定性,无法从该信息得出结论。

另外,Mileti(1995)详细研究了光束上激光强度变化对信号强度的影响。通过在泡入口处用望远镜扩大激光束直径,使激光束更均匀,并使用位于光电探测器前面的环形掩膜隐藏部分激光束。利用该设计能够探测到沿径向近似均匀抽运的原子。可以根据检测到的光束直径来研究这种效应,并相对于观察信号幅度与光强度的关系得出一些结论。在非常特殊的条件下可以观察到图 3.29 和图 3.31 中预测的峰值效应,典型结果如图 3.34 所示,图中以激光驱动电流的形式给出了激光强度,以微安的形式给出了信号大小。因此,数据不能直接与图 3.29 所示的理论图进行比较。尽管如此,仍然观察到信号的峰值和趋势。

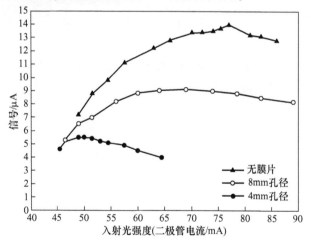

图 3.34 Mileti 获得的双共振信号振幅随激光辐射强度变化的典型结果(在该实验装置中,通过扩束使激光束在径向上均匀,并通过掩膜选择检测信号)(数据来自 Mileti, G. , Etudedu Pompage Optique par Laser et par Lampe Spectrale dans les Horloges a Vapeur de Rubidium, Thesis, Université de Neuchâtel, 1995.)

图 3.35 再现了 Lewis 和 Feldman(1981)获得的线宽随激光辐射强度变化的结果,可以观察到增宽现象。假设采用一阶近似增宽与光强度呈线性关系,即

式(2.55)和式(2.50)所述的均匀模型,并使用 Lewis 和 Feldman(1981)的数据,可以将实验总的激光功率密度与抽运速率联系起来。在 $250\mu W/cm^2$ 的激光辐射密度下,计算得出 $\Gamma_p = 1800 s^{-1}$,对应图 3.30 的上部分曲线,其中线宽几乎与抽运速率呈线性关系,因此线性假设在当前情况下是合理的。

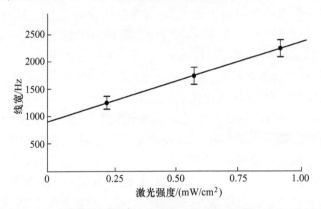

图 3.35 Lewis 和 Feldman 报道的超精细共振线宽度与激光强度的关系(数据来自 Lewis L. L. and Feldman M., Optical pumping by lasers in atomic frequency standards. In Proceedings of the Annual Symposium on Frequency Control 612, 1981. Copyright 1981 IEEE.)

图 3.36 再现了 Camparo 和 Frueholz(1985)在相对较低的温度(37℃)下对比度的结果,线宽结果如图 3.37 所示。在该温度下,铷密度相当低,泡的光学厚度很薄,测得的吸收系数 $(\tau_D)^{-1} = 7.6 cm$,该系数通过 $(\tau_D)^{-1} = \Gamma^*/\alpha$ 关系与 α 相关。根据使用的缓冲气体压强($10 Torr, N_2$),$\Gamma^* = 2\times 10^9 s^{-1}$,得出 $\alpha = 2.63\times 10^{10}/($m/

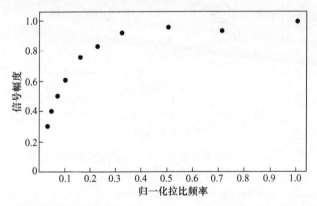

图 3.36 在 37℃的铷样品池中通过激光抽运进行的 0-0 超精细跃迁,观察到的归一化的对比度与归一化微波 Rabi 频率的关系(转载于 Camparo, J. C. and Frueholz, R. P., Phys. Rev. A, 31, 144, 1985. Copyright 1985 by the American Physical Society.)

s),而之前通过铷密度(式(2.33))计算出的值为 $1.8\times10^{10}/(\text{m/s})$。这种差异可能是相似温度下泡密度的差异所致,正如 Vanier,1968;Camparo 等(2005)指出的那样,该差异可能会根据泡所用玻璃的类型以及测量之前泡经历的温度循环而发生很大变化。

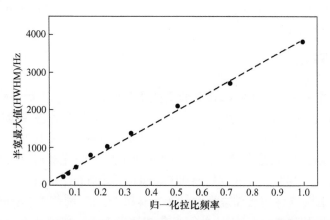

图 3.37　在与图 3.36①相同的条件下观察到的半宽最大值与归一化微波拉比频率的函数
(转载于 Camparo, J.C. and Frueholz, R.P., Phys. Rev. A, 31, 144, 1985. Copyright 1985 by the American Physical Society.)

　　本书提出的对比结果由于进行了归一化,只能定性进行比较。但是,很容易观察到,图 3.36 所示的饱和度的一般行为与图 3.31 中计算和显示的相同。关于线宽的数据也可以这样说。在 Camparo 和 Frueholz(1985)的测量中观察到的大范围展宽位于图 3.32 的上端,使得展宽与微波拉比频率成线性关系。

　　在某些情况下,实际信噪比是在最佳条件下给出的(Hashimoto 和 Ohtsu,1987、1990;Chantry 等,1992;Saburi 等,1994)。在这种情况下,可能会提取一些有关系统性能的信息。为此,式(3.64)可以通过直接代数运算转换为信噪比(Vanier 和 Bernier,1981),即

$$\sigma(\tau) = \frac{K}{Q_L S/N} \tau^{-1/2} \tag{3.78}$$

式中:$K \approx 0.2$;Q_L 为共振线品质因数 Q 值。

　　式(3.78)提供了一种通过直接测量容易获得的两个参数(线宽和信噪比)来评估系统性能的简单方法。例如,Hashimoto 和 Ohtsu(1987)使用边沿发射二极管时,信噪比为 66dB,线宽为 570Hz,因此预期的频率稳定度约为 $3\times10^{-12}\tau^{-1/2}$。Saburi 等(1994)使用窄光谱(500kHz)的 DBR 激光器测得的信噪比为 85dB,使用

---
① 译者注:原文为 3.38,有误。

式(3.78)预测的频率稳定度约为 $6 \times 10^{-13} \tau^{-1/2}$。但是,在这种情况下测得的最佳频率稳定度为 $1 \times 10^{-12} \tau^{-1/2}$。这些报道的困难在于缺乏有关实际背景辐射水平的信息,而此信息可为计算对比度提供参考,并利用式(3.72)评估预测的频率稳定度和确定噪声来源。

通过集中所有铷原子到基态的 $F=2, m_F=0$ 能态的方法也可以提高信噪比。例如,可以通过使用偏振光脉冲和塞曼频率上的所谓 π-RF 脉冲的组合来完成(Bhaskar,1995)。然而,在这种方法中系统以脉冲模式操作,这为其实际实施增加了复杂性。

但是,仅用散粒噪声预测的频率稳定性实际中通常不会实现。使用大光谱宽度(几十兆赫)商用激光二极管作为抽运源时,报道实现的频率稳定度为 $(1\sim 5) \times 10^{-11} \tau^{-1/2}$(Lewis 和 Feldman,1981;Ohtsu 等,1985;Chantry 等,1996)。当使用窄带激光二极管(如 DBR)、分布式反馈(DFB)和外腔锁定激光器时,可以获得更好的结果(Saburi 等,1994;Mileti 等,1998;Ohuchi 等,2000;Affolderbach 和 Mileti,2003a,b)。因此,当使用诸如边缘发射激光器和 VCSEL 的普通二极管激光器作为光抽运源时,除了散粒噪声外,还必须存在其他噪声源。普遍认为,这些噪声源部分来自激光器固有的振幅波动(AM)以及由激光频率波动(FM)经共振泡转换成的强度噪声(Camparo 和 Coffer,1999)。在描述这种类型的光泵频标中存在的各种频移之后,将在 3.4.6.3 节中对此进行讨论。

3.4.5 频移

使用缓冲气体和激光的光抽运密封泡频标的特征与谱灯频标的频移基本相同。上文已经介绍了最重要的一项频移即光频移。这些频移会影响频标的准确度。此外,它们随时间的波动可能会影响频率稳定性。本节将根据激光抽运频标的新实验数据来回顾这些频移。

3.4.5.1 缓冲气体频移

当原子受行波微波场的作用时,需要缓冲气体通过 Dicke 效应减小多普勒展宽(Dicke,1953)。图 3.26 中表示的情况中,使用了一个腔,原子受微波驻波场作用,它们在与微波辐射相互作用的过程中基本上停留在相同相位的场中。在这种情况下,缓冲气体通过增加扩散时间来减少与泡内表面碰撞时铷原子的弛豫。实际中,N_2 被用作其中一种缓冲气体,以淬灭在光抽运过程中发出的荧光,导致等效于弛豫的随机光抽运(Vanier,1968;Happer,1972)。

然而,铷原子与缓冲气体原子之间的碰撞会引起频移,这种频移与缓冲气体的密度成正比,或者在密封的泡中与压强成正比。此外,该频移对温度敏感。铷超精

细频率偏移(QPAFS,1989)为

$$\Delta\nu = P(\beta_{bg} + \delta_{bg}\Delta T + \gamma_{bg}\Delta T^2) \quad (3.79)$$

式中:P 为缓冲气体压强;β_{bg} 为压强系数;δ_{bg} 为线性温度系数;γ_{bg} 为二次温度系数。

这些系数在多个实验室中,针对大多数缓冲气体和碱金属原子已经确定。在 N_2 的情况下,压强和线性温度系数均为正。实际中将另一种具有负温度系数的缓冲气体与 N_2 混合,使给定温度下谐振频率的温度敏感性最小(Missout 和 Vanier, 1975),最常用的是氩气。这两种气体的特性在表 3.5 中给出,这些数值通过公开的准确数据的平均值获得(QPAFS,1989)。

表 3.5 ^{87}Rb 充以氮气和氩气的压强和温度系数

气体	$\beta_{bg}/(Hz/Torr)$	$\delta_{bg}/(Hz/(℃·Torr))$	$\gamma_{bg}/(Hz/(℃^2·Torr))$
氮气(N_2)	546.9	0.55	−0.0015
氩气(A)	−59.7	−0.32	−0.00035

式(3.79)导致频率随温度二次方变化,因为 δ_{bg} 和 γ_{bg} 不能同时为 0。泡充气时必须调整两种气体的压强比,以便将所得曲线的最大值定位在工作温度处。所述现象已经通过光谱灯和激光的光抽运的相关实验进行了报道(Vanier 等,1982a、b;Ohuchi 等,2000;Affolderbach 等,2006)。

这种混合物的剩余频移约为 200Hz/Torr。实际上,不可能精确设置总缓冲气体压强以实现频标准确度优于 10^{-9}。因此,即使采用激光抽运,铷钟仍然是次级频标,需要进行校准。

3.4.5.2 磁场频移

与使用光谱灯进行抽运的情况一样,需要磁场为系统提供量子化轴,并为激光辐射提供参考轴,该磁场还可以消除基态的塞曼简并,$m_F = 0$ 子能级产生二次方频移导致超精细频率偏移,根据等式(QPAFS,1989),即

$$\Delta\nu_B(^{87}\text{Rb}) = 575.14 \times 10^2 B_0^2 (\text{Hz}) \quad (3.80)$$

式中:B_0 为磁感应强度(T)。

通常采用一组螺线管放置在同心磁屏蔽罩内产生该磁场,数量级为几十微特,并产生 10Hz 数量级的偏移。驱动该磁场的电流的稳定性和外壳的屏蔽系数必须与期望的频率稳定度相适应。通常,此要求不会存在太大问题。

3.4.5.3 光频移

在使用的三能级模型中,仅考虑了两个跃迁,式(2.43)和式(2.44)给出了光频移的分析结果,并在图 3.33 中将其作为激光频率的函数(以激光强度作为参

数)进行了描绘。如上所述,应该强调的是,该分析基于几个假设,所获得的结果在很大程度上取决于这些假设,并且用于表明预期效应的大小。本节将总结文献中报道的实验结果,并提供一些数据表明这种频移对实际频标的重要性;同时,还将研究减少此效应影响的方案。

在光频移分析中为了方便引入表征典型实验情况的两个参数:一个是色散曲线中心的斜率,称为光频移系数 β_{LS},由式(2.43)和式(2.44)包含的所有光频移之和给出。接近其中一个基态超精细能级对应的光学共振线,来自其他跃迁的光频移很小,光频移可以写为

$$\Delta\omega_{LS} = \beta_{LS}(\omega_L - \omega_M - \omega_{m\mu'}) \tag{3.81}$$

从式(2.44)容易看出, β_{LS} 通过抽运速率 Γ_p 可以表示为激光功率的函数:

$$\beta_{LS} = \frac{d(\Delta\omega_{LS})}{d\omega_L} = \frac{\Gamma_p}{\Gamma^*} \tag{3.82}$$

另一个是对于给定的从零光频移起的激光频率失谐 $\Delta\omega_L$,谐振频率是辐射强度的函数,方便地定义强度光频移系数 α_{LS},此频移写为

$$\Delta\omega_{LS} = \alpha_{LS} I \tag{3.83}$$

接近跃迁线中心的 α_{LS} 可以写成

$$\alpha_{LS} = \frac{\Delta\omega_L}{\Gamma^*} \tag{3.84}$$

通过式(3.82)容易看出,定义的 α_{LS} 与 β_{LS} 直接相关。实际中系数 α_{LS} 非常重要,特别是当用于抽运的激光频率锁定至吸收线的最大值时,主要由于光吸收线的不对称性,这种锁定不能保证超精细频率相对于光强的独立性。

实际中发现光频移与光强度不是呈线性的,这是饱和效应和整个激光束辐射强度的不均匀性所致(Camparo 等,1983)。因此,将 α_{LS} 重新定义为设定的激光强度的相对变化更方便,即相对频率偏移与光强变化百分比的比值(Camparo,1996; Camparo 等,2005)称为 $\alpha_{LS(\%)}$。在评估激光强度波动对已实现频标的频率稳定度的影响时,该参数比 α_{LS} 更有用。

多位作者报道了特定设置下的光偏移以及 α_{LS} 与 β_{LS} 的值(Arditi 和 Picqué, 1975;Lewis 和 Feldman,1981;Ohtsu 等,1985;Hashimoto 和 Ohtsu,1987、1990;Hashimoto 等,1987; Hashimoto 和 Ohtsu,1989;Matsuda 等,1990;Yamagushi 等,1992; Deng 等,1994;Saburi 等,1994;Mileti 等,1996;Ohuchi 等,2000)。当使用不带特殊装置来补偿光频移的激光时,发现系数 β_{LS} 为 $(1\sim10)\times10^{-11}/\text{MHz}$,相对于激光偏离共振的失谐量,取决于作用到原子上的激光功率。这些结果与上述计算基本吻合,对于在图 3.33 所示的特例中选择的 3 个拉比频率,其光频移系数为 $(4.5\sim7.3)\times10^{-11}/\text{MHz}$。考虑到在分析中做出的直观假设和近似,并且在所引用的论文中缺少有关缓冲气体压强的信息,这种一致性还是很令人满意的。过去,有预期称

理论和实验的差异会超过一个数量级(QPAFS,1989),可能是对吸收线的宽度估值较低所致。

另外,从公开数据获得的 α_{LS} 的值分布范围很宽,这是由于需要确定激光失谐的大小。α_{LS} 的大小可以通过式(3.84)或图3.33进行评估。例如,对于激光失谐250MHz,即在图3.33中对应最大光偏移处的失谐,得到 $\alpha_{LS} = 0.05\text{Hz/s}^{-1}$(以抽运速率表示)。通常,激光频率被锁定在光吸收线的中心附近时,α_{LS} 至少小一个量级。

图3.38显示了780nm激光抽运的 ^{87}Rb 泡频标中测量的典型结果(Lewis 和 Feldman,1981)。该图中,激光功率密度为 $250\mu\text{W/cm}^2$ 时,系数 β_{LS} 约为 $9.1\times10^{-11}/\text{MHz}$。也可以从报道数据中评估 $\alpha_{LS\%}$。在最大光频移下,获得 $\alpha_{LS\%}$ 为 4.9×10^{-10}/光强度变化的百分比。为了将这些结果与先前分析中获得的结果进行比较,需要知道抽运速率。作者提供了有关超精细共振线展宽与激光功率密度的函数关系。根据这些信息,假设饱和因子为1左右,并提供10%的对比度,可以通过式(2.55)在 $250\mu\text{W/cm}^2$ 的功率密度下将抽运速率评估为 1800s^{-1}。在该抽运速率下,分析给出了 $\beta_{LS} \approx 4\times10^{-11}/\text{MHz}$ 和 $\alpha_{LS\%} \approx 2\times10^{10}$/光强度变化百分比,这些值都在计算得出的范围内。这些偏移相当大,并可能通过各种机制影响频标的性能。当激光器未调谐到光频移为零的频率时,激光器强度波动将直接转化为时钟的频率不稳定性。

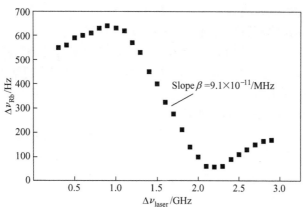

图3.38 780nm(D2)光抽运铷泡观测的光频移数据(激光强度为 $250\mu\text{W/cm}^2$)
(转载于 Lewis, L. L. and Feldman, M., Optical pumping by lasers in atomic frequency standards. In Proceedings of the Annual Symposium on Frequency Control 612, 1981. Copyright 1981 IEEE.)

通过将激光器的频率锁定在泡中原子的吸收线中心,可以最大限度地减少影响时钟长期频率稳定度的准静态激光频率波动。这是最简单的方法,但是,缓冲气体会使吸收线变宽(大于750MHz),并且频率锁定通常比较脆弱。此外,该光谱线是对应于从基态到 P 态的各种超精细能级跃迁的几条吸收线的组合。在这种情况下,光频移可能不为 0,并且存在剩余的激光强度对频率的依赖关系。另一种方法是如第 2 章所述的采用没有缓冲气体的外部泡,将激光频率锁定到泡中原子饱和吸收谱的特定超精细吸收线上。饱和吸收线的宽度约为 5MHz(Levi,1995;Levi 等,1997;Ohuchi 等,2000;Affolderbach 等,2004)。在该技术中,需要一个额外的泡,会增加系统的复杂性。此外,激光频率没有被锁定到与共振样品泡中的最大吸收频率相同的频率。在这种情况下,除非通过诸如声光调制器来调节激光束频率;否则仍然存在取决于光强度的频移。

已经提出了多种减少光频移的方案,其中一种方法是在共振池中使用较高的缓冲气体压强,以加宽光学共振吸收线(Camparo,1996;Camparo 等,2004、2005)。该加宽减小了谐振中心色散曲线的斜率,并使时钟频率对激光频率和强度波动不那么敏感。使用这种方法尽管有一定优势,但是频率到吸收线的锁定变弱。在 100Torr 的压强下,激光调谐灵敏度 β_{LS} 降低至 6×10^{-13}/MHz 失谐(Camparo 等,2005)。对于这种锁定到加宽的光学共振线上的激光,激光强度灵敏度 $\alpha_{LS\%}$ 测量为 10^{-11} 每 1% 的光强度变化。

另一种方法是,在激光光谱中引入可补偿主载波光频移的边带(Affolderbach 等,2003、2005),这类似基于 CPT 现象的频标中使用的技术(Levi 等,2000),通过选择合适的激光器调制指数来避免光频移,通过适当选择调制指数可以完全消除光频移。另一种类似方法是使用两个激光器(Deng,2000),该技术的另一个优点是可以将基态的其他塞曼能级填充到 $F=2, m_F=0$ 能级。

Hashimoto 和 Ohtsu 等(1985)提出了一种方案用于自动调节激光频率获得零光频移,其基本原理是当激光频率偏移光学共振时,观察到的超精细共振线在特殊情况下会变得不对称,如在径向方向上由于激光强度的变化而导致的不均匀展宽(Camparo 等,1983)。该特性导致可以实现一种系统,该系统可测量不对称性,转化成频率并控制激光频率,从而将不对称性降至最低。原则上,该技术可实现零光频移。相比传统方案,使用该技术可以使时钟长期频率稳定度提高 45 倍(Hashimoto 和 Ohtsu,1990),观察到的频率漂移降低到 6.3×10^{-13}/h。但是,需要注意的是这种漂移相当于 7.6×10^{-11}/月,并且比使用光谱灯频标中观察到的漂移大。

在 Camparo 和 Delcamp 提出的技术中(Camparo 和 Delcamp,1995;Camparo 1996),使用了自然铷泡,并通过激光抽运的 ^{85}Rb 的荧光来完成 ^{87}Rb 同位素的基态布居数反转。跃迁谱线的重合使光抽运具有关于光频移的特定属性。作者声称,频率相关的光频移 β_{LS} 至少降低了一个数量级。但是,强度相关的光频移 α_{LS} 会增加一个数量级。

其他方法包括脉冲激光辐射和在黑暗中观察超精细共振信号(Alekseev 等,

1975；English 等,1978)。原则上,由于在观察共振信号期间不存在光,光频移应完全消失。这种方法结合拉姆塞时间分离脉冲技术已经实现(Levi 等,1997),光频移降低到 3×10^{-13}/MHz。Arditi 和 Carver(1964)提出的另一种类似的方法是使用光谱灯,利用腔中的受激辐射。在这种情况下,光辐射采用两个相继的拉姆塞微波脉冲,在这些微波脉冲之后观察到受激辐射,在第 2 个脉冲之后观察到拉姆塞条纹。该方案中需要高 Q 腔来观察受激辐射,本质上是低于阈值的铷激射器。Godone 等(2004a、2006a)实施了这种方案,使用强激光辐射破坏光抽运循环之间的任何原子系综的残余微波相干性,结果将在 3.4.7.2 小节中介绍。

尽管这些脉冲技术看起来相当有效,但增加了系统的复杂性。原子系综的不均匀性也可能导致位置偏移(Risley 和 Busca,1978),这种不均匀性可能通过磁场梯度产生。在这种情况下,关闭光之后,由于共振泡的不同区域的权重不同,取决于系综的光学厚度,系综的平均谐振频率将取决于光强。

McGuyer 等(2009)提出了一种通过电子技术消除光频移的方法。该方法的基本原理是将本地振荡器频率锁定到原子共振的锁相放大器处检测到的相位信号,是检测系统中光频移的函数,因此,采用另一个通道的正交信号可以将系统锁定到光频移为 0 的状态。据称,当引入这种类型的反馈时,长期频率稳定度在 10^4s 的平均时间内得到了显著改善。

分析激光器频率和强度的快速波动对时钟行为的影响,需要了解激光器的频率和强度波动的频谱密度,该分析在 3.4.6.1 小节中进行。

3.4.5.4 自旋交换频移

碱金属原子之间的碰撞中发生的自旋交换相互作用会导致基态的布居数和相干性的弛豫。弛豫可以通过唯象地在速率方程中引入参数进行分析,即(QPAFS,1989)

$$\gamma_1 = n\langle v_r \rangle \sigma_{se} \tag{3.85}$$

$$\gamma_2 = \frac{6I+1}{8I+4}n\langle v_r \rangle \sigma_{se} \tag{3.86}$$

式中:n 为碱原子密度;$\langle v_r \rangle$ 为原子的相对速度;σ_{se} 为碰撞截面;I 为核自旋。

QPAFS(1989)中列出了测得的 σ_{se} 值。在 60℃的温度下,铷的 $n=3\times10^{11}$/cm^3,$\langle v_r \rangle = 400$m/s;在 ^{87}Rb 的情况下,$\sigma_{se}=1.8\times10^{-14}$ cm^2,$\gamma_1=216$s^{-1},$\gamma_2=135$s^{-1}。因此,自旋交换对线宽的贡献为 43Hz。另外,这种碰撞还会在原子的磁矩中引入相移并导致频移,由以下关系式给出,即

$$\Delta\omega_{se} = \frac{1}{4}n\langle v_r \rangle \lambda \Delta \tag{3.87}$$

式中:Δ 为两个基态能级之间的小数布居数差;λ 为这种频率偏移的横截面,计算

值为 $6.9\times10^{-15}\,\text{cm}^2$(Mileti 等,1992)。

因此,引入的频移取决于反转布居数。如果从较低的水平 $F=1$ 抽运,并且布居数完全反转,则频移约为 $-8\times10^{-12}/\text{K}$。当该能态存在布居数时,偏移为 $1.3\times10^{-11}/\text{K}$。这种频移不可忽略,并且很可能引起长期频率稳定度的下降(因其与密度成正比)。众所周知,在密封泡中建立热平衡是一个非常长的过程(Camparo 等,2005)。因此,这种现象有可能是通常在铷频标中观察到的长期波动和漂移的重要原因之一(参见 1.1.3 小节中有关最近自旋交换计算的讨论)。

3.4.5.5 微波功率频移

如果原子系综在共振频率上是完全均匀的,则通过简单的分析可以得出结论:所观察到的共振频率应独立于用于观察共振信号的微波功率,逻辑上也应与腔内场模式的形状无关。这是由于:系综的所有部分都具有相同的谐振频率,并且以不同微波强度对任意部分的激励,都不会改变观察到的平均频率。然而,在某些操作条件下系综中可能会存在剩余光频移。由于原子对光的吸收,该光频移沿着光束方向连续变化,且由于光强存在横向变化,光频移也会沿横向变化。缓冲气体可使原子在空间中"固定",但也引起共振线的不均匀加宽。由于系综不同部分具有不同共振频率,且由于腔模形状和饱和效应而具有不同的权重,测得的谐振频率成为施加的微波功率的函数。应该意识到,任何不均匀性的来源(如磁场梯度)都会产生相同的效果(Risley 等,1980)。这种效应称为功率频移。谐振线的中心频率是所施加功率的函数。在某些实际的设备中,功率频移可能约为 RF 功率波动的 $10^{10}/\text{dB}$ 分之一量级(QPAFS,1989)。

使用光谱灯作为光抽运源研究了这种效应(Risley 和 Busca,1978)。结果表明,功率频移确实是泡内梯度引起的,称为位置频移。Risley 等(1980)在更详尽的研究中表明,在没有缓冲气体的涂壁泡中,原子在泡内自由移动可以将共振频率梯度平均化,功率频移完全消失。

这种效应在使用激光抽运的情况下仍然存在,并且实际上可能放大,因为激光束强度在横向方向上变化很大。Camparo 和 Frueholz(1989)研究了包含此效应的频标三维模型。

在使用铯泡和 39Torr 的 $\text{Ar}-\text{N}_2$ 混合气体的装置中,正常工作条件下观察到微波功率的变化为 $3.8\times10^{-10}/\text{dB}$(Yamagushi 等,1992)。在铷的情况下也获得了类似的结果(Camparo 等,2005)。在这种情况下,该泡充有纯 ^{87}Rb 和 N_2 缓冲气体,压强为 100Torr。如上所述,使用如此高的缓冲气体压力的目的是减小光频移。原子系统通过调谐到 D_1 波长的横向节条型(JTS)激光抽运。激光被锁定在基态的 $F=1$ 或 $F=2$ 的吸收线上,并观察到剩余光频移为 $10^{-11}/\%$ 光强度变化。测得的微波功率灵敏度为 $5\times10^{-10}/\text{dB}$。Mileti(1995)在初步测量中发现,当激光被锁定在

D_1 光学吸收线上时,微波功率频移达到 $10^{-11}/dB$,还存在约 $2×10^{-11}/\%$ 光强度变化的残余光频移。

由以上结果可以得出结论:当激光被锁定在光吸收线的中心时也会存在残余的光频移,因此原子的共振频率取决于其在泡中的位置。微波场随位置的变化而变化,导致频率对微波功率的依赖性,由于信号的饱和,泡中不同部分在求平均值时显示出不同的权重。这个结论与 Risley 等(1980)在谱灯实验中的发现是一致的。

存在一种情况,可以通过有意施加的磁场梯度引入的类似相反效应来抵消残余不均匀光移动引起的功率移动。在光谱灯抽运的标准中对此效果进行了详细研究,发现对于给定的磁场值可以找到与微波功率无关的设置,从而消除了不均匀的频移(Sarosy 等,1992)。

如上所述,剩余功率频移为 $10^{-11}/dB$ 要求将微波发生器稳定在 10^{-2} dB,以便获得 10^{-13} 的长期频率稳定度。这种要求可能很难实现,但是,可以采用 Camparo 基于拉比共振提出的微波功率稳定技术(Camparo 1998a、b;Coffer 和 Camparo, 2000)。

3.4.5.6 腔牵引

采用激光抽运实现的铷频标,与谱灯抽运方案相比,不会改变腔调谐对其频率的影响。两种类型的频标中,都需要监控基态超精细能级 $F=2, m_F=0$ 和 $F=1, m_F=0$ 之间的布居数差。在这种情况下,时钟频率牵引由 QPAFS(1989)给出,即

$$\Delta\omega_{clock} = \frac{Q_{cav}}{Q_{at}} \frac{\alpha}{1+S} \Delta\omega_{cav} \tag{3.88}$$

式中:Q_{cav} 为腔的品质因数;Q_{at} 为原子共振品质因数;S 为共振的饱和因子;α 为原子发射的功率相对于腔吸收功率的量度。

在典型情况下,α 约为 10^{-2}、S 约为 2,(Q_{cav}/Q_{at}) 约为 $2×10^{-5}$,则牵引因子为 $7×10^{-8}$。正如在被动频标中通常假定的那样,这是不可忽略的,在腔体及其温度控制的设计中必须小心,以使腔体频率稳定性与所需的长期频率稳定性相适应。为了获得 $±10^{-13}$ 的长期频率稳定度,谐振腔必须保持在 $±10kHz$ 范围内。通常,由铜制成的 TE_{111} 腔温度系数(TC)约为 $200kHz/℃$(Huang 等,2001),这意味着需要长期 $±50×10^{-3}℃$ 温度稳定性才能实现 $±10^{-13}$ 的频率稳定度。其他设计,如磁控管腔,具有更小数量级的 TC。在 Huang 等人的文章中,具有 8 个电极的磁控管腔的 T_C 为 $28kHz/K$。图 1.E.2 中提到的磁控管腔的设计略有不同,报道的 T_C 为 $7kHz/K$(Affolderbach,2014,pers. comm.)。这些较低的 T_C 大大降低了对温度控制的需求。

还应该提到的是,根据式(3.88),即使对腔进行了精细调节,腔 Q 值随时间的变化也可能对长期稳定度产生重要影响。这是由于腔 Q 值的变化将影响共振泡

的微波强度这一事实,进而又可能影响剩余功率频移。Coffer 等对此进行了详细研究,发现腔的温度循环会影响铷在泡内的分布,从而导致泡壁上的金属沉积并导致腔的品质因数值的下降(Coffer 等,2004)。这是另一个可能会影响频标长期稳定性的效应。

3.4.6 激光噪声和不稳定度对时钟频率稳定性的影响

实际上已经对各种二极管激光器设计进行了测试,以实现激光抽运被动型铷频标,这些激光器及其特性已经在第 2 章中进行了描述。为此,可以将这些激光器分为两大类:边缘发射激光器,其发射平行于半导体结的相干光;垂直腔面发射激光器(VCSEL),发射垂直于半导体结的相干光。由于频标中要求的激光功率密度小于百微瓦/厘米^2 水平,因此主要讨论低功率激光器,也就是说,这些二极管激光器发射的总功率为几毫瓦。边缘发射二极管的光谱发射宽度通常为 20~50MHz,而 VCSEL 的光谱宽度为50~100MHz。

然而,如第 2 章所述,当改变温度或驱动电流以调节波长和功率时,边缘发射激光二极管存在模式跳跃的问题,这种特性使二极管在某些情况下无法使用(实际所需的波长无法实现),因此需要挑选具有合适波长的二极管。通常,成品率非常低,80%的二极管在所需波长范围外。另一方面,VCSEL 通常通过内部结构设计防止模式跳变,因此更适合所述的应用需求。VCSEL 与边发射二极管相比还具有其他优势。VCSEL 的批量生产更便宜、更易于测试,并且效率更高,需要更小的电流来产生给定的相干能量输出。VCSEL 发射的光束与传统的边缘发射器相比更窄,更接近圆形,使激光束的操纵(如耦合到光纤)更容易。其他类型的激光器也表现出有关光谱宽度的特征,这些是特殊结构的边缘发射激光二极管,如 DBR 激光器或 DFB 激光器,具有较窄的发射光谱(小于几 MHz)。

3.4.6.1 激光二极管的光谱宽度、相位噪声和强度噪声

式(3.72)表明,激光抽运的频标短期频率稳定性取决于多种噪声的影响。使用激光时,强度噪声和相位噪声可能会通过各种机制影响时钟频率稳定性。直接检测光电探测器上的强度波动、谐振泡中的 FM-AM 转换噪声以及通过光频移导致的 FM 转换都可能会影响频标的稳定性。因此,所用激光器的相位噪声和强度噪声的表征至关重要。本节分析将限定在已使用的激光二极管上,并展示正在研究的强度光抽运(IOP)双共振频标。

1. 激光相位噪声

激光中的相位波动有许多来源,如自发辐射和结构的机械不稳定性。二极管激光器中第一项来源很重要,通常会导致白频率噪声。$S_\phi(f)$(rad^2/Hz)和 $S_\nu(f)$

(Hz^2/Hz)分别称为相位谱密度和频率谱密度,通过以下关系关联,即

$$S_\nu(f) = f^2 S_\phi(f) \qquad (3.89)$$

式中:f为傅里叶频率。

激光发射光谱通常是洛伦兹型,其宽度主要来源于相位或频率波动,已经通过式(2.16)解决了这个问题。在白频率噪声情况下,噪声谱密度的近似值可以由激光发射谱通过以下关系式得到(Halford 1971),即

$$\Delta\nu_{1/2} \approx 2\pi S_\nu(f) \qquad (3.90)$$

应慎用此关系式,其是基于激光频率波动随频率恒定(白噪声)的假设。如前所述,对于DBR和DFB激光器,线宽为几兆赫或更小,而对于VCSEL,线宽为50~100MHz。因此,相位谱密度变化很大,取决于所用激光器的类型,特别是其内部腔的质量。如第2章所述,可以通过特殊的外腔结构将这些激光器的光谱宽度减小到几百千赫,其中激光器是高Q谐振腔的一部分。在这种情况下,激光频率波动谱密度将显著降低。

图3.39(Mandache,2006)显示了DFB激光器的相位谱密度。频率噪声谱接近白噪声,$S_\nu(f) \approx 10^6 Hz^2/Hz$,根据式(3.90)得出谱宽约为6.3MHz。测得的宽度约为7MHz。Mileti(1995)报道了自由运行的激光器和锁定在吸收线上的同一激光器的谱密度。在锁定激光的情况下,噪声几乎接近白色。与自由运行的情况相比,在傅里叶频率300Hz处降低至约1/50,并且其测得的频率波动谱密度为$16 \times 10^6 Hz^2/Hz$。

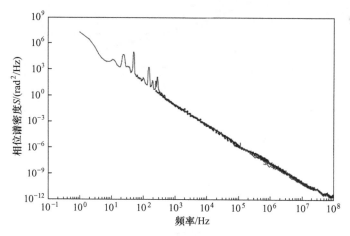

图3.39 DFB激光器相位谱密度(数据来自Mandache C.,Rapport de stage,Mairie de Paris,法国巴黎,未出版)

2. 相对强度噪声

光电探测器受光源照射后,输出的光电流波动噪声谱密度可以写成

$$PSD_{\Delta I}(f) = 2eI_{ph} + I_{ph}^2 RIN(f) \tag{3.91}$$

式中：I_{ph} 为输出光电流的平均值；e 为电子电荷。式(3.91)等号右侧的第一项是式(3.75)中引入的散粒噪声，第二项表示相对强度波动的功率谱密度。用来表征光源的相对强度噪声(RIN)定义为

$$RIN = \frac{(PSD)_{in}}{I_{ph}^2} \tag{3.92}$$

RIN 通常是频率的函数。激光二极管强度噪声一直是研究的主题，多种类型激光器的特性研究均有报道(Joindot，1982；Sagna 等，1992；Miletti，1995；Coffer 和 Camparo，1998；Mandache，2006）。通常，RIN 是频率和激光驱动电流的复杂函数。图 3.40 显示了 F-P 和 DBR 等多种类型激光器在 1kHz 下的典型测量结果(Sagna 等，1992）。Mileti(1995)报道了边缘发射二极管激光器在 300Hz 的频率和高于阈值约 70%电流时的 RIN = 2.8×10^{-13}/Hz，这与图 3.40 所示对于 FP 激光器的结果在同一量级。DBR 激光器在高于阈值 50%的驱动电流下，RIN $\approx 10^{-13}$/Hz。Saburi 等(1994)还报告了谱宽为 500kHz 的 DBR 激光器的 RIN $\approx 10^{-13}$/Hz。另外，VCSEL 二极管的 RIN 是频率和驱动电流的复杂函数，一般大于边缘发射二极管。

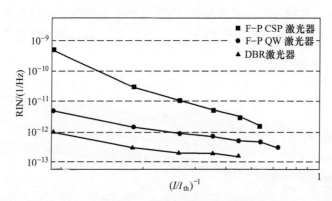

图 3.40　相对强度噪声在 1kHz 频率下与激光驱动电流的函数关系(F-P 代表 Fabry-Pérot 结构，QW 代表量子阱结构。F-P_CSP 激光器是单模 GaAlAs 激光器。DBR 代表分布布拉格反射器激光器)（数据来自 Sagna N. 等，，Noise measurement in single-mode GaAl As diode lasers. In Proceedings of the European Forum on Time and Frequency 521，1992.）

需要补充的是，固态激光二极管的特征在于剩余的宽带谱，分布在几纳米范围内(Mileti，1995）。目前，尚无关于其对激光抽运频标的频率稳定性影响的报道。原则上，此噪声将直接叠加到检测器处的强度噪声，因为该辐射不会被泡吸收。

3.4.6.2 激光噪声对时钟短期频率稳定度的影响

1. 激光强度波动

上面已经通过相对强度噪声表征了激光强度的波动。对于边缘发射激光二极管，在200Hz的频率下$RIN \approx 5 \times 10^{-13}/Hz$，并且在一定程度上取决于确定它的频率（Mileti，1995）。该噪声将调制激光辐射的振幅，传输通过谐振泡，被光电探测器检测并直接叠加到散粒噪声分量中。使用该值以及超精细共振线的特性值（对比度为10%，$\Delta\nu_{1/2} = 500Hz$），式（3.72）预测的频率稳定度优于10^{-13}。因此，得出的结论是，使用这种二极管在光电探测器上检测到的源自激光RIN的噪声，不会对10^{-11}的频率稳定度造成影响。但是，VCSEL具有更大的RIN，如果在实验中使用该激光器，则可能会引起可观测的短期频率不稳定性。

激光强度的波动也会通过光频移影响时钟的频率稳定性。例如，在激光调谐和锁定留下剩余光频移的情况下，激光强度波动ΔI会通过光频移的色散曲线转换为时钟频率波动$\Delta\nu_{LS}$，光频移相对检测器电流的斜率为

$$S_{LS} = \frac{\Delta\nu_{LS}}{\Delta I} \tag{3.93}$$

此过程引起的频率不稳定度可以写成

$$\sigma(\tau) = \frac{1}{\sqrt{2}} \frac{(RIN)^{1/2} \times I \times S_{LS}}{\nu_0} \tau^{-1/2} \tag{3.94}$$

在激光器锁定到泡中的光吸收谱线的情况下，如上所述，剩余的斜率$S_{LS} \approx 5 \times 10^{-11}$，相对于光电探测器上1%的光强度变化。在此情况下，$RIN = 5 \times 10^{-13}/Hz$，得到$\sigma(\tau) = 2.5 \times 10^{-16}$，完全可以忽略不计。即使在某些VCSEL中RIN增加了两个数量级，但在目前的频率稳定度水平上，这种影响是不可见的。

2. 激光频率波动

在短期内，激光器的频率波动可能会通过锁频环路、光频移和泡中非线性光学吸收等过程，影响时钟频率稳定性。

第一种情况，该过程通过光学锁频环路的鉴频曲线将激光频率噪声转换为时钟频率波动。如果伺服系统带宽足够宽，可以在大于射频发生器的调制频率的频率范围内抑制激光频率波动，则其影响从原理上可以忽略不计。但是，高频噪声成分可能与更高频成分之间产生拍频，产生较低频率的差频波动，并表现为幅度噪声，直接叠加到散粒噪声中。这个过程相当复杂，但是粗略的评估表明，所产生的噪声幅度与散粒噪声的量级相当（Mileti，1995）。

第二种情况，激光频率波动通过光频移的色散曲线转换为时钟频率波动。时钟的频率波动$S_y(f)_{fs}$在频域可以通过以下表达式求出，即

$$S_y(f)_{fs} = S_y(f)_{laser} \times \beta_{LS}^2 \qquad (3.95)$$

式中：$S_y(f)_{laser}$ 为激光频率波动的频谱密度；β_{LS} 为通过式(3.82)定义的光频移系数。

激光频谱密度是光学伺服环路带宽的函数，为 $10^3 \text{Hz}/\sqrt{\text{Hz}}$ 的数量级。如上所述，β_{LS} 为 $(5 \sim 10) \times 10^{-11}/\text{MHz}$。为了计算，假设上面报道的 DFB 激光器的 $S_y(f)_{laser} = 10^6 \text{Hz}^2/\text{Hz}$，$\beta_{LS} = 1 \times 10^{-10}/\text{MHz}$ 或 0.68Hz/MHz 失谐。假设为白频率噪声，则计算出的时钟频率稳定度为

$$\sigma_y(\tau) = 7 \times 10^{-14} \tau^{-1/2} \qquad (3.96)$$

则该效应可以忽略不计。如前所述，将边缘发射激光器锁定到泡中的线性吸收线，则 $S_y(f)_{laser} = 16 \times 10^6 \text{Hz}^2/\text{Hz}$，对时钟频率稳定度的影响为 3×10^{-13}。

第三种情况，通过共振泡内的非线性共振吸收过程将激光 FM 转换为 AM (Camparo 和 Buell，1997；Coffer 和 Camparo，1998)。当共振激光穿过蒸气泡时，激光的固有相位波动导致介质吸收截面的随机变化(Camparo，1998a、1998b、2000；Camparo 和 Coffer，1999；Coffer 等，2002)。这种现象对透射信号有反馈作用，因此，激光相位噪声(PM)被转换为透射的激光强度噪声(AM)。这个过程是非线性的，因此在光学厚度较厚的蒸气中，PM 到 AM 的转换可以使光束的相对强度噪声增加几个数量级。特别地，发现穿过泡后的 RIN 随着激光光谱宽度的平方根增大，直至达到泡中原子解相速率的值。然而，当缓冲气体解相时间比场相关时间短得多时，或者换句话说，吸收线宽度比激光光谱宽度大得多时，PM 到 AM 的转换效率变低。基于横截面波动概念的分析与该观察结果是一致的(Coffer 等，2002)。因此，为了减少 FM-AM 转换对时钟频率稳定度的影响，在低缓冲气体压强下最好使用窄频带的激光，而在高压下可以使用更宽谱的激光。

按照上述思路，多种方案尝试降低激光 FM 噪声对激光抽运铷频标的频率稳定性的影响。使用具有窄光谱宽度的激光。在这种情况下，通过将激光频率锁定到外部泡，一般使用饱和吸收，可以在 1s 时获得远低于 10^{-11} 的时钟频率稳定度。例如，Saburi 等(1994)报道使用据称谱宽为 500kHz 的 DBR 激光器，测得的频率稳定度为 $1 \times 10^{-12} \tau^{-1/2}$。另外，Mileti 等(1998)使用谱宽为 3MHz 的 DBR 激光器获得积分时间为 1s 时的频率稳定度为 3×10^{-13}，但在此情况中，需要特别注意减少来自激励微波发生器的噪声，以避免下文将要讨论的互调效应。在所述的这两个实验中(Saburi 等，1994；Mileti 等，1998)，泡包含混合缓冲气体，其中一种成分为 N_2，但未给出其压强数据。

Mileti 等(1996)采用克隆泡来被动消除时钟共振泡产生的强度噪声。该技术依赖于两个泡的强度噪声的相关，通过 FM-AM 转换实现。克隆泡不受微波激发，仅用于产生与时钟泡中噪声相关的强度噪声。该系统虽然有些复杂，但在噪声消除方面相当有效。据报道，使用该技术的时钟频率稳定度为 $5 \times 10^{-13} \tau^{-1/2}$，所使用

的外腔激光器通过外部泡的饱和吸收来稳频。

第 2 章已描述了 Affolderbach 等(2004)研制的系统,通过外腔和饱和吸收来稳定激光频率,获得的激光频率稳定性原则上应该是非常适用于频标的光抽运源,该频标的稳定度在 10^5 s 的范围内不会受激光频率的影响。实际上,Affolderbach 等(2004)已将外腔二极管激光器(ECDL)用饱和吸收稳定频率,并集成到频标系统中,获得 $3\times10^{-12}\tau^{-1/2}$ 的时钟短期频率稳定度。使用多普勒稳频激光器,发现高于 100s 的大多数积分时间范围内频率稳定度变差了一个数量级。应该补充的是,饱和吸收稳频的缺点是激光发射频率是由与用作时钟参考不同的泡设置的,因此可能会存在频率偏移。该效应可能导致一项取决于激光强度的光频移。可以通过调节时钟参考泡中的缓冲气体压强来使光吸收频率产生适当的偏移,从而减小光频移(Affolderbach 等,2006)。采用该技术,实现在 $\tau=10^4$ s 的范围内达到 $3\times10^{-12}\tau^{-1/2}$ 的频率稳定度。

Camparo 等(2004、2005)使用了一个压强为 100Torr 的装有 ^{87}Rb 和 N_2 缓冲气体的泡。光吸收线宽度为 1.6GHz。采用频宽 21MHz 并锁定在谐振泡的线性 D_1 吸收线上的 JTS 激光器进行光抽运。结果如图 3.41 所示,在报道的测量范围内时钟频率稳定度为

$$\sigma(\tau) = 1.8 \times 10^{-12} \tau^{-1/2} + 1.1 \times 10^{-13} \tau^{1/2} \tag{3.97}$$

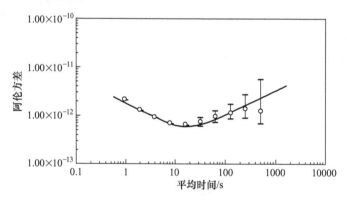

图 3.41 使用 JTS(横向结条型)激光器作为抽运光源的铷频标频率稳定度 (转载于 Camparo J. C., Personal communication, 2007; Camparo J. C. et al., Reducing PM-to-AM conversion and the light-shift in laser-pumped, vapor-cell atomic clocks. In Proceedings of the IEEE International Frequency Control Symposium 134, 2004. Copyright 2004 IEEE.)

由于使用单个谐振泡为激光波长和晶体振荡器生成锁定信号,因此该原子钟具有真正实现小型化的潜力。实际上,另一种类似方法中采用 VCSEL 二极管,频率稳定度提高了 2 倍以上,在相同的平均时间观察到的最佳稳定度约为 10^{-13} (Bablewski 等,2011)。

3. 交调效应

另一个限制被动频标频率稳定度的现象是交调效应(Intermoduletion Effect)(Kramer,1974)。这种效应存在于所有类型的被动原子频标中,并且与使用激光进行光抽运无关,但也足够重要,需要进行研究。该效应包括高频噪声混叠,存在于伺服环路中激励微波的调制频率的偶次谐波处。Audoin等(1991)采用准静态方法对该现象进行了分析,结果表明,主要影响是由基础调制频率f_M的二次谐波处的噪声引起的,即

$$\sigma(\tau) = \frac{1}{2}[S_{yLO}(2f_M)]^{1/2}\tau^{-1/2} \tag{3.98}$$

计算表明,使用低质量石英振荡器作为本地振荡器时,这种效应的影响很大,导致频率稳定度在10^{-11}量级。采用光谱灯或激光抽运的各种实验对该效应进行了验证,并提出了几种方法来减小此效应。一种方法是在作为本地振荡器的石英晶体振荡器的输出端,引入中心频率为调制频率二次谐波的陷波滤波器(Szekely 等,1994);另一种更直接的方法是降低石英振荡器和后续倍频链中的噪声水平(Denget 等,1997、1998)。特别地,还发现通过使用方波调制和同步检波器中使用宽带检波和解调,可以减小这种影响(De Marchi 等,1998)。这个问题通过动力学分析得到了更详细的解决(Ortolano 等,2000;Beverini 等,2001)。Mileti 等(1998)报道了减小本地振荡器的交调效应的结果,如图3.42所示。该实验使用DBR激光器作为抽运源,并锁定在外部泡中的饱和吸收交叉线上。需要补充的是,交调效应的一个致命问题是,如果没有特别注意,交调效应的影响是很难发现的。例如已报道的激光抽运被动频标频率稳定度分析中,就未提到这一效应的影响。显然,如果目标是最佳的短期频率稳定度,实际实现中需要特别注意本地振荡器和调制方

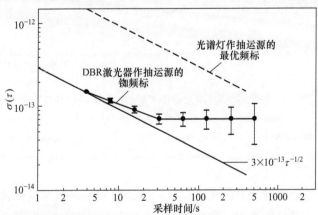

图3.42 使用DBR激光器锁定到饱和吸收谱作为抽运源的被动铷频标的频率稳定度(实验中采取措施减小本地振荡器的互调效应)(转载于 Mileti G. et al., IEEE J. Quantum Electron., 34, 233, 1998. Copyright 1998 IEEE.)

案。在良好控制的环境下做的进一步实验,将短期频率稳定度提高至 $1.4\times10^{-13}\tau^{-1/2}$,在中期时间范围具有类似的行为(Bandi 等,2014)。

3.4.6.3 中长期频率稳定度

中长期频率稳定度仍然是一个需要关注的问题。实际上,没有先验的理由相信激光抽运频标的长期频率稳定性会比使用光谱灯作为抽运光源的频标的长期频率稳定性更好。过去存在关于光频移是造成光谱灯的频标长期漂移问题的可能性假设。Camparo(2005)提出了这个问题,实验数据得出否定的结论。第 2 章中已讨论了这个问题。但是,用激光抽运将这个问题提高到另一个层次。如上所述,光频移可以为几百赫的量级,取决于激光调谐。因此,需要谨慎地稳定激光频率。上面报道了关于这种稳定系统的结果,并且得出的结论是,尽管存在诸如使用窄饱和吸收共振线的解决方案,但是对于所考虑的特定应用,没有细致地解决激光长期频率稳定性问题。此外,将激光频率锁定到时钟参考泡线性吸收线的情况下,会存在取决于激光辐射强度的光频移。已有研究通过伺服环路反馈到激光器驱动电流,同时稳定激光器频率和强度。但发现该方法存在实际困难,这两个参数不是独立的(Tsuchida 和 Tako,1983)。Shan 等(2006)在 CPT 频标中用控制光频移的方法解决此问题,该技术在外部使用 LCD 进行强度控制,独立于激光器驱动电流,可以将中期光频移效应($100s<\tau<10000s$)降低至少一个量级。

因此,即使使用激光抽运,密封泡被动型频标中的长期漂移问题仍未得到解决。这个问题的可能通过 Camparo 等(2005)最近的实验结果得以解决,该实验是观察热平衡受到干扰的泡中达到铷密度平衡所需的时间常数。如第 2 章所述,发现即使经过数百天,在某些情况下仍未达到热平衡。在此情况下,光吸收随时间而变化,泡内的强度发生明显变化并影响光频移。此外,铷密度的变化通过自旋交换频移直接影响频率(Micalizio 等,2006)。这些综合效应可能是密封泡铷频标中所观察到的长期漂移的重要原因。

这个问题可以通过检查共振泡各部分的实际热平衡动力学来解决。泡通常由中间玻璃部分(尺寸为几厘米)以及一个小的冷端(或冷指)(直径为毫米,包含铷膜)制成。该冷端通常保持在比泡本身低几摄氏度的温度下,以防止铷在泡中心部分迁移,对腔 Q 值产生影响。已经通过实验研究了冷端温度突然变化对泡的透射和共振频率的影响,而泡的中心部分温度保持恒定(Bandi 等,2014)。如前所述,发现冷端温度变化后,需要很长时间才能达到平衡。实际上,由于泡中缓冲气体密度的变化和铷密度的变化,会观察到两个独立的效应。一是泡的频率突然变化;二是没有观察到透射光强的变化,可以得出铷密度没有改变的结论。后一种观察结果反映了铷密度在泡中不会快速变化的事实。然而发现,频率以几天量级的时间常数在平稳变化,该变化与冷端温度变化之后立即观察到的频率快速变化相反。这些结果证实了以下结论:中长期的频率波动可能来自泡本身平衡密度的波动,这个波动导致可能由自旋交换相互作用引起的频移。

3.4.7 使用密封泡和激光抽运的其他方法

3.4.7.1 微波激射器方法

在使用光谱灯作为抽运源的经典方法中可以实现布居数反转,当把这种光抽运^{87}Rb原子系综放置在微波腔中时可以获得自持的受激发射输出(激射)(Davidovits和Novick,1966)。自持振荡的主要阈值条件是腔Q足够大,需要达到与铷密度适应的抽运速率(Vanier,1968)。这种激射器由于出色的短期频率稳定度(10^{-13},1s)和小尺寸,引起了人们极大的兴趣,其性能得到细致研究(Têtu等,1973;Busca等,1975)。

可以考虑用激光代替激射器中的光谱灯,类似于被动频标的情况。实验发现,在某些条件下采用这种方案可以实现自持振荡(Michaud等,1990、1991;Deng等,1994)。在常规方法中,使用低缓冲气体压强实现最大增益,而具有窄光谱宽度的激光器不能提供足以达到振荡阈值条件的抽运速率。在低缓冲气体压力下,原子团多普勒频移会偏离共振,导致抽运到较高能级的原子数减少,这个问题可以通过调制激光频率以覆盖泡的光吸收谱解决(Michaud等,1990、1991)。截至撰写本书时,尽管此IOP铷激射器显示出一些有趣的特性,但相关研究报道比较少。

3.4.7.2 激光脉冲方法

20世纪60年代初,人们提出了脉冲光抽运作为解决缓冲气体泡内光频移问题的技术方案,该方法使用时域Ramsey脉冲技术(Ramsey,1956),腔中微波受激辐射输出是测量参数(Arditi和Carver,1964)。早期研究中,布居数反转通过光谱灯实现。在此情况下,很难用短光脉冲获得大的布居数反转,限制了布居数反转和信噪比。因此,该方案的研究停滞了一段时间。然而,固态二极管激光器的出现可以满足波长要求并提供足够功率,再次引起了人们对可控的高效光抽运的研究兴趣(Godone等,2004a、2005、2006b)。在该技术中,将强激光脉冲作用到置于高Q微波腔中的原子系综上,腔与原子的超精细频率保持共振。然后连续施加两个短微波脉冲,模拟时域中在原子束上两个空间间隔处施加的Ramsey技术。光抽运脉冲和两个微波脉冲提供一个Ramsey循环,产生原子态叠加,用磁化强度相对于量子轴的倾斜角θ表示。在每个脉冲之后,产生受激辐射输出,其振幅取决于微波场的频率、功率和脉冲长度。脉冲之间的时间必须小于泡中原子的弛豫过程引起的消相干时间。在第二个脉冲之后,检测到相干微波受激辐射,其振幅随微波频率的变化关系以 Ramsey 条纹描述,像原子束频标方案一样,可以用中心 Ramsey 条纹将微波频率发生器锁定在超精细跃迁的中心。使用激光的优势在于,具有足够的功率来进行有效的光抽运,并在连续的 Ramsey 循环之间造成微波相位记忆的完全损失。

上述技术主要作为脉冲模式的激射器运行,在第二个脉冲之后使用受激辐射作为检测,但利用了时域中的 Ramsey 干涉条纹方法实现共振线的压窄。然而,该系统仍然是被动频标,因为检测到的是微波能量的幅度信号,并用作微波激励频率与时钟跃迁共振的指示。原理上由于在光抽运脉冲之后强度减小到零,所以微波激励不受光抽运的影响,光频移也减小到 0。对这种方法进行详细研究可以实现选择性的光抽运。例如,仅实现一个时钟能级的布居,对于相同的铷密度,也可以实现输出信号的增加。基于该技术实现的频标,在平均时间 $1s<\tau<50000s$ 的范围内观察到 $1.2\times10^{-12}\tau^{-1/2}$ 的频率稳定度(Micalizio 等,2009)。

也可以通过在第二个微波脉冲之后利用小功率激光脉冲作用到泡上,直接观察共振信号。激光脉冲在合适的频率调节后,可以实现两个钟跃迁能级之间布居数差的测量,该探测不会引起光频移,因为作用在微波频率激励之后,与光泵原子束频标方法非常相似。但是结果表明,通过微波受激发射观察到的中心条纹谱宽是通过布居数差观察到的中心条纹的 1/2。该特性原则上得出结论,即受激发射方法比布居数探测方法更具优势。然而,受激发射方法需要像微波激射器一样使用具有中等 Q 值(5000~10000)的腔进行微波探测。在这种情况下,如前所述,腔牵引可能会对频率稳定度产生影响,而使用光学检测时不会出现这种情况。可以采用低 Q 值的腔,减小腔牵引效应的影响。此外,光子的能量比微波光子高 4~5 个数量级。因此,与微波检测相比,原则上光学检测可获得更高的 S/N。这种方案也得到深入研究,并得出有意义的结果。实际上,基于光学检测的频标,展示出比微波检测方法提高近一个数量级的频率稳定度。在积分时间 $1s\ll\tau\ll10000s$ 范围内,频率稳定度为 $1.6\times10^{-13}\tau^{-1/2}$(Micalizio 等,2012a、2012b)。

然而,应该提到的是,使用泡实现的频标除了消除光频移问题外,还存在关于长期频率稳定度的疑问。其他效应,如温度波动通过缓冲气体影响频率稳定性的问题,仍然是影响频率稳定度的主要原因,以及化学反应引起铷密度随时间的波动会通过自旋交换相互作用影响频率稳定性。由于这些影响以及其他未知现象,此类频标的长期频率稳定度限定于 10^{-14} 范围(Micalizio 等,2012c)。

3.4.7.3 壁涂泡方法

根据式(3.72)和式(3.74),减小线宽原则上是提高短期频率稳定性的直接方法。到目前为止,在所有实现方案中使用了缓冲气体来避免铷原子与容纳泡壁碰撞而引起的弛豫。缓冲气体增加了向壁的扩散时间,并且在高于 20Torr 的压力下,弛豫主要由碱金属原子之间的自旋交换碰撞以及原子与缓冲气体分子的碰撞引起。其他加宽机制,由 RF 激励信号通过饱和参数 S 以及由光抽运通过抽运率 Γ_p 参数也会对所得的线宽产生贡献。多年来,已经提出用无弛豫壁涂层代替缓冲气体的建议(Singh 等,1971;Robinson 和 Johnson,1982)。对于碱金属原子与长链碳氢化合物制成的表面碰撞对塞曼相干性的影响已经做了很多工作(Bouchiat,1965)。此项研究已经扩展到用 Paraflint 合成蜡材料(Moore & Munge 姆尔及蒙杰公司)涂敷的泡中超精细相干的情况(Vanier 等,1974)。在 27℃ 的直径为 6.6cm 的泡中,测量到 ^{85}Rb 在 3.0GHz 超精细频率的弛豫率为 $25\mathrm{s}^{-1}$,对应于 8Hz 的线宽。测量壁位移,发现在该温度下为 23Hz。对于 ^{87}Rb 获得了相似的结果,直径 2.5cm 的样品泡在相同温度下的频移约为 130Hz(Vanier 等,1981)。尽管初看起来结果很理想,但实际系统中的线宽也由前面提到的其他几个参数确定。例如,在 65℃ 的工作温度下,自旋交换增宽($5/8\ n<v_\mathrm{r}>\sigma$)约为 65Hz。为了优化信号大小和对比度,通常将光抽运速率 Γ_p 和微波拉比频率 b 设置为线宽加倍时的值。假设壁碰撞增宽与其他机制相比可忽略不计,所得线宽约为 260Hz。即使存在其他增宽,采用涂壁泡与缓冲气体相比仍然会增加线宽,通常高于 500Hz。在较低温度下工作可能具有优势,因为自旋交换不严重,但需要实验研究。

另外,泡壁频移的温度依赖性可能是长期频率稳定性的障碍。上文提到的 2.5cm 泡中,温度系数为 $10^{-10}/℃$,要求将温度稳定至 $\pm 10^{-3}℃$ 才能实现频率稳定度 10^{-13}(Vanier 等,1981)。关于壁移的长期稳定性还不清楚。尽管仍然存在光频移,但现象不同于缓冲气体泡。由于原子的自由运动,这种光频移不会产生不均匀增宽,因此缓冲气体泡中在特定情况下所观察到的功率频移消失。

实际频标是采用石蜡涂层的泡和激光抽运技术实现的(Bandi 等,2012)。积分时间为 1~100s,该频标的频率稳定度为 $3\times 10^{-12}\tau^{-1/2}$。应该提到的是,使用激光抽运技术不会改变以上结论,除了会放大内部拉姆塞干涉线变窄效应外,该效应由 Xiao(2006)为了解释用窄带激光抽运时所观察到的线形尖锐现象所提出。

3.5 相干布居囚禁方案

第 2 章中介绍了相干布居囚禁(CPT)现象,概述了所涉及的物理学,并给出基本的数学公式。在 3.1.2 节中,描述了如何采用该现象在原子束上实现基于空间分离拉姆塞激励技术的频标。该现象不需要使用微波腔,原子被两个激光辐射场激发到相干叠加态,这两个激光频率差等于原子的超精细频率。本节将描述基于该现象在被动或主动模式下实现密封泡频标。

3.5.1 连续模式的缓冲气体密封泡:被动频标

图 3.43 展示了使用包含 ^{87}Rb 的密封泡的实验装置。同样的装置也可以用铯原子和合适的激光波长及微波频率来实现。图 3.43 所示设置通过透射信号观察 CPT 现象,也可通过在频率 ω_{mod} 上进行调制并利用同步检测来闭合反馈环路实现频标。

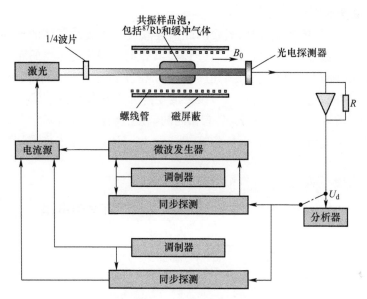

图 3.43 透射信号观察 CPT 现象或实现被动频标的实验装置

如图 3.43 所示,系统中还用到了一个反馈回路,用于将激光波长锁定到泡中光吸收线上。在这个回路中,激光电流的调制频率与应用于微波发生器的调制频率不同。假设使用 N_2 之类的缓冲气体,如前所述,原子与该分子的碰撞具有淬灭荧光的特性。随机发射的荧光光子会引起光抽运,导致原子系综的相干性消失。这种效应使得无法通过荧光检测共振 CPT 现象。从图 3.43 中可以看出,没有将微波场作用到原子团并且不需要微波腔,因此该方法与传统 IOP 方案中微波腔内微波-光学双共振技术相比具有一定的优势。

在同一个泡中对这两种方法进行了详细比较,并分析出 CPT 在实现被动密封泡原子频标方面相比 IOP 的具体优势(Vanier 等,2001、2003)。在式(2.66) ~ 式(2.72)中,将微波拉比角频率 b 设置为 0,如前所述,可以精确地完成这组方程的求解(Orriols,1979)。但是,这种计算相当复杂,并且不容易解释。一般采用近似,便于对其所发生物理现象进行认识,并评估各种参数在频标最终实现中的重要性。

3.5.1.1 信号幅度和线宽

1. 均匀三能级模型

实际上,图3.43中测量的参数是泡出口处的光强。在精确共振时,观察到CPT现象是泡的透过率的增加或吸收功率的降低。回顾第2章中描述的原理及主要结论,泡的切片dz吸收功率由下式给出,即

$$\Delta P_{abs}(z) = n\hbar\omega_l \Gamma^* \rho_{mm} dz \tag{3.99}$$

式中:n为碱金属密度。

当使用淬灭气体如氮气时,吸收的能量会以荧光或缓冲气体的振动模式的形式转化。因此,透过率的测量可以通过CPT共振时的激发态ρ_{mm}的布居数变化获得。式(2.66)给出了稳态时ρ_{mm}的值。在低铷密度的情况下,吸收很小,因此系统可以看作均匀的。作为近似,可以假设密度矩阵元素在整个泡中都是常数。如果激光频率ω_m的调制边带ω_1和ω_2具有相同的幅度,将激光器精确地调谐到光学跃迁,则两个基态能级的布居数保持相等,即$\rho_{11}=\rho_{22}$,计算的激发态布居数为

$$\rho_{mm} = \frac{\omega_R^2}{\Gamma^{*2}}(1 + 2\delta_{\mu\mu'}^r) \tag{3.100}$$

式中:$\delta_{\mu\mu'}^r$为CPT现象在基态产生的相干的实部,并由下式给出,即

$$\delta_{\mu\mu'}^r = -\frac{1}{2}\frac{\gamma_2 + \omega_R^2/\Gamma^*}{(\gamma_2 + \omega_R^2/\Gamma^*)^2 + \Omega_\mu^2} \tag{3.101}$$

其中

$$\Omega_\mu = \omega_1 - \omega_2 - \omega_{\mu\mu'} \tag{3.102}$$

式中:参数γ_2为相干弛豫速率;ω_R为激光辐射引起的拉比频率,Γ^*为包括缓冲气体相互作用的激发态衰减率。当$\omega_1-\omega_2=\omega_{\mu'\mu}$时,透射率在共振时急剧增加。

图3.44展示了通过激光频率慢速调制在示波器上直接观察到的典型实验信号。该CPT透过共振信号具有洛伦兹形状,并且具有基态超精细共振的所有特性,类似于光泵频标中使用的双共振技术的情况。共振线的宽度由下式给出,即

$$\Delta\nu_{1/2} = \frac{\gamma_2 + \omega_R^2/\Gamma^*}{\pi} \tag{3.103}$$

式(3.103)是拉比频率平方ω_R^2的函数,因此与激光辐射强度成正比。

2. 囚禁的不均匀模型

上述模型虽然展示了CPT现象背后的基本物理原理,但并不能完全代表实验情况。首先,光吸收不可忽略,原子系综在正常工作温度(铷约为60℃)下具有一定程度的光学厚度,该系统不再是均匀的。此外,该系统包括多个能级,并且从基态的两个选定能级μ和μ'到能级m的跃迁没有闭合。特别是,在圆偏振光(σ^+或

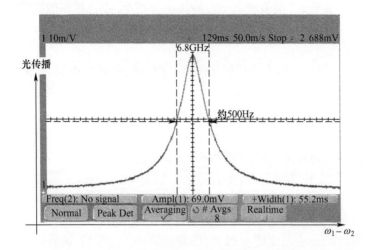

图 3.44 缓慢扫描激光器的微波调制直接观察到的 ^{87}Rb 泡中的 CPT 透射信号(泡中氢/氮 (Ar/N$_2$)混合物压强比约为 1.5,温度为 65℃,线宽为 500Hz 的量级,对比度为 5%)

σ^-)作用下激发到 P 态并落入基态的 $m_F=+2$ 或 $m_F=-2$ 的原子将被囚禁在这些能级,时间约为 $1/\gamma_2$,因此脱离 $m_F=0$ 能级的 CPT 现象。可以简单地通过将第四个能级引入三能级模型来分析,如图 3.45 所示(Vanier 等,2003a)。

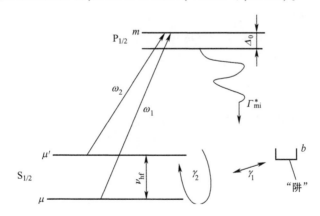

图 3.45 考虑 Λ 方案未涉及的囚禁特性和圆偏振激光激发特性的四能级模型

式(2.66)~式(2.72)保持不变,增加一个考虑从 m 能级到 b 能级衰减的附加方程,即

$$\frac{d}{dt}\rho_{bb} + \left(\gamma_1 - \frac{1}{3}\right)\rho_{bb} = \Gamma^*_{mb}\rho_{mm} \qquad (3.104)$$

$$\rho_{\mu\mu} + \rho_{\mu'\mu'} + \rho_{bb} + \rho_{mm} = 1 \qquad (3.105)$$

可以假设,由于 Γ^* 的值较大,ρ_{mm} 始终保持很小,并且基态能级的总平衡布居数为1。为了考虑系综的不均匀性,需要获得光强度与泡中位置之间的关系,通过以下方式完成。

相干激光辐射场与原子系综相互作用并产生极化 P_n。电场 E_n 和极化 P_n 通过以下关系连接(QPAFS,1989),即

$$\frac{\partial^2 E_n}{\partial z^2} - \frac{1}{c^2}\frac{\partial^2 E_n}{\partial t^2} = \mu_0 \frac{\partial^2 P_n}{\partial t^2} \tag{3.106}$$

式中:c 为光速;μ_0 为自由空间的磁导率。

极化由下式给出,即

$$P = n\text{tr}(\boldsymbol{\rho}\boldsymbol{P}_{op}) \tag{3.107}$$

式中:n 为铷密度;$\boldsymbol{P}_{op}$ 为经典电极化的等效量子力学算符。

式(3.107)的 tr 表示矩阵 $\boldsymbol{\rho}$ 和 $\boldsymbol{P}_{op}$ 的乘积的迹。计算后,假设一个稳态并采用绝热近似,即

$$\frac{\partial E_n}{\partial z} = \left(\frac{n\omega_n d_{ij}}{c\varepsilon_0}\right)\text{Im}\delta_{ij}(z) \tag{3.108}$$

式中:ω_n 为激光边带角频率;ε_0 为自由空间的介电常数;d_{ij} 为从 i 到 j 跃迁的铷原子电偶极矩,它包含所涉及跃迁的概率信息;$\text{Im}\delta_{ij}$ 是由激光辐射产生的光学相干(式(2.69)和式(2.70))的虚部。

因此,问题转化为求解稳态下的 δ_{ij} 的值。为了简化计算,假设两个辐射场具有相同的强度。由于不清楚缓冲气体淬灭效应的动力学,还假设从激发态到基态所有能级的衰变速率相等,即

$$\Gamma^*_{m\mu} = \Gamma^*_{m\mu'} = \Gamma^*_{mb} = \frac{\Gamma^*}{3} \tag{3.109}$$

由于激发态的相对布居数 ρ_{mm} 相对于基态能级的布居数很小(小于 10^{-6}),因此假设在平衡状态下,没有辐射时的基态能级具有相同的布居数,即

$$\rho_{\mu'\mu'}(\text{eq.}) = \rho_{\mu\mu}(\text{eq.}) = \rho_{bb}(\text{eq.}) = \frac{1}{3} \tag{3.110}$$

使用式(2.57)和式(2.58),式(3.108)可以转换为

$$\frac{\partial \omega_R}{\partial z} = \alpha \text{Im}\delta_{\mu m} \tag{3.111}$$

$\delta_{\mu m}$ 的虚部由平衡时的速率方程式得到;
式中:α 为吸收系数,且有

$$\alpha = \left(\frac{\omega}{c\varepsilon_0 \hbar}d_{\mu m}^2\right)n \tag{3.112}$$

假设激光调谐到光学跃迁,并且导致 CPT 现象的两个基态能级的布居数保持

相等。采用绝热近似,假设激发态的布居数和相干跟随基态的缓慢演化,则可以得出

$$\mathrm{Im}\delta_{\mu m} = -\frac{\omega_R}{\Gamma^*}\left(\frac{1}{3} - \frac{(2/9)(\Gamma_p/\gamma_1)}{1+(2/3)(\Gamma_p/\gamma_1)} + \delta^r_{\mu\mu'}\right) \quad (3.113)$$

其中

$$\delta_{\mu\mu'} = \frac{-(2/3)\Gamma_p(\gamma_2+2\Gamma_p) + (4/9)[\Gamma_p^2(\gamma_2+2\Gamma_p)/\gamma_1(1+2\Gamma_p/3\gamma_1)]}{(\gamma_2+2\Gamma_p)^2 + (\omega_{12}-\omega_{\mu'\mu})^2}$$

$$+ i\frac{\{(2/3)\Gamma_p - (4/9)[\Gamma_p^2/\gamma_1(1+2\Gamma_p/3\gamma_1)]\}(\omega_{12}-\omega_{\mu'\mu})}{(\gamma_2+2\Gamma_p)^2 + (\omega_{12}-\omega_{\mu'\mu})^2} \quad (3.114)$$

$$\rho_{bb} = \frac{1}{3} + \frac{(4/9)(\Gamma_p/\gamma_1)}{1+(2/3)(\Gamma_p/\gamma_1)} \quad (3.115)$$

为了简化,定义抽气速率与泡中位置的函数为

$$\Gamma_p(z) = \frac{\omega_R^2(z)}{2\Gamma^*} \quad (3.116)$$

为了获得泡出口处的辐射强度值,需要用式(3.113)和式(3.114)给出的 $\mathrm{Im}\delta_{\mu m}$ 和 $\delta^r_{\mu\mu'}$ 求解式(3.111)。然而,由于式(3.111)等号右侧的复杂性,该方程不能得到解析解,需要采用数值方法,其中 $\omega_R^2(z)$ 用泡出口处的值进行评估,即 $z=L$。

鉴于 $\delta_{\mu\mu'}$ 的形式,假设共振线形状为洛伦兹式,其宽度由下式给出,即

$$\Delta\nu_{1/2} = (1/\pi)\left(\gamma_2 + \frac{\omega_R^2(z=L)}{\Gamma^*}\right) \quad (3.117)$$

式中:γ_2 为没有激光辐射或 $\omega_R=0$ 时的弛豫率。γ_2 包括几种机制,如通过扩散到泡壁而引起的弛豫、通过与缓冲气体分子的碰撞引起的弛豫以及如 IOP 频标所述的铷原子之间的自旋交换相互作用引起的弛豫。

3.5.1.2 实际实现及其特点

1. 频率稳定度

在基于 CPT 现象的被动频标的实现中,用于调制激光频率的微波发生器的频率锁定在超精细共振线的中心。可以通过低频调制微波发生器的频率并使用同步检测来产生误差信号。如果调制幅度约为共振线宽的一半,则散粒噪声限制的短期频率稳定度可以通过式(3.72)和式(3.75)给出,写成(Vanier 和 Bernier,1981;Vanier,2002;Vanier 等,2003b)

$$\sigma(\tau) = \frac{K}{4\nu_{hf}}\sqrt{\frac{e}{I_{bg}}}\frac{1}{q}\tau^{-1/2} \quad (3.118)$$

式中: K 为常数, 取决于所使用的调制类型, $K \approx 0.2$; ν_{hf} 为超精细频率; e 为电子电荷; I_{bg} 为剩余透射辐射到达光电探测器的背景电流; τ 为平均时间; q 为对比度 C 与线宽 $\Delta\nu_{1/2}$ 之比, 即

$$q = \frac{C}{\Delta\nu_{1/2}} \tag{3.119}$$

对比度 C 定义为 CPT 信号强度除以背景强度。为了获得最佳的频率稳定度, 重要的是最大化对比度并最小化线宽。实际上, 正如激光抽运的双共振频标的情况, 激光光谱受到幅度和频率波动的影响, 而幅度和频率波动是影响频率稳定性的附加噪声, 上述给定的散粒噪声极限并未达到。例如, 以相对强度噪声表示的幅度噪声 (Sagna 等, 1992), 直接增加了散粒噪声。式 (3.118) 变为

$$\sigma(\tau) \approx \frac{1}{\sqrt{2}} \frac{(\text{RIN})^{1/2}}{4q\nu_{hf}} \tau^{-1/2} \tag{3.120}$$

在这种情况下最大化品质因数 q 也很重要。前文已介绍, 激光频率波动通过原子团中的各种共振机制转变成振幅起伏, 导致额外的噪声, 影响了频率稳定性 (Camparo 和 Buell, 1997; Coffer 等, 2002)。

信号幅度是铷密度和抽运速率的函数。图 3.46 显示了一个典型的实验结果, 该泡中充有压强比为 1.4 的 Ar 和 N_2 混合缓冲气体, 总压强为 10.5Torr。图 3.46 中实验点附近的实线是使用四能级模型得到的方程式 (3.111) 的数值积分曲线。图中使用的自由参数是观察到的最大对比度。可以看出, 对比度被限制的最大值约 5%, 这是由于 ^{87}Rb 的基态 8 个能级中只有两个能引起 CPT 现象, 其他能级产生光吸收。此外, 在通过偏置电流调制激光时, 会产生许多对背景光强度有贡献的边带, 可以通过提高泡温获得更大的对比度, 从而提高铷密度和光吸收, 然后可以在更大的光强度下观察到最大对比度。然而, 产生不利影响是增加的激光辐射和自

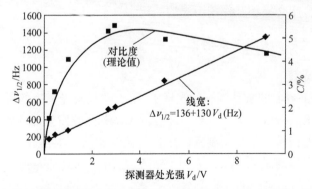

图 3.46 ^{87}Rb 泡中的 CPT 对比度和线宽 (泡中充有 Ar 和 N_2 缓冲气体混合物, 温度为 75℃。数据点是实验值, 而实线是理论值)

旋交换相互作用,导致线宽的增加。实际上,实现最大品质因数的最佳操作条件可以通过实验确定。

图 3.46 中线宽也表现为光强的函数,结果证实了线宽对光强的线性依赖,通过式(3.117)由拉比频率校准系统。通过将其应用于其他几个温度下的原子,可进一步验证四能级模型,发现与实验非常吻合(Vanier 等,2003a)。

需要指出的是,没有囚禁的标准三级模型预测的对比度随铷密度和激光辐射强度的增加而增加,这与实验数据中对比度相对激光强度存在最大值的现象不一致。最大值的存在是由于在辐射强度大于基态弛豫速率时,囚禁在 $m_F = 2$ 能级上。

图 3.47 展示了使用 CPT 方法实现的完全自主运行的频标(Vanier 等,2004、2005)。使用的碱金属原子为 ^{87}Rb,缓冲气体为压强比约为 1.5 的 Ar 和 N_2 的混合物。泡是一个体积为几立方厘米的玻璃外壳,光源为 VCSEL,调制频率为 3.4GHz。在最佳工作点观察到的对比度约为 5%,线宽略小于 500Hz。电子伺服系统由数字电路元件制成。该频标的体积为 125cm³。频率稳定度约为 3×10^{-11} $\tau^{-1/2}$,在积分时间 2000s 时达到 10^{-12} 以下的水平,如图 3.48 所示。该系统是已实现的性能最好的 CPT 频标之一,已实现为一个完全自锁定和维持的单元模块。

图 3.47 基于 CPT 的商品被动铷频标(该系统完全自主,使用数字电路来实现激光波长和微波源频率锁定到原子共振线。体积为 125cm³)(经许可转载于 Vanier J. et al., IEEE Trans. Instrum. Meas., 54, 2531, 2005. Copyright 2005 IEEE)

2. 频移

类似于标准 IOP 双共振方法,CPT 频标中存在很多频移,包括磁场频移、缓冲气体频移和光频移。尽管众所周知的,并且不会对系统工作造成重大问题,但是这些偏移的不稳定性可能会影响平均时间的中长期范围内的频率稳定性。关于磁场和缓冲气体频移,可以参考有关双共振铷 IOP 频标的讨论。

如前所述,光频移在使用激光抽运的经典 IOP 方法中很重要。幸运的是,CPT 中可以很好地控制这种频移。在调频激光器的情况下,这是由于对于相同的振幅,

279

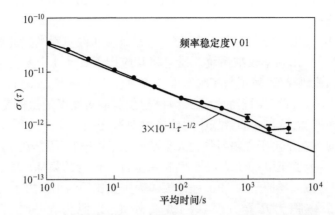

图 3.48　图 3.47 所示的 CPT 频标的频率稳定度(使用一个小泡(几立方厘米)和一个 VCSEL 作为光抽运源)(经许可转载于 Vanier J. et al., IEEE Trans. Instrum. Meas., 54, 2531, 2005. Copyright 2005 IEEE.)

一级边带辐射场对两个基态能级产生相同的偏移。另外,对于特定调制条件,所有边带引入的总光频移消失。该问题已经有了详细的研究(Vanier 等,1999;Levi 等, 2000;Zhu 和 Cutler, 2000)。总的边带光频移由下式给出,即

$$\frac{\Delta\omega_{LS}}{\omega_{\mu\mu'}} = \left(\frac{\omega_R}{\omega_{\mu\mu'}}\right)^2 \left[\Theta(m) + \xi(m)\left(\frac{\Delta_0}{\omega_{\mu\mu'}}\right)^2\right] \quad (3.121)$$

式中:Δ_0 为图 3.45 中定义的激光失谐;系数 $\Theta(m)$ 和 $\xi(m)$ 由以下表达式给出,即

$$\Theta(m) = J_0^2(m) + \frac{1}{2}J_{p/2}^2(m) - 2\sum_{n=1\neq p/2}^{\infty} J_n^2(m)\left[\frac{p^2}{(2n)^2 - p^2}\right] \quad (3.122)$$

$$\xi(m) = 4J_0^2(m) - 8\sum_{n=1\neq p/2}^{\infty} J_n^2(m) \frac{12n^2 + p^2}{[(2n)^2 - p^2]}p^4 \quad (3.123)$$

式中:J_i 为贝塞尔函数;p 为偶数,定义为超精细频率 $\omega_{\mu\mu'}$ 与激光调制频率 ω_m 之比。

当 $p=2$ 时,在 CPT-Λ 方案中使用载波两侧的一级边带 J_{1+} 和 J_{1-},在 ^{87}Rb 的情况下,$\omega_m = 2\pi\times3.41\times10^9 s^{-1}$。图 3.49 描绘了这两个函数在作为调制指数 m 的函数曲线。

容易看出,光频移的主要成分为功率频移,由系数 $\Theta(m)$ 给出,在激光调制指数为 2.4 时消失。这是由于在调制过程中边带会产生相互补偿的光频移。对于图 3.47 所示的装置,典型的实验结果如图 3.50 所示(Vanier 等,2004、2005)。这些结果表明,对于调制指数 2.4,时钟频率与激光强度无关。另外,由系数 $\xi(m)$ 给出的光频移的二次部分的失谐约为 10^{-14}/MHz,在大多数情况下可以忽略不计(Levi 等,2000)。

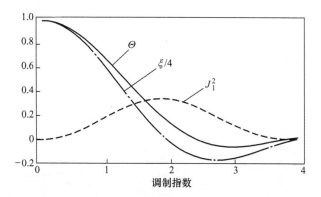

图 3.49 使用一级边带 J_{1+} 和 J_{1-} 来激发 CPT 现象 ($p=2$) 的情况下光频移系数随调制指数的变化 (经许可转载于 Springer Science+Business Media: Appl. Phys. B, Atomic clocks based on coherent population trapping: A review. 81, 2005, 421, Vanier, J)

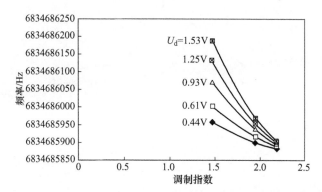

图 3.50 在本书所述的紧凑型装置中观察到的光频移是各种辐射强度下激光器调制指数的函数 (经许可转载自 Vanier J. et al., Practical realization of a passive coherent population trapping frequency standard. In Proceedings of the IEEE International Ultrasonics, Ferroelectrics, and Frequency Control Joint 50th Anniversary Conference 92, 2004. Copyright 2004 IEEE; Vanier J. et al., IEEE Trans. Instrum. Meas., 54, 2531, 2005. Copyright 2005 IEEE.) (与各曲线相关的数字是在图 3.43 中的光电探测器处测得的光强)

3. 共振信号的线形

在上面的分析中,假定了两个边带 J_{1+} 和 J_{1-} 的幅度相等。此外,还假设激光被精确地调谐到光学跃迁。在不满足这两个条件的情况下已经对透射中观察到的超精细共振的形状和中心频率进行了研究(Levi 等,2000)。采用薄样品三能级模型对该问题进行了分析。速率方程的数值解表明,当上述两个条件不能满足时线形不再是洛伦兹型,如图 3.51(a)所示。但是,在此过程中共振线的最小值不会移动,通过实验观察到这种效应如图 3.51(b)所示。

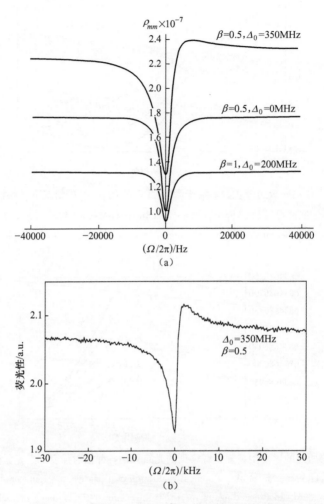

图 3.51 在激光失谐和不等边带的情况下的线型
(a)理论(β 代表比率 ω_{R1}/ω_{R2},而 Δ_0 是图 3.45 中定义的激光中心频率失谐);(b)实验。(数据来自 Godone A. et al., Coherent Population Trapping Maser, CLUT, Torino, Italy, 2002. Copyright 2002 CLUT.)

激光束横向变化对 CPT 共振线形状的影响也得到解决(Levi 等,2000;Taichenachev 等,2004)。线形的改变是因为抽运速率 $\omega_R^2/2\Gamma^*$ 是激光束上径向位置的函数。发现在低抽运速率的情况下线型保持为洛伦兹型,而在大抽运速率的情况下线型仍保持对称,但比洛伦兹型更锐利。

有趣的是,带囚禁的四能级模型在上面用来解释[87]Rb 中 CPT 透射共振线对比度,也可以用来分析未调制激光的情况下吸收光谱的形状。在实际中发现,D_1 线光学吸收线的形状是偏振和光强度的函数,这是由于在激光波长缓慢扫过吸收线时,发生了光抽运,在各种能级实现囚禁。对于^{87}Rb,针对单色辐射情况,进行了与上述相似的分析,结果报告在附录3.C中,发现与观察到的吸收光谱一致。这些结果在一定程度上验证了上面用来解释CPT透射共振线对比度的四能级模型。

除了报道的关于^{87}Rb和^{133}Cs的早期研究外(Cyr等,1993;Leviet等,1997),还使用^{85}Rb进行了研究(Lindvall等,2001;Merimaaet等,2003)。在后一种情况下,超精细频率为3.035GHz。使用边缘发射二极管,并在该频率下进行调制。载波J_0和一级边带J_1之一用于生成在图3.45中标识为ω_1和ω_2的激光频率。氩气和氖气用作缓冲气体。Vanier等(1974)获得了在零光强度的室温下20Hz量级的CPT超精细共振线宽度,这可以与室温下通过脉冲激发发射技术,在该缓冲气体中在黑暗中测得的10Hz线宽进行比较。锁定在CPT共振线上的频率发生器,在1s<τ<2000s内给出了$3.5\times10^{-11}\tau^{-1/2}$的频率稳定度。

4. 其他方法

铯也用于小钟的研制,以展示实现小型光学封装的可能性(Levi等,1997;Kitching等,2000、2001)。已有报道使用硅衬底作为容器实现光学模块的实现方式(Knappe等,2004),目的是实现在同一衬底上包括控制电子器件的集成单元。由于泡本身很小(mm^3量级),因此扩散到壁上会导致大的CPT共振线增宽(约7kHz),并且与体积在cm^3量级的泡相比,对比度大大降低(小于1%)。需要提到的是,当考虑到由温度控制、隔离、螺线管和所需的磁屏蔽组成的必要硬件时,在这种封装中减小体积的好处不大,并且频率稳定度的代价也很重要。实际上,在小钟研制中使用这种小型泡和VCSEL进行光抽运获得的频率稳定度约为$2\times10^{-10}\tau^{-1/2}$,积分时间为1s<$\tau$<30s,在此积分时间以上观察到线性频率漂移。然而事实证明,使用DFB激光进行光抽运可以将频率稳定度在1s时提高到3.8×10^{-11},平均时间在1000s时达到10^{-12}(Boudot等,2012)。同时,还报道了其他有关实现小型泡的工作(Zhu等,2004;Lutwak等,2009)。

已经开始使用激光的振幅调制来产生CPT现象所需激光的研究(W. Happer, pers. comm.),目标是使用很高的缓冲气体压强抑制到泡壁的扩散,实现在非常小的泡中也可以产生窄的共振线。该想法是基于当使用激光的振幅调制而不是频率调制来产生边带时,CPT的现象会有所不同。通过振幅调制,似乎可以通过宽的重叠的光谱线激发CPT现象(大的缓冲区气体压强)(Jauet等,2004)。在调频的情况下,对CPT信号的观察要求光谱线分开,使信号幅度成为缓冲气体压力的函数。

5. 关于频率稳定度的思考

散粒噪声极限频率稳定度可以用式(3.118)计算。通过计算的对比度和线宽数据可以获得品质因数q。在Vanier等(2004)的文献中,温度为65~70℃,背景光强$I_{bg}=10\times10^{-6}$ A,$q\approx1.5\times10^{-4}$,计算出的频率稳定度约为$7\times10^{-14}\tau^{-1/2}$。

然而,在实验中并未观察到该量级的频率稳定度。大多数实验测量到的频率稳定度为 $(3\sim5)\times10^{-11}\tau^{-1/2}$,比预期的散粒噪声频率稳定度低两个数量级(Merimaa 等,2003;Vanier 等,2003b、2004)。这种现象,如先前所报道,与使用固态二极管激光器作为光抽运源的被动 IOP 频标的情况类似。

一般认为,这种现象在 IOP 方案中源于激光器固有的 AM 和 FM 噪声。AM 噪声直接作为强度噪声出现在光电探测器上,并直接叠加到散粒噪声中。该噪声对频率不稳定度的贡献为 10^{-13} 量级,具体值取决于所用激光器的 RIN。另外,如前面所讨论,认为激光 FM 噪声是通过原子内部的非线性光学共振吸收转换成 AM 波动,也直接增加了探测器的散粒噪声。前面还提到,已经进行各种实验补偿此效应,包括减小激光光谱的宽度或在 IOP 方案中采用克隆共振泡直接补偿。后一种实验方案已获得了一定的效果,尽管该技术有些复杂,但为降低噪声影响提供了一种途径。

3.5.2 泡的主动方案:CPT 激射器

使用 CPT 来实现频标的另一种方案是直接利用在基态能级产生的超精细能级相干,类似于激射器。这种相干产生相同频率的振荡磁化强度(Vanier 等,1998;Godone 等,1999)。当原子系综放置在腔中时,磁化激发腔模并产生振荡磁场,该振荡磁场反作用到原子系综并产生受激辐射,与激射器的方式相同。这种 CPT 激射器的特点是不存在相对于抽运速率、原子密度和腔的 Q 值的阈值现象,强度与前面所述的具有阈值参数的抽运铷激射器有很大提高(Vanier,1968)。值得一提的是,这些阈值条件阻碍了铯 IOP 激射器的实现(Vanier 和 Strumia,1976),与此相比,采用 CPT 方案的铯激射器可以容易地实现(Vanier 等,1998)。

关于 CPT 激射器的分析要比被动方法复杂,考虑到原子与腔中微波场的相互作用,分析必须考虑微波场与振荡磁化强度之间的相位关系。此外,光场的相位耦合到与超精细能级相干。在闭合的三能级系统中,分析已经考虑了这些相位之间的相互关系(Godone 等,2000)。对于包含光抽运的开放系统,关于 CPT 主要特性的精确分析会更加复杂。但是,可以通过近似模型获得激射器的最重要特征,认识其中的物理过程。因此,本节将概述一些方法,明确该激射器作为频标在特定工作条件下的基本特性。

3.5.2.1 CPT 激射器的基本理论

分析中使用的实验装置如图 3.52 所示,腔调节到接近超精细频率。在激射器中,原子系综产生的能量耗散在腔壁和耦合回路中。附录 3.D 中给出了自洽方法分析。

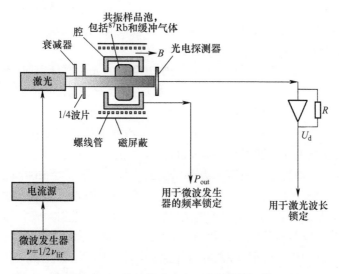

图 3.52 使用^{87}Rb 的 CPT 激射器框图

原子传递的功率由下式给出,即

$$P_{at} = \frac{1}{2} \frac{N\hbar\omega k}{[(1+4Q_L^2(\Delta\omega_c/\omega_{\mu'\mu})^2]} |2\delta_{\mu'\mu}|^2 \qquad (3.124)$$

式中:k 由式(3.D.3)给出。

拉比频率、腔中微波场强度与原子系综存在的相干之间的关系式为

$$\langle b \rangle = 2k|\delta_{\mu'\mu}| \qquad (3.125)$$

式中:括号"< >"表示泡的长度方向上的平均;符号"| |"表示绝对值。

微波场和原子系综的磁化强度之间的相位由下式给出,即

$$\phi = \frac{\pi}{2} + \arctan 2Q_L \frac{\Delta\omega_c}{\omega} - \arctan \frac{\delta^i_{\mu'\mu}}{\delta^r_{\mu'\mu}} \qquad (3.126)$$

由式(3.126)可以看出,这两个物理量的正交相位接近 $\pi/2$。因此,问题之一是评估相干 $\delta_{\mu'\mu}$,可从速率方程式得到。在此过程中可以根据实际实验情况进行近似,如下所述。

1. 均匀模型

一种获得激射器功率输出表达式的简单方法是,假设该原子系综光学厚度较薄,用式(3.114)中的值代替式(3.124)中的 $\delta_{\mu'\mu}$。该近似只有在低温下有效。这种方法完全忽略了微波对原子系综相干性和能级布居数反馈,但仍然可以提供对激射器行为的基本认识。容易发现,该激射器相对于腔的 Q 值、密度、线宽或抽运速率没有阈值现象。

更实际的模型是求解式(2.66)~式(2.72),包含微波拉比频率,并通过

式(3.125)考虑其与相干性的耦合,然后考虑式(3.126)给出的微波辐射相位来求解系统。结果再次表明,激射器相对于上述参数没有阈值(Godone 等,2000)。

2. 不均匀模型

类似于被动方案,实际系统在正常工作温度下的光学厚度很厚,无法将原子系综视为均匀的。在这种情况下,各种参数的幅度会沿着泡的长度变化,并且式(2.66)~式(2.72)仅在局域内有效,对应介质的小部分切片。此外,当考虑到激光边带的相位时,它会耦合到微波场,并且会沿着泡的长度变化。在闭合三能级模型中,将泡分成小片并通过在整个泡的长度对拉比频率 b 进行数值积分解决该问题,其中拉比频率是泡中距离和边带相位的函数(Godone 等,2002a、b)。

特别地,发现计算出的微波激射功率是泡长与微波波长之比的函数。实际上,对于低密度情况,当泡长 $L=\lambda_{\mu w}$ 时,输出功率等于0。产生这种效应的原因是,每个切片磁化单元以各自的相位发射,在后半部分产生的微波辐射的相位与前半部产生的辐射相位相反。然而,在高密度下系统不是均匀的,并且从腔的一部分到另一部分的相位抵消不精确:腔入口处泡的部分比腔出口处的部分贡献更大,因为出口处辐射被强烈吸收。但是,对大于 $\lambda/2$ 的泡长,计算出的功率仍然会降低。

上述针对四能级模型的分析也可用于被动方案中。为了简化分析,假定泡的尺寸小于 $\lambda/2$,并且沿着泡长度方向的相位变化可以忽略。解决方案为将泡划分为薄片,并针对每个切片求解式(2.66)~式(2.72),类似于三能级模型的情况。通过式(2.32)计算每个切片的拉比频率的值,其中 α 通过式(2.33)定义。该问题简化为求解包括自洽条件的方程组,即原子系综辐射的功率等于腔中损失的功率。这些方程式为

$$b = -2\frac{k}{L}\int_0^L \delta^r_{\mu\mu'}(z)\,\mathrm{d}z \tag{3.127}$$

$$\frac{\partial}{\partial z}\Gamma_p = -\alpha\frac{2\Gamma_p}{3\Gamma^*}\left\{1 - \frac{(2/3)(\Gamma_p/\gamma_1)}{1+(2/3)(\Gamma_p/\gamma_1)} + 3\delta^r_{\mu\mu'}\right\} \tag{3.128}$$

$$\left(\gamma_1 + 2\Gamma_p + \frac{b^2}{\gamma_1 + 2\Gamma_p}\right)\delta^r_{\mu\mu'} = -\Gamma_p\left\{\frac{2/3}{1+(2/3)\Gamma_p/\gamma_1}\right\} \tag{3.129}$$

其中

$$\Gamma_p = \frac{\omega_R^2}{3\Gamma^*} \tag{3.130}$$

原子系综发出的功率为

$$P_{\mathrm{at}} = \frac{kN_a}{2L^2}\hbar\omega_{12}\left[2\int_0^L \delta^r_{\mu\mu'}(z)\,\mathrm{d}z\right]^2 \tag{3.131}$$

这些方程通过递归方法求解,其中拉比频率 b 先进行赋值,然后在泡入口处对给定的抽运速率 Γ_p 值进行数值积分,该结果提供了一个新的 b 值,再将其用作新

积分的初始参数,整个过程收敛迅速(Godone 等,2002)。图 3.53 中以实线表示该计算结果与抽运速率 Γ_p 的函数关系,3 个参数 α 对应不同的温度。

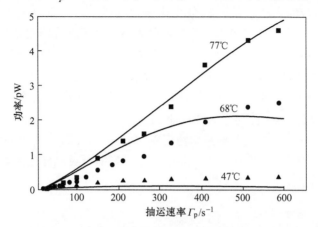

图 3.53 CPT ^{87}Rb 激射器的功率输出(连续实线由书中四能级模型计算得到,数据点由实验获得)(数据来自 Godone A. et al. , Coherent Population Trapping Maser, CLUT, Torino, Italy, 2002. Copyright 2002 CLUT.)

相似条件下得到的实验结果在同一张图中用数据点表示(Godone 等,2002)。应该指出的是,铷原子团中的原子密度通常无法得知,并且在很大程度上取决于所用泡的先前温度循环或其以往情况(Gibbs,1965;Vanier,1968)。因此,将输出功率(密度的函数)作为自由参数,根据实验数据调整理论计算结果,如使其接近最高温度时的激射器输出功率。可以看出,该过程提供了与实验数据半定量的一致性。

3.5.2.2 频率稳定性

可以认为 CPT 激射器是一种混合系统,由原子辐射能量,但是其频率由两个激光边带之差 $\omega_1-\omega_2$ 给出。在该种情况下,用于调制激光的微波发生器的频率,需要利用类似于被动方案中同步检测方法锁定到激射器发射谱最大值频率处。因此,它是一种锁频系统,与被动频标中使用的方案相似。

仅考虑热噪声,CPT 激射器的短期频率稳定度极限可以写为(Godone 等,2002、2004)

$$\sigma(\tau) \approx \sqrt{\frac{Fk_BT}{2P_o}} \frac{1}{Q_a} \tau^{-1/2} \tag{3.132}$$

式中:T 为泡腔结构的温度;P_o 为激射器的功率输出;Q_a 为原子谱线品质因数;F 为第一级接收机中放大器的噪声系数。

由于输出频率是相关边带的差频,激光频率噪声不应直接影响 CPT 激射器的输出频率。但是,这些波动可能会通过下面将要讨论的光频移而影响激射器频率的稳定性。与被动 CPT 方法一样,最小化激射器线宽以获得最大可能的 Q_a 对提高频率稳定度非常重要。类似地,更高的发射功率也可以改善频率稳定性。但是,较高的功率通常导致较大的线宽,因此必须进行权衡。在典型情况下,在 60℃ 左右,抽运速率为 $300s^{-1}$ 时,原子传递到腔的功率通常为 $1×10^{-12}$ W。线宽约为 175Hz,$Q_a = 3.9×10^7$。如果接收机的噪声系数为 1.2,则预期的频率稳定度约为 $1×10^{-12}\tau^{-1/2}$。在与上述条件类似的情况下,将晶体振荡器锁频到最大功率输出,可以产生大约 $3×10^{-12}\tau^{-1/2}$ 的短期频率稳定度(Godone 等,2004)。Godone 等(2002) 对实验没有进行优化,如果在锁频环路中使用更好的石英晶体振荡器,则可以实现更好的频率稳定性。

3.5.2.3 频移

CPT 被动频标方法中提到的所有频移都存在于 CPT 激射器中。此外,CPT 激射器也存在一些特定的频移。尤其是激光器的失谐 Δ_0 耦合到激光器边带幅度的差值会产生以下频率偏移,即

$$\Delta\omega_{LS} = -\frac{(1-\beta^2)\omega_{R1}^2}{4}\left[\frac{\Delta_0}{(\Gamma^*/2)^2 + \Delta_0^2}\right] \quad (3.133)$$

式中:β 为边带幅度之比。

这与被动 CPT 频标的情况完全不同,在被动 CPT 频标中,激光失谐和边带差会产生共振线变形而不会相对其最大值处产生偏移。这是由于在两种方法中测量的是不同的物理量:在被动方法中,光学相干性是观测物理量,通过介质吸收而测得;而在微波激射器中,直接检测和测量的是基态相干性。

另外,原子团与腔微波场的相互作用会产生附加的频率偏移,如腔牵引、微波功率频移和传输频移。

腔牵引效应大家已熟悉,并且对于所有激射器通用。对于 CPT 激射器,作为振荡激射器和被动激射器之间的混合,该频移是微波反馈对原子团重要性的函数。根据式(3.114)由失谐引入的相位来计算其对振荡磁化频率的影响。该频移为

$$\Delta\nu = \frac{Q_L}{Q_a}\Delta\nu_c(S-1) \quad (3.134)$$

式中:Q_L 为腔负载品质因数;Q_a 为原子谱线品质因数;$\Delta\nu_c$ 为腔失谐;S 为包括微波相互作用的总线宽与包括除微波相互作用之外的所有因素的线宽之比。

这种频移对腔谐振频率的频率稳定性提出了严格的要求。对于 $Q_L = 10000$ 的腔和 $Q_a = 5×10^7$ 的原子谱线,腔必须稳定在 3~4Hz 范围内,以获得约 10^{-13} 的相对

频率稳定度。

微波功率频移源于受激微波发射后,基态能级的布居数不再相等,在系统中造成不对称性,并引入了与上述线性光频移相似的效应(式(3.133))。该效应直接叠加到之前针对不同幅度边带所计算的光频移。

与边带辐射相位相关的频移效应,称为传输频移,在高密度情况下非常重要,该效应可以改变调制指数以实现功率频移为 0。因此,类似于边带光频移,可以通过适当调节调制指数消除该效应(Godone 等,2002a、2002b、2004b)。图 3.54 展示了 CPT-^{87}Rb 激射器的频率稳定度(Godone 等,2004)。

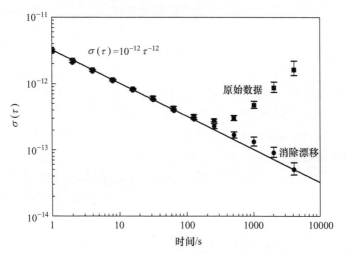

图 3.54 在 CPT-^{87}Rb maser 中观察到的频率稳定性

(经 Godone A. 等许可,转载于 Phys. Rev. A,70,012508,2004b。版权所有,美国物理学会,2004 年。)

在研究的装置中,$\tau>200$s 时所观察到的频率稳定性由上述频率偏移的波动所致。但是,在所报告的特定设置中,激射腔由铜制成,其温度灵敏度超过 100kHz/℃(Godone 等,2002a)。在这种情况下,环境波动可能会直接影响腔的调谐,并导致长期的随机波动或频率漂移,并通过增大的 $\sigma(\tau)$ 反映出来。

3.5.3 被动 IOP 和 CPT 时钟提高信噪比的技术方法

上面已经描述了实现 IOP 或 CPT 频标的基本物理原理。早在 2000 年初就给出了基本要求,随后的发展是为了减小尺寸或提升频率稳定性。

在观察 CPT 时,选择定则要求使用圆偏振光,如对于^{87}Rb,原子经光抽运后最终跃迁到 $m_F=+1$ 和 $m_F=+2$ 能级。0-0 跃迁的对比度限定在 5%,因为处于囚禁能级的原子不贡献 CPT 信号。对于 IOP,没有使用特定的偏振用于布居数反转。

例如,当将对应于跃迁 $|S_{1/2},F=2>\rightarrow|P>$ 的辐射用于光抽运 ^{87}Rb 基态时,原子将分布到 $F=1$ 能级的所有子能级上。因此,在两种情况下与场无关的共振 $|F=2,m_F=0>\rightarrow|F=1,m_F=0>$ 具有较小的对比度。存在强烈的背景辐射,导致散粒噪声,限制 S/N 并降低短期频率稳定度。

为了增加信噪比,已经提出了几种技术方法。一种方法是在这些终态能级之间产生一个跃迁,避免原子在其中积累,通过增加贡献到共振现象的原子数,实现信号幅度增加。一个附加的好处是减少自旋交换相互作用,甚至当极化最大时该效应会消失(Jau 等,2003、2004)。然而,这些终态跃迁与场一阶相关,这一特性给频标的实现增加了难度。因此,必须稳定所施加的磁场,可以通过给定 F 能级内与场有关的子能级之间的塞曼跃迁来完成。

在 CPT 的情况下提出了推挽式光抽运(PPOP),其中光偏振以抽运速率 $2/T_{00}$ 在左右圆偏振之间切换,其中 T_{00} 是 0-0 跃迁周期(Jau 等,2004)。右圆偏振(RCP)短脉冲与左圆偏振(LCP)脉冲交替。原子聚集在叠加暗态,几乎不吸收任何偏振的光。因此,该技术避免了原子因禁在对 CPT 信号无贡献的能级。0-0 跃迁得到增强。一种类似的方法使用光抽运,其中两个 L 方案被两个具有垂直线性偏振的辐射场同时激发,或称为 lin⊥lin 偏振方法(Zanon 等,2005a)。这两种方法本质上原理相同(Liu 等,2013a)。同时还提出了其他方法,如使用反向传播的波(Kargapoltsev 等,2004;Taichenachev 等,2004)。所有这些技术都可以提高对比度,并且对小型泡很有用。

连续波(CW)的 CPT 时钟基于工作受抽运辐射的影响而共振线变宽,并且受到调制幅度不合适而导致的光频移影响。当产生 CPT 现象的两束激光相互锁定且差频是超精细跃迁频率时,后一种效应非常重要。该问题的解决方法是在时域拉姆塞方案中使用脉冲光抽运(Zanon 等,2005a),同时用 lin⊥lin 激光辐射场激发两个 Λ 抽运。在这种方法中,第一个脉冲将原子系综置于 0-0 叠加态;然后让处于叠加态的系综自由演化一段时间 T,再将探测脉冲作用到该系综以确定其相干状态。第二个脉冲的相互作用产生了宽度为 $1/2T$ 的拉姆塞条纹。脉冲长度典型值是第一个脉冲为 2ms,自由时间 $T=3$ms,探测为 25μs(Liu 等,2013b)。通过优化实验系统的多个参数,如缓冲气体压力和温度,获得结果为在 $\tau=3000$s 范围内测得的频率稳定度为 $3.2\times10^{-13}\tau^{-1/2}$(Danet 等,2014;Kozlova 等,2014)。实际上,这是在使用 CPT 被动方案的频标上获得的最佳结果。

3.5.4 用于实现频标的激光冷却原子的 CPT

随着可实现原子系综极低温度并降低多普勒效应的激光冷却技术的引入,人们提出了在这种冷原子团中使用 CPT 的问题。Zanon 等(2003)提出了第一个方法,使用光学黏团和脉冲 CPT 模拟了喷泉中使用的时间序列,但没有上抛原子。Esnault 等(2013)根据这个想法实现了一个完整的实验系统,该系统按上述顺序运行,冷却激光器开启 45ms,实现包含 10^6 铯原子的 MOT。在整个时钟序列末尾循环利用原子,效率达到 80%。冷却后,原子通过双 Λ CPT 方案激发,如图 3.55 所示。

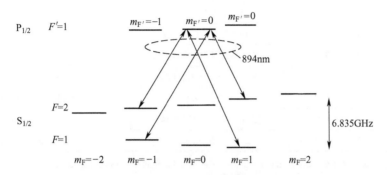

图 3.55 MOT 中 ^{133}Cs 的 CPT 激励中使用的两个 Λ 方案

两个双色光束为线偏振,并以相反方向按照 lin ∥ lin 结构作用到自由下落的原子团,以避免多普勒效应。原子团首先通过 400μs 的拉姆塞 CPT 脉冲抽运到叠加态,然后系统在时间 T_R 内自由演化,接着用 50μs 的探测激光脉冲检测系统的状态。在 $T_R=8$ms 时,观察到中心条纹线宽为 62.5Hz。注意,两个 Λ 系统具有一阶磁场偏移,数值相等但符号相反,并且对磁场梯度非常敏感。在没有磁屏蔽的情况下,实验装置的频率稳定度为 $4\times10^{-11}\tau^{-1/2}$,不过该结果可能并不能代表该技术的性能。

3.6 激光冷却的微波离子钟

在第 1 章中概述了离子频标的最近发展,但主要讨论的是镱离子 Yb^+ 和汞离子 Hg^+。在汞离子频标中,提到了线性阱的使用有利于实现频率稳定度高的小型化被动型微波频标。然而进一步的研究表明,其他离子系统和激光冷却技术也有助于实现小型化高稳定的微波频标,这是本小节将要简略讨论的内容。

用于实现微波频标的离子及其相应的基态超精细能级分裂如表 3.6 所列。表中所有的离子均是原子数为奇数的同位素,它们相应的基态超精细分裂频率在表中列出。类似于 $^{199}Hg^+$,如果这些离子的基态超精细分裂频率在可探测频率范围,即可用于实现微波频标。

需要指出,全世界有很多的实验室也使用这类离子实现光学频标,特别是囚禁单离子的光学频标。在第4章中会详述用单离子实现光学频标的成果。

表3.6 用于实现原子频标的离子及其相应的基态超精细能级分裂

离子	核自旋 I	基态超精细能级分裂频率/Hz	参考文献
$^9Be^+$	3/2	1250017674.10(1)	Bollinger 等,1983b
$^{43}Ca^+$	7/2	325560829	Steane,1997
$^{111}Cd^+$	1/2	14530507349.9(1.1)	Zhang 等,2012
$^{113}Cd^+$	1/2	15199862855.0125(87)	Zhang 等,2012
$^{135}Ba^+$	3/2	7183340234.35(0.47)	Becker 等,1981
$^{137}Ba^+$	3/2	8037741667.694(360)	Blatt 和 Werth,1982
$^{171}Yb^+$	1/2	12642812118.4685(10)	Warrington 等,2002;Schwindt 等,2009
$^{199}Hg^+$	1/2	40507347996.84159(44)	Prestage 等,2005
$^{201}Hg^+$	3/2	29954365821.1(2)	Taghavi-Larigani 等,2009

注：数据源自 BIPM. 2012. Bureau International des Poids et Mesures, Comite International des Poids et Mesures 101e session du CIPM-Annexe 8 203。

在用离子阱囚禁离子时，激光冷却的引入是重要的一步，它促进了离子频标的发展。在 Paul 阱和 Penning 阱，激光冷却技术都可以应用到离子上(Itano 和 Wineland,1982)。在某些情况下，由于激光器波长的限制，采用非直接的方法冷却离子。在该种情况下，第二种离子被同时囚禁在离子阱中并被激光冷却，被冷却的离子通过碰撞冷却实现离子频标的离子，这个过程称为协同冷却(Larson 等,1986)。

在本小节中主要讨论部分在第1章中未提及的激光冷却离子微波频标的发展。这里不会具体讨论实际的实验装置，如离子阱和将基准振荡器锁定到离子超精细分裂跃迁的锁定回路，而是主要讨论实现如此离子频标的物理原理和最终导致的频率稳定度和准确度。

3.6.1 $^9Be^+$ 303MHz 射频标准

$^9Be^+$的核自旋 $I=3/2$，其基态 $S_{1/2}$ 包含两个超精细能级，即 $F=2$ 和 $F=1$。随着磁感应强度 B 变化的塞曼能级如图3.56所示。

在20世纪80年代早期，Bollinger 等(1983a)在没有激光冷却的情况下在 Penning 阱里成功地囚禁大约300个$^9Be^+$。其通过静磁场和静电场的方法将$^9Be^+$囚禁在离子阱中，可以存储几小时。但是，在此离子阱中需要大的磁场，使得无法实现低磁场强度下超精细跃迁频率1.25GHz的频标。然而，在磁感应强度 $B_1=0.8194T$，塞曼子能级 $|F=1,-3/2,1/2\rangle$ 和 $|F=1,-1/2,1/2\rangle$ 间的跃迁频率 $\nu_1=$ 303MHz，如图3.56所示，可以作为钟跃迁频率。该跃迁频率与磁感应强度成二次

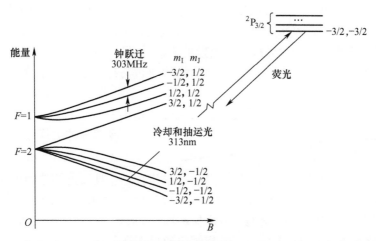

图 3.56 $^9Be^+$ 的基态和第一激发态能级图(在磁感应强度 B 下,基态超精细能级分裂频率为用于实现射频频标的 303MHz)

方关系,即

$$\frac{\Delta \nu_1}{\nu_1} = -0.017\left(\frac{\Delta B_0}{B_0}\right)^2 \qquad (3.135)$$

当时,通过将 313nm 的窄带源频率调节至 $^2S_{1/2}|F=2,-3/2,-1/2>\rightarrow$ $^2P_{3/2}|-3/2,-3/2>$ 的跃迁,离子首先被冷却和光抽运。313nm 的激光源通过单模染料激光倍频得到。原子不同能级有不同的跃迁概率,光抽运过程通过 313nm 与其他弱的跃迁在其跃迁洛伦兹谱线的尾部相互作用,尽管 $^2S_{1/2}(-3/2,-1/2)$ 到激发态能级的跃迁概率最大,原子最终被抽运到 $^2S_{1/2}(-3/2,-1/2)$ 能级(Itano 和 Wineland,1982)。23.9GHz 微波频率的作用使基态 $|F=1,-3/2,1/2>$ 和 $|F=2,-3/2,-1/2>$ 的原子混合,光抽运到基态 $|F=2,-3/2,-1/2>$ 的原子一半转移到基态 $|F=1,-3/2,1/2>$。这个转移过程本质上是电子自旋反转。在激发 $|F=1,-3/2,1/2>\rightarrow|F=1,-1/2,1/2>$ 的钟跃迁后,钟跃迁频率 ν_1 的探测通过观测冷却跃迁 313nm 的荧光变化得到。光抽运和冷却过程脉冲式工作,在钟跃迁频率 ν_1 探测的过程中光抽运和冷却激光关闭。钟跃迁频率探测通过短 Ramsey 脉冲探测,Ramsey 脉冲之间的间隔为 19s。Ramsey 谱线中心的谱线宽为 25mHz,谱线品质因数达到 1.2×10^{10}。在此系统中,主要的残留频移为二阶多普勒频移,相对频移量为 -3.8×10^{-13},不确定度为 9×10^{-14}。通过与一个被动氢钟比较,绝对频率 $\nu_1=303016377.265070(57)$ Hz。相对频率稳定度 $\sigma_y(\tau)\approx 2\times10^{-11}\tau^{-1/2}$,400s< τ<3200s(Bollinger 等,1985)。

为了消除 313nm 冷却激光引起的斯塔克效应(光频移),313nm 冷却激光需要

在 303MHz 钟跃迁探测期间关闭,导致在钟跃迁频率探测期间,原子的温度上升到 20~30K,二阶多普勒频移增加,限制钟的准确度(Bollinger 等,1985)。因此,进一步的实验方案提出利用激光冷却后囚禁的 Mg^+,协同冷却 Be^+,达到持续冷却 Be^+ 的目的。Be^+ 首先通过 313nm 激光冷却,然后通过与冷却的 Mg^+ 的库仑相互作用被持续冷却到大约 250mK。实现的系统本质上与单种离子系统相同,但钟跃迁探测要相对复杂。在已实现的系统中,Penning 阱同时存储 5000~10000 个 $^9Be^+$ 和 50000~150000 个 $^{26}Mg^+$。在这个方案中,$^9Be^+$ 的一阶冷却和抽运通过 $^2S_{1/2}|F=2,3/2,1/2>→^2P_{3/2}|3/2,3/2>$ 间的跃迁完成,然后 $^9Be^+$ 通过上面相同的机制被抽运到 $^2S_{1/2}|F=2,3/2,1/2>$ 能级。在 313nm 冷却激光关闭后,连续地射频 π 脉冲作用将原子通过 $|F=1,1/2,1/2>$ 能级转移到 $|F=1,-1/2,1/2>$ 能级。相应地,跃迁频率分别为 321MHz 和 311MHz。分离振荡场 Ramsey 方法用于探测 303MHz 钟跃迁,两个脉冲持续 1s,间隔 100s。振荡效应通过探测能级 $|F=1,-1/2,1/2>$ 的原子数实现。通过交换先前的两个射频 π 脉冲的顺序来激发能级 $|F=1,-1/2,1/2>$,以及重新激发能级 $|F=2,3/2,1/2>$。然后,313nm 冷却激光重新打开与原子相互作用,激发钟跃迁后,相应的 313nm 跃迁的荧光强度变弱(Bollinger 等,1991)。

Mg^+ 的协同冷却方法可以增加钟跃迁的探测时间,Ramsey 脉冲的间隔时间达到 100s,则谱线品质因数 q 为 $6.2×10^{10}$。与被动氢钟比较,整个系统的稳定度为 $3×10^{-12}\tau^{-1/2}$,$10^3s<\tau<10^4s$。但是,尽管协同冷却技术保持了低的离子温度,二阶多普勒频移为 $-1.2×10^{-14}$,但是真空系统中未知的残留气体导致的压力频移限制了实验系统达到的准确度,压力频移为 $1×10^{-13}$。然而,在实现此标准中用到的技术有助于其他需要脉冲式工作系统实验技术的研究。

在此方面的研究中,值得一提的是,Cozijn 等(2013)利用一种工作在 626nm 波长的脊形波导半导体激光芯片实现了囚禁的 Be^+ 离子在 313nm 的激光冷却,简化了整个系统。通过包含有非线性晶体的外谐振腔产生二阶谐振辐射。这个辐射用于冷却 Be^+。他们探测到 600 个离子,存储在线性 Paul 阱,冷却到温度 10mK。然后,这个系统被用于实现工作在低磁场下超精细跃迁 1.25GHz 的原子钟。

3.6.2 $^{113}Cd^+$ 和 $^{111}Cd^+$ 离子阱

Zhang 等(2012)对 $^{113}Cd^+$ 和 $^{111}Cd^+$ 囚禁离子钟进行了研究,并且在使用该离子实现原子频标方面得到了一些有趣的结果。$^{113}Cd^+$ 和 $^{111}Cd^+$ 主要的优势在于两个离子的核自旋均为 $I=1/2$,能级结构相对简单,如图 3.57 所示。

线性四极 Paul 阱用于囚禁离子。波长为 214.5nm 的激光通过一个可调谐的半导体激光器 4 倍频得到,该激光用于激光冷却、光抽运和荧光探测。钟跃迁频率通过由一个喇叭产生的微波场进行探测。采用时间域脉冲 Ramsey 技术,脉冲长度

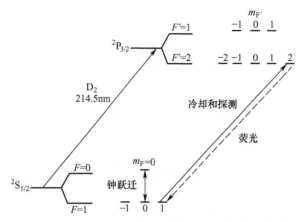

图 3.57 $^{111}Cd^+$ 和 $^{113}Cd^+$ 离子相关的能级结构以及实现微波频标的
钟跃迁频率 15.2GHz 或者 14.5GHz

$\tau=5$ms,脉冲间隔 $T=100$ms。Ramsey 脉冲与处于 $|^2S_{1/2},F=1\rangle$ 能级的离子作用,然后光电倍增管探测产生的荧光。两个同位素的钟跃迁频率通过与铯钟比对进行测量,准确度达到 5×10^{-13},具体频率如下:

对于 $^{113}Cd^+$,有

$$\nu_{hs} = 15199862855.0125(87)\text{Hz}$$

对于 $^{111}Cd^+$,有

$$\nu_{hs} = 14530507349.9(1.1)\text{Hz}$$

基于实验结果,$^{113}Cd^+$ 的工作主要实现可搬运的频标(Zhang 等,2014),其实现的稳定度优于 $1.7\times10^{-12}\tau^{-1/2}(\tau>100s)$,在 $\tau=4000$s 时,达到 2.3×10^{-14}。

3.6.3 $^{171}Yb^+$ 激光冷却微波频标

$^{171}Yb^+$ 实现的微波频标受到极大关注,其优势主要包括由大质量带来的低多普勒频移、简单的基态能级结构(核自旋 $I=1/2$)和相对大的超精细跃迁频率 12.6GHz。相关的能级结构如图 3.58 所示。用于激光冷却和探测的光跃迁 $S_{1/2}\rightarrow P_{1/2}$,$\lambda=369.5$nm 可以通过激光倍频得到。衰减到 $D_{3/2}$ 能级的原子通过波长为 935nm 的激光反抽运到冷却循环跃迁中。澳大利亚国家测量局已经实现了 $^{171}Yb^+$ 微波频标(Warrington 等,2002;Park 等,2007)。$^{171}Yb^+$ 通过线性 Paul 阱存储。在此系统中,通过掺钛蓝宝石激光倍频得到冷却激光,该激光也用于制备和探测基态原子。探测采用时间域 Ramsey 脉冲技术,微波脉冲长度 $\tau=400$ms,脉冲间隔 $T=10$s。测量的钟跃迁频率的准确度达到 8×10^{-14},受限于磁场的均匀度。

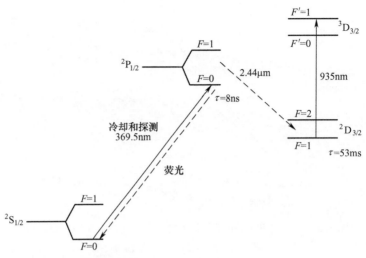

图 3.58 ^{171}Yb$^+$ 的相关能级结构

美国桑迪亚国家实验室实现了小型 ^{171}Yb$^+$ 微波钟（Schwindt 等，2009）。该系统主要由一个高度小型化的离子阱组成，其包括离子阱、Yb 原子源和吸气泵。Yb 原子源由一个微型硅热板组成，其表面浓缩有 Yb 原子。离子阱是一个八极结构的线性射频 Paul 阱，只有几毫米。369nm 低功率能级探测激光和 399nm 离化激光由垂直外腔面发射激光（vertical external cavity surface-emitting laser，VECSEL）倍频得到。长期的频率稳定度在积分时间一个月时达到 10^{-14} 量级。

附录 3.A 喷泉原子钟的频率稳定度

在 QPAFS(1989)的第 2 章中详细分析了如何评估经典室温频标的稳定度。这里应用上述方法分析喷泉钟的稳定度，不同之处为喷泉钟工作于脉冲模式。喷泉钟中用于探测微波钟跃迁的参考振荡器频率锁定方法与使用 Paul 阱囚禁 ^{199}Hg$^+$ 频标的频率锁定方法相似。在 ^{199}Hg$^+$ 频标中，光抽运用于布居数反转，当基态超精细能级跃迁被激发时，通过其所辐射的荧光探测钟跃迁信号。钟跃迁微波信号源由一个石英振荡器倍频 ^{199}Hg$^+$ 的超精细能级跃迁频率 40GHz。参考振荡器的频率通过数字锁定过程锁定到原子跃迁频率。参考振荡器的频率通过改变 $\pm\omega_\mathrm{m}$ 分别对应跃迁谱线的两边半高处，ω_m 近似为跃迁谱线线宽的一半。探测两个频率处的荧光强度，其强度相减为平均探测频率与原子跃迁中心频率的差距，这个误差信号可用于将石英振荡器的平均探测频率锁定于原子跃迁中心频率。根据探测器收集的荧光光子数 N 的波动量 ΔN 得到频率稳定度的分析。

喷泉钟的分析与此相似,不同之处主要是喷泉钟不连续工作,并且其谱线采用 Ramsey 探测方式。图 3.A.1 显示了喷泉钟频率锁定技术中的相关参数。

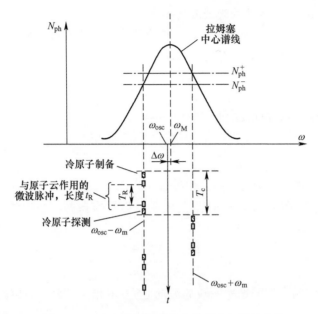

图 3.A.1 喷泉钟频率稳定度分析中相关的参数

Ramsey 条纹中心谱线由式(1.1)表示。在式(1.1)中,相位 $\phi = 0$,并且调整使用的微波场功率使 $b\tau = \pi/2$,则 $\sin b\tau = 1$。一个工作周期内原子通过探测系统被探测到的荧光光子数为

$$N_{ph} = \frac{1}{2} N_{at} n_{ph} \varepsilon_c \varepsilon_d [1 + \cos(\Omega_0 T_R)] \quad (3.A.1)$$

式中:N_{at} 为总的原子数,通过探测器收集到的荧光光子数得到;n_{ph} 为单个原子辐射的荧光光子数;ε_c 为探测系统的收集效率;ε_d 为探测器的效率。

这些参数可以归为一个参数 $n_d = n_{ph}\varepsilon_c\varepsilon_d$。在原子跃迁频率中心,谱线强度达到最大值,即

$$N_{ph,M} = N_{at} n_{ph} \varepsilon_c \varepsilon_d \quad (3.A.2)$$

探测振荡器的频率被调制,调制频率为 ω_m,近似谱线线宽的 1/2,其频率为

$$\omega_{\pm} = \omega_M + \Delta\omega \pm \omega_m \quad (3.A.3)$$

式中:ω_M 为谱线的中心频率;$\Delta\omega$ 为振荡器偏离谱线中心的微小频率偏移量。

喷泉钟的冷原子通过微波腔与微波场相互作用,相当于与两个连续的微波脉冲相互作用,相互作用长度为 t_R,微波场的频率分别对应谱线半高的两侧。两个微波脉冲间隔时长为 $T_R(T_R \gg t_R)$。谱线半高两侧的探测荧光光子数为

$$N_{\text{ph}}^+ = N_{\text{ph}}(\omega_{\text{osc}} + \omega_m) + \delta N_{\text{ph}}^+ \tag{3.A.4}$$

$$N_{\text{ph}}^- = N_{\text{ph}}(\omega_{\text{osc}} - \omega_m) + \delta N_{\text{ph}}^- \tag{3.A.5}$$

式中：δN_{ph}^+ 和 δN_{ph}^- 为探测的光子波动噪声。

事实上，伺服锁定环路使探测振荡器的平均频率非常接近原子的超精细跃迁频率，因此 $\Delta\omega$ 非常小。由于谱线的对称性，谱线两侧探测的荧光光子数的差别可表示为

$$N_{\text{ph}}^- - N_{\text{ph}}^+ = \delta N_{\text{ph}}^- - \delta N_{\text{ph}}^+ \tag{3.A.6}$$

由于 $\Delta\omega$ 非常小，可以得到

$$\left.\frac{\partial N_{\text{ph}}}{\partial \omega}\right|_{\omega_{\text{hfs}} - \omega_m} = \frac{1}{2} \frac{\delta N_{\text{ph}}^- - \delta N_{\text{ph}}^+}{\Delta\omega} \tag{3.A.7}$$

引入因子 2 的原因是 $\Delta\omega$ 的变化导致荧光强度 $2\Delta I$ 的变化。由于谱线两侧斜率相反，则荧光光子数 δN_{ph}^+ 和 δN_{ph}^- 的波动可以看作振荡频率的微小频率变化或波动 $\Delta\omega$ 引起。式(3.A.7) 也可表示为

$$\Delta\omega = \frac{1}{2} \frac{\delta N_{\text{ph}}^+ - \delta N_{\text{ph}}^-}{[\partial N_{\text{ph}}/\partial \omega]_{\omega_M \pm \omega_m}} \tag{3.A.8}$$

不同时间探测到的荧光光子数的波动 $\delta N_{\text{ph}}^\pm$ 不相关，因此这些噪声积累相加，表示为

$$\frac{(\Delta\omega)^2}{\omega_M^2} = \frac{1}{2} \frac{(\delta N_{\text{ph}})^2}{[(\partial N_{\text{ph}}/\partial \omega)^2_{\omega_M \pm \omega_m}]\omega_M^2} \tag{3.A.9}$$

为了继续的计算，需要知道被光电探测器探测的荧光光子数与频率的微分关系，可由式(3.A.1) 给出谱线线型得到

$$\left.\frac{\partial N_{\text{ph}}}{\partial \omega}\right|_{\omega_{\text{hfs}} \pm \omega_m} = \frac{1}{2} N_{\text{ph,M}} n_d T_R \tag{3.A.10}$$

式中：$N_{\text{ph,M}}$ 为谱线最大值处探测到的荧光光子数，由式(3.A.2) 得到；T_R 为微波腔中原子两次(上行和下行)通过相互作用区之间的时间间隔。

式(3.A.9) 可表示为

$$\frac{(\delta\omega)^2}{\omega_M^2} = 2 \frac{(\delta N_{\text{ph}})^2}{\pi^2 N_{\text{ph,M}}^2 q_l^2} \tag{3.A.11}$$

式中：q_l 为用于伺服锁定系统谱线中心的品质因数。

需要注意的是：一方面，喷泉钟脉冲式工作，原子被制备，然后以一定的速度向上射出；另一方面，喷泉钟至少需要两次与原子作用得到误差信号用于伺服锁定频率。因此，稳定度分析在平均时间周期大于脉冲周期的时间区域有效。式(3.A.11) 中两边的波动可以看作均方根值，定义为 $y = \delta\omega/\omega$，则频谱密度的波动为

$$S_y(f) = 2\frac{S_{\delta N}(f)}{\pi^2 N_{\text{ph,M}}^2 q_L^2} \qquad (3.\text{A}.12)$$

需要评估列举在书中各种各样的噪声 $(\delta N)^2$。在喷泉钟中,主要的噪声为白频率噪声,因此两采样方差可表示为

$$\sigma_y^2(\tau) = \frac{1}{2}h_0\tau^{-1} \qquad (3.\text{A}.13)$$

式中:假设 $S_{\delta N}$ 与频率无关,h_0 为 S_y。

下面阐述喷泉钟中各种噪声。

3.A.1 散粒噪声

在探测过程中原子辐射荧光光子为自发辐射,是一个随机过程。每个原子发射的荧光光子数 n_{ph} 是随机的,而且随时间波动。这是一个统计过程,称为散粒噪声。探测到的光子数波动的频率谱密度为 $2N_{\text{at}}n_d$（QPAFS,1989）。然而,在第二个相互作用区后,当微波振荡器的频率调节到谱线线宽的半宽处时,原子处于叠加态,一半的原子发生跃迁,并产生噪声,则噪声的频谱密度 $S_{\delta N} = N_{\text{at}}n_d$。在谱线的最大值处,即微波振荡器的频率与原子共振处,所有原子发生跃迁并处于相同能级,则探测到的光子数为 $N_{\text{ph,M}} = N_{\text{at}}n_d$。

喷泉钟工作在脉冲模式下,原子被向上喷出而后自由落下,实际探测到的光子数是一个周期过程。如图 3.A.1 所示,T_c 为喷泉钟工作的周期,包括冷却、囚禁、发射、态制备、与微波源作用和探测过程。稳定度的分析仅仅在平均时间 $\tau > T_c$ 的时间域有效。每个周期被探测器探测到的平均原子数产生的光子数为 $N_{\text{at}}n_d/T_c$,在谱线最大值处是所有发生跃迁被探测到的原子数,表示为 $N_{\text{ph,M}} = N_{\text{at}}n_d/T_c$。将该式代入式(3.A.12),变为

$$S_y(f) = 2\frac{T_c}{\pi^2 N_{\text{at}}n_d Q_l^2} = h_0 \qquad (3.\text{A}.14)$$

为白频率噪声,则散粒噪声的两采样方差 $\sigma_y^2(\tau)$ 为

$$\sigma_{ySN}^2(\tau) = \frac{1}{\pi^2}\frac{1}{N_{\text{at}}n_d}\frac{1}{Q_l^2}\frac{T_c}{\tau} \qquad (3.\text{A}.15)$$

这个表达式在原子钟领域经常以各种方式被引用。

3.A.2 量子投影噪声

量子投影噪声起源于量子力学本身的概率机制。在喷泉钟中考虑微波源与原

子相互作用时,微波源的频率处于原子谱线线宽的半宽处,则原子处于叠加态。此处考虑处于叠加态的原子与微波源相互作用时的情况,假设原子的能级结构如图 3.A.2 所示,两个低能级为塞曼子能级 $|u_1\rangle$ 和 $|u_2\rangle$,能量分别为 E_1 和 E_2。接近原子振荡跃迁频率的电磁场与原子相互作用,它可能激发原子能级间的跃迁,由拉比频率 b 表示。原子态表示为

$$\Psi = c_1|u_1\rangle + c_2|u_2\rangle \tag{3.A.16}$$

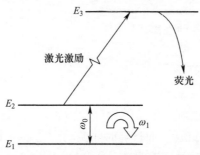

图 3.A.2　处于塞曼子能级的原子与辐射场相互作用发生跃迁的机制
(拉比频率 b 表示相互作用原子的跃迁概率)

激光可以用来探测证明原子处于两个基态能级中的哪一个。在喷泉钟中通过收集荧光得到。假设能级跃迁 $|u_2\rangle \rightarrow |u_3\rangle$ 为循环跃迁,则原子通过自发辐射跃迁回能级 E_2。当探测激光关闭时,可准确得到波函数的系数 c_1 和 c_2(QPAFS,1989)。假设原子态的初始状态,在 $t=0$ 时,$c_2=0$ 和 $c_1=1$,则

$$c_2 = -i\frac{2b}{\Omega}\sin\frac{\Omega}{2}t e^{-i(\Omega_0/2)t} \tag{3.A.17}$$

$$c_1 = \cos\frac{\Omega}{2}t - i\frac{\Omega_0}{\Omega}\sin\frac{\Omega}{2}t e^{i(\Omega_0/2)t} \tag{3.A.18}$$

其中

$$\Omega = [(\omega - \omega_0)^2 + b^2]^{1/2} \tag{3.A.19}$$

$$\Omega_0 = \omega - \omega_0 \tag{3.A.20}$$

则原子处于两个能级中的概率为

$$p_2 = |c_2|^2 = \left(\frac{\omega_1}{\Omega}\right)^2 \sin^2\frac{\Omega}{2}t \tag{3.A.21}$$

$$p_1 = |c_1|^2 = \cos^2\frac{\Omega}{2}t - \left(\frac{\Omega_0}{\Omega}\right)^2 \sin^2\frac{\Omega}{2}t \tag{3.A.22}$$

c_1 和 c_2 满足归一化关系,即

$$|c_1|^2 + |c_2|^2 = 1 \tag{3.A.23}$$

在原子跃迁中心频率处,即 $\omega = \omega_0$,有

$$p_2 = |c_2|^2 = \sin^2 \frac{1}{2}bt \tag{3.A.24}$$

则当 $bt = \pi$ 时,原子跃迁到能级 2 的概率为 1。也就是可以通过调节微波源与原子相互作用的时间 t 等于 b/π ,原子跃迁到能级 2 的概率为 1 或原子完全处在能级 2。在磁振荡中称为 π 脉冲。当 $bt = \pi/2$ 时, $p_1 = p_2 = 1/2$,原子处于两个能级的概率相同。假如原子通过 π 脉冲作用跃迁到能级 E_2 ,探测激光将会激发原子到能级 $|u_3\rangle$ 或 E_3 ,然后原子自发辐射跃迁到能级 2,同时发射光子,探测过程能够确定探测到该光子。在另一种情形下,使用 π/2 脉冲作用,激光与原子的作用后,探测过程则无法确定能否探测到原子发出的光子,探测到光子有一定的概率。实际上,当激光与原子相互作用时,原子的态矢量投影于两个能态中的一个,过程是随机的。这是无法避免的量子力学特征。这个过程也称为波函数坍塌。正如在所有随机过程中,原子数的波动通过被探测到的荧光光子数统计得到,为探测过程中的噪声。这个噪声称为量子投影噪声(Itano 等,1993),是式(3.A.12)噪声频谱密度的一部分。在书中主要分析了单原子的情况。这个过程也可以应用到不相关的多个原子 N_{at} 的情况,近似为单原子被激发了 N_{at} 次。

在喷泉钟中探测情况也非常相似。在谱线的最大值处,根据激发过程,原子处于两个能级中的一个,探测过程能够确定原子处于某一能级,因此没有波动。然而,为了能够为伺服锁定系统提供误差信号,探测 Ramsey 谱线半宽处,根据式(3.A.16),原子处于基态两个超精细能级之一的概率相同,则量子投影噪声最大。

考虑单原子的情形,并计算随机量子投影过程的方差。定义投影算符 $P_2 = |u_2\rangle\langle u_2|$,它的期望值可从式(3.A.16)得到, $\langle P_2 \rangle = |C_2|^2 = p_2$,为原子处于能级 $|u_2\rangle$ 的概率。投影算符的平方为

$$P_2^2 = (|u_2\rangle\langle u_2|)(|u_2\rangle\langle u_2|) = (|u_2\rangle\langle u_2|) = P_2 \tag{3.A.25}$$

在探测过程中,量子投影的方差为

$$(\Delta P_2)^2 = \langle (P_2 - \langle P_2 \rangle)^2 \rangle \tag{3.A.26}$$

$$(\Delta P_2)^2 = \langle P_2^2 - 2\langle P_2 \rangle P_2 + \langle P_2 \rangle^2 \rangle \tag{3.A.27}$$

由式(3.A.25)可得

$$(\Delta P_2)^2 = \langle P_2 \rangle - \langle P_2 \rangle^2 \tag{3.A.28}$$

或者表达为处于能级的概率,即

$$(\Delta P_2)^2 = p_2(1 - p_2) \tag{3.A.29}$$

由量子投影噪声导致发生跃迁的原子数的波动为

$$(\Delta N_{QN})^2 = N_{at} p_2(1 - p_2) \tag{3.A.30}$$

当原子全部处在能级 $|u_2\rangle$ 上、 $p_2 = 1$ 或者当原子全部处在能级 $|u_1\rangle$ 上、 $p_2 = 0$ 时,量子投影噪声为 0。当 $p_2 = 1/2$,量子投影波动为 $N_{at}/4$,这些为发生跃迁的原

子数的波动,则探测器探测的荧光光子数的波动为

$$\Delta N_{\mathrm{ph},QN}^2 = \frac{N_{\mathrm{at}} n_{\mathrm{d}}^2}{4} \tag{3.A.31}$$

采用分析散粒噪声时相同的方法,这些波动的噪声频谱密度影响喷泉钟的稳定度。平均周期性的波动得到

$$\sigma_{yQN}^2(\tau) = \frac{1}{4} \frac{1}{\pi^2} \frac{1}{N_{\mathrm{at}}} \frac{1}{Q_l^2} \frac{T_{\mathrm{c}}}{\tau} \tag{3.A.32}$$

附录 3.B 冷碰撞和散射长度

在 QPAFS 的第 1 卷中,分析了碱金属原子和氢原子自旋交换相互作用中的碰撞影响,这个分析基于两种方法,即半经典理论和量子力学理论。在量子力学理论中一个重要的概念是两个原子的碰撞可表示为有一定动能的虚拟颗粒的扩散,即

$$E = \frac{\hbar^2 k^2}{2\mu} \tag{3.B.1}$$

式中:k 为虚拟颗粒的波矢;μ 为虚拟颗粒的约化质量,则虚拟颗粒的动量 $p = \hbar k = \mu v$。

这个颗粒处于有效的势能中,表示为

$$V_{\mathrm{s,t}}^{\mathrm{eff}} = U_{\mathrm{s,t}}(R) + \frac{\hbar^2}{2\mu} \frac{l(l+1)\hbar^2}{R^2} \tag{3.B.2}$$

式中:μ 为两个碰撞颗粒的约化质量;R 为两个原子的距离;$U_{\mathrm{s,t}}$ 为组成单重态或三重态的两个颗粒的相互作用势能。

式(3.B.2)等号右边的第二项为离心势垒,由两个轨道角动量 l 的原子之间的相对运动产生,轨道角动量 l 为勒让德多项式 P_l 的阶,是导致分波的两个可能的单重态和三重态势能的薛定谔方程的解,由量子数 l 表示。两个原子的碰撞在波函数的径向部分产生一个相位偏移 η_l,这个相位偏移正比于势能差异 $U_{\mathrm{s}} - U_{\mathrm{t}}$。式(3.51)中的碰撞面积定义为在某一方向上单位面积的原子束流除以入射的束流,可表示为

$$\sigma = \frac{\pi}{k^2} \sum_l (2l+1) \sin^2 \eta_l \tag{3.B.3}$$

$$\lambda = \frac{\pi}{k^2} \sum_l (2l+1) \sin 2\eta_l \tag{3.B.4}$$

为了确定实际的碰撞面积,需要知道相位偏移 η_l。相位偏移随在碰撞过程中形成的单重态和三重态两种势能变化。然而,在喷泉钟中原子的温度比较低,因此碰撞过程仅仅有 S 波碰撞($l=0$)。在这种情况下,扩散长度定义为

$$a = \lim_{k \to 0} -\frac{\tan \eta_0(k)}{k} \tag{3.B.5}$$

式(3.51)可以写为

$$\frac{d}{dt}\rho_{\alpha\beta} = -(\Gamma + i\Delta\nu)\rho_{\alpha\beta} \tag{3.B.6}$$

式中：Γ 为振荡谱线的增宽；$\Delta\nu$ 为频率频移，与碰撞面积 σ 和 λ 有关。碰撞面积可由扩散长度表示。

假设原子分布于基态的所有子能级 j，则谱线的增宽和频率频移为

$$\Gamma = -\frac{4\pi\hbar}{m}\sum_j n_j(1+\delta_{\alpha j})(1+\delta_{\beta j})\text{Im}\{a_{\alpha j} + a_{\beta j}\} \tag{3.B.7}$$

$$\Delta\nu = -\frac{2\hbar}{m}\sum_j n_j(1+\delta_{\alpha j})(1+\delta_{\beta j})\text{Re}\{a_{\alpha j} - a_{\beta j}\} \tag{3.B.8}$$

式中：n_j 为处于能级 j 的原子密度。

主要问题为从势能得到扩散长度。由相关的计算得到，在温度 $1\mu K$ 和原子密度 $10^9/cm^3$ 情况下，铯原子的频率频移为 -17×10^{-13}，而铷原子的频率频移为 1.2×10^{-13}。则在碰撞频移方面，铷喷泉钟相比于铯喷泉钟有优势（Kokkelmans 等，1997）。

附录3.C 光抽运下极化激光辐射的光吸收

本附录主要考虑 CPT 被动方法实验中原子泡的光吸收谱线。图 3.C.1 显示相关的 ^{87}Rb 能级结构。在各种条件下的吸收谱线如图 3.C.2 所示。频谱是在两个光强和两个偏振情况下得到的，两个偏振情况为沿着磁场方向传播的线偏振光（标为 σ）和圆偏振光（标为 σ^+ 或 σ^-）。在图 3.C.2 中可以看到当光从线偏振变为圆偏振的过程中，吸收谱线有明显的变化。跃迁 a 的吸收在圆偏振情况下极大地减少。塞曼子能级间的跃迁概率无法解释这一现象。实际上，在不同的偏振下叠加所有能级间合适的跃迁得到总的跃迁概率相同。解释这个现象需要研究缓冲气体存在时的光抽运效应机制。如图 3.C.3 所示 σ^+ 偏振的情况。对于跃迁 a，能级 $F=2, m_F=1$、2 均不会被激发。对于跃迁 b，仅能级 $F=2, m_F=2$ 不会被激发。激发到 P 能级的原子由于与缓冲气体的碰撞等概率衰减到各个基态子能级，然后被囚禁在这些不会被激发的能级。这一现象为光抽运过程（Vanier 等，1982b）。激发态的衰减率 Γ^* 约为 $10^9 s^{-1}$，然而基态原子重新分布达到平衡的弛豫率 γ_1 约为 $10^3 s^{-1}$，因此大量的原子被囚禁在这些暗态能级，不再被激发。

这种情况对于源于能级 $F=1$ 的跃迁 c 和 d 则不同，如图 3.C.3 所示。对于跃

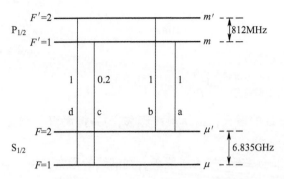

图 3.C.1　^{87}Rb 低能级 $P_{1/2}$ 和 $S_{1/2}$ 示意图(图中能级跃迁间的数字
为叠加所有塞曼子能级跃迁总的跃迁概率)

迁 c 仅能级 $F=1, m_F=1$ 可以作为囚禁能级。然而,在所有跃迁能级间,其他不发生跃迁的超精细能级都可以作为囚禁能级。这两种情况的不同之处是相关囚禁能级的数量。在 σ 偏振的情况下,其跃迁情况又彻底不同。如图 3.C.3 所示,所有塞曼子能级都可以发生跃迁,因此不存在囚禁能级。光抽运过程仅存在于不发生跃迁的超精细能级。

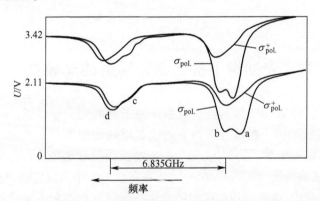

图 3.C.2　实验 ^{87}Rb 原子泡在线偏振 σ 和圆偏振 σ^+ 情况下的吸收谱线
(激光没有被调制。吸收谱线 a、b、c、d 相应于图 3.C.1 中的跃迁。吸收谱线在两种入射光强
$21\mu W(2.11\ V)$ 和 $34\mu W\ (3.42\ V)$ 下得到)

利用上面所提到的方法可分析这种现象。由于仅存在一个辐射场,则在基态间没有相干。通过数值积分求解式(3.111),可以计算出原子泡出口透过激光的强度(光学拉比频率幅值的平方)。光学相干的表达式可由式(2.66)~式(2.71)得到。在此计算中,由图 3.C.3 预估 σ^+ 偏振囚禁能级的数量以及 σ 偏振跃迁能级数量。此处罗列出这些跃迁概率的值。计算中使用的激光强度的值与图 3.C.2 中用到的值相同。理论计算结果如图 3.C.4 所示。

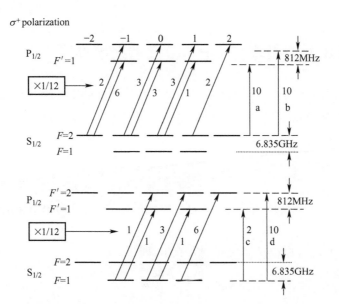

图 3.C.3 与光吸收相关的 ^{87}Rb 低能级的能级结构(箭头旁的数字为跃迁概率)

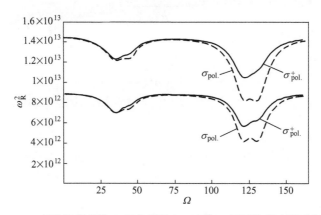

图 3.C.4 理论计算的 ^{87}Rb 吸收谱线(D_1)(^{87}Rb 原子泡充有缓冲气体,入射激光的强度与图 3.C.2 中的强度相近。理论计算的相关参数为 $\alpha = 2.1 \times 10^{11}/(m/s)$ 和 $\Gamma^* = 2 \times 10^9 s^{-1}$)

理论计算的结果与图 3.C.2 中实际测量的吸收谱线比较。基于光抽运的理论模型与实验结果至少在谱线线形上可以匹配。其实际效果是激光将原子从吸收能级抽运到不吸收能级,减少了原子的吸收并且影响叠加的吸收谱线的线型。当前的结果可以延伸应用至四能级的情况,即计算 CPT 超精细跃迁透过对比度的情况。

附录3.D 基本的CPT微波激射器原理

在微波激射器里,原子团的能量在腔壁和耦合环路中被耗尽。在自持系统中,为了连续振荡,要求原子发射的功率与原子在腔中耗散的功率相同。原子在腔中耗散的功率可表示为(Collin,1991)

$$P_{\text{cav}} = \frac{\mu_0 \omega}{2Q_L} \int_{V_c} |H(r)|^2 \mathrm{d}V \tag{3.D.1}$$

式中:Q_L为腔负载品质因数;μ_0为自由空间的磁导率;ω为腔中振荡磁场$H(r)$的角频率。

式(3.D.1)可以由拉比角频率b表示,即

$$P_{\text{diss}} = \frac{1}{2} \frac{N\hbar\omega}{k} \mu_0 \langle b \rangle^2_{\text{bulb}} \tag{3.D.2}$$

其中

$$k = \frac{NQ_L \eta' \mu_B^2 \mu_0}{\hbar V_{\text{bulb}}} \tag{3.D.3}$$

其中:η'为填充因子,且有

$$\eta' = \frac{V_{\text{bulb}} \langle H_z(r) \rangle^2_{\text{bulb}}}{V_c \langle H^2(r) \rangle_c} \tag{3.D.4}$$

经典的磁场通过麦克斯韦方程耦合到射频场。在腔中其关系为(QPFAS,1989)

$$\ddot{\boldsymbol{H}}(r,t) + \left(\frac{\omega_c}{Q_L}\right)\dot{\boldsymbol{H}}(r,t) + \omega_c^2 \boldsymbol{H}(r,t) = \boldsymbol{H}_c(r)\int_{V_c} \boldsymbol{H}_c(r) \cdot \ddot{\boldsymbol{M}}(r,t)\mathrm{d}v \tag{3.D.5}$$

式中:ω_c为腔振荡角频率;V_c为腔体积;$\boldsymbol{H}_c(r)$为正交腔场模;$\boldsymbol{M}(r,t)$为由原子相干产生的振荡磁子,可表示为

$$\langle M_z \rangle = \mathrm{tr}(\rho M_{\text{op}}) \tag{3.D.6}$$

式中:M_{op}为经典磁子的等效量子算符,可表示为

$$\langle M_z \rangle \mathrm{d}v = -\frac{1}{2} n \mu_B (\rho_{\mu'\mu} + \rho_{\mu\mu'}) \mathrm{d}v \tag{3.D.7}$$

式中:n为铷原子密度。

用复数表示H和M,有

$$\boldsymbol{H}(r,t) = [H^{+*}(r)\mathrm{e}^{-\mathrm{i}\omega t} + H^{+}(r)\mathrm{e}^{\mathrm{i}\omega t}]z \tag{3.D.8}$$

$$M(r,t) = [M^{+*}(r)\mathrm{e}^{-\mathrm{i}\omega t} + M^{+}(r)\mathrm{e}^{\mathrm{i}\omega t}]z \quad (3.\,\mathrm{D}.\,9)$$

式中：H^+ 和 M^+ 分别为磁场和磁子的复振幅。

将式(3.D.9)代入式(3.D.5)中，由旋转波近似保留振荡部分，可以得到

$$|H|\mathrm{e}^{-\mathrm{i}\phi} = \frac{-\mathrm{i}Q_\mathrm{L}}{1 + 2\mathrm{i}Q_\mathrm{L}\left(\dfrac{\Delta\omega_\mathrm{c}}{\omega}\right)} H_\mathrm{c}(r) \int_{V_\mathrm{c}} H_\mathrm{c}(r)\cdot\left(\dfrac{1}{2}\right)n\mu_\mathrm{B}(\delta_{24}^\mathrm{r} + \mathrm{i}\delta_{24}^\mathrm{i})\mathrm{d}v$$

$$(3.\,\mathrm{D}.\,10)$$

其中，非对角密度矩阵元素表示为复数形式。简单代数推导得到场的相位为

$$\phi = \frac{\pi}{2} + \arctan 2Q_\mathrm{L}\frac{\Delta\omega_\mathrm{c}}{\omega} - \arctan\frac{\delta_{24}^\mathrm{i}}{\delta_{24}^\mathrm{r}} \quad (3.\,\mathrm{D}.\,11)$$

则磁场和磁子间的相位正交，接近 $\pi/2$。

原子发射的功率可以由式(3.D.1)将 H 值用式(3.D.10)中的磁子表示，即

$$P_\mathrm{at} = \frac{1}{2}\frac{N\hbar\omega k}{[1 + 4Q_\mathrm{L}^2(\Delta\omega_\mathrm{c}/\omega_{\mu'\mu})^2]}|2\delta_{\mu'\mu}|^2 \quad (3.\,\mathrm{D}.\,12)$$

原子发射的功率弥补腔的损耗。使式(3.D.2)和式(3.D.12)相等，并且假设 $2Q_\mathrm{L}(\Delta\omega_\mathrm{c}/\omega) \ll 1$，可以得出相干 $\delta_{\mu'\mu}$ 的绝对值与整个原子团的平均拉比频率的关系为

$$\langle b \rangle = 2k|\delta_{\mu'\mu}| \quad (3.\,\mathrm{D}.\,13)$$

其中，式(3.D.11)~式(3.D.13)在前面已经提到(式(3.124)~式(3.126))。

参考文献

[1] Abgrall M.2003.*Evaluation des Performances de la Fontaine Atomique PHARAO.Participation à l'étude de l'horloge Spatiale PHARAO*.PhD Thesis of the Universite ParisⅥ, France.

[2] Affolderbach C., Andreeva C., Cartaleva S., Karaulanov T., Mileti G., and Slavov D.2005.Light shift suppression in laser optically-pumped vapour-cell atomic frequency standards.*Appl. Phys. B* **80**: 841.

[3] Affolderbach C., Droz F., and Mileti G.2006.Experimental demonstration of a compact and high-performance laser-pumped rubidium gas cell atomic frequency standard.*IEEE Trans.Instrum.Meas.* **55**: 429.

[4] Affolderbach C.and Mileti G.2003a.Development of new Rb clocks in observatoire de Neuchâtel.In *Proceedings of the Annual Precise Time and Time Interval Applications and Planning Meeting*, ION Publication, 489.

[5] Affolderbach C. and Mileti G. 2003b. A compact, frequency stabilized laser head for optical pumping in space Rb clocks. In *Proceedings of the Joint IEEE International Frequency Control Symposium/European Forum on Time and Frequency*, IEEE, 109.

[6] Affolderbach C., Mileti G., Andreeva C., Slavov D., Karaulanov T., and Cataleva S. 2003. Reducing light-shift effects in optically-pumped gas-cell atomic frequency standards. In *Proceedings of the Joint IEEE International Frequency Control Symposium/ European Forum on Time and Frequency*, IEEE, 27.

[7] Affolderbach C., Mileti G., Slavov D., Andreeva C., and Cartaleva S. 2004. Comparison of simple and compact "Doppler" and "Sub-Doppler" laser frequency stabilisation schemes. In *Proceedings of the European Forum on Time and Frequency*, ION Publication, 84.

[8] Alekseev E.I., Bazarov Y.N., and Telegin G.I. 1975. Light shift in a quantum frequency measure with pulse optical-pumping and optical detection in Ramsey pattern of 0-0 transition in atoms of Rb^{87}. *Radiotekhnika i elektronika* **20** (4): 777.

[9] Anderson N. 1961. Oscillations of a plasma in a static magnetic field. *Proc. Phys. Soc.* **77** (5): 971.

[10] Angstmann E.J., Dzuba V.A., and Flambaum V.V. 2006. Frequency shift of the cesium clock transition due to blackbody radiation. *Phys. Rev. Lett.* **97**: 040802.

[11] Arditi M. and Carver T.R. 1964. Atomic clock using microwave pulse-coherent techniques. *IEEE Trans. Instrum. Meas.* **IM-13**: 146.

[12] Arditi M. and Cerez P. 1972. Hyperfine structure separation of the ground state of 7Rb measured with an optically pumped atomic beam. *IEEE Trans. Instrum. Meas.* **IM-21**: 391.

[13] Arditi M. and Picqué J.-L. 1975. Precision measurements of light shifts induced by a narrow-band GaAs laser in the $0-0^{133}$Cs hyperfine transition. *J. Phys. B: At. Mol. Phys.* **8**: L331.

[14] Arditi M. and Picqué J.L. 1980. A cesium beam atomic clock using laser optical pumping. Preliminary tests. *J. Phys. Lett.* **41**: L379.

[15] Audoin C., Candelier V., and Dimarcq N. 1991. A limit to the frequency stability of passive frequency standards due to an intermodulation effect. *IEEE Trans. Instrum. Meas.* **40**: 121.

[16] Audoin C., Giordano V., Dimarcq N., Cerez P., Petit P., and Theobald G. 1994. Properties of an optically pumped cesium beam frequency standard with $\Phi = \pi$ between the two oscillatory fields. *IEEE Trans. Instrum. Meas.* **43** (4): 515.

[17] Audoin C., Santarelli G., Makdissi A., and Clairon A. 1998. Properties of an oscillator slaved to a periodically interrogated atomic resonator. *IEEE Trans. Ultrason. Ferroelectr. Freq. Control* **45**: 877.

[18] Avila G., Giordano V., Candelier V., de Clercq E., Theobald G., and Cerez P. 1987. State selection in a cesium beam by laser-diode optical pumping. *Phys. Rev. A* **36**: 3719.

[19] Bablewski I., Coffer J., Driskell T., and Camparo J. 2011. Progress in the development of a simple laser-pumped, vapor cell clock. In *Proceedings of the 43rd Annual Precise Time and Time Interval System and Applications Meeting*, ION Publication, 483.

[20] Bandi T., Affolderbach C., and Mileti G., 2012. Laser-pumped paraffin-coated cell rubidium frequency standard. *J. Appl. Phys.* **111**: 124906.

[21] Bandi T., Affolderbach Chr., Stefanucci C., Merli F., Skrivervik A., and Mileti G. 2014. Compact high-performance continuous-wave double-resonance Rubidium standard with 1.4 x 10^{-13}

$\tau^{-1/2}$ stability.*IEEE Trans. Ultrason. Ferroelectr. Freq. Control* **61**: 1769.

[22] Barrat J. P. and Cohen-Tannoudji C. 1961. Elargissement et déplacement des raies de résonance magnétique causés par une excitation optique.*J. Phys. Rad.* **22**: 443.

[23] Bauch A., Fischer B., Heindorff T., and Schröder R. 1998. Performance of the PTB reconstructed primary clock CS1 and an estimate of its current uncertainty.*Metrologia* **35**:829.

[24] Bauch A., Heindorff T., Schröder R., and Fischer B. 1996. The PTB primary clock CS3: type B evaluation of its standard uncertainty.*Metrologia* **33**: 249.

[25] Bauch A. and Schröder R. 1997. Experimental verification of the shift of the Cesium hyperfine transition frequency due to blackbody radiation.*Phys. Rev. Lett.* **78**: 622.

[26] Bauch A., Schröder R., and Weyers S. 2003. Discussion of the uncertainty budget and of long term comparison of PTB's primary frequency standards CSI, CS2 and CSF1. In *Proceedings of the Joint IEEE International Frequency Control Symposium/European Forum on Time and Frequency*, IEEE, 191.

[27] Becker W., Blatt R., and Werth G. 1981. Precise determination of 135Ba * and 137Ba * hyperfine htructure.*J. Phys Col. C8* (Suppl. 12): 339.

[28] Beloy K., Safronova U. I., and Derevianko A. 2006. High-accuracy calculation of the black-body radiation shift in the 133Cs primary frequency standard.*Phys. Rev. Lett.* **97**: 040801.

[29] Berthoud P., Fretel E., Joyet A., Dudle G., and Thomann P. 1998. Toward a primary frequency standard based on a continuous fountain of laser-cooled cesium atoms.*IEEE Trans. Instrum. Meas.* **48** (2): 516.

[30] Berthoud P., Joyet A., Thomann P., and Dudle G. 1998. A frequency standard based on a continuous beam of laser cooled atoms. In *Proceedings of the IEEE Confernce on Precision Electromagnetic Measurements*, IEEE, 128.

[31] Beverini N., Ortolano M., Costanzo G. A., De Marchi A., Maccioni E., Marsili P., Ruffini A., Periale F., and Barychev V. 2001. Cs cell atomic clock optically pumped by a diode laser.*Laser Phys.* **11**: 1110.

[32] Bhaskar N. D. 1995. Potential for improving the Rubidium frequency standard with a noveloptical pumping scheme using diode lasers.*IEEE Trans. Ultrason. Ferroelectr: Freq. Control* **42**: 15.

[33] BIPM. 2006. Brochure sur le SI: Le Système International d'Unités (8^{ieme} edition) Section 2.1. 1.3.

[34] BIPM. 2012. Bureau International des Poids et Mesures, Consultative Committee for Time and Frequency. In *Report of the 19th meeting to the International Committee for Weights and Measures* 101e session du CIPM - Annexe 8 203, September 13-14, 2012. http:// www.bipm.org/en/publications/mep.html.

[35] Bize S. 2001.*Tests fondamentaux a l'aide d'horloges a atomes froids de rubidium et de cesium*. PhD dissertation, Department of Physics, Universite Pierre et Marie Curie, Paris VI, France.

[36] Bize S., Laurent Phi, Abgrall M., Marion H., Maksimovic I., Cacciapuoti Li, Grünert J., Vian C., Pereira dos Santos F., and Rosenbusch P. 2004. Advances in atomic fountains.*C. R. Phys.*

5: 829.

[37] Bize S., Laurent Ph., Rosenbusch P., Guena J., Rovera D., Abgrall M., Santarelli G., Lemonde P., Chapelet F., Wolf P., Mandache C., Luiten A., Tobar M., Salomon Ch., and Clairon A.2009.Réalisation and diffusion of the second at LNE-SYRTE.*Revue Française de Métrologie* **n°18**.

[38] Bize S., Sortais Y., Mandache C., Clairon A., and Salomon C.2001.Cavity frequency pulling in cold atom fountains.*IEEE Trans.Instrum.Meas.***50** (2): 503.

[39] Blatt R.and Werth G.1982.Precision determination of the ground-state hyperfine splitting in ^{137}Ba$^+$ using the ion-storage technique.*Phys.Rev.A* **25**: 1476.

[40] Bollinger J.J., Heinzeb D.J., Itano W.M., Gilbert S.L., and Wineland D.J.1991.A 303-MHz frequency standard based on trapped Be$^+$ ions.*IEEE Trans.Instrum.Meas.***40**: 126.

[41] Bollinger J.J., Itano W.M., and Wineland D.J.1983a.Laser cooled Be$^+$ accurate clock.In *Proceedings of the Annual Symposium on Frequency Control*, IEEE, 37.

[42] Bollinger J.J., Prestage J.D., Itano W.M., and Wineland D.J.1985.Laser-cooled atomic frequency standard.*Phys.Rev.Lett.***54**: 1000.

[43] Bollinger J.J., Wineland D.J., Itano W.M., and Wells J.S.1983b.Precision measurements of laser cooled^{9}Be$^+$ ion.*Laser Spectroscopy VI*, H.P.Weber and W.Luthy Eds.(Springer-Verlag, Berlin, Germany) TN 132.

[44] Bouchiat M.A.1965.*Etude par Pompage Optique de la Relaxation d'atomes de Rubidium* (Publications scientifiques et techniques du Ministère de l'air, Paris, France).

[45] Boudot R., Liu X., Abbé P., Chutani R., Passily N., Galliou S., Gorecki C., and Giordado V. 2012.A high-performance frequency stability compact CPT clock based on a CXs-Ne microcell. *IEEE Trans.Ultrason.Ferroelectr.Freq.Control* **59**: 2584.

[46] Busca G., Brousseau R., and Vanier J.1975.Long-term frequency stability of the Rb^{87} maser. *IEEE Trans.Instrum.Meas.***IM-24**: 291.

[47] Camparo J.C.1996.Reducing the light-shift in the diode laser pumped rubidium atomic clock.In *Proceedings of the IEEE International Frequency Control Symposium*, IEEE, 988.

[48] Camparo J.C.1998a.Atomic stabilization of electromagnetic field strength using Rabi resonances. *Phys.Rev.Lett.***80**: 222.

[49] Camparo J.C.1998b.Conversion of laser phase noise to amplitude noise in an optically thick vapor..*J.Opt.Soc.Am.B* **15**: 1177.

[50] Camparo J. C. 2000. Report No. TR-96(8555)-2 25430. The Aerospace Corporation, El Segundo, CA.

[51] Camparo J.C.2005.Does the light shift drive frequency aging in the rubidium atomic clock? *IEEE Trans.Ultrason.Ferroelectr.Freq.Control* **52**: 1075.

[52] Camparo J.C.and Buell W.F.1997.Laser PM to AM conversion in atomic vapors and short term clock stability. In *Proceedings of the IEEE International Frequency Control Symposium*, IEEE, 253.

[53] Camparo J.C. and Coffer J.G. 1999. Conversion of laser phase noise to amplitude noise in a resonant atomic vapor: the role of laser linewidth.*Phys.Rev.A* **59**: 728.

[54] Camparo J.C., Coffer J.G., and Townsend J.J.2004. Reducing PM-to-AM conversion and the light-shift in laser-pumped, vapor-cell atomic clocks. In *Proceedings of the IEEE International Frequency Control Symposium*, IEEE, 134.

[55] Camparo J.C., Coffer J., and Townsend J.2005.Laser-pumped atomic clock exploiting pressure-broadened optical transitions.*J.Opt.Soc.Am.B* **22**: 521.

[56] Camparo J.C. and Delcamp S.B.1995.Optical-pumping with laser-induced-fluorescence.*Opt. Commun.* **120**: 257.

[57] Camparo J.C. and Frueholz R.P.1985. Linewidths of the 0-0 hyperfine transition in optically pumped alkali-metal vapors.*Phys.Rev.A* **31**: 144.

[58] Camparo J.C. and Frueholz R.P.1989.A three-dimensional model of the gas cell atomic frequency standard.*IEEE Trans.Ultrason.Ferroelectr.Freq.Control* **36**: 185.

[59] Camparo J.C., Frueholz R.P., and Volk C.H.1983.Inhomogeneous light shift in alkali-metal atoms.*Phys.Rev.A* **27**: 1914.

[60] Camparo J.C., Klimcak C.M., and Herbulock S.J.2005.Frequency equilibration in the vapor-cell atomic clock.*IEEE Trans.Instrum.Meas.***IM-54**: 1873.

[61] Castagna N., Guéna J., Plimmer M.D., and Thomann P. 2006. A novel simplified two-dimensional magneto-optical trap as an intense source of slow caesium atoms.*Eur. Phys. J. Appl. Phys.* **34**: 21.

[62] CCTF.2004.*Report of the 16th meeting to the International Committee for Weights and Measures.* Halford: Un.Laval Kramer.Digest of abstracts, not published.April 1-2, 2004.

[63] Cérez P., Théobald G., Giordano V., Dimarcq N., and de Labachelerie M.1991.Comparison of pumping a cesium beam tube with D1 and D2 lines.*IEEE Trans.Instrum.Meas.***40**: 137.

[64] Chantry P.J., Liberman I.I., Verbanets W.R., Petronio C.E., Cather R.F., and Partlow W.D. 1996.Miniature laser-pumped cesium cell atomic clock oscillator.In *Proceedings of the IEEE International Frequency Control Symposium*, IEEE, 1002.

[65] Chantry P.J., McAvoy B.R., Zomp J.M., and Liberman I.1992. Towards a miniature laser-pumped cesium cell frequency standard.In *Proceedings of the IEEE International Frequency Control Symposium* 114.

[66] Chapelet F.2008. *Fontaine Atomique Double de Cesium et de Rubidium avec une Exactitude de quelques 10-16 et Applications.*PhD dissertation, Department of Physics, Universite de Paris XI, France.

[67] Clairon A., Ghezali S., Santarelli G., Laurent P., Simon E., Lea S., Bouhara M., Weyers S., and Szymaniec K.1996.The LPTF *preliminary accuracy evaluation of cesium fountain frequency standard.*In *European Forum on Time and Frequency*, IEEE, 219.

[68] Clairon A., Laurent Ph., Santarelli G., Ghezali S., Lea S.N., and Baoura M.1995.A cesium fountain frequency standard: recent results.*IEEE Trans.Instrum.Meas.***44**: 128.

[69] Clairon A., Salomon Ch., Guelatti S., and Phillips W.D.1991.Ramsey resonances in a Zacharias fountain.*Europhys.Lett.***16**: 165.

[70] Coffer J.G., Anderson M., and Camparo J.C.2002.Collisional dephasing and the reduction of laser phase-noise to amplitude-noise conversion in a resonant atomic vapor. *Phys. Rev. A* **65**: 033807.

[71] Coffer J.G.and Camparo J.C.1998.Diode laser linewidth and phase noise to intensity noise conversion in the gas-cell atomic clock.In *Proceedings of the IEEE International Frequency Control Symposium*,IEEE, 52.

[72] Coffer J.G.and Camparo J.C.2000.Atomic stabilization of field intensity using Rabi resonances. *Phys.Rev.A* **62**: 013812.

[73] Coffer J.G., Sickmiller B., and Camparo J.C.2004.Cavity-Q aging observed via an atomic-candle signa.IEEE Trans.*Ultrason.Ferroelectr.Freq.Control* **51**: 139.

[74] Cohen-Tannoudji C., Dupont-Roc J., and Grynberg G.1988.*Processus d'nteraction Entre photons et Atomes* (InterEditions/Editions du CNRS, Paris, France).

[75] Collin R.E.1991.*Field Theory of Guided Waves 2nd edition* (IEEE, New York).

[76] Cozijn F.M.J., Biesheuvel J., Flores A.S., Ubachs W., Blume G., Wicht A., Paschke K., Erbert G., and Koelemeij J.C.J.2013.Laser cooling of beryllium ions using a frequency-doubled 626 nm diode laser.*Opt.Lett.***38** (13): 2370.

[77] Cyr N., Tetu M., and Breton M.1993.All-optical microwave frequency standard: a proposal. *IEEE Trans.Instrum.Meas.***IM-42**: 640.

[78] Danet J.-M., Lours M., Guérandel S., and de Clercq E.2014.Dick effect in a pulsed atomic clock using coherent population trapping.*IEEE Trans.Ultrason.Ferroelectr.Freq.Control* **61**: 567.

[79] Davidovits P.and Novick R.1966.The optically pumped rubidium maser.*Proc.IEEE* **54**: 155.

[80] de Clercq E., Clairon A., Dahmani B., Gérard A., and Aynié P.1989.Design of an optically pumped Cs laboratory frequency standard. In *Proceedings of the 4th Symposium on Frequency Standards and Metrology*, A.De Marchi Ed.(Springer-Verlag, Berlin, Germany) 120.

[81] Dehmelt H.G.1967.Radiofrequency spectroscopy of stored ions: I Storage.*Adv.At.Mol.Phys.* **3**: 53.

[82] De Marchi A., Lo Presti L., and Rovera G.D.1998.Square wave frequency modulation as a mean to reduce the effect of local oscillator instabilities in alkali vapor passive frequency standards.In *Proceedings of the IEEE International Frequency Control Symposium*, IEEE, 104.

[83] De Marchi A., Shirley J., Glaze D.J., and Drullinger R.1988.A new cavity configuration for cesium beam primary frequency standards.*IEEE Trans.Instrum.Meas.***37**: 185.

[84] Deng J.2000.Light shift compensation in a Rb gas cell frequency standard with two-laser-pumping.In *Proceedings of the IEEE International Frequency Control Symposium*, IEEE, 659.

[85] Deng J., Liu J., An S., Tan Y., and Zhu X.1994.Light shift measurements in a diode laser-pumped 87Rb maser.*IEEE Trans.Instrum.Meas.***IM-43**: 549.

[86] Deng J.Q., De Marchi A., Walls F., and Drullinger R.E.1998.Frequency stability of cell-based

passive frequency standards: reducing the effects of local-oscillator PM noise.In *Proceedings of the IEEE International Frequency Control Symposium*, IEEE, 95.

[87] Deng J.Q., Mileti G., Jennings D.A., Drullinger R.E., and Walls F.1997.Improving the short-term stability of laser pumped Rb clocks by reducing the effects of the interrogation oscillator.In *Proceedings of the IEEE International Frequency Control Symposium*, IEEE, 438.

[88] Devenoges L., Bernier L.G., Morel J., Di Domenico G., Jallageas A., Petersen M., and Thomann P.2013.Design and realization of a low phase gradient microwave cavity for a continuous atomic fountain clock.In *Proceedings of the Joint European Forum on Time and Frequency/IEEE International Frequency Control Symposium*, IEEE, 235.

[89] Devenoges L., Stefanov A., Joyet A., Thomann P., and Di Domenico G.2012.Improvement of the frequency stability below the dick limit with a continuous atomic fountain clock.IEEE Trans. Ultrason.*Ferroelectr.Freq.Control* **59**: 0885.

[90] Dick G.J.1987.Local oscillator induced instabilities in trapped ion frequency standards.In *Proceedings of the Annual Precise Time and Time Interval Applications and Planning Metting*, ION Publication, 133.

[91] Dicke R.H.1953.The effect of collisions upon the Doppler width of spectral lines.*Phys.Rev.* **89**: 472.

[92] Di Domenico G., Castagna N., Mileti G., Thomann P., Taichenachev A.V., and Yudin V.I. 2004.Laser collimation of a continuous beam of cold atoms using Zeeman-shift degenerate-Raman-sideband cooling.*Phys.Rev.A* **69**: 063403.

[93] Di Domenico G., Devenoges L., Dumas C., and Thomann P.2010.Combined quantum-state preparation and laser cooling of a continuous beam of cold atoms.*Phys.Rev.A* **82**: 053417.

[94] Di Domenico G., Devenoges L., Joyet A., Stefanov A., and Thomann P.2011a.Uncertainty evaluation of the continuous caesium fountain frequency standard FOCS−2.In *Proceedings of the European Forum on Time and Frequency* 51.

[95] Di Domenico G., Devenoges L., Stefanov A., Joyet A., and Thomann P.2011b.Fourier analysis of Ramsey fringes observed in a continuous atomic fountain for in situ magnetometry.*Eur.Phys.J. Appl.Phys.***56**: 11001.

[96] Dimarcq N., Giordano V., Cérez P., and Théobald G.1993.Analysis of the noise sources in an optically pumped cesium beam resonator.*IEEE Trans.Instrum.Meas.***IM−42**: 11.

[97] Dudle G., Joyet A., Berthoud P., Mileti G., and Thomann P.2001.First results with a cold cesium continuous fountain resonator.*IEEE Trans.Instrum.Meas.***50**: 510.

[98] Dudle G., Mileti G., Jolivet A., Fretel E., Berthoud P., and Thomann P.2000.An alternative cold caesium frequency standard: the continuous fountain.*IEEE Trans.Ultrason.Ferroelectr.Freq. Control* **47**: 438.

[99] English T.C., Jechart E., and Kwon T.M.1978.Elimination of the light shift in rubidium gas cell frequency standards using pulsed optical pumping.In *Proceedings of the Annual Precise Time and Time Interval Applications and Planning Meeting*, SAO/NASA ADS Physics, 147.

[100] Ertmer W., Blatt R., Hall J. L., and Zhu M. 1985. Laser manipulation of atomic beam velocities: demonstration of stopped atoms and velocity reversal.*Phys.Rev.Lett.***54**: 996.

[101] Esnault F.X., Blanshan E., Ivanov E.N., Scholten R.E., Kitching J., and Donley E.A.2013. Cold-atom double coherent population trapping clock.*Phys.Rev.***88**: 042120.

[102] Esnault F.X., Holleville D., Rossetto N., Guerandel S., and Dimarcq N.2010.High-stability compact clock based on isotropic laser cooling.*Phys.Rev.A* **82**: 033436−1.

[103] Esnault F.X., Rossetto N., Holleville D., Delporte J., and Dimarcq N.2011.Horace a compact cold atomic clock for Galileo.*Adv.Space Res.***47**: 854.

[104] Fertig C., Rees J. I., and Gibble K. 2001. A juggling Rb fountain clock and a direct measurement of population differences.In *Proceedings of the IEEE International Frequency Control Symposium*, IEEE, 18.

[105] Forman P. 1985. AtomichronO: The atomic clock from concept to commercial product.*Proc. IEEE* **73**: 1181.

[106] Füzesi F, Jornod A., Thomann P., Plimmer M., Dudle G., Moser R., Sache L., and Bleuler H.2007. An electrostatic glass actuator for ultra-high vacuum: a rotating light trap for continuous beams of laser-cooled atoms.*Rev.Sci.Instrum.***78**: 102109.

[107] Ghezali S., Laurent Ph., Lea S., and Clairon A.1996.An experimental study of the spin exchange frequency shift in a laser cooled caesium fountain.*Europhys.Lett.***36**: 25.

[108] Gibble K.and Chu S.1993.A laser cooled Cs frequency standard and a measurement of the frequency shift due to ultra-cold collisions.*Phys.Rev.Lett.***70**: 1771.

[109] Gibbs H.M.1965.*Total Spin-Exchange Cross Sections For Alkali Atoms From Optical Pumping Experiments*. PhD thesis, Lawrence Berkeley National Laboratory, University of California, Berkeley, CA.

[110] Godone A., Calonico D., Levi F., Micalizio S., and Calosso C.2005.Stark-shift measurement of the $^2S_{1/2}$, F = 3 → F = 4 hyperfine transition of ^{133}Cs.*Phys.Rev.A* **71**: 063401.

[111] Godone A., Levi F., and Micalizio S.2002a.*Coherent Population Trapping Maser* (CLUT, Torino, Italy).

[112] Godone A., Levi F., and Micalizio S.2002b.Propagation and density effects in the coherent-population-trapping maser.*Phys.Rev.A* **65**: 033802.

[113] Godone A., Levi F., Micalizio S., and Calosso C., 2004b.Coherent-population-trapping maser: noise spectrum and frequency stability.*Phys.Rev.A* **70**: 012508.

[114] Godone A., Levi F., Micalizio S., and Vanier J. 2000. Theory of the coherent population trapping maser: a strong-field self-consistent approach.*Phys.Rev.A* **62**: 053402.

[115] Godone A., Levi F., and Vanier J.1999.Coherent microwave emission in cesium under coherent population trapping.*Phys.Rev.A* **59**: R12.

[116] Godone A., Micalizio S., Calosso C., and Levi F.2006a.The pulsed rubidium clock.*IEEE Trans.Ultrason.Ferroelectr.Freq.Control* **53**: 525.

[117] Godone A., Micalizio S., and Levi F.2004a.Pulsed optically pumped frequency standard.*Phys.*

Rev.A **70**: 023409.

[118] Godone A., Micalizio S., Levi F., and Calosso C.2006b.Physics characterization and frequency stability of the pulsed rubidium maser.*Phys.Rev.A* **74**: 043401.

[119] Greenhall C.A.1998.A derivation of the long-term degradation of a pulsed atomic frequency standard from a control-loop model.*IEEE Trans.Ultrason.Ferroelectr.Freq.Control* **45**: 895.

[120] Guena J., Abgrall M., Clairon A., and Bize S.2014.Contributing to TAI with a secondary representation of the SI second.*Metrologia* **51**: 108.

[121] Guena J., Abgrall M., Rovera D., Laurent Ph., Chupin B., Lours M., Santarelli G., Rosenbusch P., Tobar M.E., Li R., Gibble K., Clairon A., and Bize S.2012.Progress in atomic foun- tains at LNE-SYRTE.*IEEE Trans.Ultrason.Ferroelectr; Freq.Control* **59** (3): 391.

[122] Guéna J., Li R., Gibble K., Bize S., and Clairon A.2011.Evaluation of Doppler shifts to improve the accuracy of primary atomic fountain clocks.*Phys.Rev.Lett.*106 (3): 130801.

[123] Guillemot C., Petit P., Forget S., Valentin C., and Dimarcq N.1998.A simple configuration of clock using cold atoms.In *Proceedings of the European Forum on Time and Frequency* 55.Hagimoto K., Koga Y., Ikegami T.2008.Re-evaluation of the optically pumped cesium fre- quency standard NRLM-4 with an H-Bend ring.*Cavity IEEE Trans.Instrum.Meas.*57 (10) 2212.

[124] Halford D.1971.*Proceedings of the Frequency Standards and Metrology Seminar*, 413 (unpublished), Laval University Quebec, Canada.

[125] Happer W.1972.Optical pumping.*Rev.Mod.Phys.***44**: 169.

[126] Hasegawa A., Fukuda K., Kajita M., Ito H., Kumagai M., Hosokawa M., Kotake N., and Morikawa T.2004.Accuracy evaluation of optically pumped primary frequency standard CRL-01.*Metrologia* **41**: 257.

[127] Hashimoto H., Ohtsu M., and Furuta H.1987.Ultra-sensitive frequency discrimination-in a diode laser pumped 87Rb atomic clock.In *Proceedings of the Annual Symposium on Frequency Control*, IEEE, 25.

[128] Hashimoto M.and Ohtsu M.1987.Experiments on a semiconductor laser pumped rubidium atomic clock.*IEEE J.Quantum Electronics* **23**: 446

[129] Hashimoto M.and Ohtsu M.1989.Modulation transfer and optical Stark effect in a rubidium atomic clock pumped by a semiconductor laser.*J.Opt.Soc.Am.B* **6**: 1777.

[130] Hashimoto M.and Ohtsu M.1990.A novel method to compensate for the effect of light shift in a rubidium atomic clock pumped by a semiconductor laser. *IEEE Trans. Instrum. Meas.* **IM-39**: 458.

[131] Heavner T.P., Donley E.A., Levi F., Costanzo G., Parker T.E., Shirley J.H., Ashby N., Barlow S., and Jefferts S.R.2014.First accuracy evaluation of NIST-F2.*Metrologia* **51**: 174.

[132] Heavner T.P., Parker T.E., Shirley J.H., Donley L., Jefferts S.R., Levi F., Calonico D., Calosso C., Costanzo G., and Mongino B.2011. Comparing room temperature and cryogenic cesium fountains.In *Proceedings of the Joint IEEE International Frequency Control Symposium/ European Forum on Time and Frequency*, IEEE, 1.

[133] Hemmer P.R., Ezekiel S., and Leiby C.C.Jr.1983.Stabilization of a microwave oscillator using a resonance Raman transition in a sodium beam.*Opt.Lett.***8**: 440.

[134] Hemmer P.R., Ontai G.P., and Ezekiel S.1986.Precision studies of stimulated resonance Raman interactions in an atomic beam.*J.Opt.Soc.Am.B* **3**: 219.

[135] Hemmer P.R., Ontai G.P, Rosenberg A., and Ezekiel S.1985.Performance of laser-induced resonance Raman clock. In *Proceedings of the Annual Symposium on Frequency Control*, IEEE, 88.

[136] Hemmer P.R., Shahriar M.S., Lamela-Rivera H., Smith S.P., Bernacki B.E., and Ezekiel S.1993.Semiconductor laser excitation of Ramsey fringes by using a Raman transition in a cesium atomic beam.*J.Opt.Soc.Am.B* **10**: 1326.

[137] Hemmer P.R., Shahriar M.S., Natoli V.D., and Ezekiel S.1989.AC Stark shifts in a two-zone Raman interaction.*J.Opt.Soc.Am.B* **6**: 1519.

[138] Huang X., Xia B., Zhong D., An S., Zhu X., and Mei G.2001.A microwave cavity with low temperature coefficient for passive rubidium frequency standards.In *Proceedings of the International Frequency Control Symposium*, IEEE, 105.

[139] Itano W.M., Bergquist J.C., Bollinger J.J., Gilligan J.M., Heinzen D.J., Moore F.L., Raizen M.G., and Wineland D.J.1993.Quantum projection noise: population fluctuations in two-level systems.*Phys.Rev.A* **47**: 3554.

[140] Itano W.M., Lewis L., and Wineland D.1982.Shift of 2S1/2 hyperfine splittings due to blackbody radiation.*Phys.Rev.A* **25**: 1233.

[141] Itano W.M.and Wineland D.J.1982.Laser cooling of ions stored in harmonic and Penning traps. *Phys.Rev.A* **25**: 35.

[142] Jau Y.Y., Miron E., Post A.B., Kuzma N.N., and Happer W.2004.Push-pull optical pumping of pure superposition states.*Phys.Rev.Lett.***93**: 160802.

[143] Jau Y.Y., Post A.B., Kuzma N.N., Braun A.M., Romalis M.V., and Happer W.2003.The physics of miniature atomic clocks: 0-0 versus "end" resonances.In *Proceedings of the Joint IEEE International Frequency Control Symposium/European Forum on Time and Frequency*, IEEE, 33.

[144] Jau Y.Y., Post A.B., Kuzma N.N., Braun A.M., Romalis M.V., and Happer W.2004. Intense, narrow atomic-clock resonances.*Phys.Rev.Lett.***92**: 110801.

[145] Jefferts S.R., Heavner T., Donley E., Shirley J., and Parker T.E.2003.Second generation cesium fountain primary frequency standards at NIST.In *Proceedings of the Joint IEEE International Frequency Control Symposium/European Forum on Time and Frequency*, IEEE, 1084.

[146] Jefferts S.R., Heavner T.P., Parker T.E., Shirley J.H., Donley E.A., Ashby N., Levi F., Calonico D., and Costanzo G.H.2014.High-accuracy measurement of the blackbody radiation frequency shift of the ground-state hyperfine transition in ^{133}Cs.*Phys.Rev.Lett.***112**: 050801.

[147] Jefferts S.R., Shirley J., Ashby N., Heavner T., Donley E., and Levi F.2005.On the power dependence of extraneous microwave fields in atomic frequency standards.In *Proceedings of the*

IEEE International Frequency Control Symposium, IEEE, 6.

[148] Joindot I.1982.Measurements of relative intensity noise (RIN) in semiconductor lasers.*J.Phys. III France* **2**: 1591.

[149] Joyet A.2003.*Aspects Metrologiques d'une Fontaine Continue a Atoms Froids*.PhD Thesis, Universite de Neuchâtel, Switzerland.

[150] Joyet A., Mileti G., Dudle G., and Thomann P.2001.Theoretical study of the Dick effect in a continuously operated Ramsey resonator.*IEEE Trans.Instrum.Meas.***50**: 150.

[151] Jun J.W., Lee H.S., Kwon T.Y., and Minogin V.G.2001.Light shift in an optically pumped caesium-beam frequency standard.*Metrologia* **38**: 221.

[152] Kargapoltsev S.V., Kitching J., Hollberg L., Taichenachev A.V., Velichansky V.L., and Yudin V.I.2004.High-contrast dark resonance in - o_optical field.*Laser Phys.Lett.***1**:495.

[153] Kasevich M.A., Riis E., and Chu S.1989.RF spectroscopy in an atomic fountain.*Phys.Rev.Lett.* **63**: 612.

[154] Kim J.H.and Cho D.2000.Stimulated Raman clock transition without a differential ac Stark shift. *J.Korean Phys.Soc.***37**: 744.

[155] Kitching J., Knappe S., Vukicecic N., Hollberg L., Wynands R., and Weidmann W.2000.A microwave frequency reference based on VCSEL-driven dark line resonances in Cs vapor.*IEEE Trans.Instrum.Meas.***49**: 1313.

[156] Kitching J., Robinson H.D., and Hollberg L.2001.Compact microwave frequency reference based on coherent population trapping. In *Proceedings of the 6th Symposium on Frequency Standards and Metrology*, P.Gill Ed.(World Scientific, London) 167.

[157] Knappe S., Schwindt P., Shah V., Hollberg L., Kitching J., Liew L., and Moreland J.2004. Microfabricated atomic frequency references.In *Proceedings of the IEEE International Ultrasonics, Ferroelectrics, and Frequency Control Joint 50th Anniversary Conference*, IEEE, 87.

[158] Kokkelmans S.J.J.M.F., Verhaar B.J., Gibble K., and Heinzen D.J.1997.Predictions for laser-cooled Rb clocks.*Phys.Rev.A* **56**: R4389.

[159] Kol'chenko A.P., Rautian S.G., and Sokolov skii R.I.1969.Interaction of an atom with a strong electromagnetic field with the recoil effect taken into consideration. Sov. *Phys. JETP* **28** (5): 986.

[160] Kozlova O., Danet J.-M., Guérandel S., and De Clercq E.2014.Limitations of long-term stability in a coherent population trapping Cs clock.*IEEE Trans.Instrum.Meas.***63**: 1863.

[161] Kramer G.1974.Noise in passive frequency standards.*IEEE Conference on Precision Electromagnetic Measurements* **113**: 157.

[162] Larson D.J., Bergquist J.C., Bollinger J.J., Itano W.M., and Wineland D.J.1986.Sympathetic cooling of trapped ions: a laser-cooled two-species nonneutral ion plasma. *Phys. Rev. Lett.* **57**: 70.

[163] Laurent Ph., Abgrall M., Jentsch Ch., Lemonde P., Santarelli G., Clairon A., Maksimovic J., Bize S., Salomon Ch., Blonde D., Vega J.F., Grosjean O., Picard F., Saccoccio M.,

Chaubet M., Ladiette N., Guillet L., Zenone I., Delaroche Ch., and Sirmain Ch.2006.Design of the cold atom PHARAO space clock and initial test results.*Appl.Phys.B* **84**: 683.

[164] Lee H.S., Kwon T.Y., Park S.E., and Choi S.K.2004.Research on cesium atomic clocks at the Korea Research Institute of Standards and Science.*J.Korean Phys.Soc.***45**: 256.

[165] Lee H.S., Park S.E., Kwon T.Y., Yang S.H., and Cho H.2001.Toward a cesium frequency standard based on a continuous slow atomic beam: preliminary results.*IEEE Trans.Instrum.Meas.***50**: 531.

[166] Lee T., Das T.P., and Sternheimer R.M.1975.Perturbation theory for the Stark effect in the hyperfine structure of alkali-metal atoms.*Phys.Rev.A* **11** (6) 1784.

[167] Legere R., and Gibble K.1998.Quantum scattering in a juggling atomic fountain.*Phys.Rev.Lett.* **81**: 5780.

[168] Lemonde P., Santarelli G., Laurent Ph., Pereira Dos Santos F., Clairon A., and Salomon C. 1998.The sensitivity function: a new tool for the evaluation of frequency shifts in atomic spectroscopy.In *Proceedings of the IEEE International Frequency Control Symposium*, IEEE, 110.

[169] Leo P.J., Julienne P.S., Mies F.H., and Williams C.J.2000.Collisional frequency shifts in 133Cs fountain clocks.*Phys.Rev.Lett.***86**: 3743.

[170] Levi F.1995.*Campione Atomicco di Frecquenza a Vapori di Rb con Pompagio Ottico Mediante Laser a Semicondittore*.Thesis, Politecnico di Torino, Turin, Italy.

[171] Levi F, Calonico D., Calosso C.E., Godone A., Micalizio S., Costanzo G.A., Mongino B., Jefferts S.R., Heavner T.P., and Donley E.A.2009.The cryogenic fountain ITCsF2.In *Proceedings of the Joint Meeting of the European Forum on Time and Frequency/IEEE International Frequency Control Symposium*, IEEE, 769.

[172] Levi F., Calosso C., Calonico D., Lorini L., Bertacco E.K., Godone A., and Costanzo G.A. 2014.Accuracy evaluation of ITCsF2; a nitrogen cooled caesium fountain.*Metrologia* **51**: 270.

[173] Levi F., Godone A., and Lorini L.2001.Reduction of the cold collisions frequency shift in a multiple velocity fountain: a new proposal. *IEEE Trans. Ultrason. Ferroelectr. Freq. Control* **48**: 847.

[174] Levi F., Godone A., Novero C., and Vanier J.1997.On the use of a modulated laser on hyperfine frequency excitation in passive atomic frequency standards.In *Proceedings of the European Forum on Time and Frequency* 216.

[175] Levi F., Godone A., and Vanier J.2000.The light shift effect in the coherent population trapping cesium maser.*IEEE Trans.Instrum.Meas.***47**: 466.

[176] Levi F., Godone A., Vanier J., Micalizio S., and Modugno G.2000.Line-shape of dark line and maser emission profile in CPT.*Eur.Phys.J.D* **12**: 53.

[177] Levi F, Lorini L., Calonico D., and Godone A.2004.IEN-CsF1 accuracy evaluation and two-way frequency comparison.*IEEE Trans.Ultrason.Ferroelectr.Freq.Control* **51**: 216.

[178] Levi F., Novero C., Godone A., and Brida G.1997.Analysis of the light shift effect in the 87Rb frequency standard.*IEEE Trans.Instrum.Meas.***46**: 126.

[179] Lewis L.L.and Feldman M.1981.Optical pumping by lasers in atomic frequency standards.In *Proceedings of the Annual Symposium on Frequency Control*, IEEE, 612.

[180] Li R.and Gibble K.2004.Phase variations in microwave cavities for atomic clocks.*Metrologia* **41**: 376.

[181] Li R.and Gibble K.2010.Evaluating and minimizing distributed cavity phase errors in atomic clocks.*Metrologia* **47** (5): 534.

[182] Li R., Gibble K., and Szymaniec K.2011.Improved accuracy of the NPL-CsF2 primary frequency standard: evaluation of distributed cavity phase and microwave lensing frequency shifts. *Metrologia* **48**: 283.

[183] Lindvall T., Merimaa M., Tittonen I., and Ikonen E.2001.All-optical atomic clock based on dark states of Rb.In *Proceedings of the 6th Symposium on Frequency Standards and Metrology*, P.Gill Ed.(World Scientific, London) 183.

[184] Liu X., Mérolla J.-M., Guérandel S., de Clercq E., and Boudot R. 2013b. Ramsey spectroscopy of high-contrast CPT resonances with push-pull optical pumping in Cs vapor.*Opt. Express* **21**: 12451.

[185] Liu X., Mérolla J.-M., Guérandel S., Gorecki C., de Clercq E., and Boudot R.2013a.Coherent- population-trapping resonances in buffer-gas-filled Cs-vapor cells with push-pull optical pumping.*Phys.Rev.A* **87**: 013416.

[186] Luiten A., Mann A.G., and Blair D.G.1994.Cryogenic sapphire microwave resonator oscillator with exceptional stability.*Electron.Lett.***30**: 417.

[187] Lutwak R., Raseed M., Varghese M., Tepolt G., LeBlanc J., Mescher M., Serkland D.K., Geib K.M., and Peake G.M.2009.The chip scale atomic clock.In *Proceedings of the 7 Symposium Frequency Standards and Metrology*, ed.L.Maleki, 454, World Scientific, Singapore.

[188] Makdissi A., Berthet J.P., and de Clercq E.1997.Improvement of the short term stability of the LPTF cesium beam frequency standard.In *Proceedings of the European Forum on Time and Frequency* 564.

[189] Makdissi A., Berthet J.P., and de Clercq E.2000.Phase and light shift determination in an optically pumped cesium beam frequency standard.*IEEE Trans.Ultrason.Ferroelectr.Freq.Control.* **47**: 461.

[190] Makdissi A.and de Clercq E.2001.Evaluation of the accuracy of the optically pumped caesium beam primary frequency standard of BNM-LPTF.*Metrologia* **38**: 409.

[191] Mandache C.2006.*Rapport de stage* (Mairie de Paris, Paris, France) (unpublished).

[192] Marion H.2005.*Contrôle des Collisions Froides du Césium, Tests de la Variation de la Constante de Structure Fine à l'aide d'une Fontaine Atomique Double Rubidium-Césium*. Thèse, de l'Université Paris VI, SYRTE.

[193] Mathur B.S., Tang H., and Happer W.1968.Light shifts in the alkali atoms.*Phys.Rev.***171**:11.

[194] Matsuda J., Yamaguchi S., and Suzuki M.1990.Measurement of the characteristics of the optical-microwave double-resonance effect of the ^{87}Rb D_1 line for application as an atomic

frequency standard.*IEEE .J.Quantum Electron.***26**: 9.

[195] McGuyer B.H., Jau Y.Y., and Happer W.2009.Simple method of light-shift suppression in optical pumping systems.*Appl.Phys.Lett.***94**: 251110.

[196] Meekhof D.M., Jefferts S.R., Stepanovic M., and Parker T.E.2001.Accuracy evaluation of a cesium fountain primary frequency standard at NIST.*IEEE Trans.Instrum.Meas.***50** (2): 507.

[197] Merimaa M., Lindvall T., Tittonen I., and Ikonen E.2003.All-optical atomic clock based on coherent population trapping in^{85}Rb.*J.Opt.Soc.Am.B* **20**: 273.

[198] Micalizio S., Calosso C.E., Godone A., and Levi F.2012b.Metrological characterization of the pulsed Rb clock with optical detection.*Metrologia* **49**: 1.

[199] Micalizio S., Calosso C.E., Godone A., and Levi F.2012c.Cell-related effects in the pulsed optically pumped frequency standard.In *Proceedings of the European Forum on Time and Frequency* 74.

[200] Micalizio S., Godone A., Calonico D., Levi F., and Lorini L.2004.Black-body radiation shift of the^{133}Cs hyperfine transition frequency.*Phys.Rev.A* **69** (5): 053401.

[201] Micalizio S., Godone A., Calosso C.E., Levi F., Affolderbach C., and Gruet F.2012a.Pulsed optically pumped Rubidium clock with high frequency-stability performance.*IEEE Trans.Ultrason.Ferroelectr.Freq.Control* **59**: 457.

[202] Micalizio S., Godone A., Levi F., and Calosso C.E.2009.Pulsed optically pumped^{87}Rb vapor cell frequency standard: a multilevel approach.*Phys.Rev.A* **79**: 013403.

[203] Micalizio S., Godone A., Levi F., and Vanier J.2006.Spin-exchange frequency shift in alkali-metal-vapor cell frequency standards.*Phys.Rev.A* **73**: 033414.

[204] Michaud A., Tremblay P., and Têtu M.1990.Experimental study of the laser diode pumped rubidium maser.In *IEEE CPEM Digest on Precision Electromagnetic Measurements*, IEEE, 155.

[205] Michaud A., Tremblay P., and Têtu M.1991.Experimental study of the laser diode pumped rubidium maser.*IEEE Trans.Instrum.Meas.***40**: 170.

[206] Mileti G.1995.*Etude du Pompage Optique par Laser et par Lampe Spectrale dans les Horloges a Vapeur de Rubidium*.Thesis, Université de Neuchâtel, Switzerland.

[207] Mileti G., Deng J.Q., Walls F., Jennings D.A., and Drullinger R.E.1998.Laser-pumped rubidium requency standards: new analysis and progress.*IEEE J.Quantum Electron.***34**: 233.

[208] Mileti G., Deng J.Q., Walls F., Low J.P., and Drullinger R.E.1996.Recent progress in laser-pumped rubidium gas-cell frequency standards.In *Proceedings of the IEEE International Frequency Control Symposium*, IEEE, 1066.

[209] Mileti G., Rüedi I., and Sch weda M.1992.Line inhomogeneity effects and power shift in miniaturized Rubidium frequency standard.In *Proceedings of the European Forum on Time and Frequency*, IEEE, 515.

[210] Mileti G.and Thomann P.1995.Study of the S/N performance of passive atomic clocks using a laser pumped vapour. In *Proceedings of the European Forum on Time and Frequency*, *Neuchâtel*, Switzerland, 271.

[211] Millo J., Abgrall M., Lours M., English E.M.L., Jiang H., Guéna J., Clairon A., Tobar M. E., Bize S., Le Coq Y, and Santarelli G.2009.Ultralow noise microwave generation with fiber-based optical frequency comb and application to atomic fountain clock. *Appl. Phys. Lett.* **94**: 141105.

[212] Missout G.and Vanier J.1975.Pressure and temperature coefficients of the more commonly used buffer gases in Rubidium vapor frequency standards.*IEEE Trans.Instrum.Meas.* **IM-24**: 180.

[213] Mowat J. R. 1972. Stark effect in alkali-metal ground-state hyperfine structure. *Phys. Rev. A* **5**: 1059.

[214] Müller S.T.2010.*Padrão de Frequencia Compacto.*Thesis, Instituto de Fisico Sao Carlos, Brazil.

[215] Müller S.T., Magalhães D.V., Alves R.F., and Bagnato V.S.2011.Compact frequency standard based on an intra-cavity sample cold cesium stoms.*J.Opt.Soc.Am.B* **28** (11): 2592.

[216] Mungall A.G.1983.Comment on Observation of Ramsey fringes using a stimulated, resonance Raman transition in sodium atomic beam.*Phys.Rev.Lett.* **50**: 548.

[217] Ohtsu M., Hashimoto M., and Hidetaka O.1985.A highly stabilized semiconductor laser and its application to optically pumped Rb atomic clock.In *Proceedings of the Annual Symposium on Frequency Control*, IEEE, 43.

[218] Ohuchi Y., Suga H., Fujita M., Suzuki T., Uchino M., Takahei K., Tsuda M., and Saburi Y. 2000.A high-stability laser-pumped Cs gas-cell frequency standard.In *Proceedings of the IEEE International Frequency Control Symposium*, IEEE, 651.

[219] Orriols G.1979.Nonabsorption resonances by nonlinear coherent effects in a three-level system.*Il Nuovo Cimento B* **53**: 1.

[220] Ortolano F., Beverini N., and De Marchi A.2000.A dynamic analy sis of the LO noise transfer mechanism in a Rb-cell frequency standard. *IEEE Trans. Ultrason. Ferroelectr. Freq. Control* **47**: 471.

[221] Park S.J., Manson P.J., Wouters M.J., Warrington R.B., Lawn M.A., and Fisk P.T.H. 2007.^{171}Yb$^+$ microwave frequency standard.In *Proceedings of the European Forum on Time and Frequency* 613.

[222] Pereira dos Santos F., Marion H., Abgrall M., Zhang S., Sortais Y., Bize S., Maksimovic L., Calonico D., Grunert J., Mandache C., Vian C., Rosenbuch P., Lemonde P., Santarelli G., Laurent P., Clairon A., and Salomon C.2003.^{87}Rb and^{133}Cs laser cooled clocks: testing the stability of fundamental constants.In *Proceedings of the Joint Meeting of the European Forum on Time and Frequency/IEEE International Frequency Control Symposium*, IEEE, 55.

[223] Phillips W.D. and Metcalf H.J.1982. Laser deceleration of an atomic beam. *Phys. Rev. Lett.* **48**: 596.

[224] Picqué J.L.1974.Hyperfine optical pumping of cesium with a CW GaAs laser.*IEEE J.Quant.Electron.* **10** (12): 892.

[225] Prestage J.D., Chung S., Le T., Lim L., and Maleki L.2005.Liter sized ion clock with 10^{-15} stability.In *Proceedings of the Joint IEEE International Frequency Symposium and Precise Time*

and *Time Interval Systems and Applications Meeting*, IEEE, 472.

[226] QPAFS, Vanier J., and Audoin C.1989.*The Quantum Physics of Atomic Frequency Standards*, Vols.1 and 2 (Adam Hilger, Bristol).

[227] Ramsey N.F.1956.*Molecular beams* (Oxford at the Clarendon Press, Oxford).

[228] Risley A.and Busca G.1978.Effect of line inhomogeneity on the frequency of passive Rb^{87} frequency standards.In *Proceedings of the Annual Symposium on Frequency Control*, IEEE, 506.

[229] Risley A., Jarvis S., and Vanier J.1980.The dependence of frequency upon microwave power of wall-coated and buffer-gas-filled gas cell Rb^{87} frequency standards.*J.Appl.Phys.*51: 4571.

[230] Robinson H.and Johnson C.1982. Narrow^{87} Rb hyperfine-structure resonances in an evacuated wall-coated cell.*Appl.Phys.Lett.*40: 771.

[231] Rosenbusch P., Zhang S., and Clairon A.2007.Blackbody radiation shift in primary frequency standards.In *Proceedings of the Joint IEEE International Frequency Control Symposium/ European Forum on Time and Frequency*, IEEE, 1060.

[232] Ruffieux R., Berthoud P., Haldimann M., Lecomte S., Hermann V., Gazard M., Barilet R., Guérandel E., De Clercq E., and Audoin C.2009.Optically pumped space cesium clock for galileo: results of the breadboard.In *Proceedings of the 7th Symphosium Frequency Standards and Metrology*, Ed.L.Maleki (World Scientific: Singapore) 184.

[233] Saburi Y., Koga Y., Kinugawa S., Imamura T., Suga H., and Ohuchi Y.1994.Short-term stability of laser-pumped rubidium gas cell frequency standard.*IEEE Electron.Lett.*30: 633.

[234] Sagna N., Mandache C., and Thomann P.1992.Noise measurement in single-mode GaAl As diode lasers.In *Proceedings of the European Forum on Time and Frequency* 521.

[235] Santarelli G., Audoin C., Makdissi A., Laurent P., Dick G.J., and Clairon C.1998.Frequency stability degradation of an oscillator slaved to a periodically interrogated atomic resonator.*IEEE Trans.Ultrason.Ferroelectr.Freq.Control* **45**: 887.

[236] Santarelli G., Governatori G., Chambon D., Lours M., Rosenbusch P., Guena J., Chapelet F., Bize S., Tobar M., Laurent Phi, Potier T., and Clairon A.2009.Switching atomic fountain clock microwave interrogation signal and high-resolution phase measurements.*IEEE Trans. Ultrason.Ferroelectr.Freq.Control* **56** (7): 1319.

[237] Santarelli G., Laurent Ph., Lemonde P., Clairon A., Mann A.G., Chang S., Luiten A.N., and Salomon C.1999.Quantum projection noise in an atomic fountain: A high stability cesium frequency standard.*Phys.Rev.Lett.*82: 4619.

[238] Sarosy E.B., Johnson W.A., Karuza S.K., and Voit F.J.1992.Measuring frequency changes due to microwave power variations as a function of C-field setting in a rubidium frequency standard. In *Proceedings of the Annual Precise Time and Time Interval Applications and Planning Meeting*, ION Publication, 229.

[239] Sch windt P.D.D., Olsson R., Wojciechowski K., Serkland D., Statom T., Partner H., Biedermann G., Fang L., Casias A., and Manginell R.2009.Micro ion frequency standard.In *Proceedings of the Annual Precise Time and Time Interval Applications and Planning Meeting*, ION

Publication, 509.

[240] Shah V., Gerginov V., Schwindt P.D.D., Knappe S., Hollberg L., and Kitching J.2006.Continuous light-shift correction in modulated coherent population trapping clocks.*Appl. Phys. Lett.* **89**: 151124.

[241] Shahriar M.S.and Hemmer P.R.1990.Direct excitation of microwave-spin dressed state using a laser-excited resonance Raman interaction.*Phys.Rev.Lett.***65**: 1865.

[242] Shahriar M.S., Hemmer P.R., Kalz D.P., Lee A., and Prentiss M.G.1997.Dark-state-based three-element vector model for the stimulated Raman interaction.*Phys.Rev.A* **55**: 2272.

[243] Shirley J.H., Lee W.D., and Drullinger R.E.2001. Accuracy evaluation of the primary frequency standard NIST-7.*Metrologia* **38**: 427.

[244] Simon E., Laurent Ph., and Clairon A.1998.Measurement of the Stark shift of the Cs hyperfine splitting in an atomic fountain.*Phys.Rev.A* **57**: 436.

[245] Singh G., DiLavore P., and Alley C.D.1971.GaAs-laser-induced population inversion in the ground-state hyperfine levels of Cs133.*IEEE J.Quantum Elect.***QE7**: 196.

[246] Sortais Y.2001.*Construction d'une Fontaine Double à Atomes Froids de*^{87}*Rbet*^{133}*Cs*; *étude des Effets Dépendant du nombre d'atomes dans une Fontaine*. PhD Thesis, Université ParisVI, France.

[247] Steane A.1997.The ion trap quantum information processor.*Appl.Phys.B* **64**: 623.

[248] Szekely C., Walls F., Lowe J.P., Drullinger R.E., and Novick A.1994.Reducing local oscillator phase noise limitations on the frequency stability of passive frequency standards: tests of a new concept.IEEE Trans.Ultrason.*Ferroelectr. Freq. Control* **41**: 518.

[249] Szymaniec K., Chalupczak W., Tiesinga E., Williams C.J., Weyers S., and Wynands R.2007. Cancellation of the collisional frequency shift in caesium fountain clocks. *Phys. Rev. Lett.* **98**: 153002.

[250] Szymaniec K., Chalupczak W., Whibberley P.B., Lea S.N., and Henderson D.2005. Evaluation of the primary frequency standard NPL-CsF1.*Metrologia* **42**: 49.

[251] Szymaniec K., Lea S.N., and Liu K.2014.An evaluation of the frequency shift caused by collisions with background gas in the primary frequency standard NPL-CsF2.*IEEE Trans.Ultrason. Feroelectr.Freq.Control* **61** (1): 203.

[252] Taghavi-Larigani S., Burt E.A., Lea S.N., Prestage J.D., and Tjoelker R.L.2009. A new trapped ion clock based on^{201}Hg$^+$.In *Proceedings of the IEEE International Frequency Control Symposium*, IEEE, 774.

[253] Taichenachev A.V., Tumaikin A.M., Yudin V.I., Stähler M., Wynands R., Kitching J., and Hollberg L.2004.Nonlinear-resonance line shapes: dependence on the transverse intensity distribution of a light beam.*Phys.Rev.A* **69**: 024501.

[254] Taichenachev A.V., Yudin V.I., Velichansky V.L., Kargapoltsev S.V., Wynands R., Kitching J., and Hollberg L.2004.High-contrast dark resonances on the D$_1$ line of alkali metals in the field of counterpropagating waves.*JEPT Lett.***80**: 236.

323

[255] Têtu M., Busca G., and Vanier J.1973.Short-term frequency stability of the Rb87 maser.*IEEE Trans.Instrum.Meas.***22**: 250.

[256] Thomas J.E., Hemmer P.R., Ezekiel S., Leiby J.C.C., Picard H., and Willis R.1982.Observation of Ramsey fringes using a stimulated, resonance Raman transition in a sodium atomic beam.*Phys.Rev.Lett.***48**: 867.

[257] Tiesinga E., Verhaar B.J., Stoof H.T.C., and van Bragt D.1992.Spin-exchange frequency shift in a caesium atomic fountain.*Phys.Rev.A* **45**: R2671.

[258] Tsuchida H.and Tako T.1983.Relation between frequency and intensity stabilities in AlGaAs semiconductor lasers.*Jpn.J.Appl.Phys.***22**: 1152.

[259] Vanier J.1968.Relaxation in rubidium-87 and the rubidium maser.*Phys.Rev.***168**: 129.

[260] Vanier J.1969.Optical pumping as a relaxation process.*Can.J.Phys.***47**: 1461.

[261] Vanier J.2002.Coherent population trapping for the realization of a small, stable, atomic clock.In *Proceedings of the IEEE International Frequency Control Symposium*, IEEE, 424.

[262] Vanier J.2005. Atomic clocks based on coherent population trapping: a review.*Appl. Phys. B* **81**: 421.

[263] Vanier J.and Audoin C.1989.*The Quantum Physics of Atomic Frequency Standards* (Adam Hilger, Bristol).

[264] Vanier J.and Audoin C.2005.The classical caesium beam frequency standard: fifty years later. *Metrologia* **42** (3): S31.

[265] Vanier J.and Bernier L.G.1981.On the signal-to-noise ratio and short-term stability of passive rubidium frequency standards.*IEEE Trans.Instrum.Meas.***IM-30**: 277.

[266] Vanier J., Godone A., and Levi F.1998.Coherent population trapping in a cesium: dark lines and coherent microwave emission.*Phys.Rev.A* **58**: 234.

[267] Vanier J., Godone A., and Levi F.1999.Coherent microwave emission in coherent population trapping: origin of the energy and of the quadratic light shift.In *Proceedings of the Joint Meeting of the European Forum on Time and Frequency/IEEE International Frequency Control Symposium*, IEEE, 96.

[268] Vanier J., Kunski R., Brisson A., and Paulin P.1981.Progress and prospects in rubidium frequency standards.*J.Phys.Coll.***42** (C8), Suppl.12: 139.

[269] Vanier J., Kunski R., Cyr N., Savard J.Y., and Têtu M.1982a.On hyperfine frequency shifts caused by buffer gases: application to the optically pumped passive rubidium frequency standard.*J.Appl.Phys.***53**: 5387.

[270] Vanier J., Kunski R., Paulin P., Têtu M., and Cyr N.1982b.On the light shift in optical pumping of rubidium 87: the techniques of "separated" and "integrated" hyperfine filtering.*Can. J.Phys.***60**: 1396.

[271] Vanier J., Levine M., Janssen D., and Delaney M.2001.Coherent population trapping and intensity optical pumping: on their use in atomic frequency standards.In *Proceedings of the 6th Symposium on Frequency Standards and Metrology*, P.Gil Ed.(World Scientific, London) 155.

[272] Vanier J., Levine M., Janssen D., and Delaney M. 2003a. Contrast and linewidth of the coherent population trapping transmission hyperfine resonance line in ^{87}Rb: effect of optical pumping.*Phys Rev.A* **67**: 065801.

[273] Vanier J., Levine M., Janssen D., and Delaney M.2003b.On the use of intensity optical pumping and coherent population trapping techniques in the implementation of atomic frequency standards.*IEEE Trans.Instrum.Meas.***52**: 822.

[274] Vanier J., Levine M., Kendig S., Janssen D., Everson C., and Delaney M.2004.Practical realization of a passive coherent population trapping frequency standard. In *Proceedings of the IEEE International Ultrasonics, Ferroelectrics, and Frequency Control Joint 50th Anniversary Conference*, IEEE, 92.

[275] Vanier J., Levine M., Kendig S., Janssen D., Everson C., and Delaney M.2005.Practical realization of a passive coherent population trapping frequency standard.*IEEE Trans. Instrum. Meas.***54** (6): 2531.

[276] Vanier J., Simard J.F., and Boulanger J.S.1974.Relaxation and frequency shifts in the ground state of Rb^{85}.*Phys.Rev.A* **9**: 1031.

[277] Vanier J. and Strumia F. 1976. Theory of the optically pumped cesium maser. *Can. J. Phys.* **54**: 2355.

[278] Vanier J., Têtu M., and Bernier L.G.1979.Transfer of frequency stability from an atomic frequency reference to a quartz-crystal oscillator.*IEEE Trans.Instrum.Meas.***28**: 188.

[279] Vian C., Rosenbusch P., Marion H., Bize S., Cacciapuoti L., Zhang S., Abgrall M., Chambon D., Maksimovic I., Laurent Ph., Santarelli G., Clairon A., Luiten A., Tobar M., and Salomon C. 2005. BNM-SYRTE fountains: recent results. *IEEE Trans. Instrum. Meas.* **54** (2): 833.

[280] Warrington R.B., Fisk P.T.H., Wouters M.J., and Lawn M.A.2002.A microwave frequency standard based on laser-cooled^{171}Yb$^+$ ions. In *Proceedings of the 6th Symposium Frequency Standards and Metrology*, P.Gil Ed.(World Scientific, London) 297.

[281] Weyers R.S.S.and Wynands R.2006.Effects of microwave leakage in caesium clocks: theoretical and experimental results.In *Proceedings of the European Forum on Time and Frequency* 173.

[282] Weyers S., Gerginov V., Nemitz N., Li R., and Gibble K.2012.Distributed cavity phase frequency shifts of the caesium fountain PTB-CSF2.*Metrologia* **49**: 82.

[283] Weyers S., Lipphardt B., and Schnatz H.2009.Reaching the quantum limit in a fountain clock using a microwave oscillator phase locked to an ultra stable laser.*Phys.Rev.A* **79**: 031803(R).

[284] Wineland D.J.and Itano W.M.1981.Spectroscopy of a single Mg$^+$ ion.*Phys.Lett.A* **82**: 75.

[285] Wolf P., Bize S., Clairon A., Landragin A., Laurent Ph., Lemonde P., and Borde Ch.J.2001. Recoil effects in microwave atomic frequency standards: an update. In *Proceedings of the 6th Symposium on Frequency Standards and Metrology*, P.Gil Ed.(World Scientific, London) 593.

[286] Wynands R.and Weyers S.2005.Atomic fountain clocks.*Metrologia* **42**: S64.

[287] Xiao Y., Novikova I., Phillips D.F., and Walsworth R.L.2006.Diffusion-induced Ramsey nar-

rowing.*Phys.Rev.Lett.***96**: 043601.

[288] Yamagushi S., Mat suda I., and Suzuki M.1992.Dependence of the frequency shift of the optical-microwave double resonance signal in the Cs Dz line on the pumping frequency and power of a GaAs semiconductor laser.*IEEE J.Quantum Electron.***28**: 2551.

[289] Zanon T., Guerandel S., de Clercq E., Dimarcq N., and Clairon A.2003.Coherent population trapping with cold atoms.In *Proceedings of the Joint IEEE International Frequency Control Symposium/European Forum on Time and Frequency*, IEEE, 49.

[290] Zanon T., Guerandel S., de Clercq E., Holleville D., Dimarcq N., and Clairon A.2005a.High contrast Ramsey fringes with coherent-population-trapping pulses in a double lambda atomic system.*Phys.Rev.Lett.***94**: 193002-1.

[291] Zanon T., Tremine S., Guerandel S., de Clercq E., Holleville D., Dimarcq N., and Clairon A.2005b.Observation of Raman-Ramsey fringes with optical CPT pulses.*IEEE Trans.Instrum.Meas.***54**: 776.

[292] Zhang J.W., Wang S.G., Miao K., Wang Z.B., and Wang L.J.2014.Toward a transportable micro-wave frequency standard based on laser cooled[113] Cd^+ ions. *Appl. Phys. B* **114** (1-2): 183.

[293] Zhang J.W., Wang Z.B., Wang S.G., Miao K., Wang B., and Wang L.J.2012.High-resolution laser microwave double-resonance spectroscopy of hyperfine splitting of trapped[113] Cd^+ and[111] Cd^+ ions.*Phys.Rev.A* **86** (2): 022523.

[294] Zhang S.2004.*Déplacement de Fréquence du au Rayonnement du corps noir dans une Fontaine Atomique a Césium et Amélioration des Performances de l'horloge*, PhD dissertation, Department of Physics, Universite Pierre et Marie Curie, Paris VI, France.

[295] Zhu, M.and Cutler L.2000.Theoretical and experimental study of light shift in a CPT-based Rb vapor cell frequency standard.In *Proceedings of the Annual Precise Time and Time Interval Systems and Applications Meeting*, ION Publication, 311.

[296] Zhu M., Cutler L.S., Berberian J.E., DeNatale J.F., Stupar P.A., and Tsai C.2004.Narrow linewidth CPT signal in small vapor cells for chip scale atomic clocks.In *Proceedings of the IEEE International Ultrasonics, Ferroelectrics, and Frequency Control Joint 50th Anniversary Conference*, IEEE, 100.

第4章
光学频率标准

基于第1章和第3章的讨论,原子频标领域似乎是一个相当成熟的领域,其精度和准确度是其他任何物理领域都达不到的。然而,在科学研究中总是要挑战做到更好。这经常由好奇心驱动,但也同时希望能够在实验测量中达到更高的精度和准确度,以验证在相同领域中由理论预测的更高精度。实验往往在追寻与理论预测的一致性,并且通常会被证实与理论相符。当达到这一程度时,对于模拟宇宙运行的理论模型增加了信心。然而,在精密测量中获得的结果与理论预测并不经常一致,导致在我们接受物理定律基础上质疑基本的物理,在过去这经常发生。以宇宙膨胀理论为例说明。基于简单的引力理论和时空的相对曲率理论,宇宙膨胀应该减慢。然而,精密测量由远星系发射的电磁辐射频谱显示在过去的1000年宇宙膨胀加速。这与人类了解的基本物理所得出的结论相反,而且无法解释这一现象(Vanier,2011)。还有很多其他的现象存在疑问,这些疑问往往可以通过更好的测量来回答。例如,所有的基本物理定律都是基于任意引入的称为基本常数的参数。而这些基本常数随时间变化的稳定性正受到质疑。它们是在称为大爆炸的宇宙起源时就一起存在的吗?有没有可能相比于早期这些常数已经发生了变化?这在后面将会讨论,可以通过原子钟在一定程度上回答这些问题,具体程度取决于原子钟能达到的精度。即使仅仅是出于这个原因,也已有足够的理由去开发更好的原子钟以达到更高的精度。然而,也有很多其他使用原子钟的领域受益于更高准确度和频率稳定度的原子钟。将会在后面概述这些应用。目前,接着前面对于实现更好原子钟的需求讨论,将会讨论实现这一目标的新途径。

从第1章和第3章对已在电磁频谱的微波范围内实现的原子频标的各种分析和讨论可以看出,这些频标的频率稳定度和准确度已经无法再提高更多。在第1章中介绍了很多优化方法,最终使铷和铯喷泉钟具有最佳特性。这些喷泉钟获得的精度、稳定度及准确度在微波原子钟中最优。

频率稳定度,即

$$\sigma(\tau) \approx 10^{-14}\tau^{-1/2}$$

准确度,即

$$\frac{\Delta \nu}{\nu} \approx 10^{-16}$$

应该注意的是,这些结果并不完全独立,因为不可能通过几次测量就可获得更高的准确度,在一次测量中只可能获得在平均时间内达到的稳定度量级的准确度。因此,在讨论准确度之前首先确保系统稳定度能够达到所希望的准确度量级。

为了能够提高这些结果,首先需要知道限制因素。对于频率稳定度,在喷泉钟中推导得到频率稳定度的表达式。总体而言,频率稳定度极大地受限于量子噪声,即

$$\sigma_{yQN}(\tau) = \frac{1}{2} \frac{1}{\pi} \frac{1}{\sqrt{N_{at}}} \frac{1}{Q_L} \sqrt{\frac{T_c}{\tau}} \tag{4.1}$$

式中:N_{at} 为贡献原子振荡信号的原子数;Q_L 为线品质因数;T_c 为工作周期时间;τ 为积分时间。

假设频率稳定度受限于散粒噪声,式(4.1)中 N_{at} 需要乘以探测到的原子数与总原子数的比例。囚禁与激光冷却的原子数在实际的实验系统中可能受限,因此无法极大地增加原子数。即使有可能增加原子数,大量原子之间碰撞引起的频率频移致使频率准确度降低,很难被评估这个频率频移,正如在铯喷泉钟的情形。

原则上,因为谱线品质因数为振荡频率与振荡谱线线宽的比值,所以谱线品质因数 Q 可以极大地增加。这样,压窄线宽是一个方法。然而,这个方法可能在微波频域不可能。例如,在喷泉钟中原子团经过两个微波腔相互作用区域的自由运行时间可以通过增加发射速度而增加。原子团自由运行的时间间隔被加长,谱线的线宽相应减小。然而,残留的原子速度引起的原子团扩散将会减少进入第二次相互作用区微波腔的原子数,减少谱线信号(原子数 N_{at}),最终导致短期频率稳定度降低。因此,在实际实验系统中,最优的工作周期约为 1s、线宽约为 1Hz、谱线品质因数 Q 约为 10^{10}。

另外,假设原子振荡频率为 400THz,振荡谱线的线宽与喷泉钟的谱线线宽保持相同,谱线品质因数 Q 达到约 4×10^{14}。相比于喷泉钟,谱线品质因数增加约 40000 倍。根据式(4.1),频率稳定度 $\sigma(\tau)$ 相应地提高很多倍,这种可能需要激光辐射源有很高的频谱纯度。而频率 400THz 是在光频域,这是近几十年主要发展的新型原子频标。

4.1 早期使用吸收原子泡方法

在早期光频率激光的发展中,它们的运行模式与其他原子振荡器如氢和铷微波激射器完全不同。在微波激射器中,振荡频率主要取决于原子的超精细振荡频

率,原子频率很大程度上不受外界环境微扰影响。微波腔振荡频率会影响微波激射器的输出频率,但它的影响被衰减至 $1/10^5$,因为原子振荡谱线的品质因数优于微波腔的品质因数。而对于光频率激光,输出频率主要取决于超精细光学谐振腔(法布里-珀罗谐振腔,F-P 谐振腔),该谐振腔主要用于形成光频振荡,然后选择原子多普勒增宽频谱的某一频率增益放大输出。因此,输出频率与 F-P 谐振腔的调谐频率呈线性关系。因此,激光频率由于依赖机械振荡结构并不是一个准确或稳定的频标。

在 QPAFS 的第 2 卷以及本书的第 2 章已经介绍了激光腔的各种频率稳定方法。其中一个方法是使用原子标准,激光作为探测光被稳定到原子标准的一个窄跃迁线。实际上在所有的情况下都需要一个窄的跃迁线,特别地,需要消除多普勒效应。这种技术包含一个有原子的原子泡,原子的某一跃迁频率与激光频率相近,原子的跃迁线要足够窄,这个系统就可以作为标准用于锁定激光。饱和吸收谱就是这样一种技术,消除了一阶多普勒频移,原子的跃迁谱线线宽达到兆赫量级,为跃迁线的自然线宽。最终,谱线品质因数为 10^8 量级。另一种技术是结合原子束流与 Ramsey 探测技术,使用两束对向传播的激光束形成驻波。这种技术由于原子束流的宽度要大于用于被稳定激光辐射的波长而变得复杂。这种复杂性体现在长波长的情况下,需要使用几束驻波或行波的激光束,在空间上与原子束流分别作用,在这个作用区激光相位需要保持一致。该技术得到了 5kHz 的振荡线宽,其谱线品质因数达到 10^{10} 量级。

通过使用相向传播光场激发的双光子消多普勒跃迁技术,也可以消除多普勒效应。这个技术应用于激发室温下囚禁在 Paul 阱的 ^{198}Hg$^+$ 的 $218.5\text{nm}^2S_{1/2} \rightarrow {}^2D_{5/2}$ 电四极跃迁(Berquist 等,1985)。$^2D_{5/2}$ 为亚稳态,能级寿命为 0.1s。则谱线品质因数可以达到 10^{14}。跃迁特征通过 194nm 相干辐射激发的 $^2S_{1/2} \rightarrow {}^2P_{1/2}$ 振荡跃迁的荧光探测,这个技术在微波频标中大量使用,称为双振荡技术,前面已经提到过。但是,受限于实验中使用的激光线宽,频谱线宽为 420kHz。因此,相比于探测到非常窄的频谱的微波频标,该技术仅仅提高了一点。然而,它提供了未来发展的基础,使用更好的激光,激光冷却技术、囚禁技术和转移技术等将在下面讨论。

以上提到的技术已经在 QPAFS 的第 2 卷中详细讨论过,可以参考该书的 8.10 节。不幸的是,由于可行的激光线宽、系统的复杂性和环境因素的影响,使用高频率和获得高品质因数的优势在这些方法中不能最大化,实现的系统频率稳定度与微波频标相近。为了获得更高的频率稳定度,需要采用全新的方法。

正如前面多次说过的,多普勒效应需要消除或者至少减少到相比于其他干扰可忽略的量级。因此,需要开发和使用在光频域中抑制多普勒效应的方法。此外,需要识别和利用光频域的窄谱线。这就需要使用具有一对寿命非常长的能级的原子系统来获得窄线宽跃迁谱线。现在讨论这个问题。

在过去几十年里,针对这个领域的工作量是巨大的,相应地,结果也是十分惊人的。在平均时间 10000s 时频率稳定度达到 10^{-18} 量级,并且准确度也达到这个量级。这些结果使得开展一些基础物理的新实验成为可能,而这些在几十年前还无法想象。

在此领域中已经发表了大量的科学和研究文章。本书不再讨论所有已经实现的光钟系统及其特点,只是概述其基本原理,讨论几个基本的系统和总结几个特别的原子和离子实验系统中获得的结果。

4.2 基本概念

在微波频域,消除多普勒效应可以通过限制原子的运动,使得在与辐射场相互作用时间内原子的运动区域小于辐射场的波长,这个技术称为兰姆-迪克技术(Lamb-Dicke technique)。这个条件在一个缓冲气体或者小尺寸的机械机构里容易实现。而相同的机械机构或者缓冲气体方法在光频域无法实现,因为光频域波长较短和与缓冲气体的强相互作用会引起跃迁谱线加宽以及频移。然而,原子激光冷却与囚禁技术的结合开辟了新的途径,使人们有可能观察到不受多普勒效应影响的窄跃迁谱线。

一个条件是找到能够被激光冷却的原子。这意味着被选择的原子必须具有较强的从基态到激发态的跃迁概率,可能是循环跃迁,以尽可能避免光抽运效应将原子抽运到无法与冷却激光作用的能级。在相应的跃迁频率必须有可用的激光。另一个条件是从基态的跃迁存在一个可用于作为钟跃迁标准频率的窄线宽的原子能级。满足这两个条件的原子有类似于图 4.1 所示的能级结构,称其为 V 型能级结构,与前面提到的相干布居囚禁中需要的 Λ 型能级结构相反。正如上面提到的,[198]Hg$^+$ 满足这两个条件,而且几个其他离子和原子也满足这两个条件。选择这样一种能级结构主要是钟跃迁能级跃迁与冷却跃迁关联。在这样一个原子或离子系统中,冷却是通过强跃迁 $|1\rangle \to |2\rangle$ 实现,激发态 $|2\rangle$ 自发辐射的荧光可被探测。

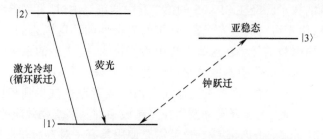

图 4.1 用于实现光学频标的原子或离子的基本能级结构

假设钟跃迁 $|1\rangle \to |3\rangle$ 被激发,被激发到能级 $|3\rangle$ 的基态原子将会影响荧光强度。它们停留在能级 $|3\rangle$ 的时间取决于能级 $|3\rangle$ 的寿命。最终钟跃迁可直接通过 $|2\rangle \to |1\rangle$ 的跃迁荧光信号探测。

当然,为了实现窄钟跃迁谱线,能级 $|3\rangle$ 必须为长寿命能级,可以通过使用一个离子或原子的能级 $|3\rangle$ 为亚稳态来实现。在量子机制中,到亚稳态的跃迁是严格禁止的。然而,与邻近能态的混合或者使用磁场引入态混合会影响原子亚稳态的对称性,从而会产生一个弱的跃迁概率。在这种情况下,钟跃迁振荡的线宽可达到 1Hz 量级或者更窄,则谱线品质因数大于 10^{14},比微波频域可达到的品质因数大 10^4 倍。

有几种方法可以使用上述方式来实现光学频标。第一种技术是将离子或原子在磁光阱(MOT)中冷却。第二种技术由 Dehmelt(1975)提出,是将单离子存储在 Paul 阱中。后面这种技术中避免了离子之间的碰撞,冷却使兰姆-迪克技术非常有效。假如能级 $|2\rangle$ 为一个 P 能级并且以 $10^6 s^{-1}$ 的速率被冷却激光激发,那么单离子发射的荧光速率为 $10^6 s^{-1}$ 量级或更高。第三种技术是将一组原子囚禁在如晶格的周期性势阱中,在第 2 章中提到过,晶格是由激光形成的驻波场构成的,晶格势阱的维度满足兰姆-迪克条件,从而消除多普勒效应。这 3 项技术在近几年已经实现,而使用光晶格技术产生的频标的准确度优于铯喷泉钟,而且频率稳定度在平均时间 10000s 时达到 10^{-18} 量级。

实现这些光钟的机制如图 4.2 所示。相比于微波频标,主要不同是钟跃迁谱线的探测,当前探测在光频域,并且是通过转移探测技术探测,将会在下面讨论这种技术。在图 4.2 中也显示了一个频率分频器,称为光梳。光梳的存在是必需的,因为在微波域中使用的标准电子仪器无法直接测量光频率,这些标准电子仪器有速度限制。光频率梳是近几年发明的,现在是连接光频率和微波频率的标准工具,将会在 4.6.1 小节中介绍它的原理。

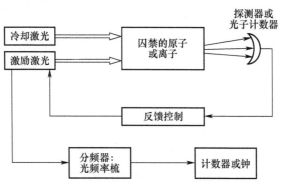

图 4.2 实现光学频标的基本实验机制

4.3 磁光阱方法

在磁光阱方法中,原子团通过第 2 章中介绍的技术冷却,该冷却技术使用 6 束激光束与原子作用,激光束的频率略低于 $|1\rangle \to |2\rangle$ 跃迁频率,如图 4.1 所示。形成光学黏团,并且应用 4 极磁场梯度机制实现磁光阱。在偶数同位数碱土金属原子的情况下,这种原子的核自旋 $I=0$,没有基态超精细能级,原子仅能被冷却到多普勒极限。在实际实验中,实现的半径量级为 1cm 的原子团的温度为 1mK 量级。在这个温度下,原子的残留速度为 1m/s 量级。对于光频率,此速度引起的多普勒频移和多普勒增宽达到兆赫量级。为了进一步降低温度,第二级冷却是必要的(Castin 等,1989)。尽管在一些实验机制中第二级冷却可以将原子冷却到反冲极限(Vogel 等,1999),但是各种频移增加了频率测量的不确定度,量级达到 $10^{-14} \sim 10^{-13}$。然而,这个技术已经被成功用在初步测量 Hg 原子 $^1S_0 \to {}^3P_0$ 跃迁的频率。这个结果随后被用来实现光晶格型的光学频标,将在后面讨论(Petersen 等,2008)。使用磁光阱方法实现了相似的 Sr 原子的跃迁频率测量(Courtillot 等,2003)。另外,利用自由扩张的磁光阱方法实现了一个可运行的钙原子频标(Oates 等,1999、2006)。钙原子能级结构如图 4.3 所示。

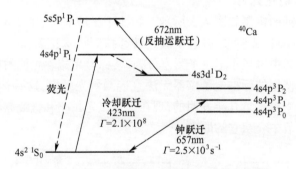

图 4.3 用于实现光频标的 ^{40}Ca 原子能级结构

系统工作原理:其主要利用第 2 章中提到的自由扩张的磁光阱。在经过塞曼减速后,原子被囚禁在磁光阱中,冷却跃迁为 $423nm {}^1S_0 \to {}^1P_1$ 跃迁。在 3ms 内,大约有 10^7 原子被囚禁,体积约为 $1mm^3$,温度为 2mK。在冷却过程中跃迁到 D 态的原子通过 672nm 跃迁被抽运回冷却跃迁能级。原子温度可进一步通过第二级冷却降低(Binnewies 等,2001;Curtis 等,2001)。磁光阱原子团通过 Ramsey 脉冲探测,拉姆塞脉冲由间隔周期为 T 的两对脉冲组成,两对脉冲方向相反,脉冲激光的频率接近 657nm 钟跃迁频率。两对脉冲之间的间隔时间为 13μs。钟跃迁激光锁定于一个精细度达到 200000 的超低膨胀(ULE)光学腔。在有腔频率漂移补偿的情况下,激光的线宽在 4s 时间范围内为 1~2Hz 量级。在钟跃迁探测时,其他激光被关闭,磁光阱自由扩张。探测信号由钟跃迁 $^1S_0 \to ^3P_1$ 对 423nm 荧光信号的影响得到。整个冷却探测的时间周期为 3ms,100 多倍的短于喷泉钟的情况。由于这么短的周期,磁光阱中的初始原子可用于下一个周期探测。再者,这么短的周期可以减少用于稳定激光的高精细度腔频率漂移的影响,也能降低 Dicke 效应。若探测周期中包含长的死区时间,Dick 效应将会降低系统的频率稳定度。

实现的钟系统为一套完整的原子钟系统,并用来与镱原子光晶格钟进行比较,将在后面提到(Oates 等,2006)。光钟的比较通过光频率梳实现,光频率梳的频率锁定于镱光晶格钟。比较测量的结果显示两个钟的相对频率稳定度为 $5 \times 10^{-15} \tau^{-1/2}$。此外,镁原子也使用相似的自由扩张磁光阱方法实现光钟(Keupp 等,2005)。

与此同时,又开发出两种方法,即通过 Paul 阱存储的单离子以及通过光晶格囚禁的原子,这两种方法拥有更大的实现高准确度和频率稳定度的前景。下面讨论这两种方法。

4.4 单离子光钟

4.4.1 原理

先前提到,囚禁在 Paul 阱的离子在实现微波频标方面已经相当成功,实现的稳定度和准确度在 10^{-13} 量级范围。线性阱实现了更好的结果。然而,使用囚禁离子团实现的微波频标的稳定度和准确度受限于离子之间强的库仑相互作用以及微波钟跃迁频率低的品质因数。因此,使用离子的光频率跃迁提供了另一种可实现高品质因数以及更小受外界环境影响的途径。

一个主要的方法是在 Paul 阱中通过使用激光冷却的单个离子消除离子间的相互作用。在这种情况下,离子几乎与外界环境隔离。为了实现这种光频标,通常希望离子具有图 4.1 所示的能级结构。在首次提出时,铊(Tl^+)离子被建议作为候选离子(Dehmelt,1973)。许多其他离子也可以用于实现光频标。一个主要的困难是用于离子冷却和探测所需激光的可实现性。而且由于钟跃迁的线宽很窄,要求探测激光的线宽也非常窄。在微波段,这个条件通过高质量的石英晶体振荡器倍频到需要的值来实现。石英晶体振荡器具有非常高的频谱纯度。在极端情形下,甚至使用超冷振荡器。在光频段,为了探测非常窄的钟跃迁,激光需要稳定到高精细度腔上。目的是降低激光的频谱线宽,正如在上面提到的用磁光阱实现的光频标中的情况一样。

表4.1中列出相关的离子以及可能的钟跃迁的频率和线宽。这些离子位于元素周期表不同的列中,如2a和3a列,甚至稀土元素。选中它们主要是因为它们的能级结构满足图4.1所示的条件。

表4.1 用于实现双振荡光频标的离子及其特征

离子	核自旋I	冷却跃迁和波长	钟跃迁和波长	钟频率/Hz	自然线宽寿命	参考文献
^{27}Al$^+$	5/2	$^1S_0$–$^1P_1$ 167nm	$^1S_0$–$^3P_0$ 267nm	1121015393207851(6)	0.008Hz 20s	Rosenband 等,2006、2007
^{40}Ca$^+$	0	$4s^2S_{1/2}$– $4p^2P_{1/2}$ 397nm	$4s^2S_{1/2}$– $3d^2D_{5/2}$ 729nm	411042129776393.0(1.6) 411042129776393.2(1.0) 411042129776398.4(1.2)	0.2Hz	Gao 2013 Chwalla 等,2008、2009 Matsubara 等,2012
^{43}Ca$^+$	7/2	$4s^2S_{1/2}$– $4p^2P_{1/2}$ 397nm	$4s^2S_{1/2}$– $3d^2D_{5/2}$ 729nm	411×10^{12}		Champenois 等,2004 Kajita 等,2005
^{87}Sr$^+$	9/2	$^2S_{1/2}$–$^2P_{1/2}$ 422nm	$^2S_{1/2}$–$^2D_{5/2}$ 674nm	444781083.91(4) 10^6		Barwood 等,2003
^{88}Sr$^+$ 四极	0	$^2S_{1/2}$–$^2P_{1/2}$ 422nm	$^2S_{1/2}$–$^2D_{5/2}$ 674nm	444779044095.510(50) 444779044095484.6(1.5) 444779044095484.6	0.4Hz	Dubé 等,2013 Margolis 等,2004、2006 Wallin 等,2013
^{115}In$^+$	9/2	$^1S_0$–$^3P_1$ 230.6nm	$^1S_0$–$^3P_0$ 236.5nm	1267402452899.92(0.23) ×10^3	0.8Hz	Sherman 等,2005 Von Zanthier 等,2000 Wang 等,2007
^{138}Ba	0	$^2S_{1/2}$–$^2P_{1/2}$ 493nm	$5d^2D_{3/2}$– $5d^2D_{5/2}$ 12.48μm	24012048319(1)×10^3		Madej 等,1993; Whitford 等,1994
^{171}Yb$^+$ 四极	1/2	$^2S_{1/2}$–$^2P_{1/2}$ 370nm	$^2S_{1/2}$–$^2D_{3/2}$ 436nm	688358979309307.6(1.4)	10^{-9}Hz 3.1s	Peik 等,2007
^{171}Yb$^+$ 八极	1/2	$^2S_{1/2}$–$^2P_{1/2}$ 370nm	$^2S_{1/2}$–$^2F_{7/2}$	642121496772300(0.6)		Hosaka 等,2005
^{198}Hg$^+$	0	$^2S_{1/2}$–$^2P_{1/2}$ 194nm	$^2S_{1/2}$–$^2D_{5/2}$ 282nm	1064721609899144.94(97)		Tanaka 等,2003

为了阐述这种钟的运行原理,以早期发展离子频标所使用的^{199}Hg$^+$为例(Tanaka 等,2003)。该离子核自旋为1/2,其相关的能级结构如图4.4所示。由于有核自旋的存在,该离子有超精细能级结构。在第1章中曾提到,在Paul阱和线

性阱中实现的微波频标测量的基态能级的超精细分裂为40GHz。离子的能级 $P_{1/2}$ 的寿命约为 2ns,而 $D_{5/2}$ 的能级寿命约为 90ms。能级 $^2D_{5/2}$ 为亚稳态能级,其 $|^2S_{1/2},F=0,m_F=0\rangle \to |^2D_{5/2},F=2,m_F=0\rangle$ 跃迁为电4极跃迁。此跃迁的自然线宽为 2Hz,跃迁频率为 1.06×10^{15} Hz,则理论的线品质因数 $Q=5\times10^{14}$。

电荷为 q、质量为 m 的离子被存储于图 4.5 所示的小型射频(RF) Paul 阱中,小型射频 Paul 阱由一个内半径为 r_0 的环形电极和两个距离为 z_0 的毫米量级甚至更小的端帽组成。

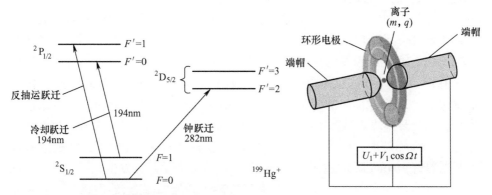

图 4.4　用于实现光频标的 $^{199}Hg^+$ 离子的能级结构
(离子 $^2D_{3/2}$ 能级寿命约为 90ms、
$^2P_{1/2}$ 能级寿命约为 2ns)

图 4.5　由两个圆柱形端帽和
一个环形组成的小型射频阱
(在实现单离子光频率标准中,
此阱被用于囚禁离子)

射频阱的囚禁频率可以为 20MHz 量级,峰值电压达到 700V。为了提高真空度,避免离子与背景残留气体碰撞,整个结构可以被冷却到超冷环境(液态氦)。在这样一个系统中,离子可以通过弱电子束离化方法或者在某些情况下通过光离化方法来离化背景蒸气得到。射频阱存在 1.2~1.5MHz 之间的长周期频率,离子可以被存储很长时间,达到几百天。194nm 的循环跃迁 $|^2S_{1/2},F=1\rangle \to |^2P_{1/2},F=0\rangle$ 用于冷却。该频率激光通过倍频得到,特别情况下,通过 β-硼酸钡(BBO)晶体的和频产生(Tanaka 等,2003)。由于非共振相互作用,离子可能被激发到 $|^2S_{1/2},F=0\rangle$ 导致离子被光抽运到这个能级。这降低了冷却效率,需要调节冷却激光频率。在这种情况下,需要对应于 $|^2S_{1/2},F=0\rangle \to |^2P_{1/2},F=1\rangle$ 跃迁的重泵光,波长也是194nm,但与前面的跃迁准确波长不相同。因此通过另一束激光实现。离子被冷却到几毫开的多普勒冷却极限。之前提到,为了利用跃迁的高 Q 值,激发钟跃迁的激光必须有非常纯的频谱。在早期发展的这种频标时,波长为 282nm 的钟跃迁激光通过一个波长为 563nm 的染料激光倍频得到。激光被锁定

到隔离振动的高精细度 F-P 腔。在这个系统中,激光的线宽可小于 0.2Hz。对于 ^{199}Hg$^+$,由于核自旋 $I=1/2$,在外加一个小磁场时,一阶塞曼效应不受磁场影响的 $m_F=0$ 之间的跃迁可以作为钟跃迁。

振荡谱线的探测以及钟跃迁探测激光的频率锁定如图 4.6 所示。探测信号为 194nm 的荧光信号,即每秒收集和探测到的光子数。荧光信号表示离子处于 $S_{1/2}$ 基态。无荧光信号表示离子已经被探测激光激发到 D 能级。冷却过程中的强相互作用可能导致光频移。最终,系统运行在脉冲模式下,即在钟跃迁激光探测时冷却激光和反抽运光通过机械开关关闭。首先,离子通过 194nm 激光冷却。反抽运在激光冷却的同时完成,离子的温度达到多普勒冷却极限几毫开。反轴运光被关闭,离子通过冷却激光抽运到能级 $|^2S_{1/2},F=0\rangle$。然后,冷却激光关闭,预备过程完成,282nm 钟跃迁探测激光与离子相互作用 20ms,激发钟跃迁 $|^2S_{1/2},F=0,m_F=0\rangle \rightarrow |^2D_{5/2},F=2,m_F=0\rangle$。假如离子发生跃迁,离子会被转移到亚稳态 $^2D_{5/2}$ 能级。离子在此能级的寿命为 90ms,相应于几赫兹线宽。探测脉冲的长度与此寿命有关,最终决定振荡谱线的线宽。脉冲时间越长,谱线线宽越窄。这个脉冲称为拉比脉冲,与连续两个脉冲产生条纹的 Ramsey 脉冲不同。在 20ms 的脉冲后,重新打开 194nm 激光,探测 194nm 的荧光,判断离子是否发生跃迁。在一定的时间后(通常由离子能级 $D_{5/2}$ 的寿命决定),离子跃迁回基态,然后再次探测荧光信号。在有些情况下,为了开始另一个周期,需要通过额外的辐射场抽运原子到 P 能级来清除激发态能级的原子。正如第 3 章喷泉钟的情形,这些过程组成一个周期,这个周期包含冷却、态制备、钟跃迁作用和探测。

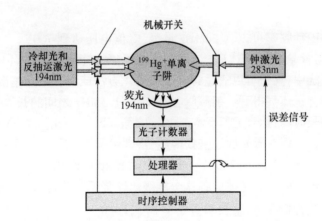

图 4.6 单离子频标基本原理(可以用来表示其他单离子原子频标的运行原理。在有些情况下,受到所使用的离子的能级结构限制,需要反抽运的作用)

为了获得频率锁定的误差信号,282nm 钟跃迁激光频率在每个重复周期被调谐到半线宽处,并且在振荡谱线的两侧交替变化。在铯和铷喷泉钟中,周期重复几次来得到平均信号。振荡谱线两侧探测到的光子数相减得到数字式的误差信号,此信号给出激光频率合适的调节范围。

在上面提到,钟跃迁探测是通过拉比脉冲方法实现的。假如探测时间持续40ms,拉比振荡谱线的线宽大约是20Hz。然而,钟跃迁探测也可以用Ramsey脉冲技术,其谱线的线宽比拉比脉冲方法谱线要窄很多(Letchumann等,2004)。值得重申的是,频标的性能很大程度上取决于用于钟跃迁探测的激光的性能。一个光频标的实现包含原子跃迁频率在$10^{14} \sim 10^{15}$Hz内、线宽达到$1 \sim 10$Hz。因此,激光的频谱纯度必须达到满足观测这种振荡谱线的要求。总的来说,这种性能的激光并不存在。此外,在很多情况下激光器达不到所需的频率,特别是在Hg^+的情况下其振荡频率在紫外区域(UV)。在这种情况下,一个较低频率的激光必须通过倍频或者其他方法来实现,但可能会导致稳定度的降低。因此,这些激光通常需要通过某种方式滤波,以便用来观测窄的振荡谱线;此外,为了使用于锁定激光频率到原子振荡谱线的伺服系统在可调谐范围内,激光需要稳定,如Hg^+的情形。上面已经提到使用高精细度腔实现窄频谱线宽激光。在第2章中介绍了这种系统,它们在实际中广泛应用,在特别的应用研究中还有进一步的优化,如对环境波动和振动的隔离。

使用囚禁单离子的基本技术和转移探测技术已经被广泛用来实现表4.1所列的各种离子的光频标。现在将概述使用所列的一些离子背后的物理原理。对于这个本质的讨论先前很多作者已经研究过(Madej和Bernard,2001;Gill等,2004;Poli等,2014)。这里不再给出详细的实现方法,仅关注必要的涉及的量子物理过程。

4.4.2 单离子系统的实现概述

4.4.2.1 $^{27}Al^+$($I = 5/2$)

^{27}Al是稳定的同位素。实现$^{27}Al^+$单离子光频标相关的能级结构,如图4.7(a)所示。$^{27}Al^+$核自旋$I = 5/2$,它的能级有超精细分裂。图中也显示了在实际实现$^{27}Al^+$光钟中所需要的$^9Be^+$的能级结构。钟跃迁$|^1S_0\rangle \rightarrow |^3P_0\rangle$的波长为267.4nm,相应的频率为$1.121 \times 10^{15}$Hz。对该跃迁的关注来源于它的窄线宽8mHz,由$P_0$能级的寿命20s得到(Yu等,1992)。该跃迁频率也有对电磁场微扰低的灵敏度。实际上,在所有用于实现光钟的原子元素中,它有对黑体辐射(BBR)最低的灵敏度(Rosenband等,2006)。但是,$^{27}Al^+$的冷却跃迁波长为167nm,由于

其在深紫外域没有可用的激光。为了克服这个困难,利用另一个铍(^{9}Be$^+$)离子通过库仑相互作用冷却 Al$^+$ 离子,两个离子均存储在阱中,^{9}Be$^+$ 相关能级结构如图 4.7(b) 所示。实际上,两个离子形成了一个双离子伪晶体结构,Be$^+$ 的运动通过库仑相互作用耦合到 Al$^+$。Be$^+$ 通过可达到波长 313 nm 的激光冷却到多普勒极限。两个离子的相互作用导致 Al$^+$ 被同时冷却,称为协同冷却(Larson 等,1986)。实际中,^{9}Be$^+$ 和 ^{25}Mg$^+$ 都可用来实现冷却 ^{27}Al$^+$ 离子,但是由于 Mg$^+$ 与 Al$^+$ 的质量相似,Mg$^+$ 的效率更高。

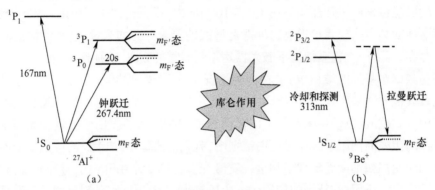

图 4.7　用于实现与 Al$^+$ 光频标相关的 ^{27}Al$^+$ 和 ^{9}Be$^+$ 的能级结构

实现一个 ^{27}Al$^+$ 光钟的另一个想法是利用 Be$^+$(或 Mg$^+$)中基于冷却跃迁的荧光信号探测 Al$^+$ 的量子态。Be$^+$ 或 Mg$^+$ 称为逻辑离子,即通过激发相应的跃迁(拉曼边带脉冲)转移 Al$^+$ 的叠加态到逻辑离子,从而探测 Al$^+$ 的能级(Schmidt 等,2015)。Al$^+$ 被称为频谱离子,即用于高分辨率测量的离子,特别的跃迁 $|^1S_0\rangle \rightarrow |^3P_0\rangle$ 用于作为钟跃迁。因此这种钟也称为量子逻辑钟。

需要注意的是,实现这样一个钟是十分复杂的,它需要几个染料和光纤激光,需要频率倍频甚至 4 倍频激光,以获得各种波长,用于冷却、钟跃迁探测和提取 Al$^+$ 和 Be$^+$ 的信息。再者,由于 ^{27}Al$^+$ 的基态能级为 S_0 能级,没有不受一阶磁场影响的钟跃迁。钟运行在虚拟的场独立跃迁,下面将会讨论。267 nm 的钟跃迁探测频率在两个受场影响的跃迁频率间交替改变,这两个跃迁为 $|^1S_0, m_F = 5/2\rangle \rightarrow |^3P_0, m_F = 5/2\rangle$ 和 $|^1S_0, m_F = -5/2\rangle \rightarrow |^3P_0, m_F = -5/2\rangle$(Bernard 等,1998; Rosenband 等,2007)。两个频率的平均即为 $m_F = 0$ 赝能级之间的跃迁频率,同时两个频率之间的差为磁场的测量值。残留的二阶磁场影响通过二阶微扰理论评估。这个纠正是小范围的,不影响钟的准确度。然而,离子阱必须有好的磁屏蔽来避免扰动受磁场影响的能级,从而影响赝场独立能级跃迁频率的测量。

分别使用 Mg$^+$ 和 Be$^+$ 作为逻辑离子的两个线性 Paul 阱 ^{27}Al$^+$ 光钟在 NIST、

Gaithersburg、Maryland 被实现(Chou 等,2010)。结果如下:频率不确定度为 8.6×10^{-18},频率稳定度为 $2.8\times 10^{-15}\tau^{-1/2}$,测量不确定度为 7×10^{-18},两个钟的频率差为 1.8×10^{-17}。

中国华中科技大学(Deng 等,2013)也用了相似的方法。这个离子钟最终的目标是准确度优于 10^{-17} 量级,频率稳定度达到 $10^{-16}\tau^{-1/2}$。这个目标似乎已经实现。

4.4.2.2 $^{40}Ca^+(I=0)$ 和 $^{43}Ca^+(I=7/2)$

Ca^+ 是用来在光频域做高分辨率探测的离子之一,用来确定它的基本特性,如激发态的寿命和冷却的可能性(Arbes 等,1993;Nägerl 等,1998)。Champenois 等对 Ca^+ 是否可以作为光频标做了完整的研究 (Champenois 等,2001、2004)。近来,很多研究团队已经做了大量基于 Ca^+ 的实验(如 Matsubara 等,2004、2008、2012;Kajita 等,2005;Degenhardt 等,2005;Wilpers 等,2006;Arora 等,2007;Gao,2013;M. Kajita,2014,pers. comm.)。主要用到两个同位素,即 ^{40}Ca(97%丰度)和 ^{43}Ca(0.14%丰度),这两个同位素相关的能级结构如图 4.8 所示。^{40}Ca 没有核自旋,而 ^{43}Ca 有核自旋(为 7/2)。

$|^2S_{1/2}\rangle \to |^2P_{1/2}\rangle$ 跃迁波长为 397nm 的激光辐射用于多普勒冷却和态探测。钟跃迁为 $|^2S_{1/2}\rangle \to |^2D_{5/2}\rangle$ 跃迁,波长为 729nm,自然线宽为 0.2Hz。需要 $|^2P_{1/2}\rangle \to |^2D_{3/2}\rangle$ 跃迁波长为 866nm 的反抽运激光。Ca^+ 的一个优势是所有跃迁频率都可以由半导体激光实现。实际上,染料激光需要被很好地稳定,如通过一个外微晶玻璃(Zeridur)F-P 标准腔和 Pound-Drever-Hall 稳定器。

在一个特别的实现机制中,单个 $^{40}Ca^+$ 被囚禁和冷却在一个小型 Paul 阱中(环形电极和尺度在毫米量级的端帽)。在一个典型的装置中,这样的一个离子可以被囚禁在阱中 15 天以上(Gao,2013)。在纠正完成所有检测的系统频移后,钟跃迁的频率测量结果为 411042129776393Hz,不确定度为 4×10^{-15}。对偶数同位素,核自旋 $I=0$,不存在不受磁场影响的跃迁谱线,磁场偏置通过测量两个场依赖的跃迁谱线计算得到,正如上面提到的 Al^+ 的情形。Matsubara 等(2012)完成了相似的测量,比近期报道的结果高约 5Hz。

另外,基于 $|^2S_{1/2}\rangle \to |^2D_{5/2}\rangle$ 跃迁的 $^{43}Ca^+$ 光频标也已实现(Kajita 等,2005),其主要优势是使用 $\Delta m_F=0$,$|^2S_{1/2}\rangle \to |^2D_{5/2}\rangle$ 跃迁,该跃迁在一阶下不受磁场影响。然而,二阶塞曼频移比较大。此外,由于大的核自旋,在 $|^2S_{1/2}\rangle \to |^2D_{5/2}\rangle$ 跃迁中存在许多超精细跃迁能级。下面将会讨论,电四极频移的消除也很难完成(M. Kajita,2014)。

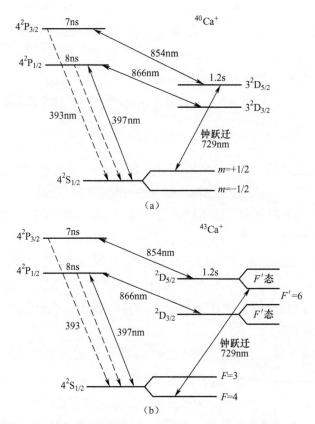

图 4.8 用于实现 $^{40}Ca^+$ 和 $^{43}Ca^+$ 单离子光频标的相关能级结构
（图中特别说明 ^{43}Ca 奇同位素核自旋的存在）

4.4.2.3 $^{87}Sr^+(I=9/2)$ 和 $^{88}Sr^+(I=0)$

^{87}Sr 的自然丰度为 7%，^{88}Sr 的自然丰度为 82.6%，这两个同位素相关的能级结构如图 4.9 所示。

钟跃迁为 $^2S_{1/2} \to ^2D_{5/2}$ 电四极跃迁，波长为 674nm，自然线宽为 0.4Hz。冷却跃迁为 $^2S_{1/2} \to ^2P_{1/2}$ 跃迁，波长为 422nm。在 $^{87}Sr^+$ 的情况下，由于核自旋 $I=0$，没有基态反抽运的需求，基态没有超精细能级。然而，存在从 P 能级到 D 能级的衰减跃迁(分支)。1033nm 和 1092nm 的反抽运需要将衰减到 D 能级的离子抽运回冷却循环跃迁中，并且当钟跃迁被激发时将离子抽运回基态能级，这些跃迁如图 4.9 所示。在 $^{88}Sr^+$ 的情况下，钟跃迁能级受一阶磁场的影响，不受磁场影响的一阶赝跃迁通过在两个受场影响的能级跃迁频率间交替改变钟跃迁探测激光频率并平均测

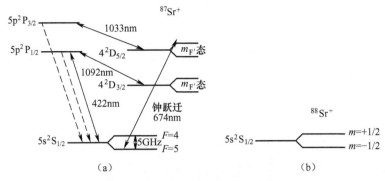

图 4.9 两个同位素相关的能级结构

(a)用于实现^{87}Sr$^+$光频标的相关能级结构;(b)通过磁场消除能级简并的^{88}Sr$^+$的基态能级。

量结果得到,与上面提到 Al$^+$中的情况一致。使用 40ms 探测脉冲的光频标的频率稳定度在平均时间 $30\text{s}<\tau<5000\text{s}$ 评估为 $1.6×10^{-14}\tau^{-1/2}$(Barwood 等,2012)。基于下面测量的频移,钟跃迁的准确度达到 $2×10^{-17}$(Madej 等,2012)。与 SI 单位比较,测量的钟跃迁的绝对频率为

$$\nu_{(^{88}\text{Sr}^+)} = 444779044095485.5(0.9),\ (2×10^{-15})\text{Hz}$$

这个结果可以与 Margolis 等测量结果 $444779044095484.6(1.5),\ (3×10^{-15})$Hz 相比较。

与^{88}Sr$^+$相似,Barwood 等使用^{87}Sr$^+$实现光频标(Barwood 等,2001、2003)。这个同位素的难点是能级结构中核自旋的存在以及当进行激光冷却和钟跃迁探测时离子会被光抽运到一个暗态。这个问题可通过对 $F=3$ 和 $F=4$ 的基态使用 π 偏振激光冷却,并调制冷却激光的偏振和反抽运激光来解决(Boshier 等,2000;Barwood 等,2001)。这个离子的一个优势是钟跃迁在一阶下不受磁场的影响,即 $m_F=0$ 之间的跃迁。(超精细分裂常数首次确定,是通过对 D$_{5/2}$ 能级实际的二阶磁场系数的二阶微扰理论计算得到的。)结论是能级 ^{2}D$_{5/2}$、$F'=7$ 有最低的二阶系数,因此最终最优的钟跃迁是 $|^2\text{S}_{1/2}, F=5, m_F=0\rangle \to |^2\text{D}_{5/2}, F=7, m_F=0\rangle$。这个跃迁发生条件是允许电四极跃迁,即要求 $F+F'$ 为偶数(Barwood 等,2003)。^{88}Sr$^+$和^{87}Sr$^+$的 674nm 电四极钟跃迁间同位素频移测量结果为 247.99(4)MHz(Barwood 等,2003),是在随时间变化基本常数演变的基本物理中一个有趣的参数,将会在第 5 章中讨论。

4.4.2.4　^{115}In$^+$($I=9/2$)

铟(In)的同位素有很多,但是大部分的寿命都很短。同位素^{115}In 是稳定的,自然丰度达到 95.7%,已用于实现单离子光频标。它的核自旋为 $I=9/2$,其下能级

结构与 $^{27}\text{Al}^+$ 相似,如图 4.10 所示。

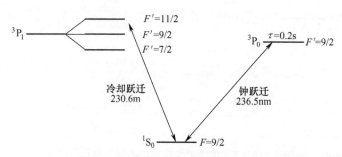

图 4.10 用于实现 $^{115}\text{In}^+$ 光频标的相关能级结构(^{115}In 核自旋为 9/2)

至于一些其他离子的选择,主要考虑所有相关的跃迁是否可以通过固态激光源实现。此外,$^{115}\text{In}^+$ 的黑体辐射系数相对较小,P 和 S 能级之间的钟跃迁不受电四极频移影响。原则上,159nm $^1\text{S}_0$-$^1\text{P}_0$ 强跃迁可以用于激光冷却。然而,这个冷却波长在深真空紫外域,正如 Al^+ 的情形,通过频率倍频达到如此的短波长有一定难度。取而代之,231nm $^1\text{S}_0$-$^3\text{P}_1$ 跃迁可以用于激光冷却,它是一个相对弱的跃迁,线宽为 360kHz,这个条件要求激光具有高稳定度。钟跃迁是 236.5nm $^1\text{S}_0$-$^3\text{P}_0$ 跃迁,寿命为 0.2s,相应的自然线宽约为 1Hz。为了确定离子在实现光频标中的特性,初步的实验已经将激光冷却的单 $^{115}\text{In}^+$ 囚禁在一个小型射频阱中(Sherman 等,2005)。进一步的研究又实现了一个实际的标准(Liu 等,2007)。系统使用了一个小型 Paul-Straubel 射频阱,包含基本的 1mm 量级的环形电极和距环形电极 1cm 的补偿电极。在此阱中,射频阱的频率大约为 1MHz,电压为 700V(Champenois 等,2001)。与铯钟比较得到的钟频率为

$$\nu_{(^{115}\text{In}^+)} = 1267402452900967(63),\ (5 \times 10^{-14})\text{Hz}$$

不确定度来源于测量统计误差和所使用的铯钟的系统不确定度(Liu 等,2007)。

4.4.2.5 $^{137}\text{Ba}^+(I=3/2)$ 和 $^{138}\text{Ba}^+(I=0)$

钡(Ba)的两个同位素早期就被提出用于实现光频标 Ba^+ 是第一个被观测到量子跃迁和转移探测的元素(Nagourney 等,1986)。^{137}Ba 自然丰度为 11%,^{138}Ba 自然丰度为 72%。$^{137}\text{Ba}^+$ 和 $^{138}\text{Ba}^+$ 相关的能级结构如图 4.11 所示。$^{137}\text{Ba}^+$ 的核自旋 $I=3/2$,基态和激发态有超精细结构。冷却跃迁是 493nm $6^2\text{S}_{1/2}$-$6^2\text{P}_{1/2}$ 跃迁。

在冷却过程中会发生光抽运,离子的态预备需要一个精细调节激光的反抽运。从 P 态到 D 态也存在一些泄漏(分支),因此也需要从这些态反抽运。

$^2\text{D}_{3/2}$ 的能级寿命为 80s,它是所研究的离子中观测到的 D 能级寿命最长的离

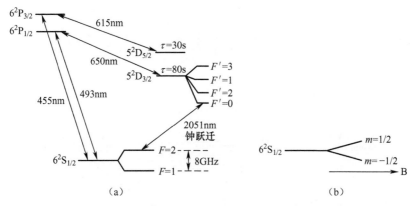

图 4.11 $^{137}Ba^+$ 和 $^{138}Ba^+$ 离子相关的能级结构(需要注意的是,^{137}Ba 核自旋为 3/2,^{138}Ba 的核自旋为 0)

(a)用于实现$^{137}Ba^+$光频标的相关能级结构(Sherman, J. A., Trimble, W., Metz, S., Nagourney, W., and Fortson, N., Progress on indium and barium single ion optical frequency standards, arXiv:physics/0504013v2, 2005.);(b)在磁场中$^{138}Ba^+$的基态能级。(With kind permission from Springer Science+Business Media: *Frequency Measurement and Control—Advanced Techniques and Future Trends*, Berlin, Germany, 2001, Madej, A. and Bernard, J.)。

子之一。波长为 2051nm 的电四极跃迁 $6^2S_{1/2}$ - $6^2D_{3/2}$ 的自然线宽极窄,相应的谱线品质因数大于 10^{16}。因此,被提出用作钟跃迁(Sherman 等,2005)。使用这个离子的优势是钟跃迁不存在电四极斯塔克频移,并且其钟跃迁波长很容易通过半导体激光得到。

另外,偶数同位素$^{138}Ba^+$已经在早期中红外域高分辨率频谱测量中广泛研究(Madej 等,1993)。特别地,频率为 24THz(12.48μm)的 $5^2D_{5/2}$ - $5^2D_{3/2}$ 电偶极跃迁可能的频谱分辨率为 0.02Hz。在那一时期,主要关注的频率是接近 NH_3 激光的频率,这也使通过 NRC、Canada 的频率链测量铯频率成为可能(Whitford 等,1994;Madej 和 Bernard,2001)。该跃迁频率被测量为

$$\nu_{DD} = 24012048317170(440)Hz$$

在早期光频标的发展中,Ba^+引起研究人员极大关注,特别是由于其 D 能级的长寿命。

4.4.2.6 $^{171}Yb^+(I=1/2)$、$^{172}Yb^+(I=0)$ 和 $^{173}Yb^+(I=5/2)$

$^{171}Yb^+$的自然丰度为 3.1%,$^{172}Yb^+$的自然丰度为 21.9%,$^{173}Yb^+$的自然丰度为 16.2%。$^{171}Yb^+$核自旋近似于$^{199}Hg^+$,$I=1/2$,使得它比核自旋为 $I=5/2$ 以及有大量的基态能级的$^{173}Yb^+$更受关注。同位素$^{171}Yb^+$相关的能级结构如图 4.12 所示。

如图 4.12 所示,$^{171}Yb^+$分别在波长为 411nm、435nm 和 467nm 处存在钟跃迁。

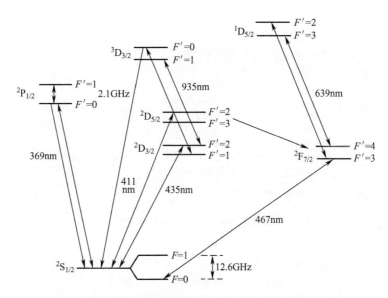

图 4.12 用于实现光频标 ^{171}Yb$^+$($I=1/2$) 相关的能级结构

这些跃迁有其各自的能级寿命。由于 ^{173}Yb$^+$ 离子具有大量的超精细能级，相对于 ^{171}Yb$^+$ 似乎没有优势。同位素 ^{172}Yb$^+$ 有相似的能级结构，但是因为其核自旋为 0，没有超精细能级。早期大量的研究工作集中在各种跃迁波长和寿命的测量方面（Roberts 等，1997）。然而，由于基态受一阶磁场的影响，同位素 ^{171}Yb$^+$ 更受关注，因为超精细能级 $m_F=0$ 间的跃迁不受一阶磁场的影响。

在所有的镱同位素中，冷却是通过 369nm $^2S_{1/2}$-$^2P_{1/2}$ 跃迁实现的。不幸的是，存在从 $^2P_{1/2}$ 能级到亚稳态 $^2D_{3/2}$ 能级的衰减跃迁，需要反抽运光将离子抽运回冷却循环中。这可以通过 935nm 激光将离子抽运到能级 $^3D_{3/2}$，使离子通过衰减重新回到冷却循环中。正如先前研究的，$^2S_{1/2}$-$^2D_{5/2}$ 跃迁被选择作为钟跃迁。测量的 $^2D_{5/2}$ 能级寿命为 7.2ms，自然线宽为 22Hz，谱线 $Q=3\times10^{13}$。短寿命限制了拉比探测脉冲的长度和探测线宽。$^2D_{5/2}$ 能级和长寿命 $^2F_{7/2}$ 能级之间的耦合导致离子衰减到此能级，从而形成暗能级。跃迁到该暗态的概率为 0.83，因此需要通过 638nm 激光重泵回该能级。钟跃迁频率为（Roberts 等，1999）

$$\nu_{(^{171}Yb^+,\ |^2S_{1/2},F=0\rangle \to |^2D_{5/2},F'=2\rangle)} = 729487779566(153)\,\text{kHz}\ (411\text{nm})$$

另外，有更窄线宽的 $^2S_{1/2}$-$^2D_{3/2}$ 跃迁也可作为钟跃迁。$^2D_{3/2}$ 能级的寿命为 52ms，自然线宽为 3.1Hz。该跃迁被广泛研究，钟跃迁频率为（Sherstov 等，2007）

$$\nu_{(^{171}Yb^+,\ |^2S_{1/2},F=0\rangle \to |^2D_{3/2},F'=2\rangle)} = 688358979309307.6\,(1.4)\,\text{Hz}\ (435\text{nm})$$

这些跃迁为电四极跃迁。D 能级有限的寿命限制了谱线品质因数 Q 和

Ramsey探测脉冲的长度。然而,电八极跃迁$|S_{1/2}, F=0, m_F=0\rangle \to |^2F_{7/2}, F'=3, m_{F'}=0\rangle$有几个优势,也被考虑并研究作为可能的钟跃迁。F能级的寿命达到6年,则谱线品质因数达到10^{20}量级。120ms的拉比探测脉冲得到探测线宽为6.6Hz(Huntemann等,2012)。冷却实现依旧如先前电四极钟跃迁的情形。通过分支跃迁衰减到D能级的离子需要被反抽运,反抽运激光为935nm。然而,由F能级的寿命,当离子被激发转移到F能级后,需要泵浦回冷却循环中。这通过639nm激光反抽运清除F能级离子。测量的钟跃迁频率为(Roberts等,2000)

$$\nu_{(^{171}\text{Yb}^+, |S_{1/2}, F=0\rangle \to |^2F_{7/2}, F'=3\rangle)} = 642116785.3\,(0.7)\,\text{MHz}\,(467\text{nm})$$

4.4.2.7 $^{198}\text{Hg}^+(I=0)$ 和 $^{199}\text{Hg}^+(I=1/2)$

与Ba^+一样,Hg^+是首先观测到量子跃迁的离子之一。Hg^+也是通过观察光学频率下的宏运动边带,在证明Paul阱中的单个离子捕获满足兰姆-迪克对多普勒自由光谱的要求方面取得重要进步的离子(Bergquist等,1987)。

这一部分概述了实现单离子频标的基本原理,已经使用$^{199}\text{Hg}^+$离子的情况作为例子。它的能级结构如图4.4所示,实际使用这个离子实现的标准也已介绍。下面将会介绍,通过飞秒激光频率梳,与铯喷泉钟频率比对得到的频率稳定度为$3.4 \times 10^{-13} \tau^{-1/2}$,受限喷泉钟的频率稳定度。$^{199}\text{Hg}^+ S_{1/2}$-$D_{5/2}$钟跃迁频率为

$$\nu_{(\text{Hg}^+, |S_{1/2}, m_F=0\rangle \to |^2D_{5/2}, m_{F'}=0\rangle)} = 1064721609899144.94\,(97)\,\text{Hz}$$

式中:括号中的不确定度相应于相对不确定度9.1×10^{-16},主要是铯喷泉钟导致的(Oskay等,2006)。

在早期的实验中,如为了证明相对兰姆-迪克区域的基本囚禁方法,已使用$^{198}\text{Hg}^+$离子,该元素核自旋为0,尽管这使其能级结构比$^{199}\text{Hg}^+$简单,但其能级受一阶磁场效应影响,需要在实际实验中增加磁屏蔽和对磁场的评估。因此,后续研究集中在具有简单超精细结构($I=1/2$)的$^{199}\text{Hg}^+$上,尽管利用一个类似的场无关谱线也能实现赝场无关跃迁,例如^{88}Sr。

4.4.3 单离子钟系统频率频移

4.4.3.1 多普勒效应

一个原子的振荡频率$\omega_{m\mu}$(m和μ分别为原子钟跃迁的两个能级),因原子的运动而改变,原子的运动速度为v。最终的频率表达式(详细说明见附录2.A)为

$$\omega = \omega_{m\mu} + \boldsymbol{k}_L \cdot \boldsymbol{v}_\mu - \frac{1}{2}\frac{\omega_0 v^2}{c^2} + \frac{\hbar k_L^2}{2M} \tag{4.2}$$

式(4.2)等号右边第二项为多普勒效应;第三项为二阶多普勒效应,由相对论

时间膨胀引起；第四项为当原子吸收或者发射光子时的反冲效应。实际上，在一个原子团中速度矢量 v 是随机的，最终的振荡频率 $\omega_{m\mu}$ 增宽频谱。例如，在室温下，氢原子基态的超精细频率(1.4GHz)增宽到12kHz的范围，则线宽导致的谱线品质因数为 1.2×10^5，并不优于石英振荡器。减少这个效应到可忽略程度的技术是存储在一个比相互作用波长小的空间区域或者保持原子在一个激光相位一致的空间区域，则原子似乎相对于电磁波不运动。这个技术应用于 H 微波激射器中。另外，在喷泉钟中，如原子团穿过激光驻波场相位一致的腔区域，谱线线宽由原子在腔中与激光相互作用(拉比线宽)的时间决定。基于穿过相同的腔两次，在振荡信号探测中，窄干涉条纹将被探测到。

然而，可以通过激光冷却来显著改变原子的速度。在微波频域，原子速度被减小到厘米/秒量级，原子团振荡频率的加宽被大大减小。这个特性已应用在喷泉钟的实现上。然而，在光频域，由于波矢较大，厘米/秒量级的冷却导致明显的振荡频率增宽(几千赫兹)。最终在磁光阱中，存在 $50\mu K$ 左右的残留温度，速度被减小到厘米/秒量级，探测的振荡谱线仍然在千赫量级。再者，在高频域，标准机械存储技术不可应用。事实上，原子亚稳态能级的寿命达到 1s 量级或者更长，导致线宽为 1Hz 或更窄。

在单离子频标的情况下，当离子被冷却到毫升量级，达到多普勒冷却极限，残留的速度为厘米/秒量级，则存在一个相对大的多普勒频移。然而，在阱中离子的运动是周期性的，频率在兆赫兹量级，该周期性运动导致振荡现象的调制。正如上面提到的，这个效应在 ^{198}Hg 的实验中被分析，观测到吸收谱中可分辨的边带。在此情形下，观测到的吸收峰没有频移，并且反冲效应被整个结构吸收，如固体中的穆斯堡尔效应(Bergquist 等,1987)。最终，离子囚禁在一个完全满足兰姆-迪克条件的区域，不存在一阶频率频移。在该条件下，式(4.2)等号右边第二项和第四项消失，残留的微扰效应为二阶多普勒效应。

在多普勒冷却极限下，最终达到的极限温度为

$$T_D = \frac{\hbar \Delta \omega_{1/2}}{2k_B} \tag{4.3}$$

式中：$\Delta \omega_{1/2}$ 为冷却跃迁的线宽。

注意，对于较快的激发态衰减导致的宽频谱线宽 $\Delta \omega_{1/2}$，多普勒极限比较高。出于这个原因，假如需要更低的温度，则要在冷却过程中使用额外的步骤，如另一个具有较小线宽的冷却过渡。在式(4.3)中，在一次冷却后离子的温度极限受激发态离子寿命的限制达到毫开量级。然后，二阶多普勒频移被评估为

$$\frac{\Delta \nu_{D2}}{\nu}(\text{thermal}) = -\frac{3k_B T_D}{2Mc^2} \tag{4.4}$$

对于通常达到的温度，二阶多普勒频移为 10^{-17} 量级。

然而,在阱中离子的受迫微运动通过叠加在二阶多普勒效应也会影响离子的振荡频率。微运动的大小可以通过当探测激光被调节到载频($i=0$)或者一阶边带($i=1$)时散射率 R_i 的测量来确定。测量的比率提供了微运动特性的信息,微运动导致的二阶多普勒频移为(Berkeland 等,1998)

$$\frac{\Delta\nu_{D2}}{\nu}(\text{micromotion}) = -\left(\frac{\Omega}{ck\cos\xi}\right)^2 \frac{R_1}{R_0} \tag{4.5}$$

式中:Ω 为离子阱的驱动频率;ξ 为微运动和激光波矢 k 之间的夹角。

假如 $R_1/R_0 = 0.1$,在 Hg^+ 的情况下,该频移可能是 10^{-17} 量级。因此,需要更高的准确度,为了减小热运动二阶多普勒频移,限制微运动十分重要。

4.4.3.2 塞曼效应

磁场对单离子光钟性能的影响比使用离子团的微波钟情形要小。一个原因是即使存在宏运动和微运动,离子的运动也相对小,仍然能够很好地定位;磁场可以做得相对小,则离子的振荡频率不受磁场梯度的影响。在有核自旋的离子被选为实现钟的情况,电四极钟跃迁可选择 S 和 D 能级 $m_F = 0$ 之间的跃迁。在该种情形下,磁场影响的钟频率只有二阶效应,其频率频移可以计算出来。QPAFS 的第 1 卷中完成了对碱金属原子基态超精细频率和选择的奇数同位素离子的计算。这个计算是直接的,由于微波频域的钟跃迁是 S 基态之间的能级,仅仅有两个超精细能级在这个能级。当前的情形有所不同,需要解决的是 S 能级和激发态能级如 D、P 和 F 能级之间的跃迁。由于大多数单离子光钟实现 S-D 能级之间的钟跃迁,主要解决这种特别的情况。D 能级包含精细能级结构 $D_{3/2}$ 和 $D_{5/2}$。为了更清楚地解释,考虑核自旋为 7/2 的 $^{43}Ca^+$ 的情况。相关能级结构如图 4.8 所示。$D_{3/2}$、$D_{5/2}$ 分别包含 4 个和 6 个超精细能级,如图 4.13 所示。

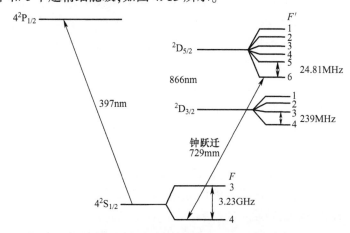

图 4.13　$^{43}Ca^+(I=7/2)$ 基态和 ^2D 能级的超精细结构

目的是选择一个钟跃迁对应用的磁场有最低的二阶效应灵敏度。F 能级每个 m_F 能级的频移很容易计算。对于 S 基态,仅有两个超精细能级,可通过 Breit-Rabi 公式计算 m_F 能级的频移(QPAFS,1989)。对于 $m_F = 0$ 能级,等式可近似为在低场的情况,即

$$\Delta E(F, m_F = 0) = -\frac{E_{\text{HFS}}}{2(2I+1)} \pm \frac{E_{\text{HFS}}}{2}\left(1 + \frac{x^2}{2}\right) \quad (4.6)$$

其中

$$x = \frac{g_J \mu_B B_0}{E_{\text{HFS}}} \quad (4.7)$$

式中:E_{HFS} 为需要计算的能级的超精细分裂;μ_B 为玻尔磁子;g_J 为电子频谱分裂因子;B_0 为应用的磁感应强度。

核频谱分裂因子可忽略。对于 $D_{5/2}$ 能级,有 6 个超精细能级,它们全部输入微扰计算,频移每个 $m_F = 0$ 的能级。结果近似为

$$\Delta E(^2D_{5/2}, F', m_F = 0) = (g_J \mu_B B_0)^2 \sum_{F' \neq F''} \frac{\langle IJF'm_{F'} | J_z IJF'' | m_{F''} \rangle}{E_{\text{HFS}}^{F'-F''}} \quad (4.8)$$

式中:$E_{\text{HFS}}^{F'-F''}$ 为 $D_{5/2}$ 能级 F' 和 F'' 能级间的超精细分裂。

总的磁场二阶效应可表示为

$$\Delta \nu = (\beta_{D2} - \beta_{S0}) B_0^2 = \beta_{e,g} B_0^2 \quad (4.9)$$

式中:系数 β_i 由所引的等式计算得到。

式(4.7)给出式(4.6)中 x 的定义,即能级的频移是超精细能级分裂的倒数。由于 S 基态能级的超精细分裂大于 D 能级的超精细能级分裂,S 基态能级受二阶磁场效应的影响要小于 D 能级,在一些情况下可以忽略。

$\beta_{e,g}$ 的值已经被几个作者计算,所计算的离子如表 4.2 所列。在 ^{43}Ca$^+$ 的情况下,图 4.8 和图 4.13 所示的 $F=4$ 到 $F'=6$ 的跃迁满足量子力学选择定则,$\Delta F = 0$、± 1、± 2,相比于相同离子的其他跃迁有最小的二阶频移。在实现一个已选离子光频标中,为了减小磁场的影响,选择一个合适的钟跃迁很重要,在 ^{43}Ca$^+$ 的情况下,$F=4$ 到 $F'=6$ 的跃迁应该被选为钟跃迁。对于 ^{87}Sr$^+$,表 4.2 中所列的跃迁是受磁场影响最小的跃迁,在 $1\mu T(10mG)$ 的磁场下,这个跃迁的相对频率频移达到 10^{-15} 量级。计入磁场可以被控制在 10% 的波动,其对频率不确定的贡献为 10^{-17} 量级。

在偶数同位素的情况下,没有核自旋,能级的频移受一阶磁场效应的影响。本书已经介绍通过平均两个振荡谱线的频率,相应的跃迁能级为 $m_F = m_J = \pm 1/2$,得到的赝能级不受一阶磁场效应的影响,相应的能级为 $m_F = m_J = 0$。磁场的一阶效应自动被消除。精确地计算显示,能级频率会受到二阶塞曼效应的影响。这个频

移也可以由式(4.9)得到。相关离子以及其相应的跃迁的二阶系数 $\beta_{e,g}$ 如表4.2所列。

表4.2 用于实现光频标的所选离子跃迁的二阶塞曼系数

离子	钟跃迁	二阶塞曼频移 /($mHz/\mu T^2$)	参考文献
$^{27}Al^+$	$^1S_0(F=5/2, m_F=\pm 5/2) \to {}^3P_0(F=5/2, m_F=\pm 5/2)$	0.072	Rosenband 等,2008
$^{87}Sr^+$	$^2S_{1/2}, F=5 \to {}^2D_{5/2}, F=7$	6.4×10^3	Barwood 等,2003
$^{88}Sr^+$	$^2S_{1/2} \to {}^2D_{5/2}(m_J=1/2)$ $^2S_{1/2} \to {}^2D_{5/2}(m_J=3/2)$	0.0056 0.0037	Madej 等,2004
$^{40}Ca^+$	$^2S_{1/2} \to {}^2D_{5/2}(m_J=1/2)$ $^2S_{1/2} \to {}^2D_{5/2}(m_J=3/2)$	0.026 0.017	Chwalla 等,2008; Madej 等,2004
$^{43}Ca^+$	$^2S_{1/2}(F=4) \to {}^2D_{5/2}(F'=2)$ $^2S_{1/2}(F=4) \to {}^2D_{5/2}(F'=4)$ $^2S_{1/2}(F=4) \to {}^2D_{5/2}(F'=6)$	34.2×10^3 17.2×10^3 -8.99×10^3	Kajita 等,2005
$^{171}Yb^+$(电八极)	$^2S_{1/2}(F=0, m_F=0) \to {}^2F_{7/2}(F=3, m_F=0)$	-1.72	Hosaka 等,2005
$^{171}Yb^+$(电四极)	$^2S_{1/2}(F=0, m_F=0) \to {}^2D_{3/2}(F=2, m_F=0)$	52.1	Tamm 等,2014
$^{199}Hg^+$	$^2S_{1/2}(F=0) \to {}^2D_{5/2}(F=2)$	-18.9	Oskay 等,2006

注:对于偶数同位素,存在线性磁场频移,可以通过书中提到方法消除。

为了对所测量的频率进行适当的纠正,必须知道磁场强度。它通常通过有一阶场效应的跃迁来测量。在没有核自旋的偶数同位素的情况下,这个测量可以自动完成,因为其零场下的钟跃迁频率由受场影响的跃迁得到。在一个典型的例子中,基于受场影响的跃迁的光频标中,$10\mu T$(100mG)的磁场被应用在屏蔽环境中。在窄探测激光探测的情况下,该值通常足以分辨单个的 m_F 谱线,并且测量跃迁频率的准确度达到1mHz量级,对应于准确度 10^{-18} 量级。

4.4.3.3 电场导致的频率偏移

电场通过斯塔克效应影响原子的能级。在早期原子频标的发展阶段,它们的准确度不高,而且没有考虑到可能存在的电场影响。磁场效应是主要的可计算频率偏移效应。随着钟的稳定度和准确度的提高,人们开始研究像 Paul 阱这样的电场存在,以确定它们的重要性。研究了黑体辐射效应的作用。很快就发现,在已达到的准确度水平,它们已经不能再被忽视了。在第1章中回顾了电场对氢原子和碱原子以及所选离子的基态超精细分裂影响的计算。也对 S 基态超精细结构进行了计算。该态具有球对称性,结果显示超精细能级的频移正比于原子或者离子的标量极化率和电场的平方。在光频标中,钟跃迁在许多情形下发生在 S 基态能级和 D 激发态能级之间。由于 D 能级的对称性,相互作用依赖电场的方向和原子或离子的量子轴,一般由应用的磁场决定。

相互作用有更复杂的公式,能级 $|F,m_F\rangle$ 的能级频移可表示为(Angel 和 Sandars,1968)

$$\Delta W(F, m_F) = -\frac{1}{2}\alpha_{sc}(F) E^2 - \frac{1}{4}\alpha_{ten}(F) \frac{3m_F^2 - F(F+1)}{F(2F+1)} E^2 [3\cos^2\theta - 1]$$
(4.10)

式中:α_{sc} 为标量极化率;α_{ten} 为张量极化率,反映了钟跃迁激发态增加的对称性;$\cos\theta$ 为 E_z 与 E 之比,θ 为电场和由系统磁场确定的量子轴 z 之间的夹角。

对于 S 能级,仅仅需要考虑 α_{sc},这也是在计算 H、Cs 和用于实现微波频标的一些离子的基态超精细能级频率频移中所做的。在 QPAFS 的第 1 卷中,S 能级的标量极化率可通过求和所有相邻能级的微扰得到。张量极化率可通过相似的方法计算,但是要引入更复杂的项。相应于 S-D 跃迁钟频率的斯塔克频移为

$$\delta\nu_{st} = \frac{1}{h}\delta(\Delta W_S - \Delta W_D)$$
(4.11)

并且是电场平方的函数。

确定电场的起源和所考虑的原子或离子的极化率大小很重要。实际上,这些场可以有几种起源。这些场可以是运行离子阱的场或者杂散静电场。另外,由黑体辐射引起的电场为低频率场,它的二次方平均可以用来评估它的影响,正如在微波喷泉钟中所做的。

在钟跃迁是一个 S-D 跃迁的情形下,由于离子 D 能级电四极矩之间的相互作用和离子阱中电场梯度的存在,可能会发生 D 能级的频移。我们将会检测这些不同的效应和引起钟跃迁频率偏移的大小。其他由激光冷却和抽运使用的各种激光引起的电场可认为是对频率的微扰,称之为光频移,它们也会在下面进行评估。

1. 微运动和宏运动效应

在 Paul 阱中,离子似乎被囚禁在一个势阱中。离子势能为(根据图 1.31 以及条件 $r_0 = \sqrt{2}\, z_0$)

$$E_p = \frac{1}{2}m\omega^2[(\bar{r})^2 + (\bar{z})^2]$$
(4.12)

式中:r 和 z 为离子阱中离子的位置;ω 为在阱中离子的宏运动或长周期运动,可表示为

$$\omega = \frac{eV_1}{m\Omega r_0^2}$$
(4.13)

式中:V_1 和 Ω 已在图 4.5 中定义。

这个运动被微运动调制,调制频率为阱的驱动频率 Ω 。在这个运动中离子受阱中的电场影响,钟频率被频移,有

$$\delta \nu_S = \zeta_S \langle E(x_i,t)^2 \rangle \tag{4.14}$$

式中:ζ_S 为频率对场的灵敏度,$\zeta_S = \partial \nu / \partial E^2$,正比于离子的极化率,正如式(4.10)所阐明的;$\langle E(x_i,t)^2 \rangle$ 为在离子位置 x_i 处的场平方的时间平均值。

运动使离子受接近于阱中心小区域电场的影响,最终导致频移。计算显示微运动引起的相应的斯塔克频移 $\delta \nu_S$ 为(Berkeland 等,1998)

$$\Delta \nu_S (\text{micromotion}) = 2\zeta_S \left(\frac{m\Omega^2}{qk\cos\theta} \right)^2 \frac{R_1}{R_0} \tag{4.15}$$

式中的符号含义与先前的相同。

宏运动也进行了计算,表示为

$$\Delta \nu_S (\text{secular}) = \zeta_S \left(\frac{3m\Omega^2 KT_B}{q^2} \right) \tag{4.16}$$

评估这些频移。例如,在 $^{88}Sr^+$ 的情况,微运动引起的频移为 800mHz,而宏运动引起的频移为 30mHz。因此可以清楚地看到,为了减小这种频率偏移,微运动应该尽可能降低。这通常通过在电极间增加调整电压解决(Dubé 等,2005)。表 4.3 总结了不同被选离子相关的斯塔克频移和电四极频移的结果。

表 4.3 所选离子直流斯塔克频移和电四极频移

离子	钟跃迁	直流斯塔克系数 $/(Hz/(V/m)^2)$	电四极频移 $/(Hz/(V/m)^2)$	参考文献
$^{27}Al^+$	$^1S_0 \to {}^3P_0$	-0.14×10^{-7}	0	Poli 等,2014
$^{40}Ca^+$	$^2S_{1/2} \to {}^2D_{5/2}$	6×10^{-7}		Matsubara 等,2005
$^{88}Sr^+$	$^2S_{1/2}(1/2, 1/2) \to {}^2D_{5/2}(-1/2, -1/2)$	-2.3×10^{-7}		Madej 和 Bernard 等,2001
$^{115}In^+$	$^1S_0 \to {}^3P_0$	0.5×10^{-7}	0	Poli 等,2014
$^{138}Ba^+$	$6^2S_{1/2}(m_S=1/2) \to 5^2D_{5/2}(m_D=1/2)$ $6S_{1/2}(F=2) \to 5D_{3/2}(F=0)$	$6, 1(7) \times 10^{-7}$	0	Yu 等,1994;Sherman 等,2005
$^{171}Yb^+$ (电八极)	$^2S_{1/2} \to {}^2F_{7/2}$	-1.44×10^{-7}	1.05×10^{-7}	Blythe,2004
$^{171}Yb^+$ (电四极)	$^2S_{1/2} \to {}^2D_{3/2}$	-6×10^{-7}	60×10^{-7}	Poli 等,2014
$^{199}Hg^+$	$^2S_{1/2} \to {}^2D_{5/2}$	-1.1×10^{-7}	-3.6×10^{-7}	Poli 等,2014

2. 黑体辐射频移

上面已经讨论过,在当前的准确度下需要考虑黑体辐射对钟跃迁频率的影响。

这是铯喷泉钟的情况。它的研究需要做大量的工作,以精确地确定相关的系数。这种频移由大量没有振荡的频谱引起的。与该辐射相关的电场导致斯塔克频移。在单离子光钟也存在相同的效应,并且可用类似的原理进行分析。黑体辐射电场的二次方为

$$\langle E^2(t) \rangle^{1/2} = 831.9 \left(\frac{T}{300}\right)^2 \tag{4.17}$$

电场通过原子的极化率作用于能级位移,频移量可由式(4.11)得到。由于黑体辐射是各向同性的,仅有标量极化率。表 4.4 总结了在室温下所选离子钟中钟跃迁的相对频移。从表中可以看出,为了达到频率稳定在 10^{-18} 量级,钟的环境温度也需要稳定。有些离子如 Al^+ 有非常低的黑体辐射频移系数。另外,需要注意的是,由于与温度 T^4 的关系,运行在液氮温度可以极大降低黑体辐射频移。这很容易在小型 Paul 阱中实现。因此,即使黑体辐射频移对于希望达到的准确度很重要,但其并不是不可克服的,而是可以在一定程度上得到控制。

表 4.4 离子的钟跃迁频率受黑体辐射影响的系数

离子	在 300K,相对黑体辐射频移($\times 10^{-16}$)	参考文献
$^{27}Al^+$	-0.004256 -0.008(3)	Safronova 等,2012; Rosenband 等,2006
$^{43}Ca^+$	0.38	Arora 等,2007
$^{88}Sr^+$	0.24	Jiang 等,2009
$^{115}In^+$	-0.0173(17)	Safronova 等,2012
$^{199}Hg^+$	-1.020(3)	Simmons 等,2011
$^{201}Hg^+$	-0.994(3)	Simmons 等,2011
$^{171}Yb^+$电八极	-0.15(7) -0.16	Lea 等,2006 Safronova 等,2012
$^{171}Yb^+$电四极	-0.35(7) -0.37(5) -0.35	Lea 等,2006 Tamm 等,2007 Safronova 等,2012

3. 电四极频率频移

在光频标中,许多离子钟跃迁频率为 S 能级和 D 能级之间的跃迁。有的时候钟跃迁在 S 能级和 F 能级间,如 Yb^+。在(F 或者 D)能级的原子或者离子有电四极矩。在这种情况下,像许多其他原子系统,原子或者离子能级以一种特殊的方式受电场影响。研究发现,可能存在离子电四极矩与电场梯度的相互作用。原子或者离子的能级受相互作用影响,而被频移。在微波频标中,钟跃迁为 S 基态的超精细能级间的跃迁,没有电四极矩,则在 Paul 阱的离子钟跃迁频域不受电场梯度的

影响,当然它们仍然受上面斯塔克效应影响。

电势为 V 且有轴对称的分布电荷的相互作用能 W 可使用麦克劳林展开式和拉普拉斯等式计算得到(Vanier,1960)

$$W = \frac{1}{4}eQ^+ \frac{\partial^2 V}{\partial z^2} \tag{4.18}$$

式中:eQ^+ 项为电四极矩,且为张量,对其积分得到

$$eQ^+ = \int \rho'_n (3z'^2 - r^2) dV' \tag{4.19}$$

式中:ρ'_n 为电荷密度;dV' 为单位体积。

可以看到,相互作用能为电场梯度的函数,为一个张量。因此,能量为两个张量的积,以及电四极矩对称轴和电场梯度方向两个轴方向的函数。

在 S 能级和 D 能级之间跃迁作为钟跃迁的情况,其计算则包含评估相互作用能,使用合适的波函数表示电四极矩对称轴和磁场梯度方向之间的夹角以及计算它们的期望值。正如前面所说,S 能级为球对称,不存在电四极矩。然而,在 D 能级和 F 能级电子的分布允许电四极矩的存在。首先要注意的是,实验室坐标轴由量子轴给出,而量子轴则由磁场确定。相关张量分析转移到实验框架,相互作用能为

$$W = \frac{1}{8}eQ \frac{\partial^2 V}{\partial z'^2}(3\cos^2\theta - 1) \tag{4.20}$$

式中:θ 为电场梯度和磁场的夹角。

假设受磁场影响的能级分裂和频移大于磁场梯度微扰导致的频移,电四极矩则仅引起所涉及的能级小的频移。然后对于需要考虑的原子能级,相互作用能被评估。通过微扰理论的计算(Itano 2000)结果近似为

$$\langle \Psi | W | \Psi \rangle = \frac{-2A[3m_F^2 - F(F+1)](\Psi \| Q_{op} \| \Psi)}{[(2F+3)(2F+2)(2F+1)2F(2F-1)]^{1/2}}(3\cos^2\theta - 1) \tag{4.21}$$

式中:A 为产生电场梯度的电势的测量值,(V/cm^2);$(\Psi \| Q_{op} \| \Psi)$ 为需要考虑的离子能级电四极矩的量子力学评估。

实际中,A 可能达到 $10^3 V/cm^2$ 量级,对于 5d 电子,由式(4.19)可得,电四极矩为几 ea_0^2 量级,其中 a_0 为玻尔半径。则能级频移达到 1Hz 量级或 10^{-15} 量级。就所要达到的准确度目标来看,精确评估这个频率偏移很重要。

但是,在阱中的电场梯度在某些情况下由电极表面上的贴片电位产生,该效应往往被忽视。最终,在这种情况下,人们有必要根据已知参数测量频移,并尽可能推断或者解释测量结果。钟跃迁频率的频移效应可以在电场梯度对称轴和应用磁场之间不同夹角 θ 的情况下测量。这个夹角是一个非常好的参数。此外,事实证明,如果使用 3 个正交方向平均这些测量结果,则电四极可以被消除(Itano,

2000)。这种技术已经被广泛使用(Blythe 等,2003;Tamm 等,2007)。然而,这种技术对于所选择的磁场方向要求 3 个完美的正交方向,在实际中这很难达到。另一种技术也被提出(Dubé 等,2005),在式(4.21)中,假设 $3m_F^2 = F(F+1)$,电四极频移为 0。研究人员对 $^{88}Sr^+$ 激发态各种 m 能级的跃迁进行测量,在各种磁场方向下,对结果的分析显示电四极频移消除的准确度可以达到 10^{-18} 量级。因此,使用这种技术,电四极频移不再是不确定度评估中主要贡献项。

4. 其他频率频移和当前发展状况

探测的频率偏移是囚禁单离子频标所特有的。然而,有一些其他频率偏移可以影响其频率以及导致频率的不稳定。这些对许多频标是一样的,可能包含重力频移、光频移和与背景原子的碰撞。对各种频标,这些偏移已经在第 1 章和第 3 章中介绍过。正如上面介绍的,在这些情况下相似的技术可被用于评估频移,且可以适应于在实现单离子频标中面临的特别情况。

即使在仔细的评估后,不确定度的主要贡献项仍然是离子运动导致的斯塔克频移、黑体辐射频移以及在 S-D 或者 S-F 钟跃迁情况下的电四极频移。然而,最后一项可以通过使用不是 S-D 或者 S-F 的钟跃迁的离子来避免。例如,$^{27}Al^+$ 中 $^1S_0$-$^3P_0$ 的钟跃迁没有电四极频移。这样一个钟的准确度被评估为 $8.6×10^{-18}$。两个这样的钟相比较,频率差为 $1.8×10^{-17}$(Chou 等,2010)。

表 4.5 总结了单离子 $^{27}Al^+$、$^{88}Sr^+$ 和 $^{199}Hg^+$ 频标中频移量。表 4.6 总结了在所选择的单离子频标达到的准确度。从表中很容易看出,当前技术可以在一个相对较小的范围内实现很高的准确度。

表 4.5 单离子 $^{27}Al^+$、$^{88}Sr^+$ 和 $^{199}Hg^+$ 频标中频移量

偏移或扰动类型	离子	钟频移/10^{-18}	测量的典型不确定度/10^{-18}	参考文献
黑体辐射频移	$^{27}Al^+$ $^{88}Sr^+$	−9 0.05	3 22	Chou 等,2010 Madej 等,2012
冷却光斯塔克频移	$^{27}Al^+$	−3.6	1.5	Chou 等,2010
二阶塞曼频移	$^{27}Al^+$ $^{199}Hg^+$ $^{88}Sr^+$	−1,079.9 −1,130	0.7 5 0.002	Chou 等,2010 Lorini 等,2008 Madej 等,2012
额外微运动	$^{27}Al^+$ $^{199}Hg^+$ $^{88}Sr^+$	−9 −4	6 4 1	Chou 等,2010 Lorini 等,2008 Madej 等,2012
宏运动	$^{27}Al^+$ $^{199}Hg^+$	−16.3 −3	5 3	Chou 等,2010 Lorini 等,2008

续表

偏移或扰动类型	离子	钟频移/10^{-18}	测量的典型不确定度/10^{-18}	参考文献
钟激光斯塔克频移	^{27}Al$^+$	0	0.2	Chou 等,2010
背景气体碰撞	^{27}Al$^+$	0	0.5	Chou 等,2010
	^{199}Hg$^+$	0	4	Lorini 等,2008
总的频移	^{27}Al$^+$	−1,117.8	8.6	Chou 等,2010
	^{199}Hg$^+$	−1,137	19	Lorini 等,2008
	^{88}Sr$^+$		22	Madej 等,2012

注:3 个所选离子的频移和不确定度为典型的实现离子光频标中的频移和不确定度。

表 4.6 所选单离子频标达到的准确度

离子	总频率频移/10^{-16}	测量的不确定度/10^{-16}	参考文献
^{199}Hg$^+$	−11.37	0.19	Lorini 等,2008
^{27}Al$^+$	−11.178	0.086	Chou 等,2010
^{171}Yb$^+$(电四极)	69.68	6.13	Godun 等,2014
	4.26	1.1	Tamm 等,2014
^{171}Yb$^+$(电八极)	1.41	0.71	Huntemann 等,2013
^{88}Sr$^+$		0.23	Dubé 等,2013
^{40}Ca$^+$	47.4	6.5	Gao,2013
	24.5		Chwalla,2009

4.5 光晶格中性原子钟

4.5.1 原理

在第 2 章中介绍了离子和原子囚禁原理。在第 3 章中已经看到在 Paul 阱囚禁的离子可以用于实现微波频标,而且对于准确度、频率稳定度和尺寸有相当值得关注的性质。正如前面所见,这些关于频率稳定度的标准特性主要受限于使用的钟跃迁的线宽,导致谱线品质因数 Q 最优为 10^{10} 量级。谱线品质因数 Q 对频率稳定度有直接的影响,而且对于准确度起主要作用,因为大的谱线品质因数 Q 更容易确定谱线中心。本章先前的部分,已经讨论了相同的囚禁技术可以用来实现光频标。更高频率的钟跃迁与一个窄振荡谱线使 Q 更大(约 10^{12} 量级以及更高)。再者,在这样一个阱中单离子的使用使得在一个接近自由空间的环境中探测高 Q 跃迁成为可能,并为实现更高频率准确度和稳定度的原子频标带来了希望。然而,由表 4.5 中的各项指标可见,这些离子光频标仍存在系统频移或偏置的问题,对这些偏移的测量准确度也受限。另外,使用单个离子的事实限制了频率稳定度,这是因为有限的信噪比 S/N 所致。最终,离子与可能存在于结构中的各种杂散电场的相互作用也会限制钟的准确度。

在囚禁环境中使用大量中性原子并与环境有弱的相互作用的想法一直看似是一个不可克服的挑战。一个主要的阻碍是原子自身之间的相互作用。然而,随着激光冷却和囚禁技术的出现,可以克服这些挑战。特别地,通过光驻波场的囚禁方法,正如第 2 章中所描述的。相对大量的原子可以被单独或者小量地在微型阱长时间存储而彼此之间没有相互作用。原子在浅势阱中处于低能级,相当于自由原子,并遵循兰姆–迪克标准消除多普勒效应。这样的一个势阱称为光晶格。晶格的尺寸是用于产生驻波的激光波长的 1/2 波长。囚禁是原子和辐射场相互作用导致的,而辐射场对原子能级的扰动,即光频移,可以通过合适的晶格波长的选择消除。这个波长称为魔术波长。这个技术将会在下面概述。

一维光晶格示意如图 4.14 所示,驻波场是通过反射镜反射一个频率稳定的激光场形成的。

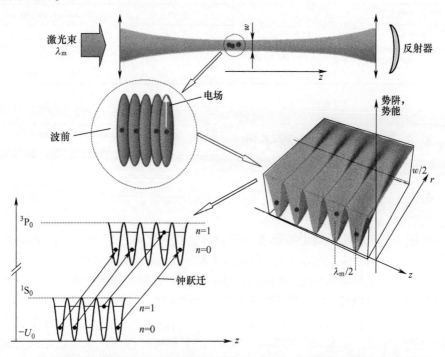

图 4.14 一维光晶格示意图(相干激光辐射干涉产生深度为 U_0 的周期性势阱,用于囚禁原子。原子被囚禁在小于钟跃迁波长的范围内。形成晶格的激光波长 λ_m 使得引起的钟跃迁的 S 和 P 能级的频率频移相同。数字 n 表示原子在势阱中的振动态。w 为激光束的半径)

形成长度为 $\lambda_m/2$ 的势阱。图中显示了系统中心区域的势阱,中心区域的干涉激光束的光腰半径为 w。在图中没有清晰的表示势阱可能包含几个原子,也并不是所有的势阱都包含原子显示的晶格为一维光晶格,由激光束自己反射得到。然而,二维和三维光晶格可以由两束或 3 束正交激光束形成。图中显示的结构为水平方向,但也可以是垂直方向。$10^4 \sim 10^5$ 个原子可以存储在非常小空间的几千个阱中。首先,在磁光阱并叠加有晶格囚禁场中的原子被冷却到非常低的微开或更低的温度范围;然后,冷却激光和磁光阱磁场被关闭,基于与阱深和原子温度的合适条件下,大部分磁光阱原子被囚禁在光晶格中。在单独的势阱中,它们占据低能级 n,这取决于它们在冷却后的残留温度。

典型的光晶格频标如图 4.15 所示,其包含必要的原子源、用于冷却和将所选原子团囚禁在光晶格中的磁光阱和用于产生光晶格的通常为蓝宝石型激光的激光器。频率稳定激光用来完成冷却和原子团钟跃迁的探测,正如前面单离子钟所描述的那样。

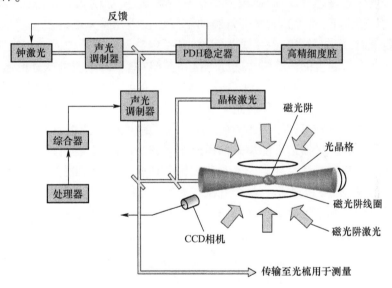

图 4.15 实现光晶格频标要求的主要部分的实验原理(处理器也用来控制冷却和探测囚禁在光晶格的原子团的序列脉冲)

此钟的运行原理:为了说明运行过程,将会用图 4.16 所示的能级结构,该能级结构近似于将在下面讨论的锶(Sr)的能级结构。在磁光阱叠加晶格场中,原子团首先被冷却。一级冷却是通过跃迁 $^1S_0 \rightarrow {}^1P_1$。磁光阱总体可以囚禁速度小于 10m/s 的原子。因此,最好增加一个有低速度原子的三维磁光阱,从而增加囚禁的原子数。这个方法对蒸气压低的碱金属原子是有利的。在激光冷却中存在可达到的最低冷却温度极限,即多普勒冷却极限,它是激发态衰减率的函数(见第 2 章)。

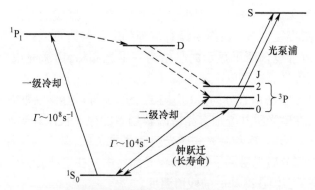

图 4.16 在光晶格钟中典型原子的能级结构(显示光频率域一个钟的运行原理。钟跃迁为 S-P 跃迁)

使用循环跃迁的冷却极限一般为毫开量级。然而,在某些特定情况下有可能通过增加一步操作来增强冷却,即使用另一个窄线宽跃迁,如图 4.16 所示的 $^1S_0 \rightarrow ^3P_1$ 跃迁。在该情况下,可以达到微开量级的温度。在磁光阱完成以及温度达到微开量级或更低时,冷却激光和磁场被关闭,并且一定数量的原子被囚禁在光晶格中。被囚禁在非常低温度的浅势阱中的原子是在兰姆-迪克区域。钟跃迁的激发与单离子光钟的方式相似,施加一个钟跃迁激光脉冲,钟跃迁激光有非常窄的线宽。激发的原子被转移。脉冲的长度决定了探测的振荡谱线的线宽。冷却跃迁的荧光探测确定是否原子被转移,从而探测钟跃迁。原子有时从 P 能级衰减到其他能级,钟跃迁信号损失。光抽运可能用来抽运原子回到冷却跃迁,也可能用来转移原子回到基态参与其他跃迁循环。为了避免在钟跃迁探测时的光频移,所有的光脉冲是序列式的,如图 4.17 所示。整个过程与单离子光钟的情况非常相似。下面主要讨论光晶格钟的几个特性。

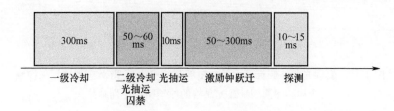

图 4.17 光晶格钟中冷却、囚禁、钟跃迁激光作用和钟跃迁探测典型的运行序列
(数据来源:Poli, N. et al., Optical atomic clocks, arXiv:1401.2378v1, 2014.)

4.5.1.1 囚禁特性

原子经历的晶格势能为(见第 2 章)

$$U(r,z) = U_0 \exp\left\{-2\left[\frac{r}{w(z)}\right]^2 \cos^2(k_L z)\right\} \quad (4.22)$$

其中

$$U_0 = -\alpha(\omega_L) E_L^2 \quad (4.23)$$

式中：E_L 为干涉波的电场；$\alpha(\omega_L)$ 为能级 μ 在晶格频率 ω_L 的原子极化率，可表示为

$$\alpha_\mu(\omega_L) = \frac{\langle \mu | e\mathbf{r} \cdot \mathbf{e}_\lambda | i \rangle}{\omega_{i\mu} - \omega_L} \quad (4.24)$$

可以看出，依赖于激光的调谐，极化率可能改变符号。电场梯度在原子上的力产生了势能阱，最终在电场的最大值或最小值处能量可能是最小值。图 4.17 显示的是电场最大值处能量最小的情况。实际上，激光功率是有限的，因此势阱深度是浅的，可能是 100μK 量级，为了囚禁足够数量的原子，需要有效地将原子冷却到这个温度之下。

4.5.1.2 原子反冲

在势阱的最底部势能非常接近谐振，能级间的间隔可近似表示为（Lemonde, 2009；Derevianko 和 Katori, 2011）

$$\hbar\omega_{\text{har}} = \frac{2\pi\hbar}{\lambda_L}\left(\frac{2|U_0|}{M}\right)^{1/2} \quad (4.25)$$

式中：M 为囚禁在势阱中原子的质量。

在钟跃迁频率 ω_c 处的探测对原子施加一个反冲力，相应于原子动量变化 $\Delta p = \hbar\omega_c/c$。假如原子相应的反冲能量 $E_r = p^2/2M$ 小于势阱振动能级的间隔 $\hbar\omega_{\text{har}}$，那么在钟跃迁探测时原子处于相同的振动能级 n。最终，钟跃迁频率没有被低温原子的残留运动改变。可以用经典理论解释这一现象。原子在频率为 ω_{har} 的势阱中振动，入射激光频率 ω_c 近似被这个振动调制。假设这个振动幅度很小，分析显示调制使单一振荡存在一个中心和两个边带，边带和中心之间的距离为振动频率。中心载频振荡的探测不受势阱中原子运动的影响；这就是兰姆-迪克机制。这个情形类似于先前介绍的 Paul 阱中囚禁离子的情形。在当前的情况下，由于在势阱中原子吸收一个光子后并不改变振动能级，因此反冲被整个结构吸收。

4.5.1.3 原子方位

在第 2 章讲过，光晶格可近似为一个固态晶体。然而，势阱间隔几百纳米，晶体点的间隔则为 0.1nm 量级。在光晶格中，不同势阱中的原子之间几乎没有相互作用。正如上面提到的，势阱是非常浅的，相同势阱中的几个原子可以发生振荡隧道效应。针对这个问题，垂直方向的光晶格比水平方向的光晶格有优势，由于连

的势阱在不同的高度 z,势阱间的能级能量改变 mgz,这样就抑制不同高度 z 势阱间的共振。

4.5.1.4 魔术波长

为了囚禁大量的原子,在一级冷却势阱深度可以达到 100 倍反冲能量 E_r,在二级冷却势阱深度可以被降低到 $10E_r$ 量级,同时也减小晶格电场引起的频率频移。需要注意的是,囚禁在光晶格势阱的原子能级由于晶格场的存在发生频移。实际上,等价的频率频移可能达到 10^4 Hz 量级,假如没有方法减小这种频移,使用这种方法实现高质量的频标将难以实现。在第 2 章中已经分析在电场 E_L 的存在下能级的频移量 δE_i。简单的二阶分析可得表达式为

$$\delta E_i = \alpha_i(\omega_L) \left(\frac{E_L}{2}\right)^2 \tag{4.26}$$

式中: $\alpha_i(\omega_L)$ 为原子能级 i 的动态极化率(见式(4.24))。

这个效应为光频移,在 QPAFS 的第 1 卷中有详细的研究。钟跃迁发生在 S 和 P 两能级间,即两能级的频移量相同从而导致两能级的频移相消。原子两能级的极化率之差为

$$\Delta\alpha(\omega_L) = \alpha_P(\omega_L) - \alpha_S(\omega_L) \tag{4.27}$$

两能级的光频移之差为

$$\Delta\nu_{LS} = \frac{1}{h}[\delta E_P(\omega_L) - \delta E_S(\omega_L)] \tag{4.28}$$

假设在某个波长下两个极化率相等,则导致钟跃迁频率偏移为 0。实际上,晶格激光频率失谐于某个跃迁的振荡频率,极化率通过求和所有与钟跃迁 S 能级和 P 能级相连的能级,有

$$\alpha_\mu(\omega_L) = \sum_{i \neq \mu} \frac{\langle \mu | er \cdot e_\lambda | i \rangle}{\omega_{i\mu} - \omega_L} \tag{4.29}$$

每个能级的频移随着晶格频率 ω_L 的不同而不同。因此需要寻找一个正确的频率使每个能级的频移相同。这是一个基本的分析,一个更加完整的分析还需要引入张量极化率,张量极化率引起的频移依赖极化 e_λ 和磁场的相对方向以及高阶项 E^4。这里给出的分析则提供了所涉及的物理学本质。对具有频率标准研究前景的原子 S 能级和 P 能级的计算已经完成,也已经获得各种原子在某个激光波长下能级频移相等的图(Katori 等,2003;Derevianko 等,2009;Lemonde,2009)。已经计算了几个描述这种场下各种原子性质的图。图 4.18 典型描述了锶原子这种性质。在每个能级的极化率表达式中存在的共振特性也在图中表明。

获得魔术波长的近似值,且用来作为精确测量其值的指导参考,这些值将会在下面给出。

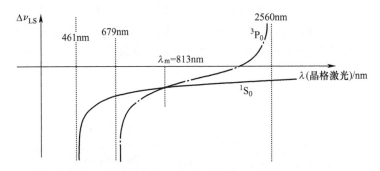

图 4.18 在 Sr 原子情况下钟跃迁两能级随晶格激光波长变化的
光频移变化图(数据来自 Lemonde,2009)

4.5.1.5 钟跃迁

被选为实现光晶格钟的几种类型原子的钟跃迁为$^1S_0 \rightarrow {}^3P_0$跃迁。由量子力学选择定则得到,这个跃迁是严格禁止的。然而,在奇数同位素中核自旋的存在轻微地混合了^3P谱项的上能级,导致有限的跃迁概率。在核自旋$I=9/2$中,$^3P_0$能级的衰减率计算结果为 $6.7 \times 10^{-3} \mathrm{s}^{-1}$。在偶数同位素中,$I=0$,小磁场的应用也可以引起其他能级的态混合,从而导致有限的跃迁概率。然而,跃迁概率十分小,并且在钟跃迁频率处可以探测到一个高品质因数 Q 的窄振荡谱线。

4.5.2 光晶格钟使用的原子类型

Sr、Hg 和 Yb 原子已经被提出并用于实现光晶格钟,Ca 和 Mg 原子也被提出,但是主要工作集中在前 3 个原子。下面将介绍这些原子的能级结构以及概述激光冷却、囚禁和钟跃迁的频率。

4.5.2.1 锶原子

在晶格钟中使用锶(Sr)原子进行最初的理论分析由 Katori(2002)和 Katori 等(2003)完成。随后不久使用$^1S_0-{}^3P_1$和$^1S_0-{}^3P_0$跃迁作为钟跃迁的光晶格频谱研究首先被证明(Takamoto 和 Katori,2003)。Sr 有 4 个稳定的同位素可用来实现光钟。尤其是同位素$^{88}Sr(I=0)$和$^{87}Sr(I=9/2)$受到关注,它们的自然丰度分别为 82.6% 和 7%。

实现光晶格钟的相关能级图如图 4.19 所示。Sr 从$^1S_0$基态有两个跃迁适合激光冷却:宽跃迁$^1S_0 \rightarrow {}^1P_1$(32MHz)允许在 1mK 的温度下形成包含超过 10^9 个原子的磁光阱。通过$^1S_0 \rightarrow {}^3P_1$(7.5kHz)窄跃迁进行额外的冷却,可以达到约 250nK 的量子极限最小温度。碱土元素近似的三重态和单重态能级结构拥有足够的复杂性来使用特别的魔术波长,通过产生$^1S_0$和$^3P_0$能级相同频移量而消除跃迁之间光频移。如图4.18所示,813nm魔术波长由一个功率振荡器产生。

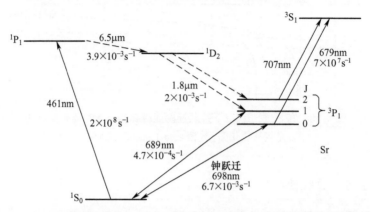

图4.19 实现光晶格频标的Sr原子重要跃迁的能级结构(费米子的超精细能级结构被省略)(激发态的衰减率表示相关跃迁的线宽)

正如上面提到的,$^1S_0 \to {}^3P_0$钟跃迁一般是严格禁戒的。然而,在奇数同位素^{87}Sr的情况下,超精细相互作用引起P能级的少量混合,并且在允许毫赫量级范围内的跃迁。因此,它作为钟跃迁是很有利的(Katori,2011)。通常,激发钟跃迁的激光线宽为1Hz量级,因此探测的谱线线宽不受钟跃迁的限制,而是受限于所使用的激光或者激发拉比脉冲的宽度。

Sr原子系统在实现方面是有优势的,因为其所有的冷却和频谱激光可以由廉价的半导体激光得到,然而相对下面提到的其他光晶格钟,如Hg,它所需要的激光波长更难产生。在Sr的情形下,461nm一级冷却可以通过主振荡器功率放大(MOPA)的半导体系统倍频得到。689nm二级冷却和698nm钟跃迁波长分别有相应存在的半导体激光。

4.5.2.2 Hg原子

汞原子有2个费米同位素和5个玻色同位素,它们的自然丰度在10%~30%之间,但^{196}Hg的自然丰度要小一个量级。^{199}Hg和^{201}Hg费米子有一个弱的$^1S_0 \to {}^3P_0$跃迁线,自然线宽约为100mHz,波长为265nm(Bigeon,1967),以及一个可接近的魔术波长,即在该波长下因禁电偶极场不影响钟跃迁(V. Pal'chikov, 2004, pers. comm;Ovsiannikov等,2007)。在室温下,Hg的蒸气压为0.3Pa,因此不需要热炉产生为形成足够密度的磁光阱要求的蒸气压。实际上,获得有效形成磁光阱的蒸气压的温度接近40℃,这个温度很容易在真空中通过珀耳帖热电冷却器达到。

中性汞原子有与碱土金属元素类似的电子结构,与锶原子相似。实现光晶格钟相关的能级结构如图 4.20 所示。

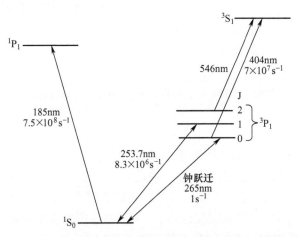

图 4.20 实现光晶格频标的汞原子能级结构(费米子的超精细能级结构被省略)(图中所示的是真空波长)

相比于锶,中性汞原子有更适合一级冷却的跃迁 $^1S_0 \to {}^3P_1$,波长为 253.7nm。需要通过 $^3S_1$ 进行光抽运(Mejri,2011)。钟跃迁对室温黑体辐射的敏感性是锶的 1/10 以下,这是另一个优势。因为这些因素,相比其他用于实现光晶格频标的原子,汞似乎有巨大的优势。下面将会详细介绍一个特别的实现方案——法国巴黎 SYRTE 小组使用的方案。

1. 真空腔

汞激光冷却和囚禁分两步完成。

(1) 系统的第一部分是汞蒸气源。由于在室温下有一个相当高的蒸气压 0.3Pa,源被冷却以减小和控制其蒸气压。一滴源被放置在一个小的铜碗中,并用胶粘在一个珀耳帖热电部分的冷表面,放置于真空腔中。热电冷却器的热表面贴在一个水冷铜块,其温度保持在 10℃。吸气剂吸走蒸气中的杂物。

(2) 第二部分为主腔。在主腔中,为了降低原子温度和增加原子密度,原子被激光冷却和囚禁在三维磁光阱中。它们最终被转移到光晶格势阱中,然后用于钟跃迁的探测。

2. 汞磁光阱

典型的磁光阱仅仅捕获室温原子速度分布尾部的原子。为了囚禁尽可能多的原子和拥有长的磁光阱寿命,可利用二维磁光阱提前选择慢原子。磁光阱通过 3 对正交的逆向反射 $\sigma^+ - \sigma^-$ 偏振紫外激光束相交而形成,激光束的直径为 15mm。

反亥姆霍兹线圈产生沿线圈对轴线的方向的磁四极矩场,在磁光阱中心的梯度为0.10T/m(10G/cm)。253.7nm冷却激光通过使用室温下蒸气压约为0.25Pa的包含汞源的长1mm的石英泡的饱和吸收谱稳定频率。来自507.4nm共振倍频系统的光的残留紫外光反射用于频率稳定和调谐。辅助该光束通过两个声光调制器移频,使得主光束的频率调谐对应于Hg饱和吸收谱共振线。冷却光源为一个4倍频掺镱薄圆盘激光。激光输出7W的连续单频激光,波长为1015nm。这个激光在商用的腔增强倍频(SHG)单元,产生约3.5W的507.4nm激光。二级倍频产生70mW的253.7nm紫外冷却激光,其通过一个类似Berkeland等(1997)描述的自制系统实现。

3. 钟跃迁探测激光

钟激光为1062nm 4倍频掺镱光纤激光。为了获得频率稳定度足够探测1Hz分辨率钟跃迁探测辐射激光,光纤激光锁定于一个超稳腔,正如第2章所介绍的。腔体放置于双真空腔和连接外散热器的双热屏蔽层中,放置在被动隔振平台上的一个隔音盒里。F-P腔的精细度约为914800,通过振荡技术测量。两个这样系统的比对得到1s平均时间的相对频率稳定度低于8×10^{-16}。

4. 魔术波长偶极晶格的实现

光晶格钟方案的可行性依赖囚禁魔术波长的存在,使$^1S_0$和$^3P_0$两能级的频移相同。对于汞,这样一个魔术波长在两个强跃迁之间,即405nm的$6^3P_0\to 7^3S_1$和297nm的$6^3P_0\to 6^3D_1$(V. Pal'chikov,2004,pers. comm.)。Ye和Wang(2008)计算出魔术波长为363nm。这个激光辐射通过724nm连续波钛宝石激光产生,输出功率约为900 mW。这个激光在使用Hänsch-Couillaud锁定机制(Hänsch和Couillaud,1980)的领结形的共振腔中使用布鲁斯特切割的LiB_3O_5晶体被倍频,产生大约200mW的363nm晶格激光,一级磁光阱的冷却原子被囚禁在一个垂直方向的光晶格中。

在本书撰写时,巴黎天文台时空基准实验室(SYRTE)正在研究基于这个原子的钟。测量的魔术频率为(8826.8564 ±0.0024)THz(λ_M = (362.5697 ±0.0011) nm)。测量的钟跃迁频率为(1128575290808162.0Hz ±6.4 (sys.) ±0.3) Hz,相对不确定度为5.7×10^{-15}。在它的早期发展中报道了相对频率稳定度为$5.4\times10^{-15}\tau^{-1/2}$,且其准确度预期在$10^{-17}$范围内(McFerran等,2012)。

4.5.2.3 Yb原子

光晶格钟另一个很好的候选是镱原子(Porsev等,2004;Hong等,2005;Barber等,2006)。镱同位素以两个费米子和两个玻色子(质量为171~173)的形式存在,自然丰度为3%~22%。

用于实现光晶格钟的镱相关能级结构如图4.21所示。由于$^3P_0$子能级的超精细态混合,镱钟跃迁 $^1S_0 \to {}^3P_0$($\lambda = 578.4$nm)的自然线宽约为 10mHz。钟跃迁 $^1S_0 \to {}^3P_0$ 的魔术波长为 759nm,可通过钛宝石激光产生(Barber 等,2006;Poli 等,2008)。

镱激光冷却通过两级磁光阱实现。首先,使用 399nm 电偶极跃迁 $^1S_0 \to {}^1P_1$(自然线宽为 28.9MHz),激光可通过 InGaN 半导体激光产生。二级冷却通过 556nm $^1S_0 \to {}^3P_1$ 跃迁,激光可以通过 1112nm 光纤激光倍频产生(Hoyt 等,2005)。使用这个方案,光晶格钟中镱的囚禁效率大约为 10%。

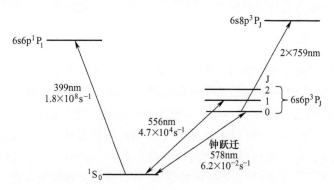

图 4.21 实现光晶格频标的镱相关能级结构

4.5.2.4 Mg 原子

因其对当前限制光钟准确度的黑体辐射频移的不敏感,Mg 是另一个作为实现光频标核心的候选。Mg 相关能级结构如图 4.22 所示。

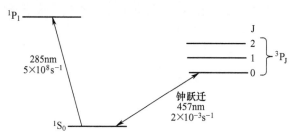

图 4.22 实现光晶格频标的 Mg 相关能级结构

目前,马克斯·普朗克量子光学研究所、莱布尼茨-汉诺威大学已经完成实现光晶格频标的第一步——囚禁 Mg 在光晶格中的一些初步工作。

4.5.2.5 Ca 原子

钙(Ca)原子也是实现光晶格钟的候选,先前已经介绍,通过自由膨胀磁光阱方法,用它实现光频标。能级结构如图4.3所示,原则上,用它可以实现光晶格钟。

4.5.3 重要的频率偏移项

使用光晶格作为存储技术的光钟,就像其他类型的光钟系统一样,受一些频率偏移的影响而不得不准确地评估。其中几项已经在单离子光钟系统中介绍。这里将回忆一下几个重要的项并对当前的情形给出相应的解释,然后简要地给出光晶格囚禁系统特有的偏移项分析。

4.5.3.1 塞曼效应

如前面介绍离子钟的情况一样,光钟跃迁的磁场频移是相关跃迁中每个能级的函数。特别讨论锶奇数同位素[87]Sr的情况。钟跃迁的两个能级有单一来自核自旋$I=9/2$的角动量。假如$m_F=9/2$被选为每个跃迁能级的能态,应该没有一阶磁场效应的存在,因为两个能级受磁场效应影响的频移量相同。然而,其他P能级的存在引入微小的P_0能级的态混合,导致存在小的一阶和二阶磁场效应。为了简化过程,正如前面讨论的离子光频标的情形,可以通过两能级的朗德g因子的差表示磁场对钟频率影响的灵敏度,P能级被修正为混合态。对跃迁频率的影响频移频率为

$$\Delta \nu = \alpha_{e,g} B m_I + \beta_{e,g} B^2 \tag{4.30}$$

式中:$\alpha_{e,g}$、$\beta_{e,g}$分别为组合钟跃迁能级受磁场影响的一阶和二阶系数,e为激发态,g为基态;m_I为跃迁的磁量子数。

在奇数同位素的情况下,线性系数取决于特定的跃迁或所选的能级。相关原子系数如表4.7所列。

表4.7 $^1S_0$-$^3P_0$线性塞曼系数

同位素	核自旋I	线性频移$\alpha'_{e,g}$/(Hz/μT)	参考文献
[87]Sr	9/2	-1.10	Boyd等,2007
[171]Yb	1/2	-4.1	Porsev等,2004
[173]Yb	5/2	+1.1	Porsev等,2004
[199]Hg	1/2	+6.6	Hachisu等,2008
[201]Hg	3/2	-2.5	Hachisu等,2008

在偶数同位素的情况下,核自旋为0,没有线性频移系数,主要为二阶频移,如表4.8所列。

表4.8 所选原子钟跃迁二阶塞曼频移系数

原子	$\beta'_{e,g}/(\text{MHz}/\text{T}^2)$	参考文献
^{24}Mg	-217	Taichenachev 等,2006
^{40}Ca	-83.5	Taichenachev 等,2006
^{87}Sr	-23.3	Boyd 等,2006 Baillard 等,2007
^{88}Sr	-23.3	Akatsuka 等,2010
^{171}Yb	-6.2	Taichenachev 等,2006
^{174}Yb		Taichenachev 等,2006
^{199}Hg	-2.44	Hachisu 等,2008

在奇数同位素^{87}Sr的情况下,核自旋$I=9/2$,有可能使用合适的光偏振激发跃迁$|S_{1/2}, m_I = 9/2\rangle \to |P_0, m_I = 9/2\rangle$和跃迁$|S_{1/2}, m_I = -9/2\rangle \to |P_0, m_I = -9/2\rangle$（Le Targat 等,2013）。在这种情况下,每个跃迁共振频率的测量值预示了磁场的值,并且考虑二阶塞曼效应的两个跃迁频率的平均测量值对应于零磁场下的钟跃迁频率。如前面介绍的离子钟的情形,钟跃迁谱线的两侧被数次测量,这些测量的平均组成数字误差信号。

4.5.3.2 黑体辐射频移

当所需的频率准确度超过10^{-16}时,如喷泉钟和光离子钟中介绍的,黑体辐射频移为一个重要的频移项。实际上,以 Sr 为例,黑体辐射频移量级为 2.3Hz 或 5.3×10^{-15},这个频移可以根据所用原子的极化率和原子激发态的宽谱积分理论计算得到。实验已经尝试通过改变温度来测量其真实值。一个主要的问题是无法知道光晶格所处环境的精确温度。大到 1K 的温度不均匀性可能存在于系统结构的各个部分,因此很难确定原子团所处位置的精确温度。在典型的 Sr 的情况,黑体辐射频移测量的保守的准确度约为 30mHz 或者 7.5×10^{-17}（Le Targat 等,2013）。为了提高测量准确度,已经提出了一些建议,使原子系综或晶格滑动一小段距离的技术。比如在短时间内滑动 50mm,在此测量直流斯塔克频移。第二个方法是原子系综的探测在超冷环境中进行,即黑体辐射频移被减小到10^{-18}量级（Middelmann 等,2010）,如在 Cs 喷泉钟中介绍的。所选原子黑体辐射频移的评估值如表 4.9 所列。从表中可以看出,汞相比于其他用于实现光频标的原子具有整体的优势。

表4.9 所选原子在300K相对黑体辐射频移

原子	跃迁	300K相对黑体辐射频移 $\delta\nu_{BBR}/\nu_0$	参考文献
Sr	$^1S_0 \rightarrow ^3P_0$	-5.5×10^{-15}	Porsev 和 Derevianko, 2006
Ca	$^1S_0 \rightarrow ^3P_1$	-2.6×10^{-15}	Porsev 和 Derevianko, 2006
Yb	$^1S_0 \rightarrow ^3P_0$	-2.4×10^{-15}	Porsev 和 Derevianko, 2006
Mg	$^1S_0 \rightarrow ^3P_0$	-3.9×10^{-16}	Porsev 和 Derevianko, 2006
Hg	$^1S_0 \rightarrow ^3P_0$	-1.6×10^{-16}	Hachisu 等, 2008
Rb	$5s\ (F=2\rightarrow F=1)$	-1.25×10^{-14}	Safronova 等, 2010
Cs	$6s\ (F=4\rightarrow F=3)$	-1.7×10^{-14}	Simon 等, 1998

4.5.3.3 晶格光频移

在4.5.1节和第2章已经分析了光晶格辐射场对钟跃迁的影响,基本的分析表明,通过原子与强场的相互作用,钟跃迁频率被频移。频移依赖于激光场的频率 ω_L 及其强度 E_L^2,并且对于钟跃迁的两个能级是不同的。幸运的是,有可能发现一种被称为魔术波长的激光波长,它的两个能级的频移量相同。进一步的分析显示,这个频移也依赖于晶格极化方向和通常由施加磁场的方向定义的系统量子轴方向间的相对方向。这个效应使钟跃迁频率对晶格极化方向的波动的稳定度很敏感。该频移可以通过实验评估为表征晶格驻波场的几个参数的函数,然后通过调整这些参数来最小化频移。相关各种原子的魔术波长如表4.10所列。

表4.10 用于实现光晶格频标的相关各种原子的魔术波长

原子	魔术波长(频率)(实验结果)	魔术波长(理论结果)/nm	参考文献(实验结果)	参考文献(理论计算)
^{24}Mg		466		Derevianko 等, 2009
^{40}Ca		739		Derevianko 等, 2009
^{87}Sr	385554.718(5) GHz	813	Westergaard 等, 2011	
^{88}Sr	368554.58(28) GHz		Akatsuka 等, 2010	
^{171}Yb	394798.329(10) GHz	759	Lemke 等, 2009	
^{174}Yb	394799.475(35) GHz		Barber 等, 2008	
^{199}Hg	362.53 (0.21) nm	362	Yi 等, 2011	Derevianko 等, 2009

4.5.3.4 其他频移

上面讨论的3种频移是基于光晶格方法实际实现光频标中最重要。然而,还存在其他频率频移或偏移项,尽管值较小,但也可贡献这样一个频标的不确定度。

1. 碰撞频移

势阱中的原子可能会发生碰撞,导致钟跃迁频率偏移。我们已经深入地研究了微波频标中原子碰撞对钟跃迁频率的影响,也已经发现它是重要的一项,特别是在 Cs 喷泉钟中。Rb 原子在碰撞频移上可能是更好的选择,因为其值约为 Cs 钟碰撞频移的 1/30。来自磁光阱的原子囚禁在光晶格中,原子密度可能达到 10^9 原子/cm^3。原子以非常低的温度囚禁在晶格中,在微开量级,这个温度依赖于势阱深度。原子也处在势阱中的各个振动态 n。每个晶格可能有几个原子,它们可能会根据其统计特性相互作用。由于原子的低温,S 波散射占主导地位,如喷泉钟的情况。再者,存储的原子可能是费米子或玻色子,其相互作用是十分不同的。在费米子的情形,如具有核自旋 $I=9/2$ 的 ^{87}Sr,由不相容原理,当原子被极化时碰撞效应被抑制。这不是玻色子的情况。在费米子原子部分极化的情况,不同态原子之间可能发生碰撞。对于被钟跃迁激光激发的原子,可能存在一个类似的情形。施加的激光场强度在空间中可能会略有不同,从而导致不同的受激效率,并为区分不再处于相似态的原子提供了依据。然后,可能发生碰撞进而导致频率频移。实际的钟频率测量可以通过在原始的磁光阱中形成不同的原子密度,从而导致每个位置具有不同的原子数。测量发现这个频移可以达到 10^{-17} 量级甚至更小(Le Targat 等,2013)。

2. 斯塔克频移

作为一个调谐辐射场,调谐到钟跃迁的激光似乎与其他可跃迁一样,原则上它可以引起钟频移。然而,这个激光场强度比较低,为几个纳瓦。它的贡献为 10^{-17} 量级。

3. 运动效应

晶格场的光腰半径为 $100\mu m$ 量级甚至更小,而势阱的深度为反冲能量 E_r 的几百倍。在二级冷却下,原子温度达到微开量级,则原子可能被囚禁在小量子数的低能态。在那些晶格势阱钟对原子的强限制引入兰姆-迪克区域,原子的运动效应被大大减小。对跃迁频率的影响被评估为 10^{-17} 量级或更小,甚至要考虑一个可能的晶格滑动导致原子以某一小速度滑动,它的影响也已经被评估小于 10^{-17} 量级。

4.5.4 光晶格中频率稳定度

钟频率稳定度的理论计算由式(4.1)给出。由该式可以看出,相较于使用 Paul 阱方法的单离子钟,使用存储有大量原子的光晶格方法的优势很明显。最近的结果已经验证了这个预测。例如,通过与一个近似相同的钟比较,Sr 光晶格钟的频率稳定度为 $3.3\times10^{-16}\tau^{-1/2}$(Bloom 等,2014)。在积分时间为 3000s 时的频率稳定度达到 6×10^{-18},使得可以在相对短的时间内以相应的分辨率进行测量。

4.5.5 实际实现

几个实验室已经搭建了光晶格钟。光晶格钟总体沿着与图 4.14 和图 4.15 所示的方案搭建。一个主要受关注的系统实现是使用 ^{87}Sr 原子(Le Targat,2007；Katori,2011)。其中两个使用一维垂直光晶格的钟在法国巴黎 SYRTE 搭建。它们在频率上直接进行比较,也通过光频梳与下面将介绍的运行在准连续模式的 Cs 和 Rb 喷泉钟相比较(Le Targat 等,2013)。在法国巴黎 SYRTE 实现的两个光钟之一的性能如表 4.11 所列。从表中可很容易地看到,正如上面所讨论的,最重要的频移项为塞曼频移、黑体辐射频移和晶格光频移。依据铯标准,钟频率总的不确定度大约为 1×10^{-16},主要来自精确测量黑体辐射频移的困难。

表 4.11 过去 10 年中巴黎天文台实现的其中
一个 ^{87}Sr 光晶格钟的频移和不确定度

实际微扰项	频移量/mHz	不确定度/10^{-17}
二阶塞曼	846	2.1
残留晶格光频移,一阶	−21	1.2
残留晶格光频移,二阶	0	0.7
黑体辐射频移 ①温度不确定度 ②原子响应不确定度	2,310	7.5 0.5
密度频移	−10	4.6
谱线牵引	0	4.7
探测光频移	0	0.15
总和	3,125	10.3

注:数据来自 Le Targat 等,2013。

另一个光晶格钟实现系统也是使用 ^{87}Sr 原子(Bloom 等,2014)。在评估主要的频率偏移项的许多方面都非常小心,特别是黑体辐射频移。这是通过将整个钟放置在一个黑盒中,并且在原子位置处使用精度为 27mK 的内部温度校准的温度感应器进行评估。在建造的两个 Sr 频标之一中,黑体辐射频移的准确度评估达到 5×10^{-18},是上面报道的 10 倍。在确定各种频移中,其他几项的提高最终得到的钟频率不确定度为 6.4×10^{-18}。这个结果使得光晶格钟的频率准确度可到 10^{-18} 量级。

如上给出能级结构的 Yb 也用来实现具有一定特性的光晶格钟。实现系统机制与 Sr 钟一样(Hinkley 等,2013)。原子首先在磁光阱通过 399nm 跃迁 $^1S_0$-$^1P_1$

($\Gamma=1.8\times10^8 s^{-1}$)冷却,然后通过556nm跃迁$^1S_0-^3P_1$($\Gamma=4.7\times10^4 s^{-1}$)实现二级冷却。第二个跃迁的窄线宽可以实现几十微开量级的原子温度。几万个原子囚禁在一维光晶格大约1000个势阱中。囚禁在势阱中原子的温度大约为$10\mu K$。Yb的优势是黑体辐射频移大约为Sr的频移1/2。再者,核自旋$I=1/2$减少了超精细能级数量,使得态制备更容易。按照这些总体原则搭建的系统频率稳定度为$3.2\times10^{-16}\tau^{-1/2}$,与Sr钟达到稳定度相同(Smart,2014)。

需要提到的是,汞原子的使用可以减小黑体辐射频移的贡献,从而提高准确度。如表4.12所列,汞原子的黑体辐射频移为Sr的黑体辐射频移1/20。最终,Hg的使用可以减小这个偏移项的频移值。

表4.12 所选的实现光晶格频标的特征值

原子	钟跃迁频率/Hz	跃迁	准确度	频率稳定度	参考文献
^{24}Mg	655659923839.6(1.6)$\times10^3$	$^1S_0\to^3P_1$	2.5×10^{-12}	3×10^{-13},1s	Friebe 等,2008
^{40}Ca	456986240494135.8	$^1S_0\to^3P_1$	7.5×10^{-15}	4×10^{-15},1s	Oates 等,2006
^{87}Sr	429228004229873.10	$^1S_0\to^3P_0$	1.5×10^{-16}	$3\times10^{-15}\tau^{-1/2}$	Le Targat 等,2013
^{88}Sr		$^1S_0\to^3P_0$		$2\times10^{-16}\tau^{-1/2}$	Akatsuka 等,2012
^{88}Sr	438828957494(10)$\times10^3$	$^1S_0\to^3P_1$			Ferrari 等,2003
^{171}Yb	518295836590865.2(0.7)	$^1S_0\to^3P_0$	3.4×10^{-16}	$3\times10^{-16}\tau^{-1/2}$	Hinkley 等,2013
^{174}Yb	518294025309217.8(0.9)	$^1S_0\to^3P_0$	1.5×10^{-15}	2.5×10^{-16},100s	Lemke 等,2009;Barber 等,2006
^{199}Hg	1128575290808162.0±6.4(sys.)±0.3(stat.)	$^1S_0\to^3P_0$	5.7×10^{-15}	5.4×10^{-15},1s	McFerran,2012

4.6 光钟频率测量

自早期的光频标发展以来,它们的频率测量是一个重要的目标。相同原子实现的两个光频标的频率差异,可以通过快速响应探测器探测两个信号的混频得到。然而依据国际单位制,通过铯原子的基态超精细能级跃迁频率9.2GHz来定义秒,对其频率的绝对测量是一个挑战。在QPAFS的第2卷中介绍,在过去几个方法已经被实现。这些方法包含使用一定数量的激光器通过差频技术相互比较,不论是频率锁定还是相位锁定,在频率域通过不同的频率跃迁达到红外域并最终达到微波域。所需的激光数量相当大,这种实验系统很容易就布满一个房间,装置对环境条件十分灵敏,最终导致整个系统只能有限连续运行。这种方法十分复杂,而且仅可以测量有限数量的频率。

4.6.1 光梳

但是,提出的新方法使得依据铯频率在很大范围内测量光频率成为可能,并且只需要一步。这个系统称为光梳,如图 4.23 所示,其工作原理将在下面介绍(Hansch,2006;Hall,2006)。它的基本原理是输出非常短脉冲的激光辐射傅里叶变换频谱分布在很宽的频率范围。输出极短辐射脉冲的激光称为飞秒激光。激光可能在可见光范围,且短脉冲的重复率在射频或 100MHz～1GHz 微波范围。如果通过傅里叶分析探测激光的输出频谱,就会发现频谱频率等间隔分布。这些谱线是非常窄的,被称为梳齿。原则上输出频率应该为 nf_r,其中 n 为某一特定梳齿的整数,f_r 为脉冲的重复频率。但是,重复频率与激光辐射的相位不同步。也就是说,激光相位相对于脉冲最大值从脉冲到脉冲之间滑动。假如从脉冲到脉冲的相位滑动为 $\Delta\phi$,那么作用结果是整个光频率频谱的频率偏移 f_0。如图 4.23 所示,一个梳齿的频率为

$$f_n = f_0 + nf_r \tag{4.31}$$

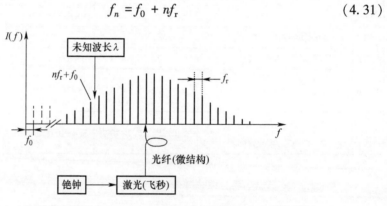

图 4.23　参考铯主要频标可以用于直接测量光频标频率光梳的原理

为了使梳齿有稳定的频率,需要稳定光梳的 f_0 和 f_r。f_r 频率可以通过测量重复频率并将结果与从主要频标获得的稳定微波频标相比较来直接稳定。可以使用低相位噪声的氢微波激射器。获得的误差信号可以作为反馈信号作用在控制重复率的激光镜上。另外,f_0 频率可以通过差频技术测量:输出激光辐射的低频率端的频率通过非线性装置倍频,获得的频谱与原始频谱高频端拍频,频差导致的拍频频率 f_d 与 f_0 相等,即

$$f_d = 2(f_0 + n_0 f_r) - (f_0 + 2n_0 f) = f_0 \tag{4.32}$$

通过比较该频率与上述用于锁定重复频率相同质量的稳定的微波频率,可以再次获得误差信号,用这个误差信号来稳定激光频率。最终,激光频谱完全在频率

和相位上稳定。在激光频谱中任何未知的激光频率都可通过与光梳混频测量得到。现在,光梳广泛用于测量未知光频率。

4.6.2 钟频率和实现的频率稳定度

前面提到,已有若干种原子已经实现光晶格频标,目前光梳已广泛用来测量这些原子的钟跃迁频率值,测量通过主要铯频标完成,结果如表 4.12 所列。表中还包括一些其他特征,如频率准确度和由对各种频率偏移项评估确定的准确度。

表 4.12 所列的准确度相当高,而且从评估各项频移项讨论中得到有希望实现更高准确度的光晶格钟。要明确指出的是:这个量级的准确度已经可以用来验证一些基本物理原理中假设的正确性。

参考文献

[1] Akatsuka T., Takamoto M., and Katori H. 2010. Three-dimensional optical lattice clock with bosonic^{88}Sr atoms.*Phys.Rev.A* **81**:023402.

[2] Angel J.R.P.and Sandars P.G.H.1968.The hyperfine structure Stark effect.I.Theory.*Proc.Royal Soc.A* **305**:125.

[3] Arbes F., Gudjons T., Kurth F., Werth G., Marin F., and Inguscion M.1993.Lifetime measurements of the^{3}D$_{3/2}$and^{3}D$_{5/2}$ metastable states in Ca II.*Z.Phys.D:Atoms Mol.Clusters* **25**:295.

[4] Arora B., Safronova M.S., and Clark Ch.W.2007.Blackbody radiation shift in a^{43}Ca$^+$ ion optical frequency standard.*Phys.Rev.A* **76**:064501.

[5] Baillard X., Fouch M., Le Targat R., Westergaard P.G., Lecallier A., Le Coq Y., Rovera G.D., Bize S., and Lemonde P.2007.Accuracy evaluation of an optical lattice clock with bosonic atoms.*Opt.Lett.* **32**:1812.

[6] Barber Z.W., Hoyt C.W., Oates C.W.,*Hollberg* L., Taichenachev A.V., and Yudin V.I.2006.Direct excitation of the forbidden clock transition in neutral^{174}Yb atoms confined to an optical lattice.*Phys.Rev.Lett.* **96**:083002.

[7] Barber Z.W., Stalnaker J.E., Lemke N.D., Poli N., Oates C.W., Fortier T.M., Diddams S.A., Hollberg L., and Hoyt C.W.2008.Optical lattice induced light shifts in an Yb atomic clock.*Phys.Rev.Lett.* **100**:103002.

[8] Barwood G.P., Gao K., Gill P., Huang G., and Klein H.A.2001.Development of optical frequency standards based upon the^{2}S$_{1/2}$–^{2}D$_{5/2}$ Transition in^{88}Sr$^+$ and^{87}Sr$^+$.*IEEE Trans.Instrum.Meas.* **50**:543.

[9] Barwood G.P., Gao K., Gill P., Huang G., and Klein H.A.2003.Observation of the hyperfine structure of the^{2}S$_{1/2}$–^{2}D$_{5/2}$ transition in^{87}Sr$^+$.*Phys.Rev.A* **67**:013402.

[10] Barwood G.P., Gill P., Huang G., and Klein H.A.2012.Characterization of a^{88}Sr$^+$ optical fre-

quency standard at 445 THz by two-trap comparison.In *Proceedings of the Conference Precision Electromagnetic Measurements*, IEEE, 270.

[11] Bergquist J.C., Itano W.M., and Wineland D.J.1987.Recoilless optical absorption and Doppler sidebands of a single trapped ion.*Phys.Rev.A* **36**: 428.

[12] Bergquist J.C., Wineland D.J., Itano W.M., Hemmati H., Daniel H.-U., and Leuchs G.1985. Energy and radiative lifetime of the $6d^9 6s^2{}^2D_{5/2}$ state in Hg II by Doppelr-free two photon laser spectroscopy.*Phys.Rev.Lett.***55** (15): 15677

[13] Berkeland D.J., Cruz F., and Bergquist J.C.1997.Sum-frequency generation of continuous-wave light at 194nm.*Appl.Opt.***36**: 4159.

[14] Berkeland D.J., Miller J.D., Bergquist J.C., Itano W.M., and Wineland D.J.1998.Minimization of ion micromotion in a Paul trap.*J.Appl.Phys.***83** (10): 5025.

[15] Bernard J.E., Marmet L., and Madej A.A.1998.A laser frequency lock referenced to a single trapped ion.*Opt.Commun.***150**: 170.

[16] Bigeon M.1967.Probabilite de transition de la raie $6^1S_0-6^3P_0$ du mercure.*J.Phys.***28**: 51.

[17] Binnewies T., Wilpers G., Sterr U., Riehle F., Helmcke J., Mehlstäubler T.E., Rasel E.M., and Ertmer W. 2001. Doppler cooling and trapping on forbidden transitions. *Phys. Rev. Lett.* **87**: 123002.

[18] Blythe P.J.2004.*Optical Frequency Measurement and Ground State Cooling of Single Trapped Yb$^+$ Ions*.PhD Thesis, University of London.

[19] Blythe P.J., Webster S.A., Hosaka K., and Gill P.2003.Systematic frequency shifts of the 467 nm electric octupole transition in^{171}Yb$^+$.*J.Phys.B: At.Mol.Opt.Phys.***36**: 981.

[20] Bloom B.J., Nicholson T.L., Williams J.R., Campbell S.L., Bishof M., Zhang X., Zhang W., Bromley S.L., and Ye J.2014.An optical lattice clock with accuracy and stability at the 10^{-18} level.*Nature* **506**: 71.

[21] Boshier M.G., Barwood G.P., Huang G., and Klein H.A.2000.Polarisation-dependent optical pumping for interrogation of magnetic-field-independent "clock" transition in laser cooled trapped^{87}Sr$^+$.*Appl.Phys.B: Lasers Opt.***71**: 51.

[22] Boyd M.M., Zelevinsky T., Ludlow A.D., Blatt S., Zanon-Willette T., Foreman S.M., and Ye J.2007.Nuclear spin effects in optical lattice clocks.*Phys.Rev.A* **76**: 022510.

[23] Boyd M.M., Zelevinsky T., Ludlow A.D., Foreman S.M., Blatt S., Ido T., and Ye J.2006.Optical atomic coherence at the 1-second time scale.*Science* **314**: 1430.

[24] Castin Y, Wallis H., and Dalibard J. 1989. Limit of Doppler cooling. *J. Opt. Soc. Am. B* **6** (11): 2047.

[25] Champenois C., Houssin M., Lisowski C., Knoop M., Hagel G., Vedel M., and Vedel F.2004. Evaluation of the ultimate performances of a Ca$^+$ single-ion frequency standard. *Phys. Rev. A* **33**: 298.

[26] Champenois C., Knoop M., Herbane M., Houssin M., Kaing T., Vedel M., and Vedel F.2001. Characterization of a miniature Paul-Straubel trap.*Eur.Phys.J.D* **15**: 105.

[27] Chou C.W., Hume D.B., Koelemeij J.C.J., Wineland D.J., and Rosenband T.2010.Frequency comparison of two high-accuracy Al$^+$ optical clocks.*Phys.Rev.Lett.***104**: 070802.

[28] Chwalla M.2009.*Precision spectroscopy with $^{40}Ca^+$ ions in a Paul trap*. PhD Thesis, Leopold-Franzens-Universitat, Innsbruck, Austria.

[29] Chwalla M., Benhelm J., and Kim K.2009.Absolute frequency measurement of the$^{40}Ca^+ 4s^2S_{1/2}$-$3d^2D_{5/2}$ clock transition.*Phys.Rev.Lett.***102**: 023002.

[30] Chwalla M., Benhelm J., Kim K., Kirchmair G., Monz T., Riebe M., Schindler P., Villar A. S., Hansel W., Roos C.F., Blatt R., Abgrall M., Santarelli G., Rovera G.D., and Laurent Ph. 2009.Absolute frequency measurement of the$^{40}Ca^+ 4s^2S_{1/2}-3d^2D_{5/2}$ clock transition.*Phys. Rev. Lett.***102**: 023002.

[31] Courtillot I., Quessada A., Kovacich R.P., Brusch A., Kolker D., Zondy J.J., Rovera G.D., and Lemonde P.2003.A clock transition for a future optical frequency standard with trapped atoms.*Phys.Rev.A* **68**: 030501.

[32] Curtis E.A., Oates C.W., and Hollberg L.2001.Quenched narrow-line laser cooling of^{40}Ca to near the photon recoil limit.*Phys.Rev.A* **64**: 031403(R).

[33] Degenhardt C., Stoehr H., Lisdat C., Wilpers G., Schnatz H., Lipphardt B., Nazarova T., Pottie P.E., Sterr U., Helmcke J., and Riehle F.2005.Calcium optical frequency standard with ultracold atoms: approaching 10^{-15} relative uncertainty.*Phys.Rev.A* **72**: 062111.

[34] Dehmelt H. 1973. Proposed 10^{14} Dv < v laser fluorescence spectroscopy on Tl$^+$ mono-ion oscillator. *Bull.Am.Phys.Soc.***18**: 1521

[35] Dehmelt H.1975.Proposed 10^{14} Dv < v laser fluorescence spectroscopy on Tl$^+$ mono-ion oscillator II (spontaneous quantum jumps).*Bull.Am.Phys.Soc.***20**: 60.

[36] Deng K., Xu Z.T., Yuan W.H., Qin C.B., Deng A., Sun Y., Zhang J., Lu Z.H., and Luo J. 2013.Progress report of an$^{27}Al^+$ ion optical clock.In *Proceedings of the European Frequency and Time Forum & International Frequency Control Symposium*, IEEE, 383.

[37] Derevianko A.and Katori H.2011.Colloquium: physics of optical lattice clocks.*Rev.Mod.Phys.* **83**: 331.

[38] Derevianko A., Obreshkov B., and Dzuba V.A.2009.Mapping out atom-wall interaction with atomic clocks.*Phys.Rev.Lett.***103**: 133201.

[39] Dubé P., Madej A.A., Bernard J.E., Marmet L., Boulanger J.S., and Cundy S.2005.Electric Quadrupole shift cancellation in single-ion optical frequency standards. *Phys. Rev. Lett.* **95**: 033001.

[40] Dubé P., Madej A.A., Zhou Z., and Bernard J.E.2013.Evaluation of systematic shifts of the^{88}Sr$^+$ single-ion optical frequency standard at the 10^{-17}level.*Phys.Rev.A* **87**: 023806.

[41] Ertmer W., Friebe J., Riedmann M., Pape A., Wbbena T., Kulosa A., Amairi S., Kelkar H., Rasel E.-M., Terra O., Grosche G., Lipphardt B., Feldmann T., Schnatz H., and Predehl K. 2010.Towards a lattice based neutral magnesium optical frequency standard.In *FOMO Conference Frontiers of Matter Wave Optics*.

[42] Ferrari G., Cancio P., Drullinger R., Giusfredi G., Poli N., Prevedelli M., Toninelli C., and Tino G.M.2003.Precision frequency measurement of visible intercombination lines of strontium. *Phys.Rev.Lett.* **91**: 243002.

[43] Friebe J., Pape A., Riedmann M., Moldenhauer K., Mehlstäubler T., Rehbein N., Lisdat Ch. E, Rasel E.M., and Ertmer W.2008.Absolute frequency measurement of the magnesium intercombination transition $^1S_0 \to ^3P_0$. *Phys.Rev.A* **78**: 033830.

[44] Gao K.2013.Optical frequency standard based on a single $^{40}Ca^+$. *Chin.Sci.Bull.* **58**: 853.Gill P., Barwood G.P., Huang G., Klein H.A., Blythe P.J., Hosaka K., Thompson R.C., Webster S.A., Lea S.N., and Margolis H.S.2004.Trapped ion optical frequency standards. *Phys. Scripta. T* **112**: 63.

[45] Godun R.M., Nisbet-Jones P.B.R., Jones J.M, King S.A., Johnson L.A.M., Margolis H.S., Szymaniec K., Lea S.N., Bongs K., and Gill P.2014.Frequency ratio of two optical clock transitions in $^{171}Yb^+$ and constraints on the time-variation of fundamental constants. *Phys. Rev. Lett.* **113**: 210801.

[46] Hachisu H., Miyagishi K., Porsev S.G., Derevianko A., Ovsiannikov V.D., Pal' chikov V.G., Takamoto M., and Katori H.2008.Trapping of neutral mercury atoms and prospects for optical lattice clocks. *Phys.Rev.Lett.* **100**: 053001.

[47] Hall J.L. 2006.Nobel lecture: defining and measuring optical frequencies. *Rev. of Mod. Phys.* **78**: 1279.

[48] Hänsch T.and Couillaud B.1980.Laser frequency stabilization by polarization spectroscopy of a reflecting reference cavity. *Opt.Commun.* **35** (3): 441.

[49] Hansch T.W.2006.Noble lecture: passion for precision. *Rev.of Mod.Phys.* **78**: 1297.

[50] Hinkley N., Sherman J.A., Phillips N.B., Schioppo M., Lemke N.D., Beloy K., Pizzocaro M., Oates C.W., and Ludlow A.D.2013. An atomic clock with 10-18 instability. *Science* **341** (6151): 1215–1218.doi: 10.1126/science.1240420.

[51] Hong T., Cramer C., Nagourney W., and Fortson E.N.2005.Optical clocks based on ultranarrow three-photon resonances in alkaline earth atoms. *Phys.Rev.Lett.* **94**: 050801.

[52] Hosaka K., Webster S.A., Blythe P.J., Stannard A., Beaton D., Margolis H.S., Lea S.N., and Gill P.2005. Anoptical frequency standard based on the electric octupole transition in $^{171}Yb^+$. *IEEE Trans.Instrum.Meas.* **54** (2): 759.

[53] Hoyt C.W., Barber Z.W., Oates C.W., Fortier T.M., Diddams S.A., and Hollberg L.2005.Observation and absolute frequency measurements of the $^1S_0 \to ^3P_0$ optical clock transition in neutral ytterbium. *Phys.Rev.Lett.* **95**: 083003.

[54] Huntemann N., Okhapkin M., Lipphardt B., Weyers S., Tamm Chr., and Peik E.2012.High-accuracy optical clock based on the octupole transition in $^{171}Yb^+$. *Phys.Rev.Lett.* **108**: 090801.

[55] Itano W.M.2000.External-field shift of the $^{199}Hg^+$ optical frequency standard. *Res.Nat.Inst.Stand. Technol.* **105**: 829.

[56] Jiang D., Arora B., Safronova M.S., and Clark Ch.W.2009.Blackbody-radiation shift in a $^{88}Sr^+$

ion optical frequency standard.*J.Phys.B*: *At.Mol.Opt.Phys.***42**: 154020.

[57] Kajita M., Li Y., Matsubara K., Hayasaka K., and Hosokawa M.2005.Prospect of optical frequency standard based on a^{43}Ca$^+$ ion.*Phys.Rev.A* **72**: 043404.

[58] Katori H.2002.Spectroscopy of strontium atoms in the Lamb-Dicke confinement.In *Proceedings of the 6th Symposium on Frequency Standards and Metrology*, P.Gill Ed.(World Scientific, Singapore) 323.

[59] Katori H.2011.Optical lattice clocks and quantum metrology.Nature Photon.45 (5): 201.Katori H., Takamoto M., Pal´chikov V.G., and Ovsiannikov V.D.2003.Ultrastable optical clock with neutral atoms in an engineered ligth shift trap.*Phys.Rev.Lett.***91**: 173005.

[60] Keupp J., Douillet A., Mehlstäubler T.E., Rehbein N., Rasel E.M., and Ertmer W.2005.A high-resolution Ramsey-Bordé spectrometer for optical clocks based on cold Mg atoms.*EPJD* **36** (3): 289.

[61] Larson D.J., Bergquist J.C., Bollinger J.J., Itano W.M., and Wineland D.J.1986.Sympathetic cooling of trapped ions: a laser-cooled two-species nonneutral ion plasma.*Phys.Rev.Lett.***57**: 70.

[62] Lea S.N., Webste R.S.A., and Barwood G.P.2006.Polarisabilities and blackbody shifts in Sr+ and Yb*.In *Proceedings of the 20th European Frequency and Time Forum*.

[63] Lemke N.D., Ludlow A.D., Barber Z.W., Fortier T.M., Diddams S.A., Jiang Y., Jefferts S.R., Heavner T.P., Parker T.E., and Oates C.W.2009.Spin-1/2 optical lattice clock.*Phys.Rev.Lett.***103**: 063001.

[64] Lemonde P.2009.Optical lattice clock.*Eur.Phys.J.Spec.Top.***172**: 81.

[65] Le Targat R.2007.*Horloge a Réseau Optique au Strontium*: *une 2eme Génération d´horloges a Atomes Froids.*Thèse de L´EDITE DE PARIS.

[66] Le Targat R., Lorini L., LeCoq Y., Zawada M., Guéna J., Abgrall M., Gurov M., Rosenbusch P., Rovera D.G., Nagórny B., Gartman R., Westergaard P.G., Tobar M.E., Lours M., Santarelli G., Clairon A., Bize S., Laurent P., Lemonde P., and Lodewyck J.2013.Experimental realization of an optical second with strontium lattice clocks.*Nature Communications* **4**: 2109.

[67] Letchumann V., Gill P., Riis E., and Sinclair A.G.2004.Optical Ramsey spectroscopy of a single trapped^{88}Sr$^+$ ion.*Phys.Rev.A* **70**: 033419.

[68] Liu T., Wang Y.H.Elman V., Stejskal A., Zhao Y.N., Zhang J., Lu Z.H., Wang L.J., Dumke R., Becker T., and Walther H.2007.Progress toward a single indium ion optical frequency standard.In *Proceedings of the IEEE International Frequency Control Symposium, 2007 Joint with the 21st European Frequency and Time Forum*, IEEE, 407.

[69] Lorini L., Ashby N., Brusch A., Diddams S., Drullinger R., Eason E., Fortier T., Hastings P., Heavner T., Hume D., Itano W., Jefferts S., Newbury N., Parker T., Rosenband T., Stalnaker J., Swann W., Wineland D., and Bergquist J.2008.Recent atomic clock comparisons at NIST.*Eur.Phys.J.Spec.Top.***163**: 19.

[70] Madej A. and Bernard J.2001. *Frequency Measurement and Control-Advanced Techniques and Future Trends* (Springer-Verlag, Berlin, Germany) 28.

[71] Madej A.A., Bernard J.E., Dubé P., Marmet L., and Windeler R.S.2004.Absolute frequency of the^{88}Sr $5s^2s^{1/2}- 4d^2D^{5/2}$reference transition at 445 THz and evaluation of systematic shifts.*Phys. Rev.A* **70**: 012507.

[72] Madej A.A., Dubé P., Zhou Z., Bernard J.E., and Gertsvolf M.2012.^{88}Sr$^+$ 445-THz single-ion reference at the 10-17 level via control and cancellation of systematic uncertainties and its measurement against the SI second.*Phys.Rev.Lett.***109**: 203002.

[73] Madej A.A., Siemsen K.J., Sankey J.D., Clark R.F., Vanier J.1993.High-resolution spectroscopy and frequency measurement of the mid infrared 5d2D3/2-5d 2D5/2 transition of a single laser-cooled bariumion.*IEEE Trans.Instrum.Meas.***42**: 2234.

[74] Margolis H.S., Barwood G.P., Hosaka K., Klein H.A., Lea S.N., Stannard A., Walton B.R., Webster S.A., Gill P.2006.Optical frequency standards and clocks based on single trapped ions. In *Proceedings of the Conference CLEO/QELS*, Optical Society of America, 1.

[75] Margolis H.S., Barwood G.P., Huang G., Klein H.A., Lea S.N., Szymaniec K., and Gill P. 2004.Hertz-level measurement of the optical clock frequency in a single^{88}Sr$^+$ ion. *Science* **306**: 1355.

[76] Matsubara K., Hachisu H., Li Y., Nagano S., Locke C., Nogami A., Kajita M., Hayasaka K., Ito T., and Hosokawa M.2012.Direct comparison of a Ca$^+$ single-ion clock against a Sr$^+$ lattice clock to verify the absolute frequency measurement.*Opt.Express* **20**: 22034.

[77] Matsubara K., Hayasaka K., Li Y., Ito H., Nagano S., Kajita M., and Hosokawa M.2008.Frequency measurement of the optical clock transition of^{40}Ca$^+$ ions with an uncertainty of 10^{-14}. *Appl.Phys.Express* **1** (6): 067011.

[78] Matsubara K., Toyoda K., Li Y., Tanaka U., Uetake S., Hayasaka K., Urabe S., and Hosokawa M.2004.Study for a^{43}Ca$^+$ optical frequency standard.In *Proceedings of the Conference Digest Precision Electromagnetic Measurements*, IEEE, 430.

[79] McFerran J., Magalhães D.V., Mandache C., Millo J., Zhang W., LeCoq Y., Santarelli G., and Bize S.2012.Laser locking to the^{199}Hg$^1S_0-^3P_0$ clock transition with $5.4 \times 10^{-15} \tau^{-1/2}$ fractional frequency instability.*Opt.Lett.***37** (17): 3477.

[80] McFerran J.J., Yi L., Mejri S., Di Manno S., Zhang W., Guena J., Le Coq Y., and Bize S. 2012.Neutral atom frequency reference in the deep ultraviolet with a fractional uncertainty = $5.7 \times 10-15$.*Phys.Rev.Lett.***108**: 183004.

[81] Mejri S., McFerran J.J., Yi L., Le Coq Y., and Bize S.2011.Ultraviolet laser spectroscopy of neutral mercury in a one-dimensional optical lattice.*Phys.Rev.A* **84**: 032507.

[82] Middelmann Th., Lisdat Ch., Falke St., Vellore Winfred J.S.R., Riehle F., and Sterr U.2010. Tackling the blackbody shift in a strontium optical lattice clock.*IEEE Trans. Instrum. Meas.* **60** (7): 2550.

[83] Nägerl H.C., Bechter W.,*Eschner* J., Schmidt-Kaler Fr., and Blatt R.1998.On strings for quantum gates.*Appl.Phys.B: Lasers Opt.***66**: 603.

[84] Nagourney W., Sandberg J., and Dehmelt H. 1986. Shelved optical electron amplifier:

observation of quantum jumps.*Phys.Rev.Lett.***56**: 2797.

[85] Oates C.W., Bondu F., Fox R.W., and Hollberg L.1999.A diode-laser optical frequency standard based on laser-cooled Ca atoms: sub-kilohertz spectroscopy by optical shelving detection. *Eur.Phys.J.D* **7**: 449.

[86] Oates C.W., Hoyt C.W., LeCoq Y., Barber Z.W., Fortier T.M., Stalnaker J.E., Diddams S. A., Hollberg L.2006.Stability measurements of the Ca and Yb optical frequency standards.In *Proceedings of the IEEE International Frequency Control Symposium and Exposition*, IEEE, 74.

[87] Oskay W.H., Diddams S.A., Donley E.A., Fortier T.M., Heavner T.P., Hollberg L., Itano W. M., Jefferts S.R., Delaney M.J., Kim K., Levi F., Parker T.E., and Bergquist J.C.2006.Single atom optical clock with high accuracy.*Phys.Rev.Lett.***97** (2): 020801.

[88] Ov siannikov V.D., Pal'chikov V.G., Taichenachev A.V., Yudin V.I., Katori H., and Takamoto M.2007.Magic-wave-induced $^1S_0-^3P_0$ transition in even isotopes of alkaline-earth- like atoms.*Phys.Rev.A* **75**: 020501(R).

[89] Peik E., Lipphardt B., Schnatz H., Sherstov I., Stein B., Tamm Chr., Weyers S., and Wynand R.2007.^{171}Yb$^+$ single-ion optical frequency standards and search for variations of the fine structure constant.In *Proceedings of the Quantum-Atom Optics Downunder* (Wollongong, Australia).

[90] Petersen M., Chicireanu R., Dawkins S.T., Magalhães D.V., Mandache C., LeCoq Y., Clairon A., and Bize S.2008.Doppler-free spectroscopy of the $^1S_0-^3P_0$ optical clock transition in laser-cooled fermionic isotopes of neutral mercury.*Phys.Rev.Lett.***101**: 183004.

[91] Poli N., Barber Z.W., Lemke N.D., Oates C.W., Ma L.S., Stalnaker J.E., Fortier T.M., Diddams S.A., Hollberg L., Bergquist J.C., Brusch A., Jefferts S., Heavner T., and Parker T. 2008.Frequency evaluation of the doubly forbidden $^1S_0 \rightarrow ^3P_0$ transition in bosonic ^{174}Yb.*Phys.Rev. A* **77**: 050501(R).

[92] Poli N., Oates C.W., Gill P., and Tino G.M.2015.Optical atomic clocks.*Rev. Mod. Phys.* **87**: 637.

[93] Porsev S.G., and Derevianko A.2006.Multipolar theory of blackbody radiation shift of atomic energy levels and its implications for optical lattice clocks.*Phys.Rev.A* **74**: 020502.

[94] Porsev S.G., Derevianko A., and Fortson E.N.2004.Possibility of an optical clock using the $6^1 S_0-6^3P_0$ transition in ^{171,173}Yb atoms held in an optical lattice.*Phys.Rev.A* **69**: 021403.

[95] QPAFS.1989.*The Quantum Physics of Atomic Frequency Standards*, Vols.1 and 2, J.Vanier and C.Audoin, Eds.(Adam Hilger edi, Bristol).

[96] Roberts M., Taylor P., Barwood G.P., Gill P., Klein H.A., and Rowley W.R.C.1997.Observation of an electric octupole transition in a single ion.*Phys.Rev.Lett.***78**: 1876.

[97] Roberts M., Taylor P., Barwood G.P., Rowley W.R.C., and Gill P.2000.Observation of the $^2S_{1/2}-^2F_{7/2}$ electric octupole transition in a single ^{171}Yb$^+$ ion.*Phys.Rev.A* **62**: 020501(R).

[98] Roberts M., Taylor P., Gateva-Kostova S.V., Clarke R.B.M., Rowley W.R.C., and Gill P. 1999.Measurement of the $^2S_{1/2}-^2D_{5/2}$ clock transition in a single ^{171}Yb$^+$ ion. *Phys. Rev. A* **60**: 2867.

[99] Rosenband T., Hume D.B., Schmidt P.O., Chou C.W., Brusch A., Lorini L., Oskay W.H., Drullinger R.E., Fortier T.M., Stalnaker J.E., Diddams S.A., Swann W.C., Newbury N.R., Itano W.M., Wineland D.J., and Bergquist J.C.2008.Frequency ratio of Al$^+$ and Hg$^+$ single-ion optical clocks; Metrology at the 17th decimal place.*Science* **319** (5871): 1808.

[100] Rosenband T., Itano W.M., Schmidt P.O., Hume D.B., Koelemeij J.C.J., Bergquist J.C., and Wineland D.J.2006. Blackbody radiation shift of the^{27}Al$^{+\,1}$S$_0$ $-^3$P$_0$ transition. arXiv: physics/0611125v2.

[101] Rosenband T., Schmidt P.O., Hume D.B., Itano W.M., Fortier T.M., Stalnaker J.E., Kim K., Diddams S.A., Koelemeij J.C.J, Bergquist J.C., and Wineland D.J.2007.Observation of the ^{1}S$_0-^3$P$_0$ clock transition in^{27}Al$^+$.*Phys.Rev.Lett.***98**: 220801.

[102] Safronova M.A., Jiang D., and Safronova U.I.2010.Blackbody radiation shift in^{87}Rb frequency standard.*Phys.Rev.A* **82**: 022510.

[103] Safronova M.S., Kozlov M.G., and Clark C.W.2012. Black body radiation shifts in optical atomic clocks.*IEEE Trans.Ultrason.Ferroelectr.Freq.Control* **59**: 439.

[104] Schmidt P.O., Rosenband T., Langer C., Itano W.M., Bergquist J.C., and Wineland D.J. 2005.Spectroscopy using quantum logic.*Science* **309** (5735): 749.

[105] Sherman J.A., Trimble W., Metz S., Nagourney W., and Fortson N.2005.Progress on indium and barium single ion optical frequency standards.arXiv: physics/0504013v2.

[106] Sherstov I., Tamm C., Stein B., Lipphardt B., Schnatz H., Wynands R., Weyers S., Schneider T., and Peik E.2007.^{171}Yb$^+$ single-ion optical frequency standards.In IEEE *Conference Publications on Frequency Control Symposium*, *Joint with the 21st European Frequency and Time Forum*, *IEEE*, 405.

[107] Simmons M., Safronova U.I., and Safronova M.S.2011.Blackbody radiation shift, multipole polarizabilities, oscillator strengths, lifetimes, hyperfine constants, and excitation energies in Hg. *Phys.Rev.A* **84**: 052510.

[108] Simon E., Laurent P., and Clairon A.1998.Measurement of the stark shift of the Cs hyperfine splitting in an atomic fountain.*Phys.Rev.A* **57**: 436.

[109] Smart A.G.2014. Optical-lattice clock sets new standard for timekeeping. *Phys. Today* **67** (3): 12.

[110] Taichenachev A.V., Yudin V.I., Oates C.W., Hoyt C.W., Barber Z.W., and Hollberg L. 2006.Magnetic field-induced spectroscopy of forbidden optical transitions with application to lattice-based optical atomic clocks.*Phys.Rev.Lett.***96**: 083001.

[111] Takamoto M., and Katori H.2003.Spectroscopy of the^{1}S$_0-^3$P$_0$ clock transition of 7Sr in an optical lattice.*Phys.Rev.Lett.***91**: 223001.

[112] Tamm Chr., Huntemann N., Lipphardt B., Gerginov V., Nemitz N., Kazda M., Weyers S., and Paik E.2014.Cs-based frequency measurement using cross-linked optical and micro-wave oscillators.*Phys.Rev.A* **89**: 023820.

[113] Tamm Chr., Lipphardt B., Schnatz H., Wynands R., Weyers S., Schneider T., and Peik E.

2007.^{171}Yb$^+$ single-ion optical frequency standard at 688 THz. *IEEE Trans. Instrum. Meas.* **56**: 601.

[114] Tanaka U., Bize S., Tanner C.E., Drullinger R.E., Diddams S.A., Hollberg L., Itano W.M., Wineland D.J., and Bergquist J.C.2003.The^{199}Hg$^+$ single ion optical clock: progress.*J.Phys.B: At.Mol.Opt.Phys.***36**: 545.

[115] Telle H.R., Steynmeyer G., Dunlop A.E., Stenger J., Sutter D.H., and Keller U.1999.Carrier envelope offset phase control: a novel concept for absolute optical frequency measurements and ultrashort pulse generation.*Appl.Phys.B: Lasers Opt.***69**: 327.

[116] Vanier J.1960.Temperature dependence of a pure nuclear quadrupole resonance frequency in KCIO3.*Can.J.Phys.***38**: 1397.

[117] Vanier J.2011.*The Universe, a Challenge to the Mind* (Imperial College Press, World Scientific, Singapore).

[118] Vanier J.and Audoin C.1989.*The Quantum Physics of Atomic Frequency Standards* (Adam Hilger, Bristol).

[119] Vogel K.R., Dinneen T.P., Gallangher A., and Hall J.L.1999.Narrow-line Doppler cooling of strontium to recoil limit.*IEEE Trans.Instrum.Meas.***48** (2): 618.

[120] von Zanthier J., Becker T., Eichenseer M., Nevsky A.Y., Schwedes C., Peik E., Walther H., Holzwarth R., Reichert J., Udem T., Hänsch T.W., Pokasov P.V., Skvortsov M.N., and Bagayev S.N.2000.Absolute frequency measurement of the In$^+$ clock transition with a mode-locked laser.*Opt.Lett.***25**: 1729.

[121] Wallin A., Fordell Th., Lindvall Th., and Merimaa M.2013.Progress towards a^{88}Sr$^+$ ion clock at MIKES.In *XXXIII Finnish URSI Convention on Radio Science and SMARAD Seminar* 2013.

[122] Wang Y.H., Liu T., Dumke R., Stejskal A., Zhao Y.N., Zhang J., Lu Z.H., Wang L.J., Becker Th., and Walther H.2007.Absolute frequency measurement of^{115}In$^+$ clock transition.In *Conference Paper International Quantum Electronics Conference Munich, Germany*.

[123] Westergaard P.G., Lodewyck J., Lorini L., Lecallier A., Burt E.A., Zawada M., Millo J., and Lemonde P.2011.Lattice-induced frequency shifts in Sr optical lattice clocks at the 10^{-17} level.*Phys.Rev.Lett.***106**: 210801.

[124] Whitford B.G., Siemsen K.J., Madej A.A., and Sankey J.D.1994.Absolute-frequency measurement of the narrow-linewidth 24–THz D-D transition of a single laser-cooled barium ion.*Opt.Lett.***19** (5): 356.

[125] Wilpers G., Oates C., and Hollberg L.2006.Improved uncertainty budget for optical frequency measurements with microkelvin neutral atoms: results for a high-stability^{40}Ca optical frequency standard.*Appl.Phys.B: Lasers Opt.***85**: 31.

[126] Ye A.and Wang G.2008.Dipole polarizabilities of ns2^1S$_0$ and nsnp^{3}P$_0$ states and relevant magic wavelengths of group-IIB atoms.*Phys.Rev.A* **78**: 014502.

[127] Yi L., Mejri S., McFerran J.J., LeCoq Y., and Bize S.2011.Optical lattice trapping of^{199}Hg and determination of the magic wavelength for the ultraviolet^{1}S$_0$–^{3}P$_0$clock transition.*Phys.Rev.*

Lett. **106**: 073005.
[128] Yu N., Dehmelt H., and Nagourney W. 1992. The $3^1S_0 \rightarrow 3^3P_0$ transition in the aluminum isotope ion $^{26}Al^+$: a potentially superior passive laser frequency standard and spectrum analyzer. *Proc. Natl. Acad. Sci. USA* **89**: 7289.
[129] Yu N., Zhao X., Dehmelt H., and Nagourney W. 1994. Stark shift of a single barium ion and potential application to zero-point confinement in a rf trap. *Phys. Rev. A* **50**: 2738.

第5章
结论和思考

在人类的历史长河中,无论是探索还是求知,时间一直扮演着至关重要的角色。如果没有精确的时间测量,基础研究、地球导航和空间探索等活动将会很难达到在撰写本书时所知的精度。在已经发现的宇宙物理定律中,特别是在相对论中,时间是基本的物理量。对这些物理定律的理解基于基本常数,正如它们名字所表示的,是不随时间而变的。随着时间和频率的测量所达到的精确度,现在可以挑战这个概念。

基于精密计时的技术已经渗入了人们的生活方式中,甚至人们日常活动都需要精密计时/频标,手机、交通和通信系统已是人们生活的一部分,都需要在精确的时间传输上运行。秒是国际单位制系统中时间的基本单位,可用它来定义其他国际单位,如通过光速定义的长度单位。因此,时间在工业上也是精确测量长度的核心。正如我们将会看到的,时间有可能成为唯一可以确定实施完整测量系统基本单位的所需单位。

因近几年钟的准确度进一步提升,使得时间参数更加重要。在早期的导航系统中,人们意识到如果在参考位置和航行船只上能够更好地确定时间,就可以在地球表面更准确地定位,从而能够更好地保证安全并改善商业活动。在19世纪,机械钟得到广泛发展,其稳定度在10s范围,这个时间稳定度可以精确横越整个大西洋。在20世纪早期,发明了石英钟,其时间稳定度提高了几个量级,同时也开启了新的应用领域,如通信、守时和导航。基于原子内部特性的原子钟的发明大大提高了所有应用的精确度,并进一步开启了新的应用领域。

QPAFS第1卷和第2卷介绍了原子钟运行的基本物理原理和在20世纪80年代末期原子钟的发展。本章旨在介绍自那个时期以来在此领域已经实现的卓越进步。钟本身可以根据各种标准进行分类:①基本特征,基准或次级;②指标,频率稳定度和准确度;③目的,实验或工业(商业);④物理原理,被动或主动,微波或光频,离子或中性原子;⑤应用,地球表面、太空;⑥尺度,体积和重量。

这种分类有助于决定在某一应用场景下哪种类型的钟最适合。本书的目的更倾向于概述在实现这些钟中涉及的基本物理;已经更加强调这些物理和所获得的频率稳定度和准确度的结果。从本书和关于它们的物理结构的概述,很容易对钟进行分类,并且基于它们当前的发展从其特性中确定可能的应用。当然,我们不会深入阐述这些频标的应用。对于这些应用更深的研究,可参见 Riehle(2004)的文献。

5.1 准确度和频率稳定度

对于准确度和频率稳定度采用图解的方式能有效表达二者的函义。准确度为钟重现国际单位制中时间单位秒定义的能力。作为基准钟的频标的准确度是可以评估所有影响其频率的偏移项得到的。当前,秒仍然根据铯原子基态超精细跃迁频率来定义。特别是在微波域,评估频率偏移的精确度有限,而且发现我们可以在光频域做得更好。因此,乍一看,似乎可以在除了铯以外的某个原子的光频率重新定义秒。然而,这是一个重要的决定,需要经过非常慎重的评估和官方过程,而当前最好是制定一些规则,用这些新频标来定义第二个标准。这个可以通过依据铯频率而确定它们的频率,尽管知道原则上这些新型频标可能更准确。测量的准确度将会受限于铯钟,且只有新定义被采纳时,准确度才会提高。

以可视化的方式展示原子钟精确度的进展能让人一目了然。对于使用各种技术所选用的频标随时间变化的准确度变化如图 5.1 所示。

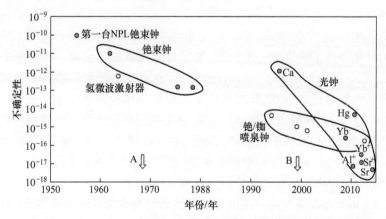

图 5.1 频标随时间的变化(图中显示技术变化导致的频率准确度的明显进步。箭头 A 和 B 分别表示依据原子特性重新定义秒的日期和使得直接连接光频和微波成为可能的光梳的发明)

另外,频率稳定度对频标准确度起决定性作用,也随时间的推移在不断提高。实际上,它是提高准确度的基础,没有稳定度,频标的准确度也无法得到评估。为了提高短期和中期频率稳定度,以减少确定给定的频标的准确度评估所需要的时间,已经做了大量工作。在本书中前面介绍的当前频标实现的最优频率稳定度如图 5.2 所示。

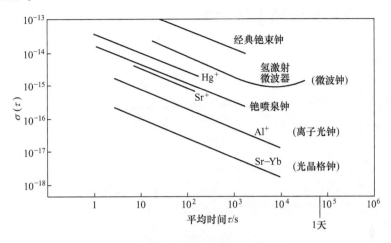

图 5.2 各种原子频标当前最优的稳定度

表 5.1 给出了所选标准与合适标准比对得到的实际频率稳定度和准确度。可以注意到,几十年内频率稳定度和准确度已经被提高了 4 个量级。

表 5.1 最近发展的原子频标的准确度和频率稳定度

	频标	稳定度	准确度	参考文献
微波钟	氢微波激射器	8.0×10^{-14}, 1s 2×10^{-16}/天	5×10^{-13}	www.T4Science.com
	铯喷泉钟	$1.6 \times 10^{-14} \tau^{-1/2}$	4.4×10^{-16}	Guena 等,2014
	Hg^+	$5 \times 10^{-14} \tau^{-1/2}$		Burt 等,2008
光钟	$^{27}Al^+$	$2.8 \times 10^{-15} \tau^{-1/2}$	8.6×10^{-18}	Chou 等,2010
	Yb^+(oct)		7.1×10^{-17}	Huntermann 等,2012
	$^{88}Sr^+$		2.2×10^{-17}	Madej 等,2012
	^{171}Yb	$3 \times 10^{-16} \tau^{-1/2}$	3.4×10^{-16}	Lemke 等,2009
	^{87}Sr	$3.4 \times 10^{-16} \tau^{-1/2}$	6.4×10^{-18}	Bloom 等,2014
	^{40}Ca	2×10^{-16}, 2000s	7.5×10^{-15}	Wilpers 等,2007
	^{199}Hg	5.4×10^{-15}, 1s	5.7×10^{-15}	McFerran 等,2012
小型钟	CPT 铷钟	$3 \times 10^{-11} \tau^{-1/2}$		Vanier,2005
	CPT 铯泡钟	$3.2 \times 10^{-13} \tau^{-1/2}$		Guerandel 等,2014
	PHM	7×10^{-15}, 10000s		Belloni 等,2009
	小型微波汞钟	$1\text{-}2 \times 10^{-13}$, 1s		Prestage 等,2007
	HORACE	$1 \times 10^{-12} \tau^{-1/2}$		Esnault 等,2008
	热束 Cs III	2.7×10^{-13}, 10000s		www.symmetricom.com

5.2 原子频标的主要应用

原子钟的主要应用如下:
① 计量,时标(如国际单位制、基准和二级标准);
② 科学研究,仪器(如重力、相对论、基本常数);
③ 通信(如网络同步);
④ 射电天文学(如甚长基线干涉仪(VLBI)、天文学);
⑤ 导航和定位(如卫星系统、测地学)。

其中一些应用在QPAFS的第2卷中概述过(也见Maleki和Prestage,2005),将会简单介绍在书中所概述的几个应用。

5.2.1 国际单位制:重新定义秒

时间是国际单位制中的基本量,单位为秒,是第一个以原子特性定义的单位,即Cs原子基态超精细能级频率。由于原子和激光物理领域卓越的发展,时间也是可以被测量的有极高准确度的物理量。

在1967年,国际计量大会(Conférence Générale des Poids et Mesures,CGPM 1967)决定"1秒是9192631770辐射周期的时间间隔,这个辐射周期相应于^{133}Cs原子基态两超精细能级间的跃迁频率"。这个定义在1997年被进一步完善,宣布它指的是在热力学温度0K下自由的Cs原子。

在最近几年,大量的原子似乎可以用来实现新定义。这个定义基于在有希望实现钟的原子组中选择特定的原子的光跃迁频率。实际上,国际计量委员会(CIPM,2012)已经建立了一个推荐转换的列表,其中一些在国际单位制中还作为二级秒定义(SRS)。2004年由于微波域^{87}Rb的超精细跃迁频率更小地受原子碰撞影响,并且它的频率可以被测量得更准确,所以它被作为第一个二级秒定义原子(Bize等,1999;Guena等,2014)。另外,由于精确离子钟的发展,如Hg^+、Al^+、Yb^+、Sr^+、Ca^+和使用Sr、Yb和Hg的精确光晶格钟的发展,几个其他光跃迁也被CIPM确认为二级秒定义(表5.2)。

作为国际单位制7个单位之一的秒(s)有着最高的准确度和稳定度。因此,一种合乎逻辑的方法是使用物理定律和基本常数把基本国际单位制关联到秒。首先,通过光的速度,米与秒直接关联。光速精确值定义为

$$c = 299792458 \text{m/s} \tag{5.1}$$

表5.2 用于代表秒定义的光频标的特征(跃迁能级和跃迁频率)

离子/原子	未微扰跃迁	频率/Hz
^{27}Al$^+$	$3s^21S_0-3s3p^3P_0$	1121015393207857.3
^{199}Hg$^+$	$5d^{10}6s^2S_{1/2}-5d^96s^22D_{5/2}$	1064721609899145.3
^{199}Hg	$6s^21S_0-6s6p^3P_0$	1128575290808162
^{171}Yb$^+$(电四极)	$6s^2S_{1/2}-4f^{13}6s^22F_{7/2}$	642121496772645.6
^{171}Yb$^+$(电八极)	$6s^2S_{1/2}(F=0, m_F=0)-5d^2D_{3/2}(F=2, m_F=0)$	688358979309307.1
^{88}Sr$^+$	$5s^2S_{1/2}-4d^2D_{5/2}$	444779044095485.3
^{40}Ca$^+$	$4s^2S_{1/2}-3d^2D_{5/2}$	411042129776395
^{1}H	1S-2S	1233030706593518
^{87}Sr	$5s^21S_0-5s5p^3P_0$	429228004229873.4
^{171}Yb	$6s^21S_0-6s6p^3P_0$	518295836590865.0
^{87}Rb	$^1S_0, F=1, m_F=0 - ^1S_0, F=2m_F=0$	6834682610.904312

注:源自BIPM. 2012. Bureau International des Poids et Mesures, Consultative Committee for Time and Frequency (CCTF). Report of the 19th meeting to the International Committee for Weights and Measures 101e session du CIPM-Annexe 8203, September 13-14, 2012. http://www.bipm.org/en/publications/mep.html。

给出一个精确的电常数的定义为

$$\varepsilon_0 = \frac{1}{\mu_0 c^2} = 8.854187817\cdots 10^{-12} \text{F/m} \quad (5.2)$$

磁常数定义为

$$\mu_0 = 4\pi \times 10^{-7} \text{N/A}^2 \quad (5.3)$$

有可能通过Josephson效应直接把电压关联到秒,Josephson效应在一个由两个被介质薄膜分开的超导体组成的结中被观测到。这个效应被观测到结对辐射频率ν的响应是阶跃式的。这些阶跃在结的电流电压I-U曲线中被观测到,并满足

$$V = nK_J\nu \quad (5.4)$$

式中:K_J为Josephson常数,且有

$$K_J = \frac{h}{2e} = 483597.870(11) \text{Hz/V} \quad (5.5)$$

式中:h为普朗克常数;e为电子电荷。

有可能建造一个电容,它的电容值C依据它的维度是精确知道的(Thompson和Lampard定理,1956),设介电常数为ε_0,则有

$$C_0 = \frac{\varepsilon_0 \ln 2}{\pi} \quad (\text{F/m}) \tag{5.6}$$

利用这些概念,有可能想象一个单位系统,其中所有的基本量长度、时间、电流和质量通过简单的关系彼此关联,这些关系基于它们代表的相应单位的定义的基本常数。在这个系统中,质量通过瓦特天平定义,如图 5.3 所示,由"力测量"的方框表示,是测量由通有电流 I 的电线生成的磁感应强度 B 产生的力的平衡。相关常数为 μ_0,前面已定义。

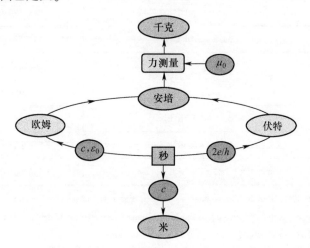

图 5.3 基于基本常数和使秒为测量单位核心的概念单位系统示意图

整个系统的一致性可以通过量子霍尔效应证明(von Klitzing 等,1980),即由常数 $R_K = h/e^2$,实现欧姆标准。至 2014 年,由于瓦特天平准确度的限制,这个系统还没有实现。要求准确度优于 10^{-9} 量级。因此千克的定义仍然基于保存于巴黎国际计量局(Bureau International des Poids et Mesures in Sèvres, France, BIPM)的 Pt 原器的质量。

5.2.2 基本物理定律的测试

5.2.2.1 基本常数

物理定律基于基本常数。重力基于引力常量 G,电磁学基于介电常数 ε_0、磁导率 μ_0 和光速 c,而量子力学基于普朗克常数 h、电子的质量 m_e 和电子的电荷量 e。实际上,所谓常量,如里德伯常量 $R_\infty = \alpha^2 m_e c / 2h$,其中,$\alpha$ 为精细结构常数,$\alpha = e^2/2\varepsilon_0 hc$,在描述原子能级结构中起着很重要的作用。在某些情况下,这些常量的确定可通过原子频标技术的频率测量获得很好的准确度(如 De Beauvoir 等,

2000)。然而,一个问题是这些物理常量随时间变化的稳定性。超精细跃迁频率取决于所选的原子并且是这些常量的函数(Prestage 等,1995;Flambaum 和 Berengut,2009;Peik,2010)。相似地,光频率依赖于这些常量,但与微波超精细跃迁频率的方式不同。实际上,超精细频率与原子光频率的比依赖于 $\alpha^2 g_I(m_e/m_p)$ (Bize,2001)。因此,光频标的发展提供测试这些常量的可能性,特别是常量 α 的测试,在整个时间范围内可通过简单地长期运行各种钟并比较它们的频率。这种测量也与天体物理学测量有关(Karshenboim 和 Peik,2008)。这种比较已经在多台钟中完成,部分结果总结在表 5.3 中。

表 5.3 随时间变化各种原子钟频率比对变化的测量

ν_1/ν_2	d/dt ln $(\nu_1/\nu_2)/(10^{-16}/$年$)$	参考文献
Rb/Cs	-1.36 ±0.91	Guéna 等,2012
H(1S-2S)/Cs	-32 ±63	Fischer 等,2004
Yb$^+$/Cs	-4.9 ±4.1	Tamm 等,2009
Hg$^+$/Cs	-3.7 ±3.9	Fortier 等,2009
Sr/Cs	-10 ±18	Blatt 等,2008
Al$^+$/Hg$^+$	-0.53 ±0.79	Rosenband 等,2008

注:1. 超精细频率和光钟获得的结果。

2. 源自 Bize, S. *Optical Frequency Standards and Applications*, Cours de 3ième cycle du Programme Doctoral en Physique de la Conférence Universitaire de Suisse Occidentale, 2014.

所报道的结果,就随时间的波动而言,其关系为

$$\frac{1}{R}\frac{dR}{dt} = \frac{d}{dt}\ln R \tag{5.7}$$

式中:R 为频率比。

这些测量给出了对各种钟彼此之间相对频率变化的限制范围,因此也给出了基本常数随时间变化的限制范围。从表 5.3 中可以看出,对于当前的测量,还没有观测到变化。

5.2.2.2 时间膨胀和引力红移

自爱因斯坦在 20 世纪初提出双生子佯谬以来,它就一直吸引人们的关注。20世纪 70 年代在环绕地球运动的飞机上进行的飞机时钟实验已经清楚地表明,运动中的钟的频率与相对静止的钟频率不同(Hafele 和 Keating,1972)。其结果总结于表 5.4 中。

表 5.4 由 Hafele 和 Keating(1972)时间膨胀实验测量获得的结果(实验通过比较在绕地球飞行的飞机上的 4 个铯原子钟与在地球表面相对它们静止的其他钟)

Δt/(ns)	东	西
计算结果	−40 ±23	275 ±21
测量结果	−59 ±10	273 ±7

注:表中结果已修正引力红移。

2005 年,英国国家物理实验室在从伦敦飞往华盛顿的一次较短的飞行中重现了这一实验,发现结果与理论的一致性达到 1%。

众所周知,钟频率随重力势能变化而变化。在地球表面附近,高度 h 的分数变化可表示为

$$\frac{\Delta \nu}{\nu} \approx \frac{gh}{c^2} \quad (5.8)$$

式中:g 为地球重力加速度。

这个变化大约是每升高 1m,变化约为 10^{-16}。

在 20 世纪 70 年代,将一个 H 微波激射器通过火箭发射至高度为 10000 km 的太空,这个效应被证实(Vessot 和 Levine,1979;Vessot 等,1980),与理论的一致性达到 0.01%量级。通过飞机上的钟在不同高度的相似实验证明与理论相差约 1%(Alley,1979、1981)。

时间膨胀和引力红移对 GPS 有重要的影响。这一系统中,卫星上的钟必须被速度和轨道高度修正,修正量为 38μs/天,其中 45μs/天是由于重力势能,−7μs/天是由于速度。

随着光钟的出现,可以很容易看到随着平均时间超过 10000s,稳定度可达到 10^{-8} 量级,有效测量高度可达到厘米量级(Rosenband 等,2008)。

5.2.2.3 在太空中的基本物理

随着更加稳定的原子钟的出现,重新考虑一些太空中的基本实验已经引起关注。特别地,国际空间站(ISS)提供的独特的微重力环境十分适合这项任务。例如,欧洲航天局已经同意了一个称为空间原子钟(ACES)计划,用于测量一些基本物理定律至更高的精度(Cacciapuoti 和 Salomon,2009)。特别地,ACES 将由一组钟组成,如一个空间 H 微波激射器(SHM)和一个前面介绍过设计的激光冷却铯束钟(PHARAO)。特别地,以测量引力红移为科学目标,相比于 Vessot 和 Levine(1979)H 微波激射器实验,引力红移测量提高 25 倍,更好地测试了光速的各向同性,并研究了精细结构常数 α 的可能漂移。此外,借助时间传输装置,ACES 将允许以 30 ps 的准确度同步远距离地面实验室的时间,并以 10^{-16} 量级准确度进行频率比较。

5.2.3 原子钟用于天文和地球科学

5.2.3.1 甚长基线干涉仪和测地学

甚长基线干涉仪使用天线以出色的分辨率观测星球物体。天线使用原子钟进行同步。因为其高可靠性和高中期频率稳定度,H 微波激射器是这个应用比较偏向实用的频标。这个技术也可被应用到测地学,测量天线之间的距离达到毫米量级的精确度。这种形式的测量也可用来跟踪,如地壳版块的运动机制。此外,由于钟频率受重力势能的影响,正如广义相对论所预测的那样,原则上高准确度的原子钟可以用来提高重力场的测量。这可能用有相同速度的精密钟运行的表面定义为精密的大地水准面,这个表面接近于平均海平面(Delva 和 Lodewyck,2013)。

5.2.3.2 深空网络

有着高频率稳定度的能够长期同步运行的频标对于卫星的同步和导航以及空间探索是十分必要的。深空网络(DSN)是一个有巨大天线和通信设备的世界性网络,坐落在加利福尼亚、西班牙和澳大利亚,主要支持星际飞船任务,执行射频和雷达天文观测。太空网络包括 DSN,为美国航空航天局喷气推进实验室、欧洲太空控制中心、俄罗斯深空网络、中国深空网络、印度深空网络和日本乌苏达深空中心的一部分。

5.2.3.3 地面钟网络

在过去,钟同步主要通过可搬运钟完成,如一个经典设计的铯原子束频标。这个技术的准确度完全依赖在旅行中环境条件变化没有明显改变钟的频率稳定度。仅这一个问题就极大地限制了远程站点之间的时间同步的准确度。因此,发展相关系统,通过电磁辐射传输时间信息是合理的。由于传输性会受气候条件影响而被改变,因此发展不受此效应影响的传输网络也很合理。激光和光纤传输的出现似乎正确地回答了这个问题并且解决了传输问题。

一些国家正在使用并发展相干光纤连接钟的网络。如在法国,演示了一个在 Sytre、Paris 和 Laboratoire de Physique des Lasers (LPL) 之间的 540 km 暗通道里(以网络共享的光纤)的长链路。这个网络包含双向光放大器和一个信号中继站,它实现的 1s 的稳定度为 4×10^{-15},一天的稳定度优于 10^{-19},测量带宽为 10Hz。在相同光纤上没有观测到网络通信的干扰。SYRTE 也开发了地面到太空或太空到太空传输的自由空间光链路,并将其作为潜在的方法用于洲际间地面标准的比较。已经开发了一种基于光纤延迟线的激光稳定系统,将用于测试到地球低轨卫星上的角棱镜反射器的相干传输。

基于各种技术(如光纤)的互联网络也已经在德国、英国、意大利、日本和中国使用,这些网络用于时间同步和远距离之间的频率比较。所实现的网络准确度各不相同,但是其中一些准确度达到 $10^{-17} \sim 10^{-18}$ 量级。这项与时间传输相关的活动表明了这些国家对这一领域的重视。

5.2.3.4 导航系统

在地球表面的定位总是一个挑战,从早期乘船穿过海洋的导航到现在的乘飞机在全球运输。准确知道时间对通过天文观测的导航是十分必要的。然而,如通过六分仪定位星球总有严重的限制,而早期出现的通过三角定位使用可精确计时的频率稳定的电磁辐射能同时保证准确度和可靠性。通过稳定到 1ns 的由电磁辐射携带的时间信号提供了 30cm 的定位。因此,在频率稳定和同步射频信号的三角定位原则上可提供该准确度的定位,主要受限于传输信号稳定度。

早期发展的几个系统使用原子钟的稳定度控制在地球表面附近的低频传输的射频信号。这种方法用在基于非常低频传输器(VLF)的系统和 DECCA、OMEGA 和 LORAN C 的系统中。然而,这些系统总会有范围受限或准确度低的问题。最近,开发了使用卫星作为频率稳定信号传输器的系统,提高了定位准确度。GPS 就是这种系统,它包含一个有 24 个卫星的卫星群,每颗卫星都包含有冗余的原子钟,原子钟为铯束钟和铷光抽运钟。这些卫星在大约 20000km 的地球轨道上,每天环绕地球几次。GPS 最初为美国军方用于精确传播地球任一位置的时间、速度和定位的支持系统(Parkinson,1996),现在 GPS 广泛用于飞机和船的导航定位、汽车旅行、事故救援人员对严重事故车辆的自动定位、搜寻和拯救活动、自动化农业和许多其他需要精确定位等。俄罗斯在 20 世纪 90 年代开发了 GLONASS。其他国家也在开发类似性质的系统,如欧洲的 Galileo、中国的北斗卫星导航系统和印度的 IRNSS。

5.3 总结与反思

在 QPAFS 的第 1 卷和第 2 卷中介绍了 20 世纪 80 年代末期原子钟的发展现状。在该时期,最好的钟是 H 微波激射器,它的短期和中期频率稳定度在 1s 的平均时间为 10^{-13} 量级,在平均时间大约 10000s 时稳定度提高到优于 10^{-15}。它的准确度由于腔壁频移的存在最优为 10^{-12} 量级,而且重复率无法优于 10%。实验室铯束频标更可靠,准确度达到 10^{-14} 量级。在那个时期,尽管科研人员投入了大量精力去解决瓶颈性难题,但从结果来看,仅仅通过技术提升并不能预期在一个合理时间内获得巨大进步。然而,随着固态激光的出现和原子物理领域激光冷却的实现,在 20 世纪 90 年代初期,铯和铷喷泉钟的发展发生了实质性的飞跃。紧接着,频率稳定度和准确度提高了一个量级。然后,光钟的实现进一步将频率稳定度和准确度提高了近两个量级。现在讨论的频率稳定度在 1s 的平均时间达到 $10^{-15} \sim 10^{-16}$ 量级,准确度接近 10^{-18} 量级,就是说在 25 年内提高了接近 4 个量级。

  在未来几十年,可以期待量级的进一步提高吗?在 20 世纪 80 年代末期,甚至没有考虑过频率稳定度和准确度有多大可能的提高,而是更加关注频标的体积、尺寸和可搬运性。此外,尽管更高质量的光频标的发展,如更高品质因数 Q 和环境波动的相对独立性正在取得进展,但是为了使它们可用于长度以外的测量,还需要连接光频和微波频率,这并不是一个简单的任务。这种连接基本上仅限于非常专业的实验室,其中配备了成堆的相互连接的集成在难以长期维持运行的复杂系统中的激光器。光梳的发明完全解决了这一问题。光频标的频率可以很容易地在一个可管理和相对小的系统中被下分频到微波域。它的特征可以被传输,并且可以用在电子媒介中,甚至成为一个钟来测量时间。

  最近观测到的和上面描述的关于钟实现上的进步依赖于相关领域的发展,特别是原子物理。就光频标而言,可以通过发展更短波长的频标来稍微提高当前的频标性能。然而,对于已经在超紫外的那些频标,短波长光学器件的使用是一个挑战。此外,增益不一定像从微波到光频率的增益那样大。似乎为了获得实质性的进步,必须使用核辐射(Peik 等,2009)。然而,这是一个完全不同的技术,所使用的技术肯定与在微波和光频标领域中所使用的技术不同。

  在频率稳定度和准确度方面,我们将继续寻求更好的频标,这一动力主要来源于人们对知识的渴望,以及通过更好的仪器产生更多应用的美好愿望。主要希望是通过更好的频标,挑战一些我们根深蒂固的认识(如基本的概念、基本常数的稳定性)以及已经被我们接受的代表宇宙真实运行机制的基本物理定律的有效性(参见 Vanier,2011)。时间是一个人们赖以生存的量,是物理中最基本的概念之一,它控制着宇宙的演变。然而,我们真的不知道它是什么,也不完全了解它的特性。狭义和广义相对论使它作为坐标系统的第四维度,得出的结论是它的流逝依赖于人们所生活的标准框架的动态机制。量子力学处理粒子、量子和不连续的现象。然而,在这些理论中时间是连续的。时间是否存在被分割的最小值?时间是否是人们生活的宇宙大爆炸中用空间创造的?在标准光子框架中时间似乎并不存在。然而,光子在空间中传播,受空间膨胀的影响;它的波长随宇宙膨胀而不断变化,但是它并不老化。这真是一个与人们所生活的世界完全不同的世界。换句话说,时间是一个我们不能掌控的主宰者,但惊喜的是,它是一个能够测量的最准确的量,而且我们似乎有兴趣继续把它做得更好。

参考文献

[1] Alley C.O.1979.Relativity and clocks.In *Proceedings of the Annual Symposium on Frequency Control*, IEEE, 4.

[2] Alley C.O.1981.Introduction to some fundamental concepts of general relativity and to the irrequired use in some modern time keeping systems.In *Proceedings of the Annual Precise Time and Time Interval Applications and Planning Meeting*, IEEE, 687.

[3] Belloni M., Battisti A., Cosentino A., Sapia A., Borella A., Micalizio S., Godone A., Levi F., Calosso C., Zuliani L., Longo F., and Donati M.2009.A space rubidium pulsed optical pumped clock-current status, results, and future activities.In *Proceedings of the Annual Precise Time and Time Interval Meeting*, ION Publications, 519.

[4] Bize S.2001.*Tests Fondamentaux à l' aide d' horloges à Atomes Froids de Rubidium at de Cesium*. Thesis, Université de Paris VI, France.

[5] Bize S., Sortais Y., Santos M.S., Mandache C., Clairon A., and Salomon C.*1999*.High-accuracy measurement of the^{87}Rb ground-state hyperfine splitting in an atomic fountain.*Europhys. Lett.* **45**: 558.

[6] Blatt S., Ludlow A.D., Campbell G.K., Thomsen J.W., Zelevinsky T., Boyd M.M., Ye J., Baillard X., Fouché M., Le Targat R., Brusch A., Lemonde P., Takamoto M., Hong F.L., Katori H., and Flambaum V.V.2008.New limits on coupling of fundamental constants to gravity using Sr^{87} optical lattice clocks.*Phys.Rev.Lett.***100**: 140801.

[7] Bloom B.J., Nicholson T.L., Williams J.R., Campbell S.L., Bishof M., Zhang X., Zhang W., Bromley S.L., and Ye J.2014.An optical lattice clock with accuracy and stability at the 10^{-18} level. *Nature* **506**: 71.

[8] Burt E.A., Diener W.A., and Tjoelker R.L.2008.A compensated multi-pole linear ion trap mercury frequency Ferroelectr.Freq.Control 55.standard for ultra-stable timekeeping.*IEEE Trans. Ultrason.*

[9] Cacciapuoti L.and Salomon Ch.2009.Space clocks and fundamental tests: the ACES experiment. *Eur.Phys.J.Spec.Top.***172**: 57.

[10] CGPM 1967.Conference Générale des Poids et Mesures.Résolution 1 of the 13th CGPM and 1968 news from the international bureau of weights and measures.*Metrologia* **4** (1): 41.

[11] Chou C.W., Hume D.B., Rosenband T, and Wineland D.J.2010.Optical clocks and relativity. *Science* **329**: 1630.

[12] CIPM 2012.*Consultative Committee for Time and frequency*.Report of the 19th Meeting to the International Committee for Weights and Measures.

[13] De Beauvoir B., Schwob C., Acef O., Jozefowski L., Hilico L., Nez F., Julien L., Clairon A., and Biraben F.2000.Metrology of the hydrogen and deuterium atoms: determination of the Rydberg constant and Lamb shifts.*Eur.Phys.J.D* **12**: 61.

[14] Delva P.and Lodewyck J.2013.Atomic clocks: new prospects in metrology and Geodesy.*Acta Futura* **7**: 67; see also arXiv: 1308.6766v1 (physics.atom-ph), August 29, 2013.

[15] Esnault F.X., Perrin S., Holleville D., Guerandel S., Dimarcq N., and Delporte J.2008.Reaching a few $10^{-13}\,\tau^{-1/2}$ stability level with the compact cold atom clock Horace.In *Proceedings of the IEEE International Frequency Control Symposium*, IEEE, 381.

[16] Fischer M., Kolachevsky N., Zimmermann M., Holzwarth R., Udem Th., Hänsch T.W., Abgrall M., Grünert J., Maksimovic I., Bize S., Marion H., Dos Santos F.P., Lemonde P., Santarelli G., Laurent P., Clairon A., Salomon C., Haas M., Jentschura U.D., and Keite C.H.2004.New limits on the drift of fundamental constants from laboratory measurements. *Phys. Rev. Lett.* **92**: 230802.

[17] Flambaum V.V.and Berengut J.C.2009.Variation of fundamental constants from the big bang to atomic clocks: theory and observations.In *Proceedings of the 7th Symposium Frequency Standards and Metrology*, L.Maleki Ed.(World Scientific, Singapore) 3.

[18] Fortier T.M., Ashby N., Bergquist J.C., Delaney M.J., Diddams S.A., Heavner T.P., Hollberg L., Itano W.M., Jefferts S.R., Kim K., Levi F., Lorini L., Oskay W.H., Parker T.E., Shirley J., and Stalnaker J.E.2007.Precision atomic spectroscopy for improved limits on variation of the fine structure constant and local position invariance.*Phys.Rev.Lett.***98**: 070801.

[19] Guena J., Abgrall M., Clairon A., and Bize S.2014.Contributing to TAI with a secondary representation of the SI second.*Metrologia* **51**: 108.

[20] Guéna J., Abgrall M., Rovera D., Rosenbusch P., Tobar M.E., Laurent Ph., Clairon A., and Bize S.2012.Improved tests of local position invariance using Rb^{87} and Cs^{133} fountains.*Phys.Rev. Lett.***109**: 080801.

[21] Guerandel S., Danet J.M., Yun P., and de Clercq E.2014.High performance compact atomic clock based on coherent population trapping.In *Proceedings of the IEEE International Frequency Control Symposium*, IEEE, 1.

[22] Hafele J.C.and Keating R.E.1972.Around-the-World atomic clocks: predicted relativistic time gains.*Science* **177** (4044): 166.

[23] Huntemann N., Lipphardt B., Okhapkin M., Tamm C., Peik E., Taichenachev A.V., and Yudin V.I.2012.Generalized Ramsey excitation scheme with suppressed light shift.*Phys.Rev.Lett.* **109**: 213002.

[24] Karshenboim S.G.and Peik E.2008.Astrophysics, atomic clocks and fundamental constants.*Eur. Phys.J.Spec.Top.***163**: 1.

[25] Lemke N.D., Ludlow A.D., Barber Z.W., Fortier T.M., Diddams S.A., Jiang Y., Jefferts S. R., Heavner T.P., Parker T.E., and Oates C.W.2009.Spin-1/2 optical lattice clock.*Phys.Rev. Lett.***103**: 063001.

[26] Madej A.A., Dubé P., Zhou Z., Bernard J.E., and Gertsvolf M.2012.$^{88}Sr^+$ 445-THz single-ion reference at the 10^{-17} level via control and cancellation of systematic uncertainties and its measurement against the SI second.*Phys.Rev.Lett.***109**: 203002.

[27] Maleki L.and Prestage J.2005.Applications of clocks and frequency standards: from the routine to tests of fundamental models.*Metrologia* 42: S145.

[28] McFerran J., Magalhäes D.V., Mandache C., Millo J., Zhang W., LeCoq Y., Santarelli G., and Bize S.2012.Laser locking to the ^{199}Hg $^1S_0 - ^3P_0$ clock transition with 5.4 x $10^{-15}/\sqrt{\tau}$ fractional frequency instability.*Opt.Lett.***37** (17): 3477.

[29] Parkinson B.W.1996.Introduction and heritage of NAVSTAR, the global positioning system.In *Global Positioning System: Theory and Applications*, B.W.Parkinson et al.Eds.(AIAA, New York) 3.

[30] Peik E.2010.Fundamental constants and units and the search for temporal variations.*Nuclear Physics* **203**: 18.

[31] Peik E., Zimmermann K., Okhapkin M., and Tamm Chr.2009.Prospects for a nuclear optical frequency standard based on Thorium-229.In *Proceedings of the 7th Symposium on Frequency Standards and Metrology*, L.Maleki Ed.(World Scientific, Singapore) 532.

[32] Prestage J., Chung S.K., Lim L., and Matevosian A.2007.Compact microwave mercury ion clock for deep-space applications.In Proceedings of the Joint IEEE International Frequency Control Symposium/European Forum on Time and Frequency, IEEE, 1113.Prestage J.D., Tjoelker R.L., and Maleki L.1995.Atomic clocks and variations of the fine structure constant.*Phys.Rev Lett.***174**: 3511.

[33] QPAFS.1989.*The Quantum Physics of Atomic Frequency Standards*, Vols.I and 2, J.Vanier and C.Audoin Eds.(Adam Hilger ed., Bristol).

[34] Riehle F.2004.Frequency Standards Basics and Applications (Wiley-VCH, Weinheim, Germany).Rosenband T., Hume D.B., Schmidt P.O., Chou C.W., Brusch A., Lorini L., Oskay W.H., Drullinger R.E., Fortier T.M., Stalnaker J.E., Diddams S.A., Swann W.C., Newbury N.R., Itano W.M., Wineland D.J., and Bergquist J.C.2008.Frequency ratio of Al$^+$ and Hg$^+$ single-ion optical clocks; metrology at the 17th decimal place.*Science* **319**: 1808.

[35] Tamm Chr., Weyers S., Lipphardt B., and Peik E.2009.Stray-field-induced quadrupole shift and absolute frequency of the 688-THz ^{171}Yb$^+$ single-ion optical frequency standard.*Phys.Rev.A* **80**: 043403.

[36] Thompson A.M.and Lampard D.G.1956.A new theorem in electrostatics and its application to calculable standards of capacitance.*Nature* 177: 888.

[37] Vanier J.2005.Atomic clocks based on coherent population trapping: a review.*Appl. Phys. B* **81**:421.

[38] Vanier J.2011.*The Universe, a Challenge to the Mind* (Imperial College Press/World Scientific, London).

[39] Vessot R.F.C.and Levine M.W.1979.Gravity Probe A-A review of vessot and levine experiment GP-A project final report.

[40] Vessot R.F.C., Levine M.W., Mattison E.M., Blomberg E.L., Hoffman T.E., Nystrom G.U., Farrel B.F., Decher R., Eby P.B., Baugher C.R., Watts J.W., Teuber D.L., and Wills F.D. 1980.Test of relativistic gravitation with a space-borne hydrogen maser.*Phys.Rev.Lett.***45**: 2081.

[41] von Klitzing K., Dorda G., and Pepper M.1980.New method for high-accuracy determination of the fine-structure constant based on quantized hall resistance.*Phys.Rev.Lett.* **45**: 494.

[42] Wilpers G., Oates C.W., Diddams S.A., Bartels A., Fortier T.M., Oskay W.H., Bergquist J.C., Jefferts S.R., Heavner T.P., Parker T.R., and Hollberg L.2007.Absolute frequency measurement of the neutral ^{40}Ca optical frequency standard at 657 nm based on microkelvin atoms. *Metrologia* **44**: 146.